专用于国家职业技能鉴定

国家职业资格培训教程

核辐射探测仪器生产工

（技师技能　高级技师技能）

中国核工业集团有限公司人力资源部
中核控制系统工程有限公司　组织编写

中国原子能出版社

图书在版编目(CIP)数据

核辐射探测仪器生产工. 技师技能、高级技师技能 / 中国核工业集团有限公司人力资源部，中核控制系统工程有限公司组织编写. —北京：中国原子能出版社，2020. 5

ISBN 978-7-5221-0564-2

Ⅰ. ①核…　Ⅱ. ①中…②中…　Ⅲ. ①核辐射-辐射探测器-生产工艺-职业技能-鉴定-教材　Ⅳ. ①TL81

中国版本图书馆 CIP 数据核字(2020)第 083322 号

核辐射探测仪器生产工(技师技能　高级技师技能)

出版发行　中国原子能出版社(北京市海淀区阜成路 43 号　100048)

责任编辑　左浚茹

责任校对　冯莲凤

责任印制　潘玉玲

印　　刷　保定市中画美凯印刷有限公司

经　　销　全国新华书店

开　　本　787 mm×1092 mm　1/16

印　　张　23. 25

字　　数　581 千字

版　　次　2020 年 5 月第 1 版　2020 年 5 月第 1 次印刷

书　　号　ISBN 978-7-5221-0564-2　　**定　价**　**162. 00 元**

网址：http://www.aep.com.cn　　**E-mail：atomep123@126.com**

发行电话：010-68452845

国家职业资格培训教程

核辐射探测仪器生产工
（技师技能　高级技师技能）

编审委员会

主　任　余剑锋

副主任　祖　斌

委　员　王安民　赵积柱　霍颖颖　陈璐璐
周　伟　姜　宏　薛昌林　吴　军
王　燕　王　婷　张士军　刘玉山
何　石　艾于琛

主　编　吴　军

编　者　张　东　杨道广　黄国良　赵　柱
张志雄　刘翠（研发中心）　刘素志
林德雨　陈　洁　王　军　布素平
宛红军　李　硕　刘翠（生产制造中心）
杨　波　王永迪　李　彪　何　林
谷　林　吕　睿　王　燕　韩清竹
刘　敏　骆彦吟　李　俊

主　审　潘德武

审　者　杨世英　赵　柱　张志雄　刘素志
刘翠（研发中心）　林德雨　陈　洁
王　军　李　硕　王　燕　王　婷
韩清竹

前　　言

为推动核行业特有职业技能培训和职业技能鉴定工作的开展，在核行业特有职业从业人员中推行国家职业资格证书制度，在人力资源和社会保障部的指导下，中国核工业集团有限公司人力资源部组织有关专家编写了《国家职业资格培训教程——核辐射探测仪器生产工》(以下简称《教程》)。

《教程》以国家职业标准为依据，内容上力求体现“以职业活动为导向，以职业技能为核心”的指导思想，紧密结合实际工作需要，注重突出职业培训特色；结构上针对本职业的职业活动的领域，按照模块化的方式，分为初级技能、中级技能、高级技能、技师技能、高级技师技能五个等级进行编写的。《教程》中的章对应于职业标准的“职业功能”，节对应“工作内容”：每节包括“学习目标”“级联操作”“工艺操作”及“自检”等单元，涵盖了职业标准中的“技能要求”和“相关知识”的基本内容。此外，针对职业标准中的“基本要求”，还专门编写了《核辐射探测仪器生产工(基础知识)》一书，内容涉及：职业道德、核物理基础知识、核辐射防护基础、电学基础知识、电子学与核电子学基础知识、机械加工及机械制图基础知识、化学基础知识、真空基础知识、其他相关的基础知识。

《教程》适用于核辐射探测仪器生产工的初级、中级、高级、技师、高级技师培训，是核辐射探测仪器生产工职业技能鉴定的指定辅导用书。

《教程》由吴军等编写，由潘德武等审核。中核控制系统工程有限公司承担了本《教程》的编写工作。

由于编者水平有限，时间仓促，加之科学技术的发展，教材中不足与错误之处在所难免，欢迎提出宝贵意见和建议。

中国核工业集团有限公司人力资源部
中核控制系统工程有限公司

目　　录

第一部分　核辐射探测器生产工技师技能

第二部分　核辐射探测仪器生产工高级技师技能

第一部分　核辐射探测器生产工技师技能

第一章　技师核辐射探测器装架

第一节　生产准备

学习目标：熟悉光电倍增管基础知识。

一、光电倍增管基础知识

1. 光电倍增管概念及术语

(1) 阳极：是一个电极，大部分电子通过它离开电极之间的空间。光电倍增管中相对于最后一级倍增极来说，阳极带正电并收集最后一级倍增极发射出来的二次电子。

(2) 电流放大：输出信号电流与光阴极光电信号电流之比。

(3) 暗电流：当光谱中没有光电倍增管对其灵敏的光或辐射时，阴极回路中的电流(阴极暗电流)或阳极回路中的电流(阳极暗电流)。

(4) 倍增极：能借助二次电子发射完成诸如电流放大之类的有用功能的电极。

(5) 光电阴极：受光照时能获得电子发射的电极。

(6) 二次发射系数：对应每一个入射的初始电子，从表面发射出的电子的平均数。

(7) 信号噪声(光电倍增管)：由于信号电流自身的统计涨落而产生的噪声输出。这与探测器在黑暗中可能出现的噪声不同。

(8) 疲劳：光电倍增管在使用当中其光谱响应特性降低的趋势。通常，响应性损失是由光电倍增管二次电子发射降低，特别是最末几级倍增极二次电子发射降低引起的。搁置一段时间后，疲劳可以恢复，但也可能无法恢复。

(9) 信号脉冲幅度：用一重复的、具有一定幅度的输入信号照射光阴极时，阳极输出脉冲的平均幅度。一般以谱线峰值的脉冲幅度表示。

(10) 最大线性电流：满足输入信号幅度与输出电流之间成线性关系的范围。定义输出电流偏离线性关系 10%的点为最大线性电流值。

(11) (脉冲)幅度分辨率：在输出脉冲幅度分布曲线上，所研究的峰的半宽度与峰值脉冲幅度的比值，以百分数表示。

(12) 噪声能当量:一个光电倍增管在全暗条件下,输出的暗脉冲幅度微分谱上的某一阈值(以能量为单位)。该阈值以上的噪声计数率为 50 次/s。该阈值以 γ 射线在 NaI(Tl) 闪烁体上的产生的单能峰为标尺,以 keV 为单位表示。

(13) 光点倍增管上升时间:用一重复的、具有一定光通量的 δ 函数光脉冲照射整个光阴极时,在输出脉冲波形前沿幅度的 10%与 90%之间的平均时间间隔。

(13) 光点倍增管下降时间:用一重复的、具有一定光通量的 δ 函数光脉冲照射整个光阴极时,在输出脉冲波形后沿幅度的 90%与 10%之间的平均时间间隔。

(14) 光电倍增管的渡越时间:光入射到光阴极(全照明)上的时间和输出脉冲前沿到达半高幅度点的时间之间的间隔。

2. 工作原理

光电倍增管是一种电真空器件。它的工作原理是建立在光电效应、二次电子发射和电子光学的理论基础上的。它的工作过程是:光子入射到光电阴极上产生电子,光电子通过电子光学输入系统进入二次电子发射倍增器,电子数得到倍增,最后阳极收集电子,形成阳极电流或电压信号。

(1) 光电阴极

光电阴极(简称光阴极)是接收光子而放出光电子的电极。一般分为半透明的端窗或四面窗阴极或不透明阴极两类。光阴极表面敷有一层逸出功很低的碱金属。

常见的光阴极材料有:

1) Ag-O-Cs

透射型光阴极。灵敏区从可见光到 1 000 nm 以上红外光区。由于暗发射很强,主要用于致冷光阴极红外光探测。

2) $SbCs_3$

应用很广的光阴极,光谱响应从紫外到可见光区。现今在端窗光电倍增管方面已逐渐被双碱光阴极代替。

3) 双碱(Sb-Rb-Cs,Sb-K-Cs)

光谱响应与 Sb-Cs 光阴极相似,但是灵敏度比 Sb-Cs 光阴极高,噪声低。对闪烁体的闪烁光的蓝光灵敏度也很高。常用于闪烁计数。

4) 高温双碱(Na_2-K-Sb)

特别适用高温环境适用,能耐温 175 ℃。主要用于石油测井。

5) 多碱(Na-K-Sb-Cs)

高、宽光谱响应,从紫外到近红外区。广泛用于宽谱区光谱仪及光子计数场合。通过光阴极的特殊加工工艺处理,长波响应可扩展至 900 nm。

(2) 电子光学输入系统

电子光学输入系统由光电阴极和第一倍增极结构构成。它的作用是使光电子尽可能多地射到第一倍增极上。在快速光电倍增管中,还要求他使光电子渡越时间分散最小。采用聚焦电极使电子光学输入系统的性能大大改善。

(3) 电子倍增器

电子倍增器由若干级倍增极组成。工作时各倍增极加上递增的电位,从光阴极发射的光电子被加速,射到第一倍增极上产生一定数量的二次电子,这些二次电子在电场作用下又被加速而入射到下一个倍增极，轰击出更多的二次电子，使电子数再次倍增。以此类推，直到电子流被阳极收集。

电子倍增器的主要类型包括：

1）环形聚焦式：主要用于侧窗光电倍增管。其主要优点是小型及响应快；

2）盒栅式：它由一系列 1/4 圆柱形的倍增极组成，属非聚焦型结构。它广泛用于端窗光电倍增管中。其结构紧凑、体积小，便于制造小直径端窗光电倍增管，增益高、时间特性差、线性电流小；

3）直线聚焦式：为聚焦型，其时间响应为盒栅式的 1/2 左右，脉冲电流较大，一般用于快时间光电倍增管中；

4）百叶窗式：非聚焦型，倍增极面积大，且均匀性好，较易制成大直径光阴极的光电倍增管，输出电流大，幅度分辨率较好，电子反馈小，增益可达 $10^8 \sim 10^9$。时间响应较差；

5）近网式：除了均匀性好与脉冲线性好之外，这种电子倍增器抗磁场性能好；

6）微通道板（MCP）：微通道板的时间响应比其他结构形式的电子倍增器快。抗磁场干扰性能较好，当应用多个阳极时具有二维探测能力。

倍增极材料应具有足够大的二次发射系数，热电子发射小，工作稳定性好。在高温光电倍增管中，还要求倍增极高温性能好。常用的材料有 Cs_3Sb，Rb-Cs-Sb，K_2CsSb，$Na_2KSb(Cs)$，Ag-Mg 合金和 Cu-Be 合金等。近年来，国外发展了 GaP(Cs)材料，对于改善光电倍增管能量、电子和时间分辨率以及增益等有重要的意义。

（4）阳极

阳极是最后收集电子，并给出输出信号的电极。它与末级倍增极之间应该有最小的极间电容，允许有较大的电流密度。因此多做成栅网状，安置在浅盒状的末级倍增极里面。由倒数第二个倍增极发射出来的二次电子，透过阳极栅网射到末级倍增极上。被轰击出来的低能电子被栅网阳极所搜集。

3. 光电倍增管的主要参数

（1）光谱响应 W

光电倍增管的光谱响应 W，是指能从光阴极轰击出光电子的光波长区间。光电阴极的光电发射是选择性的光电效应。W 的长波响应截止波长与光阴极材料性质有关，而短波阈主要决定于窗的材料。

不同的光阴极材料光电发射层和不同的窗材料，有不同的响应曲线。就是同一型号的光电倍增管，随制造工艺不同光谱响应曲线也有差异。因此，对同一型号的光电倍增管一般给出的都是典型的光谱响应。

（2）量子效率 $Q(\lambda)$

对于给定的辐射波长，光阴极的量子效率定义为光阴极发射的光电子数与入射光子数的比值 $Q(\lambda)$。

$$Q(\lambda)=\frac{\text{常数}\cdot S_{K\lambda}}{\lambda}\times 100\%$$

式中：λ——辐射波长，nm；

$S_{K\lambda}$——阴极辐照灵敏度，A/W；

常数$=\frac{hc}{e}=1\,243$(c 为光速)。

(3) 灵敏度

灵敏度一般分为辐照灵敏度和光照灵敏度。

辐照灵敏度是指光电倍增管的输出光电流除以入射辐射功率所得的商,通常以 A/W(mA/W)为单位。

光照灵敏度是指光电倍增管的输出电流除以入射光通量所得的商,通常以 A/lm(或 μA/lm)为单位。

光电阴极的灵敏度 S_K 一般用光照灵敏度表示。国际电工委员会文件(1EC306-1)规定色温为 2 854 K 的钨丝灯作为灵敏度测量的光源。光电阴极根据管型特点和用途,常给出光照或蓝光灵敏度,或两者皆给出。

阳极的光照灵敏度 S_A 以 A/lm 为单位。

(4) 光阴极灵敏度的均匀性

光阴极灵敏度的均匀性是光阴极某一给定区域的光电流与从光阴极各个区域测得之平均光电流的比值。这是大面积光阴极光电倍增管的重要特性。加工很好的光电倍增管光阴极灵敏度的均匀性可达 97%。

(5) 第一倍增极光电子收集系数 f

该系数 f 等于落到第一倍增极上的光电子数除以从光阴极上轰击出的全部光电子数所得之商。它标志着光电倍增管输入腔的电子光学特性。

第一倍增极电子收集系数 f 对光电倍增管的幅度分辨率影响很大。在较好的测谱用光电倍增管中,采用特殊的光电子聚焦结构,使第一倍增极光电子收集系数 f 达 95%~100%。

(6) 电流放大倍数(增益)G

据阳极光照灵敏度 S_A(A/lm)与阴极光照灵敏度 S_K(μA/lm)的定义,光电倍增管在一定电压下的增益 G

$$G=\frac{S_A}{S_K},\text{或 } G=\frac{I_A}{I_K}$$

式中,I_A 和 I_K 分别为一定电压下的阳极电流与阴极电流。

(7) 暗电流

当光谱中没有光电倍增管对其灵敏的光或辐照时,阴极回路中的电流称为阴极暗电流,阳极回路中的电流称为阳极暗电流。阳极暗电流是在达到一定阳极光照灵敏度所需的电压下测定的。

产生暗电流的原因包括:

1) 欧姆漏电

指管内或沿管壁玻璃表面(包括芯柱)的电阻漏电,起因于管内绝缘件、玻璃管和塑料管座的绝缘性能不好。水蒸气的凝聚、灰尘或外壳上的油渍也可能使欧姆漏电超过某一允许值。欧姆漏电流通常比较稳定,因而它对噪声的贡献不大。光电倍增管在低电压下工作时,漏电流是暗电流的主要成分。由于它与外加电压成比例,所以很好辨认。在较高电压下,欧姆漏电被其他暗电流源超过。

清除欧姆漏电的办法就是排除漏电流源。在潮湿环境中，还需将光电倍增管管座表面涂上防潮材料。它一方面可防止水蒸气凝聚产生漏电阻，同时还可以防止由高压引起的外部电弧放电。

2）热电子发射

热电子发射也成热发射、电子暗发射，主要来自光阴极本身，二次发射倍增极表面也可能产生部分热发射。这些热发射电子与阴极光电子及倍增极电子一样被倍增。热发射与增益成正比。由于热电子发射在时间上是随机的，输出暗电流包括随机的直流脉冲。在光电倍增管正常工作的条件下，这些脉冲的时间平均值就是光电倍增管暗电流的主要直流成分。对于低水平测量来说，暗电流中热电子发射成分的可变特性，是确定测量下限的决定性因素。而且，光电倍增管中这种起伏较大的噪声成分是无法补偿的。

然而，让光电倍增管工作在热电子发射占优势的电压范围内具有如下优点：在这个范围内，灵敏度与噪声之比是一个不随电压增高而变化的常数，因为不论是光电子发射，还是热电子发射被放大的倍数皆相同。

暗电流中热电子发射成分随温度变化很规则，它是阳极电路中电噪声的一个发生源，因此常用降温法来减小暗电流和噪声。

应当指出的是，对于某些光阴极，温度太低会导致光阴极阻力增大现象，即出现光电子发射被沿光阴极表面的电位降所阻止的现象。

3）离子反馈效应

当电压太高时，光电倍增管内的渡越电子便将具有足够的能量，使管内的残余气体电离，产生正离子和光子。它们又在阴极和倍增极上打出电子，经过倍增就形成了附加的暗电流。这种暗电流称为离子反馈暗电流。此时，光电倍增管的暗电流变得非常不稳定，短时间内可能增加到电路的实际允许值。这种大的暗电流持续下去将会导致灵敏面积的损伤。这种条件下的光电倍增管工作极不稳定。闪烁计数器中所谓的后脉冲的“乱真”脉冲，主要由离子反馈效应引起。

4）场致发射

在高电压下工作时，由于电极的尖端和棱角，以及由于机加工不当造成的零件边缘粗糙、毛刺等引起的电子发射称为场致发射。它也产生附加的暗电流。

除以上产生暗电流原因外，还有切伦科夫光子和屏蔽击穿导致的暗电流。

（8）噪声

暗电流是一个乱真的直流电流。噪声是由于光电倍增管内物理过程的统计性质而在输出中引起的统计起伏。信号中的起伏称为信号噪声，暗电流中的起伏称为暗电流噪声。在闪烁计数中，暗电流噪声通常用噪声能当量表示。

（9）线性电流

光电倍增管的线性电流是指管子的输出电流正比于入射到光电阴极的光通量的范围。通常定义输出电流与线性关系的直线偏离 δ 值的点作为线性电流值。δ 值一般取为5%～10%。

（10）脉冲幅度分辨率

光电倍增管的脉冲幅度分辨率是指被研究的脉冲幅度分布曲线上，相应的峰的半高宽 ΔA 与峰值幅度 A 之比，用百分数表示，即

$$R_A=\frac{\Delta A}{A}\times 100\%$$

(11) 时间特性

光电子从光阴极发射,经过倍增极到达阳极的时间成为光电倍增管的渡越时间。

(12) 稳定性

光电倍增管的稳定性是指其各参数随时间的变化率。它与工作电压、阳极和末级倍增极之间电压、阳极输出电流大小、工作时间、休息时间、工作前的“经历”、倍增极材料及制造工艺有关。

反应光电倍增管稳定性的实质性参数是阳极电流。也可以用脉冲幅度随工作时间的变化率来表示稳定性,但在测量时要考虑电子电路漂移的影响等因素。

第二节　工艺操作

学习目标: 熟悉气体探测器的工作原理及性能参数、闪烁探测器的基础知识及半导体探测器基础知识

一、气体探测器的工作原理及性能参数

1. 气体探测器坪、坪长及坪斜

气体探测器计数率-工作电压特性曲线如图 1-1 所示,计数率值与工作电压值实际上无关的那一区段,称为高压坪。坪区的高压范围 $V_1 \sim V_2$ 称为坪长,所加电压每改变 100 V,计数率 N 的改变,称为坪斜 K。K 以计数率 N 改变的百分比给出,单位为%/(100 V)即

$$K=\frac{N_2-N_1}{\frac{1}{2}(N_2+N_1)}\times 100\%\times\frac{100}{V_2-V_1}$$

对应定标器开始计数的电压值 V_S 称为起始电压。图中 V_0 是探测器正常工作时应选取的工作电压值,一般应选在坪区接近 V_1 的那一部分。

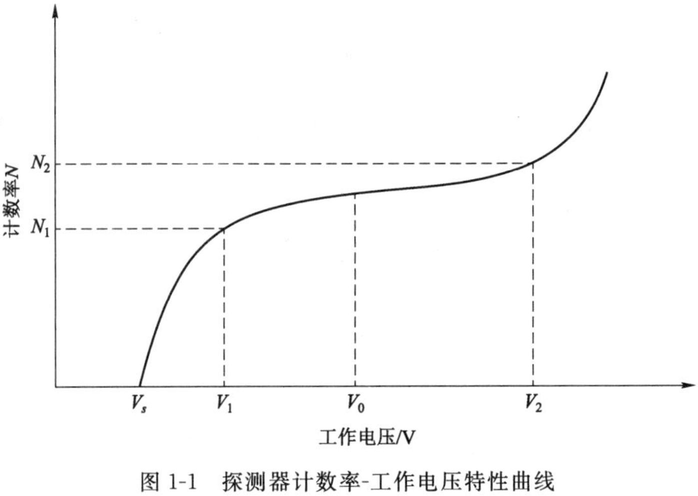

图 1-1　探测器计数率-工作电压特性曲线

2. 气体电离室的工作原理及典型结构

气体电离室工作在气体电离的饱和区Ⅱ，电离室内由入射带电粒子产生的离子被电极全部收集，而且既无离子复合，也无气体放大作用。

从结构上看，电离室相当于一个充气的密闭电容器。其典型结构为平行板和圆柱形。不管哪种结构，绝缘体是各种电离室的关键部件。其绝缘性能、结构形式与使用方法，直接影响电离室的工作性能。

保护环也是电离室的必备结构部件。其形状因电离室结构不同而异，基本作用是分路漏电流，减少流经集电极的漏电流。

(1) 平行板电离室

平行板电离室两个电极通常是圆形金属板。两板要求精准地平行。接测量仪器的板，称为收集电极。其电位随流过电离室电流的大小而改变。另一个板称为高压板，或阴极。借助直流电源使它保持在对地的高电位状态下。

为了减小电场的边缘效应，通常使两电极间的间距远远小于它们的直径。

收集电极通过绝缘体与外壳相连，保护环也与外壳绝缘。保护电极的电位保持与收集电极相近。保护环除了起减小收集电极漏电流作用之外，还使收集电极边缘电场保持均匀，从而严格规定了电离室的有效体积。

(2) 圆柱形电离室

圆柱形电离室的中心收集电极一般是一个圆棒，或者是一根较细的丝，也有做成圆筒的。圆柱形外壳是高压极(阴极)。

为了消除边端效应，在保护环的外边绝缘套上一个小金属管(场管)。其电位等于电离室中心部位同样半径处的电位。如果场管长度大于中心阳极半径，就能保证沿室的整个长度直到管端点的电力线都是径向的，从而使边缘电场均匀。

3. 电离室的分类

按工作性质，电离室可分为脉冲电离室(也成为计数电离室)及电流电离室(也成为累计电离室)两类。它们在结构上没有本质区别，只是脉冲电离室要求噪声小，而电流电离室要求漏电流小。

脉冲电离室用来记录单个入射粒子。每一个被探测的电离粒子产生一个有用的输出脉冲。脉冲电离室主要用于记录粒子的数目。

电流电离室是测量由电离辐射产生的电流的电离室。

4. 正比计数管

(1) 工作原理

正比计数管通常具有一个直径很小的正电极。能够产生气体放大的强电场区集中在正电极附近很小的区域中。被探测粒子入射正比计数管灵敏体积内引起电离时，生成正离子与电子。后者在被电极收集的过程中，受电场加速而获得足够的能量，使其能在两次碰撞之间再次使气体分子电离。因而最后收集到的电离数要比原有的初电离数大很多，即产生气体放大。在确定的条件下，该气体放大倍数 M 与初总电离数无关。这样，正比计数管的输出脉冲幅度与初总电离数呈正比关系。

正比计数管既能用于粒子计数探测，又可进行能谱测量。最常用的正比计数管是圆柱形结构。两个同心电极,半径分别为 a 和 b,且 a 远远小于 b。

(2) 特性

坪:在放射源确定的情况下,对应单能入射粒子,正比计数管输出脉冲计数率随所加电压的变化具有坪特性。因为正比计数管的输出脉冲幅度与入射能量有关,如果入射粒子具有两种能量,则计数率-工作电压特性曲线中将出现两个坪。能量高的入射粒子对应较低电压的坪区,能量低的入射粒子坪区电压较高。

如果入射粒子的能量是连续分布的,则一般情况下,正比计数管的输出脉冲计数率与工作电压之间不显示坪特性。

能量分辨率:正比计数管的能量分辨率与气体性质、压力、几何尺寸以及 M 值有关。

寿命:计数寿命是指使计数管的性能(能量分辨率、脉冲幅度等)变坏所累计的计数数目。导致计数管性能变坏的主要因素是多原子猝灭气体的分解,其次是猝灭气体分解产物会沉积在阳极丝上,从而改变了阳极丝直径和电场,减小材料的逸出功。一般使用 CH_4 猝灭的正比计数管计数寿命在 10^9～10^{11} 计数。使用 CO_2 的寿命可达 10^{11}～10^{12} 计数。

存放寿命是指计数管制成后,使其性能变坏所存放的时间。主要因素是计数管的封接工艺。

连接线路:正比计数管虽然已具有气体放大作用,但一般信号幅度仍然较小,必须配用前置放大器。

(3) BF_3(三氟化硼)正比计数管

最常见的结构是圆柱形管。中心阳极丝用钨丝制成,通过玻璃或陶瓷与外壳绝缘。外壳有玻璃和金属两种。金属外壳兼做阴极。由于铝的中子反应截面较小,经常用铝作外壳。而当用于低本底测量时,多选用不锈钢,因为铝或多或少含有部分 α 活性。

管内充 BF_3 气体,用作慢中子探测器。中子探测基于核反应法。反应方程为 $^{10}B(n,\alpha)^7Li$。反应产物核在计数管内引起电离,经气体放大后给出电压脉冲输出。BF_3 气体既是将中子转换成次级粒子的靶物质,同时又是正比计数管的工作气体。在工作电压下,典型的气体放大倍数是 100～500。

BF_3 正比计数管通常仅用作慢中子计数。它的探测效率一般没有多板电离室高,因为 BF_3 是微弱的负电性气体,管内气压不能太高。即使使用浓缩 ^{10}B 的 BF_3 气体,其典型探测器效率一般也只有 10%左右。

(4) 衬硼正比计数管

一种含硼正比计数管。利用 ^{10}B 与中子的核反应 $^{10}B(n,\alpha)^7Li$ 进行中子探测。硼是以固态薄层的形式涂到计数管的内壁上。这种结构形式的主要优点是可选用比 BF_3 性能更理想的正比计数管工作气体充入管内。其长期工作稳定性不如 BF_3 正比计数管,但其突出优点是寿命长。

衬硼正比计数管的工作气体是氩气和 15%二氧化碳。

(5) ^3He 正比计数管

一种以 ^3He 气体为工作气体的正比计数管。用于中子探测,探测基于核反应法。反应方程为 $^3He(n,p)^3H$,反应能为 765 keV。^3He 计数管中子探测效率随着充气压的增高而增加。

氦是惰性气体,不存在固态含氦化合物,因此含氦计数管只能充氦气。

降低壁效应的方法：

1）加大计数管的直径：使与计数管壁碰撞而损失部分能量的核反应产物核事件，与能量全部沉积于计数管工作气体内部的事件之比降低；

2）增高计数管的充气压：减小反应产物核在计数管体积内的射程；

3）掺入较重气体组分：在计数管工作气体内掺入一定量的较重气体组分，用以提高工作气体的阻止本领。当出于某种考虑，计数管直径、计数管充气压给定时，在计数管工作气体内掺入一定量较重气体组分的方法，成为降低壁效应的唯一选择。但此时，计数管对γ灵敏度也随之增高。

^{3}He计数管可以在较高的充气压情况下维持正常的气体放大效应，因此中子探测器效率高。由于反应能低，与等效的BF_3正比计数管相比，其对γ辐射的甄别性能较差。

长时间存放或使用过程中，空气渗入计数管是计数管性能变坏的最典型的原因。使用过程中产生负电性杂质，是性能变坏的另一个因素。与BF_3计数管一样，在管内加一层活性炭可以清除这种杂质，并延长^{3}He探测器的使用寿命。

5. 盖革-弥勒计数管

盖革-弥勒计数管是工作在盖革-弥勒区的气体电离探测器。盖革-弥勒区是气体放大系数远大于1，脉冲幅度实际上与单次电离事件在灵敏体积内生成的初电离无关的计数管的电压区间。

盖革-弥勒计数管有非自猝灭与自猝灭计数管两类。

自猝灭计数管按所充气体的性质，分为有机盖革-弥勒计数管及卤素盖革-弥勒计数管。有机猝灭计数管一般充入酒精、石油醚等有机物，卤素猝灭计数管一般充入氯、溴等卤素气体。

所有类型的盖革-弥勒计数管的结构，基本上是类似的。充气的圆柱形密闭容器，中央是一根金属丝作阳极。阳极外围有一个金属套作阴极。这两个电极皆固定在密封的玻璃套管内，有时也以阴极本身作外壳。为了获得比较大的电场强度梯度，常取阳极半径与阴极半径之比为1∶200。同时，管的有效长度必须大于阴极的直径。

多数情况下，盖革-弥勒计数管充惰性气体（氩气或氖气），有时也充氢气或氮气。

二、闪烁探测器的基础知识

1. 闪烁探测器的工作过程

闪烁探测器是将闪烁体直接或通过光导与光敏器件（光电倍增管）光耦合组成的核辐射探测器。通常，闪烁体和光电倍增管在一个避光暗盒内。

闪烁探测器的工作过程可分为五步：

1）射线进入到闪烁体中与闪烁体相互作用，使闪烁体的原子、分子电离和激发。

2）被电离、激发的原子、分子退激时，一部分电离、激发能量以光辐射的形式释放出来，形成闪烁。

3）闪烁光的一部分被收集到光电倍增管的光阴极上。

4）光子被光电阴极吸收后，发射出光电子。

5）光电子在光电倍增管中倍增，倍增的电子束在阳极上被收集，产生输出信号。

2. 闪烁体的分类

以化学结构分：有机闪烁体和无机闪烁体。

以物理形态分：固体闪烁体、液体闪烁体、气体闪烁体与固溶体闪烁体。

以核性能特点分：无机晶体闪烁体、有机晶体闪烁体、塑料闪烁体、玻璃闪烁体、液体闪烁体与气体闪烁体。

通常多采用以核性能特点的分类方法。

通常使用的 NaI(Tl)和 ZnS(Ag)属于无机闪烁体，塑料闪烁体属于有机闪烁体。

3. 闪烁体的主要特性参数

(1) 发射光谱

闪烁体发射的光子数随光子能量或波长而变化的分布曲线。闪烁体的发射光谱皆为单一峰值或多个峰值的连续谱线。

闪烁体的发射光谱与闪烁物质、激活剂、移波剂的性质、含量以及闪烁体的温度等有关。

(2) 发光效率、能量转换效率，光输出和光学效率

闪烁体的发光效率表征闪烁体将所吸收的粒子能量转变为光的本领。常用能量转换效率 P 及光输出 S 表示。能量转换效率指闪烁体发射光子的总能量与被该闪烁体吸收的入射辐射能量之比；光输出指闪烁体发射光子的总数与被该闪烁体吸收的入射辐射能量之比。

能量转换效率 P 是表征闪烁体特性的一个基本参数，对探测器的能量分辨率起到重要作用。

(3) 闪烁衰减时间

闪烁体受单次激发后，光子发射率下降到初始值的 1/e 所需的时间。闪烁衰减不仅与闪烁体种类有关，还与激活剂、闪烁物质和移波剂的性质与含量、激发闪烁的方式及闪烁体的温度等有关。

(4) 能量分辨率

闪烁探测器脉冲计数按脉冲幅度的分布曲线上峰的半高度，与该峰所对应的脉冲幅度值之比，定义为闪烁探测器的幅度分辨率或峰分辨率。当入射粒子的能量和脉冲幅度成线性关系时，则此时的脉冲幅度分辨率，或峰分辨率就是探测器的能量分辨率。能量分辨率 R_c 的计算公式为：

$$R_c=\frac{\Delta h}{h}=\frac{\Delta E}{E}$$

式中 h 和 E 分别为峰对应的幅度值和能量；Δh 和 ΔE 分别为峰的半高宽。

(5) NaI(Tl)晶体

碘化钠(铊)晶体是铊(Tl)激活的碘化钠晶体，符号位 NaI(Tl)。它是目前在 γ 射线及 X 射线探测中，应用最广的闪烁体。

它的主要特点包括：

1) 密度大，平均原子序数高，对 γ 射线及 X 射线有较大的阻止本领；

2) 能量转换密度高，相对发光效率相当于蒽晶体的两倍多；

3) 对自身的闪烁光不产生自吸收，因此可以做成大块的闪烁体；

4) 能制成很大尺寸的单晶和多晶，并易于加工成各种形状；

5) 极易潮解，必须密封在带有光学玻璃窗的金属容器中使用。

它的主要性能参数包括：

1）发射光谱主峰位在 415 nm 左右；

2）相对光输出 230%（相对蒽单晶）；

3）闪烁衰减时间为 230 ns（室温，^{137}Cs-γ 射线激发），此为主单指数衰减时间；

4）对 γ 射线，当能量大于 150 keV 时，能量响应为线性；

5）探测效率与放射源的形状、射线的能量、放射源相对于闪烁体的位置和距离、闪烁体的直径及厚度、入射窗的吸收等因素有关。

（6）ZnS（Ag）晶体

硫化锌（银）是用银（Ag）激活的硫化锌晶体，呈粉末状。符号为 ZnS（Ag）。涂敷在玻璃或有机玻璃承托板上，用来制备重带电粒子探测器，探测裂片碎片、α 粒子等。以不同方式掺入含硼、含锂或含氢物质，可做成慢中子、快中子闪烁体。由于 ZnS（Ag）闪烁体价格低，工艺简单，所以应用很广。

它的主要特点包括：

1）ZnS（Ag）闪烁体是一种多晶粉末，粒度为几微米至几十微米；

2）ZnS（Ag）闪烁体自身透明度差，只宜制备薄层闪烁体；

3）ZnS（Ag）发光效率约为蒽晶体的 3 倍；

4）闪烁衰减时间较长，慢成分达几微秒，不宜作快时间、高计数率闪烁体；

5）对重带电粒子阻止本领很大，而对 γ 与电子极不灵敏，适合于在 β、γ 辐射本底场中用幅度甄别法探测裂变碎片、α 粒子等重带电粒子。

6）能量分辨率差，只能用于辐射强度测量，不能测能谱。

它的主要性能参数包括：

① 发射光谱主峰位于 450 nm；

② 相对光输出为蒽晶体的 300%；

③ 闪烁衰减时间的快成分约为 100 ns，慢成分约为 4.5 μs。平均衰减时间为 200 ns。

（7）塑料闪烁体是有机闪烁物质在塑料中的固溶体

通常由基质、闪烁物质及移波剂组成。它属于有机闪烁体，但不是有机晶体闪烁体。它可用 α、β、γ、快中子、质子、宇宙射线及裂变碎片等的探测。它易于制成极大块的透明体，易于加工成各种形状，具有不潮解、性能稳定、耐辐照、闪烁衰减时间短与价格低廉等优点，是当今应用最广的一种闪烁体。

它的具体特点包括：

1）制作简便，价格低廉，易于加工成各种形状，如柱、矩形、片、环状等；

2）透明度高，光输出性能好，可以做成大体积闪烁体；

3）闪烁衰减时间短 10^{-8}～10^{-9} s，适用于纳秒量级的时间测量及高强度辐射的测量；

4）性能稳定，机械强度高，抗震动，耐冲击，耐潮湿，不需要封装，避光保存 8～10 年发光效率无明显变化；

5）耐辐照性能居各种闪烁体之首，可用于高照射量、强照射量率的辐射场；

6）软化温度较低，不能在高温条件下使用；

7）易溶于芳香族及酮类溶剂，乙醇、稀酸、稀碱等对它影响极微；

8）能量分辨本领差，一般只作强度测量用。

三、半导体探测器基础知识

1. 半导体概念及分类

半导体是由两种类型的载流子(电子和空穴)决定的总电导率介于金属导体和绝缘体之间的一种物质。其载流子浓度因外界作用而变化。表 1-1 列出了各类型材料的电阻率。

表 1-1　材料的电阻率

材　　料	电阻率/(Ω·cm)
导体	$<10^{-5}$
半导体	$10^{-2}\sim10^{9}$
绝缘体	$>10^{14}$

晶体中的电子能级彼此之间非常接近而形成能带。晶体中的满带与孤立原子中电子能量的基态相对应,导带与激发态相对应。满带和导带之间的禁区称为禁带。

金属导体满带和导带交织在一起;半导体的禁带宽度 Eg 为 0.1～2.2 eV,绝缘体的禁带宽度 Eg 为 2～10 eV。

半导体可分为本征半导体、P 型、N 型和补偿半导体。

本征半导体是指热平衡条件下,两种载流子浓度几乎相等的一种"纯"半导体。本征半导体在热力学温度为零度时满带被电子填满,导带是空的。

N 型、P 型半导体指含有杂质或具有其他晶格缺陷,导致两种类型的载流子浓度不同的半导体,称为杂质半导体。导电的电子浓度超过运动的空穴浓度的杂质半导体,称为电子型或 N 型半导体;运动的空穴浓度超过了导电的电子浓度的杂质半导体,称为空穴型或 P 型半导体。

补偿半导体指含有等量施主和受主杂质的半导体。在这种半导体中,一种类型的杂质对载流子的浓度的影响,部分或全部被另一种杂质的影响抵消。

P 型半导体材料与 N 型半导体材料结合后,载流子将由浓度高的区域向浓度低的区域扩散。扩散的结果,在 P 区和 N 区的界面附近形成一个结区即 PN 结。在结区中,基本上不存在载流子,只剩下施主和受主的离子,从而形成一个空间电荷区。

2. 结型半导体探测器

结型半导体探测器的灵敏区就是介于 P 型和 N 型半导体区域之间加反向偏压的 PN 结。它主要用于测量质子、α 粒子、重离子及低能电子等带电粒子。

结型半导体探测器一般用硅制作。室温下漏电流小,使用时不需冷却。

(1) 工作原理

带电粒子射入探测器的灵敏区,把其能量耗尽,通过电子从价带到导带的跃迁而产生电子-空穴对。耗尽层内的电场将自有的正负载流子分开,并将它们收集到电极上。为使信号与入射粒子的能量成正比,粒子应被耗尽层全吸收。

根据 PN 结的制备方法不同,结型半导体探测器可分为扩散型、面垒型、离子注入型和钝化离子注入平面硅(PIPS)探测器等类型。

(2) 扩散结半导体探测器

这是一种把一类杂质扩散到另一种相反类型的半导体内，形成 PN 或 NP 结的半导体探测器。其第一个字母 P 或 N 标志扩散杂质的类型。常用的是将五价磷(N 型)扩散到 P 型硅中，制成 PN 结，扩散厚度 1～2 μm。结的前、后表面的欧姆接触可用真空沉积或化学镀膜等方法实现。

扩散结探测器在加工工艺中，要经高温(800～1 000 ℃)处理，致使半导体载流子寿命缩短，影响其能量分辨率。同时扩散结死层较厚，不易获得大面积 PN 结，使其应用受到限制。

(3) 面垒半导体探测器

这是一种由表面反型层产生的结形成势垒的半导体探测器。在经过腐蚀处理的 N 型硅单晶表面蒸上一层金(约 40 $\mu g/cm^2$)或其他金属，氧化后形成反型层，从而在表面附近形成 PN 结区。这种探测器称为金硅面垒半导体探测器。

面垒探测器窗薄、噪声低、能量分辨率高、工艺简单、成品率高、易于制得大面积均匀探测器，因而比扩散结探测器用得广泛。我国目前生产的结型探测器主要是金硅面垒半导体探测器。

(4) 离子注入 PN 结探测器

这是一种利用加速器产生的具有一定能量的正离子束流，直接穿透半导体材料表面而形成 PN 结的半导体探测器。

通常用硼离子轰击 N 型硅，用磷离子轰击 P 型硅，能量在 5～100 eV 之间，视所制造的探测器而定。

离子注入 PN 结半导体探测器对环境和真空更稳定，可以在高阻硅上得到薄窗。能量分辨率不及面垒型，但由于扩散型。离子注入型缺点是由于入射离子产生强的辐射损伤，形成大量俘获和复合中心。

(5) 钝化离子注入平面硅(PIPS)探测器

该探测器属于结探测器，它是半导体钝化离子注入新工艺产品，是近几年发展极为迅速的一种新型半导体探测器。在绝大部分应用场合下，它可以代替硅面垒探测器和扩散结探测器。

PIPS 探测器的优点包括：

1) 结的全部外缘都是不可见的，因此不需要将结边缘用环氧树脂密封；

2) 接触面用离子注入法形成，可以得到精确、薄而且突变的结，使 α 粒子分辨率好；

3) 入射窗稳定而坚固，可以很容易的、可靠的清洗；

4) 漏电流的典型值是面垒型与结型探测器的 1/100～1/10；

5) 死层(窗)厚度小于类似的面垒型与扩散结型探测器。

第三节　故障判断与排除

学习目标：掌握氩弧焊的基础知识。

一、氩弧焊接基础知识

1. 氩弧焊的原理

氩弧焊技术是在普通电弧焊的原理的基础上，利用氩气对金属焊材的保护，通过高电流使焊材在被焊基材上融化成液态形成熔池,使被焊金属和焊材达到冶金结合的一种焊接技术,由于在高温熔融焊接中不断送上氩气,使焊材不能和空气中的氧气接触,从而防止了焊材的氧化,因此可以焊接不锈钢、铁类五金金属。

2. 氩弧焊的特点

(1) 焊缝质量高

由于氩气是一种惰性气体,不与金属起化学反应,合金元素不会被烧损,而氩气也不熔于金属,焊接过程基本上是金属熔化和结晶的过程,因此,保护较果好,能获得较为纯净及高质量的焊缝。

(2) 焊接变形应力小

由于电弧受氩气流的压缩和冷却作用,电弧热量集中,且氩弧的温度又很高,故热影响区小,故焊接时应力与变形小,特别造用于薄件焊接和管道打底焊。

(3) 焊接范围广

几乎可以焊接所有金属材料,特别适宜焊接化学成份活泼的金属和合金。

3. 氩弧焊的分类

氩弧焊根据电极材料的不同可分为钨极氩弧焊(不熔化极)和熔化极氩弧焊。根据其操作方法可分为手工、半自动和自动氩弧焊。根据电源又可以分为直流氩弧焊、交流氩弧焊和脉冲氩弧焊。

4. 焊前准备

(1) 阅读焊接工艺卡

了解施焊工件的材质、所需要的设备、工具和相关工艺参数,其中包括选用正确的焊机,(如焊接铝合金则需要用交流焊机),正确的选用钨极和气体流量。

首先,要从焊接工艺卡上得知焊接电流的大小等工艺参数。然后选用钨极(一般来说直径 2.4 mm 用的比较多,它的电流造应范围是 150 A～250 A,铝例外)。

再根据钨极的直径选用多大的喷嘴,钨极直径的 2.5～3.5 倍是喷嘴的内径 $D=(2.5\sim3.5)d_w$。其中,D 表示喷嘴内径(mm),d_w表示钨极直径(mm)。

最后根据喷嘴的内径选用气体流量,喷嘴内径的 0.8～1.2 倍是气的流量。$Q=(0.8\sim1.2)D$,其中 Q 表示气体流量(L/min)钨极的申出长度不可超过其喷嘴的内径直径,否则容易产生气孔。

(2) 检查焊机、供气系统、供水系统、接地是否完好

(3) 检查工件是否合格

1) 是否有油、锈等脏物(焊缝 20 mm 内必须干净、干燥)。2) 坡口角度、间隙、钝边是否合适。坡口角度、间隙大、则曾大焊接量大,易产生焊瘤。坡口角度小、间隙小、钝边厚则容易产生未熔合和焊不透。一般来说坡口角度为 30°～32°,间隙为 0～4 mm,钝边为 0～1 mm。3) 错边不能过大,一般在 1 mm 内。4) 定位焊的长度、点数是否达到要求,定位焊本身要没有缺陷。

5. 氩弧焊的操作手法

氩弧是一种左右手同时动作的操作,与我们平时生活中的左手画圆右手画方相同,所以建议在刚开始学习氩弧焊的人员进行类似的训练,对学习氩弧焊有一定的帮助。

（1）送丝：分内填丝和外填丝

外填丝可以用于打底和填充，是用较大的电流，其焊丝头在坡口正面，左手捏焊丝，不断送进熔池进行焊接，其坡口间隙要求较小或没有间隙。

其优点因为电流大、和间隙小，所以生产效率高，操作技能容易掌握。其缺点是用于打底的话因为操作者看不到钝边熔化和反面余高情况，所以容易产生未熔合和得不到理想的反面成形。

内填丝只能用于打底焊，是用左手拇指、食指或中指配合送丝动作，小指和无名指夹住焊丝控制方向，其焊丝则紧贴坡口内侧钝边处，与钝边一起熔化进行焊接，要求坡口间隙大于焊丝直径，是板材的话可以将焊丝弯成弧形。

其优点因为焊丝在坡口的反面，可以清晰地看清钝边和焊丝的熔化情况，眼睛的余光也可以看见反面余高的情况，所以焊缝熔合好好，反面余高和未熔合可得到很好的控制。缺点是操作难度大，要求焊工有较为熟练的操作技能，因为间隙大，因此焊接量有相应增加，间隙较大所以电流偏低，工作效率比外填丝要慢。

（2）运焊把，分为摇把和拖把

摇把是把焊嘴稍用力压在焊缝上面，手臂大幅度摇动进行焊接。其优点因为焊嘴压在焊缝上，焊把在运行过程非常稳定，所以焊缝保护好，质量好，外观成形非常漂亮，产品合格率高，特别是焊仰焊非常方便，焊接不锈钢时可以得到非常漂亮的外观的颜色。其缺点是学起来很难，因手臂摇动幅度大，所以无法在有障碍处施焊。

拖把是焊嘴轻轻靠或不靠在焊缝上面，右手小指或无名指也是靠或不靠在工件上，手臂摆动小，拖着焊把进行焊接。其优点是容易学会，适应性好，其缺点是成形和质量没摇把好，特别是仰焊没摇把方便施焊，焊不锈钢时很难得到理想的颜色和成形。

（3）引弧

引弧一般采用引弧器（高频振荡器或高频脉冲发生器），钨极与焊件不接触引燃电弧，没有引弧器时采用接触引弧（多用于工地安装，特别高空安装），可用紫铜或石墨放在焊件坡口上引弧，但此法比较麻烦，使用较少，一般用焊丝轻轻一划，使焊件和钨极直接短路又快速断开而引燃电弧。

（4）焊接

电弧引燃后要在焊件开始的地方预热 3～5 s，形成熔池后开始送丝。焊接时，焊丝焊枪角度要合适，焊丝送入要均匀。焊枪向前移动要平稳、左右摆动是二边稍慢，中间稍快。要密切注意熔池的变化，池熔池变大、焊缝变宽或出现下凹时，要加快焊速或重新调小焊接电流。当熔池熔合不好和送丝有送不动的感觉时，要降低焊接速度或加大焊接电流，如果是打底焊目光的注意力应集中在坡口的二侧钝边处，眼角的余光在缝的反面，注意其余高的变化。

（5）收弧：如果直接收弧很容易产生缩孔，如果是有引弧器的焊枪要断续收弧或调到适当的收弧电流慢收弧，如是没有引弧器焊机则缓将电弧引到坡口的一边，不要产生收缩孔，如产生收缩孔要打磨干净后方可施焊。

收弧如果是在接头处时，应先将待接头处打磨成斜口，待接头处充分熔化后再向前焊 10～20 mm 再缓慢收弧，不可产生缩孔。在生产中经常看见接头不打磨成斜口，直接加长接头处焊接时间进行接头，这是很不好的习惯，这样接头处容易产生内凹、接头未熔合和反面脱节影响成形美观，如是高合金材料还很容易产生裂纹。

焊后检查外观合格，人走要关闭电源和气。

第四节 培训与指导

学习目标： 掌握培训教学的基本方法和教学大纲的编写。

一、培训教学的基本方法

核辐射探测仪器制造高级技师应能培训和指导高级工的操作，因此掌握培训教学的基本方法和教学大纲的编写是很有必要的。

1. 培训教学的特点

培训教学具有如下几个特点：

(1) 具有较强的针对性和实用性。职业培训目标、专业设置、教学内容等均根据职业技能标准、劳动力市场需求和用人单位的实际要求确定。经过职业培训的毕(结)业生可上岗作业。

(2) 具有较强的灵活性。在培训形式上可采取联合办学、委托培训、定向培训等方式；在培训期限上采取长短结合的方式，可以脱产也可以半脱产；在培养对象上依据岗位的实际需要灵活确定；在教学形式上不受某种固定模式的限制，根据职业标准的要求采取多种形式的教学手段。

(3) 教学与生产相结合。主要体现在一方面教学要紧紧围绕生产实际进行，另一方面要贯彻勤工俭学、自立更生和艰苦奋斗的原则，通过教学与生产经营相结合，既培养了人才，又创造了物质财富，获得社会、经济的双重效益。

(4) 培训方法上强调理论知识教育与实际操作训练相结合，突出技能操作训练。

2. 培训教学的模式

(1) 讲授法：传统的培训方式。优点：运用起来方便，便于培训者控制整个过程。缺点：单向信息传输，反馈效果差，教师和学员的互动少。用于一些理念性知识的培训。对核辐射仪器制造人员高级工的理论知识的培训适用此模式。

(2) 视听技术法：通过现代视听技术，对学员进行培训。优点：直观鲜明。缺点：学员的反馈与实践较差，且制作和购买的成本高，内容易过时。

(3) 讨论法：一般可分成小组讨论和研讨会两种方式。小组讨论的特点是信息交流时方式为多向传递，学员的参与性高，费用较低。多用于巩固知识，训练学员分析、解决问题的能力与人际交往的能力，但运用时对培训教师的要求较高。研讨会以主题演讲为主，中途或会后允许学员与演讲者进行交流沟通。优点是信息可以多向传递，缺点是费用较高。

(4) 案例研讨法：这一方式使用费用低，反馈效果好，可以有效训练学员分析解决问题的能力。另外案例、讨论的方式也可用于知识类的培训，且效果更佳。

(5) 角色扮演法：学员在培训教师设计的工作情况中扮演其中角色，其他学员与培训教师在学员表演后作适当的点评。由于信息传递多向化，反馈效果好、实践性强、费用低，因而多用于人际关系能力的训练。

（6）互动小组法：也成敏感训练法。此法主要适用于管理人员的人际关系与沟通训练。让学员在培训活动中亲身体验来提高他们处理人际关系的能力。其优点是可明显提高人际关系与沟通的能力，但其效果在很大程度上依赖于培训教师的水平。

（7）网络培训法：是一种新型的计算机网络信息培训方式，投入较大。但由于使用灵活，符合分散式学习的新趋势，节省学员集中培训的时间和费用。这种方式信息量大，新知识、新观念传递优势明显，更适合成人学习。因此，特别为实力雄厚的企业所青睐，也是培训发展的一个必然趋势。

（8）项目教学法：教师的指导下亲自处理一个项目的全过程，在这一过程中学习掌握教学计划内的教学内容。学生全部或部分独立组织、安排学习行为，解决在处理项目中遇到的困难，提高了学生的兴趣，自然能调动学习的积极性。因此“项目教学法”是一种典型的以学生为中心的教学方法。对核辐射探测仪器制造高级工的实操的指导适合此方法。

3. 培训的效果评价

培训效果评价一般用培训效果评价表来表示，表中一般要注明课题名称、培训教师、培训时间、培训课时、培训地点、培训人员、考核方式、培训内容、培训效果评价等内容。

培训效果评价表的模板如表 1-2 表示。

表 1-2　培训效果评价表

课题名称		培训时间	
培训地点		培训教师	
培训课时		考核方式	
培训人员			
培训内容			
培训效果评价			

二、培训计划和培训大纲的编写

1. 培训计划和培训大纲的概念

（1）培训计划

根据一定的培训目的和培养目标制定的教学和培育工作的指导文件。它决定着培训内容总的方向和总的结构，并对有关培训的教学、培育活动、生产劳动和课外活动等方面作出全面安排，具体规定培训项目的学科设置、各门学科的教学顺序、教学时数以及各种活动等。

（2）培训大纲

是根据培训计划中规定的各门学科（课程）的目的、任务而编写的指导性文件。它以纲要的形式，具体规定每门学科知识、技能的范围、深度以及体系、结构，同时规定教学的一般进度和对教学法的基本要求。其一般分为“说明”“正文”两部分。

(3) 培训计划和培训大纲的关系

培训大纲是按照项目培训计划要求,各培训课程在项目培训计划中的地位、作用、性质、目的和任务而规定的培训内容、结构体系、知识范围、教学要求等的基本纲要。培训大纲是实施培训计划的基本保证,也是编写培训教材、组织培训教学、进行教学质量考核的指导性文件。

2. 培训计划编写的依据

(1) 培训需求调查分析

培训需求可分三个层面:组织层面的需求、职务层面的需求和个人层面的需求。

组织层面的需求包括企业经营策略方针,企业使命、战略目标、策略和文化分析以及企业生命周期所处阶段,这时培训的最大前提,为了企业战略及策略目标的达成,培训必须依据企业经营的策略方针来进行。组织层面的分析就是要解决公司高层管理者这样的问题:培训对实现我们的经营目标重要吗?培训将会怎样支持我们战略目标的实现?哪些职能部门和经营单位需要培训?从一个发展阶段来看,企业所处生命周期不同,其相应的组织培训需求就有所不同。

职务层面的需求是按照企业岗位职务能力标准,对担当工作的员工的工作能力、工作态度和工作业绩进行比较分析,以确定员工能否胜任,进而确定企业培训需求。职务层面的培训需求主要通过职务分析、问卷调查以及与部门主管面谈的方式进行。

个人层面的需求是通过对员工个人工作要求、工作结果、素质条件、工作态度以及发展要求进行评估,以确定培训对象和内容。其中对关键岗位的人员情况要进行重点分析。个人层面的需求主要通过与员工的个人面谈结合需求调查表进行。

在进行培训需求分析过程中,对于出现的工作差异,要首先确定改变这些差异的重要性,判断改变这种差异是当前需求还是未来需求?管理层是否支持这种改变?应该按什么顺序进行改变?有没有资源和政策上的保证等,最重要的是判断培训是否是解决这种差异最有效的方法。否则,盲目培训不但效果不好,而且劳民伤财。

(2) 依据国家职业标准要求

国家标准是制定培训计划和培训大纲的基础。培训计划和培训大纲应该涵盖职业标准的全部内容,但也不能超出职业标准的内容。

(3) 根据公司生产工艺及技术装备

编写培训计划和培训大纲要考虑公司现有的生产工艺、技术水平和技术装备等,否则培训计划和培训大纲就不现实、不能够具体实施的。

培训是为了满足管理者的需要和工作任务的需要,而不是单纯为满足员工需要。

3. 培训计划的内容

培训计划要解决 5W1H 问题,即

Why(为什么要培训?):培训的目的;

Who(谁?):培训的负责人、培训的对象;

What(培训的内容是什么?):培训的内容;

When(什么时候、时间?):培训的时间、期限;

Where(在哪里?):培训的场地;

How(如何进行?):培训的方法。

4．培训大纲编写的原则

（1）符合教学计划要求。

1）明确本门课程在教学计划中的地位和作用；

2）通过本门课程的学习需达到什么目的和要求；

3）体现各技能等级层次在培养规格、要求等方面上的差别；

4）重视应用技术与实践创新能力的培养。

（2）结合开放教育的特点，贯彻“少而精，求实效”的原则。

1）结合开放教育特点，考虑教学对象，教学内容难易要适中，教学总量要合理控制；

2）公共基础课和专业基础课的教学内容根据专业课的要求以必需、够用为标准，突出重点；

3）教学内容的精简标准以学生所学知识在量上符合专业培养目标和在一定时间内能吸收消化为限度；

4）要求反应学科的新成果，体现理论知识与实践应用能力的结合；

5）在文字表述上要力求精炼、准确。

（3）对操作技能类的课程要突出其指导与训练的特点，要针对其各教学环节有明确、具体的要求，且有较强的可操作性。

（4）同工种、同等级的相同课程（主要是基础课和专业基础课）原则上使用统一大纲、统一教材。

5．培训大纲编写的内容和基本结构

培训大纲编写应包括大纲说明和大纲内容。

（1）大纲说明

这是培训大纲编写中必须强调的一部分，主要包括六点内容：

1）本课程的性质与地位、目的与任务；

2）本课程适用的主要专业及其他说明；

3）本课程与相关课程的前后衔接关系；

4）本课程的基本教学（包括实践性环节方面）要求；

5）本课程的教学方法和教学形式建议；

6）本课程内容的教学要求层次。

（2）大纲正文

1）教学要求：在教学要求中目的与要求应予以明确、具体、层次清楚，进一步增强和培养学员的逻辑思维能力与创造能力。

教学要求层次的术语通常有：知道、了解、理解、明确、能、学会、掌握、熟练掌握等。

对有关定义、定理、性质、特征等概念的内容可按“知道、了解、理解”三个层次要求；

有关计算、解法、公式、法则等方法的内容，可按“会、掌握、熟练掌握”三个层次要求；

技能（实践环节）可按：指认、学会、能、测定（测绘）、掌握、应用等几个层次要求来把握。

在编写时，应根据课程的性质与要求采用相应的定性词汇，并注明不同教学层次所对应的考核要求。

2）教学内容及课时：明确教学的内容和课时。

3) 教学建议:明确教学内容中重点与难点的教学要求,建议教师采用的教学方法和教学手段等。

第五节 管 理

学习目标: 熟悉组织管理基础知识和质量管理基础知识。

一、组织管理基础知识

1. 组织的概述

(1) 组织的定义

人们为了实现一定的目标,相互结合、确定职位、明确责任与义务、分工合作、协调行动的人工系统及其运转过程。

(2) 组织的特征

1) 组织必须有一个共同的目标。

2) 组织要有不同层次的权利和责任制度。

3) 组织包括不同层次的分工和合作。

4) 组织的功能在于协调人们的活动去实现共同的目标。

(3) 组织的四层次

1) 决策层:领导对近期与远期的计划与决策项目选择。

2) 控制层:高层管理者(领导班子)对各部门建立有效的控制体系。

3) 管理层:(从高层到各中层干部)知道自己的职责与权力是什么,发挥其管理作用。

4) 经营层:经营层(各部门)执行决策,动员全体人员完成组织的总体目标。

2. 组织管理原则

任何社会活动都应是有组织的活动,任何组织都有一个与其功能与目标相适应的组织机构及其设置原则。尽管由于客观条件和所承受的任务不同,不同层次的企业其具体的社会职能有所侧重和差异,但组织设置的科学合理与否,直接关系着组织的功能能否有效发挥,组织管理一般应遵循以下原则:

(1) 任务目标原则

任何组织都有特定的任务和目标,每个组织及其组成部分,都应当与这一目标相关联;组织的调整、增加、合并或取消,都应该以能否实现目标为标准。做到分工合理,协作明确。每个部门及员工的工作范围、相互关系、协作方法、权利责任等,都应有明确规定。

(2) 因人设岗与因事设岗辩证使用的原则

从管理学的角度讲,因事设岗是正确的,而因人设岗是不科学的。但事实上,中国很多企业都采用因人设岗的原则并且取得了成功。

1) 对于高层岗位要采用因人设岗的原则。因为高层管理人员属于职业经理人阶层,目前还比较稀缺,因人设岗还是必要的。

2) 为了留住核心竞争力的人才(一般是高级技术人才或高级专业人才),可以采用因人设岗原则。

3）一旦组织的高层人员老化，为了及时培养接班人可以采用因人设岗原则。

4）对于普通岗位来说，可选择的余地很多，采取因事设岗或因岗位择人，问题不大。

（3）集权和分权相结合的原则

集权与分权的关系是辩证统一，一般表现为统一领导、分级管理。集权到什么程度，应该以不妨碍下级积极性为限；分权到什么程度，应该以上级不失去对下级的有效控制为限。分权要使结果可控，必须有控制系统辅助，可以使授权的上级放心分权，做到“用人不疑”，也可以防止受权者不滥用权力，保证分权能达到预期效果。

（4）命令统一原则

从管理的常识来看，一定要避免多头领导，做到统一指挥。实质也就是要进行统一领导，消除多头领导和无人负责现象。

（5）管理幅度与管理层级适度原则

管理幅度指平均每位干部下属员工的数量配备，管理层级指最高管理者到最基层员工之间设了几层机构。

管理幅度与管理层级是对应的关系：管理幅度越大，管理层级就越少；管理幅度越小，管理层级就越多。管理者由于精力有限，有效管理幅度就受到一定限制。管理幅度过小，造成越级指挥、多头指挥、越权指挥；管理幅度越宽，对干部素质要求越高，虽可降低管理中间层次，但管理幅度超过一定范围，势必导致管理人员负担过重，无法对下属人员施加必要的监督和有效的指导，从而影响工作效率。

二、质量管理基础知识

1. 质量管理概述

质量管理是在质量方面指挥和控制组织的协调的活动。质量管理涉及组织的各个方面，它要求围绕产品质量形成的全过程，通过制定质量方针和实现质量目标，向市场提供符合顾客和其他相关方要求的产品。因此，质量首先是一个满足客户需要和要求的问题。这意味着质量管理的焦点必须放在为客户服务并使之满意上。

质量管理的主要活动通常包括：制定质量方针和质量目标；进行质量策划、质量控制、质量保证和质量改进。在这些活动中，质量策划、质量控制、质量保证和质量改进都是为制定质量方针和实现质量目标而进行的。当质量方针、质量目标实现后应重新进行质量策划、质量控制、质量保证和质量改进。

质量管理的三大目标包括提高顾客满意度、缩短流程和减少缺陷。

影响质量的因素包括 4M1E，即材料、机器、人、方法和环境。

2. 质量管理原则

（1）五不放过原则

在质量管理中需做到：

1）原因找不到，不放过——追查原因；

2）责任分不清，不放过——选择对策；

3）纠正措施不落实，不放过——草拟行动；

4）纠正措施不验证，不放过——成果比较；

5）有效措施不纳入，不放过——标准化。

(2) 员工的工作质量具体要求

1）熟悉检验标准、了解操作规范的内容要求。

2）树立“质量是生产出来的，不是检验出来的”的思想。

3）严格遵守品质保证的三不政策和三不放过原则。

三不政策包括不接受不良品(互检)、不制造不良品(自检)以及不流出不良品(自检和互检)。

三不放过原则指事件原因分析不清不放过；事件责任者与群体未受到教育不放过；事件没有防范措施不放过。

(3) 不合格品的控制

1）不合格品指未满足明示的、习惯上隐含的或必须履行的需求和期望的产品。

2）不合格品的控制要求包括标识、记录、评审、隔离和处置。

3）不合格品评审和处置的方法有返工、让步接收、降级、拒收或报废。

(4) 质量意识

所谓质量意识：首先要保证我们的产品是合格的。符合产品的规格要求，另外整个生产流程要严格遵照企业生产流程的管理规定。

作为员工，不仅仅是被动接受，更要不断提出改善意见，促进质量的提高。所以生产现场人员应注意以下事项：

1）不要踩踏产品(原材料、半成品和成品)；

2）不要让不合格品流到下一工序；

3）不要抛扔产品；

4）不要把产品直接放在地上；

5）不要不按操作规范作业；

6）不要无首检作业；

7）不要乱摆放产品；

8）不要一味追求速度；

9）不要机器带病作业；

10）不要“知情不报”。

思考题

1. 光电倍增管的原理是什么？
2. 半导体探测器的优缺点有哪些？
3. 氩弧焊的原理是什么？

参考文献

[1] 胡汉泉，王迁. 真空物理与技术及其在电子器件中的应用[M]. 北京：国防工业出版社，1982.
[2] 黄运添. 电子材料与工艺学(材料部分)[M]. 西安：西安交通大学出版社，1983.
[3] 汲长松. 核辐射探测器及其实验技术手册[M]. 北京：原子能出版社，2010.

第二章　技师核探测元件排气

第一节　生产准备

学习目标：熟悉光电倍增管基础知识。

一、光电倍增管基础知识

1. 光电倍增管概念及术语

(1) 阳极：是一个电极，大部分电子通过它离开电极之间的空间。光电倍增管中相对于最后一级倍增极来说，阳极带正电并收集最后一级倍增极发射出来的二次电子。

(2) 电流放大：输出信号电流与光阴极光电信号电流之比。

(3) 暗电流：当光谱中没有光电倍增管对其灵敏的光或辐射时，阴极回路中的电流（阴极暗电流）或阳极回路中的电流（阳极暗电流）。

(4) 倍增极：能借助二次电子发射完成诸如电流放大之类的有用功能的电极。

(5) 光电阴极：受光照时能获得电子发射的电极。

(6) 二次发射系数：对应每一个入射的初始电子，从表面发射出的电子的平均数。

(7) 信号噪声（光电倍增管）：由于信号电流自身的统计涨落而产生的噪声输出。这与探测器在黑暗中可能出现的噪声不同。

(8) 疲劳：光电倍增管在使用当中其光谱响应特性降低的趋势。通常，响应性损失是由光电倍增管二次电子发射降低，特别是最末几级倍增极二次电子发射降低引起的。搁置一段时间后，疲劳可以恢复，但也可能无法恢复。

(9) 信号脉冲幅度：用一重复的、具有一定幅度的输入信号照射光阴极时，阳极输出脉冲的平均幅度。一般以谱线峰值的脉冲幅度表示。

(10) 最大线性电流：满足输入信号幅度与输出电流之间成线性关系的范围。定义输出电流偏离线性关系 10%的点为最大线性电流值。

(11) （脉冲）幅度分辨率：在输出脉冲幅度分布曲线上，所研究的峰的半宽度与峰值脉冲幅度的比值，以百分数表示。

(12) 噪声能当量：一个光电倍增管在全暗条件下，输出的暗脉冲幅度微分谱上的某一阈值（以能量为单位）。该阈值以上的噪声计数率为 50 次/s。该阈值以 γ 射线在 NaI(Tl) 闪烁体上的产生的单能峰为标尺，以 keV 为单位表示。

(13) 光点倍增管上升时间：用一重复的、具有一定光通量的 δ 函数光脉冲照射整个光阴极时，在输出脉冲波形前沿幅度的 10%与 90%之间的平均时间间隔。

(14) 光点倍增管下降时间：用一重复的、具有一定光通量的 δ 函数光脉冲照射整个光阴极时，在输出脉冲波形后沿幅度的 90%与 10%之间的平均时间间隔。

(15) 光电倍增管的渡越时间：光入射到光阴极（全照明）上的时间和输出脉冲前沿到达

半高幅度点的时间之间的间隔。

2. 工作原理

光电倍增管是一种电真空器件。它的工作原理是建立在光电效应、二次电子发射和电子光学的理论基础上的。它的工作过程是:光子入射到光电阴极上产生电子,光电子通过电子光学输入系统进入二次电子发射倍增器,电子数得到倍增,最后阳极收集电子,形成阳极电流或电压信号。

(1) 光电阴极

光电阴极(简称光阴极)是接收光子而放出光电子的电极。一般分为半透明的端窗或四面窗阴极或不透明阴极两类。光阴极表面敷有一层逸出功很低的碱金属。

常见的光阴极材料有:

1) Ag-O-Cs

透射型光阴极。灵敏区从可见光到 1 000 nm 以上红外光区。由于暗发射很强,主要用于致冷光阴极红外光探测。

2) $SbCs_3$

应用很广的光阴极,光谱响应从紫外到可见光区。现今在端窗光电倍增管方面已逐渐被双碱光阴极代替。

3) 双碱(Sb-Rb-Cs,Sb-K-Cs)

光谱响应与 Sb-Cs 光阴极相似,但是灵敏度比 Sb-Cs 光阴极高,噪声低。对闪烁体的闪烁光的蓝光灵敏度也很高。常用于闪烁计数。

4) 高温双碱(Na_2-K-Sb)

特别适用高温环境适用,能耐温 175 ℃。主要用于石油测井。

5) 多碱(Na-K-Sb-Cs)

高、宽光谱响应,从紫外到近红外区。广泛用于宽谱区光谱仪及光子计数场合。通过光阴极的特殊加工工艺处理,长波响应可扩展至 900 nm。

(2) 电子光学输入系统

电子光学输入系统由光电阴极和第一倍增极结构构成。它的作用是使光电子尽可能多的射到第一倍增极上。在快速光电倍增管中,还要求他使光电子渡越时间分散最小。采用聚焦电极使电子光学输入系统的性能大大改善。

(3) 电子倍增器

电子倍增器由若干级倍增极组成。工作时各倍增极加上递增的电位,从光阴极发射的光电子被加速,射到第一倍增极上产生一定数量的二次电子,这些二次电子在电场作用下又被加速而入射到下一个倍增极,轰击出更多的二次电子,使电子数再次倍增。以此类推,直到电子流被阳极收集。

电子倍增器的主要类型包括:

1) 环形聚焦式:主要用于侧窗光电倍增管。其主要优点是小型及响应快;

2) 盒栅式:它由一系列 1/4 圆柱形的倍增极组成,属非聚焦型结构。它广泛用于端窗光电倍增管中。其结构紧凑、体积小,便于制造小直径端窗光电倍增管,增益高、时间特性差、线性电流小;

3) 直线聚焦式:为聚焦型,其时间响应为盒栅式的 1/2 左右,脉冲电流较大,一般用于快时间光电倍增管中；

4）百叶窗式：非聚焦型，倍增极面积大，且均匀性好，较易制成大直径光阴极的光电倍增管，输出电流大，幅度分辨率较好，电子反馈小，增益可达 $10^8 \sim 10^9$。时间响应较差；

5）近网式：除了均匀性好与脉冲线性好之外，这种电子倍增器抗磁场性能好；

6）微通道板（MCP）：微通道板的时间响应比其他结构形式的电子倍增器快。抗磁场干扰性能较好，当应用多个阳极时具有二维探测能力。

倍增极材料应具有足够大的二次发射系数，热电子发射小，工作稳定性好。在高温光电倍增管中，还要求倍增极高温性能好。常用的材料有 Cs_3Sb，Rb-Cs-Sb，K_2CsSb，$Na_2KSb(Cs)$，Ag-Mg 合金和 Cu-Be 合金等。近年来，国外发展了 GaP(Cs)材料，对于改善光电倍增管能量、电子和时间分辨率以及增益等有重要的意义。

（4）阳极

阳极是最后收集电子，并给出输出信号的电极。它与末级倍增极之间应该有最小的极间电容，允许有较大的电流密度。因此多做成栅网状，安置在浅盒状的末级倍增极里面。由倒数第二个倍增极发射出来的二次电子，透过阳极栅网射到末级倍增极上。被轰击出来的低能电子被栅网阳极所搜集。

3. 光电倍增管的主要参数

（1）光谱响应 W

光电倍增管的光谱响应 W，是指能从光阴极轰击出光电子的光波长区间。光电阴极的光电发射是选择性的光电效应。W 的长波响应截止波长与光阴极材料性质有关，而短波阈主要决定于窗的材料。

不同的光阴极材料光电发射层和不同的窗材料，有不同的响应曲线。就是同一型号的光电倍增管，随制造工艺不同光谱响应曲线也有差异。因此，对同一型号的光电倍增管一般给出的都是典型的光谱响应。

（2）量子效率 $Q(\lambda)$

对于给定的辐射波长，光阴极的量子效率定义为光阴极发射的光电子数与入射光子数的比值 $Q(\lambda)$。

$$Q(\lambda)=\frac{常数\cdot S_{K\lambda}}{\lambda}\times 100\%$$

式中：λ——辐射波长，nm；

$S_{K\lambda}$——阴极辐照灵敏度，A/W；

常数$=\frac{hc}{e}=1\,243$（c 为光速）。

（3）灵敏度

灵敏度一般分为辐照灵敏度和光照灵敏度。

辐照灵敏度是指光电倍增管的输出光电流除以入射辐射功率所得的商，通常以 A/W（mA/W）为单位。

光照灵敏度是指光电倍增管的输出电流除以入射光通量所得的商，通常以 A/lm（或 μA/lm）为单位。

光电阴极的灵敏度 S_K 一般用光照灵敏度表示。国际电工委员会文件（1EC306-1）规定色温为 2 854 K 的钨丝灯作为灵敏度测量的光源。光电阴极根据管型特点和用途,常给出光照或蓝光灵敏度,或两者皆给出。

阳极的光照灵敏度 S_A 以 A/lm 为单位。

(4) 光阴极灵敏度的均匀性

光阴极灵敏度的均匀性是光阴极某一给定区域的光电流与从光阴极各个区域测得之平均光电流的比值。这是大面积光阴极光电倍增管的重要特性。加工很好的光电倍增管光阴极灵敏度的均匀性可达 97%。

(5) 第一倍增极光电子收集系数 f

该系数 f 等于落到第一倍增极上的光电子数除以从光阴极上轰击出的全部光电子数所得之商。它标志光电倍增管输入腔的电子光学特性。

第一倍增极电子收集系数 f 对光电倍增管的幅度分辨率影响很大。在较好的测谱用光电倍增管中,采用特殊的光电子聚焦结构,使第一倍增极光电子收集系数 f 达 95%～100%。

(6) 电流放大倍数(增益)G

据阳极光照灵敏度 S_A(A/lm)与阴极光照灵敏度 S_K(μA/lm)的定义,光电倍增管在一定电压下的增益 G

$$G=\frac{S_A}{S_K}, \text{或 } G=\frac{I_A}{I_K}$$

式中,I_A 和 I_K 分别为一定电压下的阳极电流与阴极电流。

(7) 暗电流

当光谱中没有光电倍增管对其灵敏的光或辐照时,阴极回路中的电流称为阴极暗电流,阳极回路中的电流称为阳极暗电流。阳极暗电流是在达到一定阳极光照灵敏度所需的电压下测定的。

产生暗电流的原因包括:

1) 欧姆漏电

指管内或沿管壁玻璃表面(包括芯柱)的电阻漏电,起因于管内绝缘件、玻璃管和塑料管座的绝缘性能不好。水蒸汽的凝聚、灰尘或外壳上的油渍也可能使欧姆漏电超过某一允许值。欧姆漏电流通常比较稳定,因而它对噪声的贡献不大。光电倍增管在低电压下工作时,漏电流是暗电流的主要成分。由于它与外加电压成比例,所以很好辨认。在较高电压下,欧姆漏电被其他暗电流源超过。

清除欧姆漏电的办法就是排除漏电流源。在潮湿环境中,还需将光电倍增管管座表面涂上防潮材料。它一方面可防止水蒸汽凝聚产生漏电阻,同时还可以防止由高压引起的外部电弧放电。

2) 热电子发射

热电子发射也成热发射、电子暗发射,主要来自光阴极本身,二次发射倍增极表面也可能产生部分热发射。这些热发射电子与阴极光电子及倍增极电子一样被倍增。热发射与增益成正比。由于热电子发射在时间上是随机的,输出暗电流包括随机的直流脉冲。在光电倍增管正常工作的条件下,这些脉冲的时间平均值就是光电倍增管暗电流的主要直流成分。对于低水平测量来说,暗电流中热电子发射成分的可变特性,是确定测量下限的决定性因素。而且，光电倍增管中这种起伏较大的噪声成分是无法补偿的。

然而，让光电倍增管工作在热电子发射占优势的电压范围内具有如下优点：在这个范围内，灵敏度与噪声之比是一个不随电压增高而变化的常数，因为不论是光电子发射，还是热电子发射被放大的倍数皆相同。

暗电流中热电子发射成分随温度变化很规则，它是阳极电路中电噪声的一个发生源，因此常用降温法来减小暗电流和噪声。

应当指出的是，对于某些光阴极，温度太低会导致光阴极阻力增大现象，即出现光电子发射被沿光阴极表面的电位降所阻止的现象。

3）离子反馈效应

当电压太高时，光电倍增管内的渡越电子便将具有足够的能量，使管内的残余气体电离，产生正离子和光子。它们又在阴极和倍增极上打出电子，经过倍增就形成了附加的暗电流。这种暗电流称为离子反馈暗电流。此时，光电倍增管的暗电流变得非常不稳定，短时间内可能增加到电路的实际允许值。这种大的暗电流持续下去将会导致灵敏面积的损伤。这种条件下的光电倍增管工作极不稳定。闪烁计数器中所谓的后脉冲的“乱真”脉冲，主要由离子反馈效应引起。

4）场致发射

在高电压下工作时，由于电极的尖端和棱角，以及由于机加工不当造成的零件边缘粗糙、毛刺等引起的电子发射称为场致发射。它也产生附加的暗电流。

除以上产生暗电流原因外，还有切伦科夫光子和屏蔽击穿导致的暗电流。

(8）噪声

暗电流是一个乱真的直流电流。噪声是由于光电倍增管内物理过程的统计性质而在输出中引起的统计起伏。信号中的起伏称为信号噪声，暗电流中的起伏称为暗电流噪声。在闪烁计数中，暗电流噪声通常用噪声能当量表示。

(9）线性电流

光电倍增管的线性电流是指管子的输出电流正比于入射到光电阴极的光通量的范围。通常定义输出电流与线性关系的直线偏离 δ 值的点作为线性电流值。δ 值一般取为 5%～10%。

(10）脉冲幅度分辨率

光电倍增管的脉冲幅度分辨率是指被研究的脉冲幅度分布曲线上，相应的峰的半高宽 ΔA 与峰值幅度 A 之比，用百分数表示，即

$$R_A = \frac{\Delta A}{A} \times 100\%$$

(11）时间特性

光电子从光阴极发射，经过倍增极到达阳极的时间成为光电倍增管的渡越时间。

(12）稳定性

光电倍增管的稳定性是指其各参数随时间的变化率。它与工作电压、阳极和末级倍增极之间电压、阳极输出电流大小、工作时间、休息时间、工作前的“经历”、倍增极材料及制造工艺有关。

反应光电倍增管稳定性的实质性参数是阳极电流。也可以用脉冲幅度随工作时间的变

化率来表示稳定性,但在测量时要考虑电子电路漂移的影响等因素。

第二节　工艺操作

学习目标： 熟悉气体探测器的工作原理及性能参数、闪烁探测器的基础知识及半导体探测器基础知识,掌握真空镀膜、发射极活化相关知识。

一、气体探测器的工作原理及性能参数

1. 气体探测器坪、坪长及坪斜

气体探测器计数率-工作电压特性曲线如图 2-1 所示,计数率值与工作电压值实际上无关的那一区段,称为高压坪。坪区的高压范围 $V_1 \sim V_2$ 称为坪长,所加电压每改变 100 V,计数率 N 的改变,称为坪斜 K。K 以计数率 N 改变的百分比给出,单位为%/(100 V)即

$$K=\frac{N_2-N_1}{\frac{1}{2}(N_2+N_1)}\times 100\%\times\frac{100}{V_2-V_1}$$

对应定标器开始计数的电压值 V_S 称为起始电压。图中 V_0 是探测器正常工作时应选取的工作电压值,一般应选在坪区接近 V_1 的那一部分。

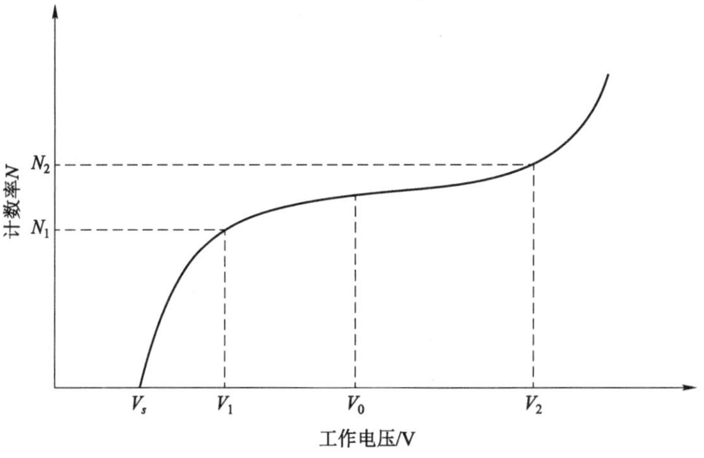

图 2-1　探测器计数率-工作电压特性曲线

2. 气体电离室的工作原理及典型结构

气体电离室工作在气体电离的饱和区Ⅱ,电离室内由入射带电粒子产生的离子被电极全部收集,而且既无离子复合,也无气体放大作用。

从结构上看,电离室相当于一个充气的密闭电容器。其典型结构为平行板和圆柱形。不管哪种结构,绝缘体是各种电离室的关键部件。其绝缘性能、结构形式与使用方法,直接影响电离室的工作性能。

保护环也是电离室的必备结构部件。其形状因电离室结构不同而异,基本作用是分路漏电流,减少流经集电极的漏电流。

（1）平行板电离室

平行板电离室两个电极通常是圆形金属板。两板要求精准地平行。接测量仪器的板，称为收集电极。其电位随流过电离室电流的大小而改变。另一个板称为高压板，或阴极。借助直流电源使它保持在对地的高电位状态下。

为了减小电场的边缘效应，通常使两电极间的间距远远小于它们的直径。

收集电极通过绝缘体与外壳相连，保护环也与外壳绝缘。保护电极的电位保持与收集电极相近。保护环除了起减小收集电极漏电流作用之外，还使收集电极边缘电场保持均匀，从而严格规定了电离室的有效体积。

（2）圆柱形电离室

圆柱形电离室的中心收集电极一般是一个圆棒，或者是一根较细的丝，也有做成圆筒的。圆柱形外壳是高压极（阴极）。

为了消除边端效应，在保护环的外边绝缘套上一个小金属管（场管）。其电位等于电离室中心部位同样半径处的电位。如果场管长度大于中心阳极半径，就能保证沿室的整个长度直到管端点的电力线都是径向的，从而使边缘电场均匀。

3. 电离室的分类

按工作性质，电离室可分为脉冲电离室（也成为计数电离室）及电流电离室（也成为累计电离室）两类。它们在结构上没有本质区别，只是脉冲电离室要求噪声小，而电流电离室要求漏电流小。

脉冲电离室用来记录单个入射粒子。每一个被探测的电离粒子产生一个有用的输出脉冲。脉冲电离室主要用于记录粒子的数目。

电流电离室是测量由电离辐射产生的电流的电离室。

4. 正比计数管

（1）工作原理

正比计数管通常具有一个直径很小的正电极。能够产生气体放大的强电场区集中在正电极附近很小的区域中。被探测粒子入射正比计数管灵敏体积内引起电离时，生成正离子与电子。后者在被电极收集的过程中，受电场加速而获得足够的能量，使其能在两次碰撞之间再次使气体分子电离。因而最后收集到的电离数要比原有的初电离数大很多，即产生气体放大。在确定的条件下，该气体放大倍数 M 与初总电离数无关。这样，正比计数管的输出脉冲幅度与初总电离数成正比关系。

正比计数管既能用于粒子计数探测，又可进行能谱测量。最常用的正比计数管是圆柱形结构。两个同心电极，半径分别为 a 和 b，且 a 远远小于 b。

（2）特性

坪：在放射源确定的情况下，对应单能入射粒子，正比计数管输出脉冲计数率随所加电压的变化具有坪特性。因为正比计数管的输出脉冲幅度与入射能量有关，如果入射粒子具有两种能量，则计数率-工作电压特性曲线中将出现两个坪。能量高的入射粒子对应较低电压的坪区，能量低的入射粒子坪区电压较高。

如果入射粒子的能量是连续分布的，则一般情况下，正比计数管的输出脉冲计数率与工作电压之间不显示坪特性。

能量分辨率:正比计数管的能量分辨率与气体性质、压力、几何尺寸以及 M 值有关。

寿命:计数寿命是指使计数管的性能(能量分辨率、脉冲幅度等)变坏所累计的计数数目。导致计数管性能变坏的主要因素是多原子猝灭气体的分解,其次是猝灭气体分解产物会沉积在阳极丝上,从而改变了阳极丝直径和电场,减小材料的逸出功。一般使用 CH_4 猝灭的正比计数管计数寿命在 $10^9 \sim 10^{11}$ 计数之间。使用 CO_2 的寿命可达 $10^{11} \sim 10^{12}$ 计数。

存放寿命是指计数管制成后,使其性能变坏所存放的时间。主要因素是计数管的封接工艺。

连接线路:正比计数管虽然已具有气体放大作用,但一般信号幅度仍然较小,必须配用前置放大器。

(3) BF_3(三氟化硼)正比计数管

最常见的结构是圆柱形管。中心阳极丝用钨丝制成,通过玻璃或陶瓷与外壳绝缘。外壳有玻璃和金属两种。金属外壳兼做阴极。由于铝的中子反应截面较小,经常用铝作外壳。而当用于低本底测量时,多选用不锈钢,因为铝或多或少含有部分 α 活性。

管内充 BF_3 气体,用作慢中子探测器。中子探测基于核反应法。反应方程为 $^{10}B(n,\alpha)^7Li$。反应产物核在计数管内引起电离,经气体放大后给出电压脉冲输出。BF_3 气体既是将中子转换成次级粒子的靶物质,同时又是正比计数管的工作气体。在工作电压下,典型的气体放大倍数是 100～500。

BF_3 正比计数管通常仅用作慢中子计数。它的探测效率一般没有多板电离室高,因为 BF_3 是微弱的负电性气体,管内气压不能太高。即使使用浓缩 ^{10}B 的 BF_3 气体,其典型探测器效率一般也只有 10%左右。

(4) 衬硼正比计数管

一种含硼正比计数管。利用 ^{10}B 与中子的核反应 $^{10}B(n,\alpha)^7Li$ 进行中子探测。硼是以固态薄层的形式涂到计数管的内壁上。这种结构形式的主要优点是可选用比 BF_3 性能更理想的正比计数管工作气体充入管内。其长期工作稳定性不如 BF_3 正比计数管,但其突出优点是寿命长。

衬硼正比计数管的工作气体是氩气和 15%二氧化碳。

(5) ^3He 正比计数管

一种以 ^3He 气体为工作气体的正比计数管。用于中子探测,探测基于核反应法。反应方程为 $^3He(n,p)^3H$,反应能为 765 keV。^3He 计数管中子探测效率随着充气压的增高而增加。

氦是惰性气体,不存在固态含氦化合物,因此含氦计数管只能充氦气。

降低壁效应的方法:

1) 加大计数管的直径:使与计数管壁碰撞而损失部分能量的核反应产物核事件,与能量全部沉积于计数管工作气体内部的事件之比降低;

2) 增高计数管的充气压:减小反应产物核在计数管体积内的射程;

3) 掺入较重气体组分:在计数管工作气体内掺入一定量的较重气体组分,用以提高工作气体的阻止本领。当出于某种考虑,计数管直径、计数管充气压给定时,在计数管工作气体内掺入一定量较重气体组分的方法,成为降低壁效应的唯一选择。但此时,计数管对 γ 灵敏度也随之增高。

^3He计数管可以在较高的充气压情况下维持正常的气体放大效应，因此中子探测器效率高。由于反应能低，与等效的BF_3正比计数管相比，其对γ辐射的甄别性能较差。

长时间存放或使用过程中，空气渗入计数管是计数管性能变坏的最典型的原因。使用过程中产生负电性杂质，是性能变坏的另一个因素。与BF_3计数管一样，在管内加一层活性炭可以清除这种杂质，并延长^3He探测器的使用寿命。

5. 盖革-弥勒计数管

盖革-弥勒计数管是工作在盖革-弥勒区的气体电离探测器。盖革-弥勒区是气体放大系数远大于1，脉冲幅度实际上与单次电离事件在灵敏体积内生成的初电离无关的计数管的电压区间。

盖革-弥勒计数管有非自猝灭与自猝灭计数管两类。

自猝灭计数管按所充气体的性质，分为有机盖革-弥勒计数管及卤素盖革-弥勒计数管。有机猝灭计数管一般充入酒精、石油醚等有机物，卤素猝灭计数管一般充入氯、溴等卤素气体。

所有类型的盖革-弥勒计数管的结构，基本上是类似的。充气的圆柱形密闭容器，中央是一根金属丝作阳极。阳极外围有一个金属套作阴极。这两个电极皆固定在密封的玻璃套管内，有时也以阴极本身作外壳。为了获得比较大的电场强度梯度，常取阳极半径与阴极半径之比为1∶200。同时，管的有效长度必须大于阴极的直径。

多数情况下，盖革-弥勒计数管充惰性气体(氩气或氖气)，有时也充氢气或氮气。

二、闪烁探测器的基础知识

1. 闪烁探测器的工作过程

闪烁探测器是将闪烁体直接或通过光导与光敏器件(光电倍增管)光耦合组成的核辐射探测器。通常，闪烁体和光电倍增管在一个避光暗盒内。

闪烁探测器的工作过程可分为五步：

(1) 射线进入到闪烁体中与闪烁体相互作用，使闪烁体的原子、分子电离和激发。

(2) 被电离、激发的原子、分子退激时，一部分电离、激发能量以光辐射的形式释放出来，形成闪烁。

(3) 闪烁光的一部分被收集到光电倍增管的光阴极上。

(4) 光子被光电阴极吸收后，发射出光电子。

(5) 光电子在光电倍增管中倍增，倍增的电子束在阳极上被收集，产生输出信号。

2. 闪烁体的分类

以化学结构分：有机闪烁体和无机闪烁体。

以物理形态分：固体闪烁体、液体闪烁体、气体闪烁体与固溶体闪烁体。

以核性能特点分：无机晶体闪烁体、有机晶体闪烁体、塑料闪烁体、玻璃闪烁体、液体闪烁体与气体闪烁体。

通常多采用以核性能特点的分类方法。

通常使用的NaI(Tl)和ZnS(Ag)属于无机闪烁体，塑料闪烁体属于有机闪烁体。

3. 闪烁体的主要特性参数

(1) 发射光谱

闪烁体发射的光子数随光子能量或波长而变化的分布曲线。闪烁体的发射光谱皆为单一峰值或多个峰值的连续谱线。

闪烁体的发射光谱与闪烁物质、激活剂、移波剂的性质、含量以及闪烁体的温度等有关。

(2) 发光效率、能量转换效率,光输出和光学效率

闪烁体的发光效率表征闪烁体将所吸收的粒子能量转变为光的本领。常用能量转换效率 P 及光输出 S 表示。能量转换效率指闪烁体发射光子的总能量与被该闪烁体吸收的入射辐射能量之比;光输出指闪烁体发射光子的总数与被该闪烁体吸收的入射辐射能量之比。

能量转换效率 P 是表征闪烁体特性的一个基本参数,对探测器的能量分辨率起到重要作用。

(3) 闪烁衰减时间

闪烁体受单次激发后,光子发射率下降到初始值的 1/e 所需的时间。闪烁衰减不仅与闪烁体种类有关,还与激活剂、闪烁物质和移波剂的性质与含量、激发闪烁的方式及闪烁体的温度等有关。

(4) 能量分辨率

闪烁探测器脉冲计数按脉冲幅度的分布曲线上峰的半高度,与该峰所对应的脉冲幅度值之比,定义为闪烁探测器的幅度分辨率或峰分辨率。当入射粒子的能量和脉冲幅度成线性关系时,则此时的脉冲幅度分辨率,或峰分辨率就是探测器的能量分辨率。能量分辨率 R_c 的计算公式为:

$$R_c=\frac{\Delta h}{h}=\frac{\Delta E}{E}$$

式中 h 和 E 分别为峰对应的幅度值和能量;Δh 和 ΔE 分别为峰的半高宽。

(5) NaI(Tl)晶体

碘化钠(铊)晶体是铊(Tl)激活的碘化钠晶体,符号位 NaI(Tl)。它是目前在 γ 射线及 X 射线探测中,应用最广的闪烁体。

它的主要特点包括:

1) 密度大,平均原子序数高,对 γ 射线及 X 射线有较大的阻止本领;

2) 能量转换密度高,相对发光效率相当于蒽晶体的两倍多;

3) 对自身的闪烁光不产生自吸收,因此可以做成大块的闪烁体;

4) 能制成很大尺寸的单晶和多晶,并易于加工成各种形状;

5) 极易潮解,必须密封在带有光学玻璃窗的金属容器中使用。

它的主要性能参数包括:

1) 发射光谱主峰位在 415 nm 左右;

2) 相对光输出 230%(相对蒽单晶);

3) 闪烁衰减时间为 230 ns(室温,^{137}Cs-γ 射线激发),此为主单指数衰减时间;

4) 对 γ 射线,当能量大于 150 keV 时,能量响应为线性;

5) 探测效率与放射源的形状、射线的能量、放射源相对于闪烁体的位置和距离、闪烁体的直径及厚度、入射窗的吸收等因素有关。

(6) ZnS(Ag)晶体

硫化锌(银)是用银(Ag)激活的硫化锌晶体,呈粉末状。符号为 ZnS(Ag)。涂敷在玻璃或有机玻璃承托板上,用来制备重带电粒子探测器,探测裂片碎片、α 粒子等。以不同方式掺入含硼、含锂或含氢物质,可做成慢中子、快中子闪烁体。由于 ZnS(Ag)闪烁体价格低,工艺简单,所以应用很广。

它的主要特点包括:

1) ZnS(Ag)闪烁体是一种多晶粉末,粒度为几微米至几十微米;

2) ZnS(Ag)闪烁体自身透明度差,只宜制备薄层闪烁体;

3) ZnS(Ag)发光效率约为蒽晶体的 3 倍;

4) 闪烁衰减时间较长,慢成分达几微秒,不宜作快时间、高计数率闪烁体;

5) 对重带电粒子阻止本领很大,而对 γ 与电子极不灵敏,适合于在 β、γ 辐射本底场中用幅度甄别法探测裂变碎片、α 粒子等重带电粒子。

6) 能量分辨率差,只能用于辐射强度测量,不能测能谱。

它的主要性能参数包括:

1) 发射光谱主峰位于 450 nm;

2) 相对光输出为蒽晶体的 300%;

3) 闪烁衰减时间的快成分约为 100 ns,慢成分约为 4.5 μs。平均衰减时间为 200 ns。

(7) 塑料闪烁体是有机闪烁物质在塑料中的固溶体。通常由基质、闪烁物质及移波剂组成。它属于有机闪烁体,但不是有机晶体闪烁体。它可用 α、β、γ、快中子、质子、宇宙射线及裂变碎片等的探测。它易于制成极大块的透明体,易于加工成各种形状,具有不潮解、性能稳定、耐辐照、闪烁衰减时间短与价格低廉等优点,是当今应用最广的一种闪烁体。

它的具体特点包括:

1) 制作简便,价格低廉,易于加工成各种形状,如柱、矩形、片、环状等;

2) 透明度高,光输出性能好,可以做成大体积闪烁体;

3) 闪烁衰减时间短 $10^{-9} \sim 10^{-8}$ s,适用于纳秒量级的时间测量及高强度辐射的测量;

4) 性能稳定,机械强度高,抗震动,耐冲击,耐潮湿,不需要封装,避光保存 8~10 年发光效率无明显变化;

5) 耐辐照性能居各种闪烁体之首,可用于高照射量、强照射量率的辐射场;

6) 软化温度较低,不能在高温条件下使用;

7) 易溶于芳香族及酮类溶剂,乙醇、稀酸、稀碱等对它影响极微;

8) 能量分辨本领差,一般只作强度测量用。

三、半导体探测器基础知识

1. 半导体概念及分类

半导体是由两种类型的载流子(电子和空穴)决定的总电导率介于金属导体和绝缘体之间的一种物质。其载流子浓度因外界作用而变化。表 2-1 列出了各类型材料的电阻率。

表 2-1　材料的电阻率

材料	电阻率/(Ω·cm)
导体	$<10^{-5}$
半导体	$10^{-2}\sim10^{9}$
绝缘体	$>10^{14}$

晶体中的电子能级彼此之间非常接近而形成能带。晶体中的满带与孤立原子中电子能量的基态相对应,导带与激发态相对应。满带和导带之间的禁区称为禁带。

金属导体满带和导带交织在一起;半导体的禁带宽度 E_g 为 0.1～2.2 eV,绝缘体的禁带宽度 E_g 为 2～10 eV。

半导体可分为本征半导体、P 型、N 型和补偿半导体。

本征半导体是指热平衡条件下,两种载流子浓度几乎相等的一种"纯"半导体。本征半导体在热力学温度为零度时满带被电子填满,导带是空的。

N 型、P 型半导体指含有杂质或具有其他晶格缺陷,导致两种类型的载流子浓度不同的半导体,称为杂质半导体。导电的电子浓度超过运动的空穴浓度的杂质半导体,称为电子型或 N 型半导体;运动的空穴浓度超过了导电的电子浓度的杂质半导体,称为空穴型或 P 型半导体。

补偿半导体指含有等量施主和受主杂质的半导体。在这种半导体中,一种类型的杂质对载流子的浓度的影响,部分或全部被另一种杂质的影响抵消。

P 型半导体材料与 N 型半导体材料结合后,载流子将由浓度高的区域向浓度低的区域扩散。扩散的结果,在 P 区和 N 区的界面附近形成一个结区即 PN 结。在结区中,基本上不存在载流子,只剩下施主和受主的离子,从而形成一个空间电荷区。

2. 结型半导体探测器

结型半导体探测器的灵敏区就是介于 P 型和 N 型半导体区域之间加反向偏压的 PN 结。它主要用于测量质子、α 粒子、重离子及低能电子等带电粒子。

结型半导体探测器一般用硅制作。室温下漏电流小,使用时不需冷却。

(1) 工作原理

带电粒子射入探测器的灵敏区,把其能量耗尽,通过电子从价带到导带的跃迁而产生电子-空穴对。耗尽层内的电场将自有的正负载流子分开,并将它们收集到电极上。为使信号与入射粒子的能量成正比,粒子应被耗尽层全吸收。

根据 PN 结的制备方法不同,结型半导体探测器可分为扩散型、面垒型、离子注入型和钝化离子注入平面硅(PIPS)探测器等类型。

(2) 扩散结半导体探测器

这是一种把一类杂质扩散到另一种相反类型的半导体内,形成 PN 或 NP 结的半导体探测器。其第一个字母 P 或 N 标志扩散杂质的类型。常用的是将五价磷(N 型)扩散到 P 型硅中,制成 PN 结,扩散厚度 1～2 μm。结的前、后表面的欧姆接触可用真空沉积或化学镀膜等方法实现。

扩散结探测器在加工工艺中,要经高温(800～1 000 ℃)处理,致使半导体载流子寿命缩短,影响其能量分辨率。同时扩散结死层较厚,不易获得大面积 PN 结,使其应用受到限制。

(3) 面垒半导体探测器

这是一种由表面反型层产生的结形成势垒的半导体探测器。在经过腐蚀处理的 N 型硅单晶表面蒸上一层金(约 40 $\mu g/cm^2$)或其他金属,氧化后形成反型层,从而在表面附近形成 PN 结区。这种探测器称为金硅面垒半导体探测器。

面垒探测器窗薄、噪声低、能量分辨率高、工艺简单、成品率高、易于制得大面积均匀探测器,因而比扩散结探测器用得广泛。我国目前生产的结型探测器主要是金硅面垒半导体探测器。

(4) 离子注入 PN 结探测器

这是一种利用加速器产生的具有一定能量的正离子束流,直接穿透半导体材料表面而形成 PN 结的半导体探测器。

通常用硼离子轰击 N 型硅,用磷离子轰击 P 型硅,能量在 5～100 eV 之间,视所制造的探测器而定。

离子注入 PN 结半导体探测器对环境和真空更稳定,可以在高阻硅上得到薄窗。能量分辨率不及面垒型,但由于扩散型。离子注入型缺点是由于入射离子产生强的辐射损伤,形成大量俘获和复合中心。

(5) 钝化离子注入平面硅(PIPS)探测器

该探测器属于结探测器,它是半导体钝化离子注入新工艺产品,是近几年发展极为迅速的一种新型半导体探测器。在绝大部分应用场合下,它可以代替硅面垒探测器和扩散结探测器。

PIPS 探测器的优点包括:

1) 结的全部外缘都是不可见的,因此不需要将结边缘用环氧树脂密封;

2) 接触面用离子注入法形成,可以得到精确、薄而且突变的结,使 α 粒子分辨率好;

3) 入射窗稳定而坚固,可以很容易的、可靠的清洗;

4) 漏电流的典型值是面垒型与结型探测器的 1/10～1/100;

5) 死层(窗)厚度小于类似的面垒型与扩散结型探测器。

四、真空镀膜、发射极活化的相关知识

1. 真空蒸发镀膜法

(1) 真空蒸发原理

在真空室中,加热蒸发容器中待形成薄膜的原材料,使其原子或分子从表面气化逸出,形成蒸气流,入射到固体(称为衬底或基片)表面,凝结形成固态薄膜的方法,称为真空蒸发法或真空蒸镀法。

由于此方法是通过加热蒸发材料而产生,所以又称为热蒸发法。

真空蒸发法的镀膜主体结构包括:

1) 真空室:为蒸发过程提供必要的真空环境;

2) 蒸发源或蒸发加热器:放置蒸发材料并对其加热;

3) 基板:用于接收蒸发物质并在其表面形成固态蒸发薄膜;

4）基板加热器及测温器等。

（2）真空蒸发镀膜法的优缺点

优点：设备比较简单、操作容易；制成的薄膜纯度高、质量好，厚度可较准确控制；成膜速率快、效率高，用掩膜可以获得清晰图形；薄膜的生长机理比较单纯。

缺点：不容易获得结晶结构的薄膜，所形成薄膜在基板上附着力较小，工艺重复性不够好等。

（3）真空蒸镀可分为三个过程

1）热蒸发过程

是由凝聚相转变为气相(固相或液相→气相)的相变过程。每种蒸发物质在不同温度时有不相同的饱和蒸气压；蒸发化合物时，其组分之间发生反应，其中有些组分以气态或蒸气进入蒸发空间。

2）气化原子或分子在蒸发源与基片之间的输运，即这些粒子在环境气氛中的飞行过程飞行过程中与真空室内残余气体分子发生碰撞的次数，取决于蒸发原子的平均自由程及蒸发源到基片之间的距离，常称源-基距。

3）蒸发原子或分子在基片表面上的沉积过程

即是蒸气凝聚、成核、核生长、形成连续薄膜。

由于基板温度远低于蒸发源温度，因此，沉积物分子在基板表面将直接从气相到固相的相转变。

真空蒸发镀膜时保证真空条件的必要性：

上述过程都必须在空气非常稀薄的真空环境中进行，否则将发生以下情况：

1）蒸发物原子或分子将与大量空气分子碰撞，使膜层受到严重污染，甚至形成氧化物；

2）蒸发源被加热氧化烧毁；

3）由于空气分子的碰撞阻挡，难以形成均匀连续的薄膜。

（4）饱和蒸汽压

一定温度下，真空室内蒸发物质的蒸气与固体或液体平衡过程中所表现的压力称为该物质的饱和蒸气压。

物质的饱和蒸气压随温度的上升而增大，在一定温度下，各种物质的饱和蒸气压不相同，且具有恒定的数值。即一定的饱和蒸气压必定对应一定的物质的温度。饱和蒸气压表征了物质的蒸发能力。

物质在饱和蒸气压为 10^{-2} torr①时的温度，称为该物质的蒸发温度。

饱和蒸气压 Pv 与温度 T 之间的数学表达式称为蒸气压方程。其近似关系可用下列公式表示：

$$\lg Pv = A - B/T$$

式中，A、B 为常数，$A=C/2.3$，$B=Hv/2.3R$，A、B 值可由实验确定。而且在实际上 Pv 与 T 之间的关系多由实验确定。且有 $Hv=19.12$(J/mol)关系存在。

饱和蒸气压随温度升高而迅速增加，并且到达正常蒸发速率所需温度，即饱和蒸气压约为 1 Pa 时的温度。因此，在真空条件下蒸发物质要比常压下容易的多，所需蒸发温度也大

① 1 torr$=1.33322\times10^2$ Pa。

大降低，蒸发过程也将大大缩短，蒸发速率显著提高。

(5) 蒸发源的蒸发特性及膜厚分布

真空蒸发镀膜过程中，能否在基板上获得均匀膜厚，是制膜的关键问题。

基板上不同蒸发位置的膜厚，取决于蒸发源的蒸发（或发射）特性、基板与蒸发源的几何形状、相对位置以及蒸发物质的蒸发量。

为了对膜厚进行理论计算，找出其分布规律，首先对蒸发过程作如下几点假设：

1）蒸发原子或分子与残余气体分子间不发生碰撞；

2）在蒸发源附近的蒸发原子或分子之间也不发生碰撞；

3）蒸发沉积到基板上的原子不发生再蒸发现象，即第一次碰撞就凝结于基板表面上。

上述假设的实质就是设每一个蒸发原子或分子，在入射到基板表面上的过程中均布发生任何碰撞，而且到达基板后又全部凝结。根据蒸发源的形状可分为点蒸发源和小平面蒸发源。

通常将能够从各个方向蒸发等量材料的微小球状蒸发源称为点蒸发源（简称点源）。小平面蒸发源的发射特性具有方向性。两种源在基片上所沉积的膜层厚度，虽然很近似，但是由于蒸发源不同，在给定蒸发料、蒸发源和基板距离的情况下，平面蒸发源的最大厚度可为点蒸发源的 4 倍左右。在实际中使用的蒸发源形状比较多，但都可近似成点源或小平面蒸发源。

1）发卡型蒸发源或电子蒸发源中的熔融材料为球形，与点蒸发源近似。

2）舟式蒸发源中，若蒸发材料熔融时与舟不浸润，从舟中蒸发式也呈球形，但位于舟源表面处的蒸发料，使原来向下蒸发的粒子重新向上蒸发，故与小平面蒸发源近似。

3）蒸发料润湿的螺旋丝状蒸发源是理想的柱形蒸发源。

4）锥形篮式蒸发源在各圈间隔很小时，其发射特性与平面蒸发源近似。

5）坩埚蒸发源可看成表面蒸发源或高度定向的蒸发源。

6）磁控靶源可看成大面积（平面或圆柱形）蒸发源。

蒸发源的发射特性是比较复杂的问题，为了得到较均匀的膜厚还必须注意源与基板的配置，或使基板公转加自转等。

当蒸发源与衬底之间存在某种障碍物时，物质的沉积会产生阴影效应，即蒸发出来的物质被障碍物阻挡而未能沉积到衬底上。显然，蒸发沉积的阴影效应可能破坏薄膜沉积的均匀性。在沉积的衬底不平甚至有一些较大的起伏时，薄膜的沉积将会受到蒸发源方向性的限制，造成有的部位没有物质沉积。同时，也可以在蒸发沉积时有目的的使用一些特定形状的掩膜，从而实现薄膜的选择性沉积。

(6) 蒸发源的类型

蒸发源是蒸发装置的关键部件，大多金属材料都要求在 1 000～2 000 ℃的高温下蒸发。因此，必须将蒸发材料加热到很高的蒸发温度。最常见的加热方式有：电阻法、电子束法、高频法等。

1）电阻蒸发源

采用钽、钼、钨等高熔点金属，做成适当形状的蒸发源，其上装入待蒸发材料，让电流通过，对蒸发材料进行直接加热蒸发，或者把待蒸发材料加入 Al_2O_3、BeO 等坩埚中进行间接加热蒸发。

优点是:蒸发源结构简单、廉价易作。

缺点是:需考虑蒸发源的材料和形状。

通常对蒸发源材料的要求是:

① 熔点要高。

② 饱和蒸气压低。防止或减少在高温下蒸发源材料会随蒸发材料蒸发而成为杂质进入蒸镀膜层中。

③ 化学性能稳定,在高温下不应与蒸发材料发生化学反应。

④ 具有良好的耐热性。热源变化时,功率密度变化较小。

⑤ 原料丰富,经济耐用。

在制膜工艺中,常用的蒸发源材料有 W、Mo、Ta 等,或耐高温的金属氧化物,如陶瓷或石墨坩埚等。

蒸镀材料对蒸发源材料具有"湿润性",而且这种特性与蒸发材料的表面能大小有关。高温熔化的蒸镀材料在蒸发源上有扩展倾向时,可以认为是容易湿润的;如果在蒸发源上有凝聚而接近于形成球形的倾向时,就可以认为是难于湿润的。

在湿润的情况下,材料的蒸发是从大的表面上发生的且比较稳定,可以认为是面蒸发源的蒸发;在湿润小的时候,一般可认为是点蒸发源的蒸发。如果容易发生湿润,蒸发材料与蒸发源十分亲和,蒸发状态稳定;如果是难以湿润的,在采用丝状蒸发源时,蒸发材料就容易从蒸发源上掉下来。

2)电子束蒸发源

将蒸发材料放入水冷铜坩埚中,直接利用电子束加热,使蒸发材料气化蒸发后凝结在基板表面成膜,是真空蒸发镀膜技术中的一种重要的加热方法和发展方向。电子束蒸发克服了一般电阻加热蒸发的许多缺点,特别适合制作高熔点薄膜材料和高纯薄膜材料。

电子束加热的原理是:基于电子在电场作用下,获得动能轰击到处于阳极的蒸发材料上,使蒸发材料加热气化,而实现蒸发镀膜。

电子束加热的优点包括:

① 电子束轰击热源的束流密度高,能获得远比电阻加热源更大的能流密度。

② 由于被蒸发材料是置于水冷坩埚中,因而可避免容器材料的蒸发,以及容器材料与蒸镀材料之间的反应,这对提高镀膜的纯度极为重要。

③ 热量可直接加到蒸镀材料的表面,因而热效率高,热传导和热辐射的损失少。

3)高频感应加热源

将装有蒸发材料的坩埚放在高频螺旋线圈的中央,使蒸发材料在高频电磁场的感应下产生强大的涡流损失和磁滞损失(对铁磁体),致使蒸发材料升温,直至气化蒸发。

高频感应加热蒸发的特点是:

① 蒸发速率大,可比电阻蒸发源大 10 倍左右;

② 蒸发源的温度稳定,不易产生飞溅现象;

③ 蒸发材料是金属时,蒸发材料可产生热量。因此,坩埚可选用和蒸发材料反应最小的材料;

④ 蒸发源一次装料,无需送料机,温度控制比较容易,操作比较简单。

但高频感应蒸发装置必须屏蔽,并需要较复杂和昂贵的高频发生器;另外,如果线圈附

近的压强超过 10^{-2} Pa，高频场就会使残余气体电离，使功耗增大。

2. 光电倍增管常用的金属合金及其活化原理

光电倍增管常用作倍增极的金属合金包括铜铍合金和银镁合金，用这种倍增极的优点是无需碱金属，因此倍增极能耐更高的温度，适合高温光电倍增管使用。

铜铍合金的活化过程是：铜铍合金中铍的含量只有 2%，在高真空高温状态下，合金中的铍逐渐渗到合金表面，在通入高纯氧的情况下，铍与氧气反应生成氧化铍，氧化铍是一种致密的薄膜覆盖在合金表面，进一步阻挡铍从合金中渗出生成氧化铍直到不再反应。氧化铍既是倍增极材料。银镁合金的活化原理和铜铍合金近似，最后生成的氧化银是倍增极材料。

第三节　故障判断与排除

学习目标： 掌握排气、镀膜、活化所用仪器设备的结构及工作原理。

一、排气、镀膜、活化所用仪器设备的结构及工作原理

1. 旋转机械真空泵的油蒸汽返流

旋转机械真空泵（以下简称机械泵）广泛应用于电子工业，多数作为前级真空泵。早起生产的机械泵多为定片式和滑阀式，后期逐渐被旋片式替代。

对于机械泵和油扩散泵组成的真空系统，人们早起比较注意研究降低扩散泵油在室温下的饱和蒸气压和扩散泵油蒸汽返流以减少被抽容器的污染，但总不能得到较好的结果。而且泵愈大，转速愈高，油蒸汽的分裂也愈严重，亦即油蒸汽的返流愈严重。

为了解决机械泵的油蒸汽返流问题，出现了各种类型的挡油阱，例如活化氧化铝阱、13X 分子筛阱、离子阱，或者利用气体黏滞性流动时的阻挡作用以减少机械泵油蒸汽进入高真空部分。通过冷阱及前级管道的设置，大大较少了机械泵的油蒸汽返流问题。

目前机械泵逐渐向小型化和仪器化方向发展，体积小、重量轻、噪声低、振动小并且带有自动防止返油装置。

2. 扩散泵的油蒸汽返流

扩散泵主要用于获得高真空和超高真空。它的指标主要有极限压强、抽速、临界前置压强和油蒸汽返流率。此外容器内的气体成分和压强稳定性也是近来关注的问题。

（1）极限压强

影响油扩散泵真空系统极限压强的因素包括：

1）油蒸汽压强；

2）器壁放气；

3）从扩散泵出口端和蒸汽流中反扩散回到高真空的气体；

4）回流工作液在低真空部分吸气后在高真空喷头所属油锅区域内重新放出的气体。

如果扩散泵设计合理，同时高真空部分经仔细烘烤去气，则极限压强将主要由油蒸汽压和反扩散两部分组成。因此，为了获得良好的真空度，必须同样小心选择扩散泵和工作液。

(2) 扩散泵性能与加热功率的关系

扩散泵的每一相指标都有一个最佳的加热功率数值,对于不同的气体和工作液,这个数值也不同。当加热功率小于最佳数值时,油蒸汽密度和速度不够大,因此抽速小,但当加热功率过大时,油蒸汽分子热分裂,极限压强上升。而临界前置压强与最大排气率则完全取决于定向蒸汽流的密度和速度,所以他们随加热功率单调上升。

扩散泵的油蒸汽返流是指油蒸汽分子从高真空第一级喷嘴及其蒸汽流中反向流过泵口的过程(包括蒸汽流在泵壁上碰撞后没有被冷凝而反射流过泵口的分子)返流油蒸汽在泵口处建立的压强要比泵壁温度对应的饱和油蒸汽压高得多。

减少油蒸汽返流的措施包括:

1) 采用室温下蒸气压强较低、耐热性能和抗氧化性能较佳的工作液。

2) 由于高真空第一级喷嘴外表面和边缘的返油量占整个泵总返油量的70%以上,因此,在它的上部加盖一个水冷挡油帽可把返油率降低到0.1%~1%。

3) 扩散泵在加热初期和停止加热后不久,要出现比正常运用时大好几倍的返油率峰值。因此,这段时间最好把被抽容器隔断开。

4) 扩散泵的加热功率要保持在最佳数值附近,过热和欠热都会增加返油率。在过热状态下,还会产生大量轻馏分沾污被抽容器。

5) 被抽容器和高真空导管要经常烘烤清洁处理。

6) 前级管道要加挡油阱,避免机械泵油蒸汽返流至高真空端。机械泵停止工作时,务必与低真空管道隔断。

7) 扩散泵不工作时,切忌机械泵长时间的空抽真空系统。

8) 一旦真空系统被油蒸汽沾污(由于机械泵、油扩散泵的返流或液氮阱恢复室温释出冷凝的油蒸汽和杂质),可以漏入干燥氮气冲刷干净。只要氮气的压强足够高(0.1~0.2 torr),在氮分子的连续轰击下,表面吸附的二氧化碳,水蒸汽,油蒸汽分子或其他沾污分子被置换放出由泵抽走。经一夜的连续冲刷后,真空系统可以恢复到清洁状态。

近年来,油扩散泵已逐渐被涡轮分子泵取代。

3. 涡轮分子泵

分子泵可分为拖引型分子泵、卧式涡轮分子泵和立式涡轮分子泵。其中立式涡轮分子泵最为常用,本部门主要介绍立式涡轮分子泵。

(1) 分子泵的结构

相比卧式涡轮分子泵,立式涡轮分子泵具有结构简单、紧凑和振动小的特点。它由涡轮叶片组件、马达和外壳组成。马达驱动装置安装在空心涡轮转子内并且完全处于泵的低真空部分,外接中频电源供电。马达转子直接安装在支撑轴上,而轴本身固定在两个预加负荷径载止推球轴承上,它们都装在防震元件中,或者在主轴承外环加装橡胶阻尼环以使主轴运转平稳消振。轴垂直安装的突出优点是可以利用空心轴作为球轴承的供油泵。在球的下端打一个锥形并浸入油池中,旋转时空心轴的润滑油因离心力而被带到上轴承,然后因重力而流到下轴承。这种类型的油泵运转可靠,无需维护。

(2) 分子泵的性能

立式涡轮分子泵的抽速随压缩比变化,如果前级出口压强不变,入口压强离开极限压强一个数量级以上时,就可认为抽速不变。立式涡轮分子泵的叶片扭角较大,同时叶片间的间隙较宽，因而何氏系数较大，但压缩比较小，故随着被抽气体的分子量的增加，反向传输的分子数量显著降低，因而抽速随着质量数增加也缓慢的增加。一般情况下，涡轮分子泵的抽速特性随气体分子量的变化较小，因此可粗略认为抽速与气体种类无关。

气体的压缩比与气体分子的质量成正比，因此，分子泵的极限压强往往决定于最轻的气体 H_2 和 He，以及表面解吸放出的水汽。分子泵经过 100～120 ℃烘烤后，残存的气体分子主要是 H_2。对于重碳氢化合物的压缩比极大。因此，只要泵运转时油蒸汽不裂解，低真空部分的轴承润滑油返流至高真空部分的量就极少，不会沾污高真空部分。但是，泵在停止运转时，油蒸汽就会扩散迁移至高真空部分，因此采用低蒸气压的润滑油仍是十分必要的。

分子泵的结构比较复杂，再加上转速高，结构上稍有不对称或旋转不平衡就会产生很大的振动和噪声，甚至破坏分子泵。因此，对加工精度、装配准确度、轴的刚度和轴承都有较高的要求。采用良好的轴承可以显著减少振动和噪声。

目前的分子泵多采用油润滑的球轴承，利用转子轴上的锥孔外接油泵来驱使油在轴承内循环。这个循环系统必须能控制泵在加速、减速、全速运行、降速运行和电源失灵时的油量适中，以保证润滑和轴承冷却，避免轴承的温度高于 65 ℃，否则油会分解。最新的技术是采用磁浮轴承和空气轴承。

(3) 涡轮分子泵的使用

立式涡轮分子泵的优点是：真空系统的结构简单，在改装旧有扩散泵系统时可直接替代扩散泵而无须改动真空系统结构，其次是泵内只有一组涡轮叶片，因而价格较低廉。

1) 与前级泵的关系

当气体分子在涡轮叶片间的平均自由程减小到叶片间距的十分之一时，分子间的碰撞过多，使气体的传输受到影响，一般来说，高真空入口处的涡轮叶片由于工作在较低的压强，不会遇到这种情况；但是靠近出口端的叶片就经常处于这种过渡流的范围内。为了改善涡轮分子泵的使用，出口端须配置一个工作压强能到达 10^{-4} torr 抽速较大的前级泵。

2) 防止返油

为了防止分子泵的返油，在使用时要先打开前级泵将系统抽到一定真空度后，再启动涡轮分子泵。停机时，先关闭涡轮分子泵，待分子泵停止运转后再关闭出口阀门和机械泵，同时令涡轮分子泵内的压强上升至大气压以减少轴承润滑油的反扩散。或者是涡轮分子泵与前级泵同时停机，关闭它们中间的阀门，待涡轮分子泵停止运转后，从高真空端(或从泵的中部)漏入空气至大气压。

在涡轮分子泵运行中，不要在关闭它的出口阀的情况下漏入气体使泵内压强突然上升，否则气体将被压至出口端，因没有出路而反射，一部分进入轴承润滑部分把油卷出带到泵内并进入高真空端造成严重返油。

3) 烘烤去气

由于涡轮分子泵的转子是铝合金制的，只能承受 140 ℃的温度，其中的润滑油不到 80 ℃时就开始分解，因此规定涡轮分子泵的烘烤温度不得超过 120 ℃。在外壳和定子的温度达到 120 ℃时，转子被流动的润滑剂冷却，实际的温升较小。若要继续升高转子的烘烤温度，可停止冷却的流动或使用其他方法加热，但是要密切监视转子的温度。

(4) 超高真空的获得

气体压强低于 1×10^{-8} torr 时，定义为超高真空。

1）决定极限压强的因素

用超高真空泵抽真空时，压强愈低，空间的气体在被排气体中所占份额愈来愈少，而溶解在材料内部的气体扩散逸出到空间和从器壁表面脱附的气体所占份额却愈来愈大，最终占有主要地位。因此，在一个容器内获得的低压强取决于容器内各种材料的放气率、蒸发率、气体对器壁的渗透率和泵的抽速。

当材料处于稳定的高温状态下，体内扩散逸出的气体起决定性作用。如果温度较低，则表面脱附过程起主导作用。要想获得很低的压强，关键在于降低材料体内和表面的出气率，不采用蒸气压高的物质制作真空部件；其次是使用性能优良的超高真空泵。在这两种措施中，真空材料的预处理更为重要。

2）材料的选用及其处理

作为超高真空系统用的器壁材料，目前最普遍选用的是无磁不锈钢、高纯铝、硼硅酸盐玻璃或高铝玻璃。由于硼硅酸盐玻璃的渗氦率高，故改用富三氧化二铝的高铝玻璃以减少氦的渗透。此外，氧化铝陶瓷、无氧铜等都是优良的超高真空材料。

为了减少超高真空中的放气率，无论真空器壁还是零部件用的材料都必须经过仔细的预处理。这大致包括三个过程，即材料的表面处理，真空去气和真空脱气后的处理。

3）真空泵的选用

在选用真空泵或其组合时，应考虑下列各点：

① 是否能在要求的压强范围内工作；

② 对被抽气体是否能高效率的工作；

③ 系统的残存气氛和污染情况；

④ 设备和维护费用的高低；

⑤ 可靠性和操作繁易程度。

使用扩散泵加机械泵可以获得超高真空。选用扩散泵系统的最大优点是它能排除各种气体而无多大的选择性，同时价格较低；缺点是耗能较多，工作效率低，机械泵的噪声较大。

对于以机械泵作为前级泵的涡轮分子泵系统，可以获取超高真空。由于分子泵工作时对重分子的压缩比大，轴承或前级机械泵中的油蒸汽难以返流至高真空部分，因而可以得到相对清洁的真空。但当停机时，油蒸汽将从轴承返流至高真空部分；为了减少停机时的返油量，可从入口端(有的从泵的中部)充入大气压强的氮气，以延缓油蒸汽扩散至高真空区的速度，但不能完全避免污染。涡轮分子泵适用于相对清洁而又经常排除中等流量气体的地方。它和扩散系统有类似之处，对惰性气体和活性气体都能排除而无过大的选择性。但在使用中要特别注意避免颗粒杂物落入泵体内。

4．热偶真空计

热偶真空计是一种热传导真空计，但它不是依据热丝电阻的变化，而是用一个小热电偶测量热丝温度，热电偶产生的热电动势就用于表征规管内的真空度。

热电偶主要由热丝和热电偶两部分组成。

加热丝常用钨丝或工业用铂丝制成。采用铂丝能保证在工作温度下，长期在低真空中应用而性能稳定不变。热偶真空计规管的零散性较大，因此原则上每个规管都要校准。

热偶真空计一般用来测量低真空。

5. 电离真空计

电离真空计的基本工作原理：电子在电场中飞行时，若与气体分子碰撞，将以一定的几率发生电离，产生正离子和次级电子。这个电离几率的大小与电子的能量有关。电子在飞行路途中产生的正离子数，正比于气体密度，在一定的温度下正比于气体压强。因此，可根据离子电流的大小指示真空度。

电离真空规的基本结构主要包括三个电极：

1）提供一定数量电子的灯丝；

2）产生电子加速电场并收集电子流的阳极；

3）收集离子流的离子收集极。

电离真空规在使用过程中的几个问题：

（1）电离真空规对不同气体的相对灵敏度

由于不同工作气体有不同的电离截面或电离效应曲线，所以电离真空规的灵敏度与气体种类有关，而且不同气体的相对灵敏度随电子能量而变化。就同种气体而言，对于不同规管，或同一种规管因采用不同的工作电压，使电极间的电位分布不同，所以其相对灵敏度亦不尽相同。

（2）高频振荡

具有栅状阳极的热阴极电离规，如传统型电离规和 B-A 规，存在着高频电子振荡现象。在某种条件下，电子振荡的振幅可能增大，并从高频场中获得能量，以致电子能够到达离子收集极，使离子收集极回路出现反向电流；也能到达管壳玻壁使之带负电，影响规管灵敏度。

（3）反常本底电流-电子诱导脱附效应

（4）电离规的抽气效应

在电离规的工作中，规管部件与气体分子之间会发生一些物理反应和化学反应而形成抽气或放气效应。主要有以下两类反应：

1）活性气体分子（H_2、N_2、O_2等）在热灯丝表面上的反应所形成的抽气效应，称为化学清除。在电离规中这种反应表现为具有一定的抽气速率及气体化学组分的变化。

2）正离子被表面搜集所形成的抽气效应称为电清除。

（5）导管效应

6. 真空计的校准

真空计的校准就是用标准规或副标准规与被校规进行压强读数的比较。静态膨胀法和动态流导法已成为真空的计量标准。

动态流导法设备结构简单，规管和系统的吸、放气影响较小，并易于实现量程的扩展，目前已成为高真空或超高真空的计量标准。

影响动态流导法校准误差的因素很多。例如：气体流量或基准室压强的精确测量；小孔的气流特性及流导的精确计算；规管和容器的吸、放气以及校准空间气体分子的非麦克斯韦分布等。

动态系统中存在着产生非麦克斯韦分布的各种因素。气体分子的这种分布，使被校准管和校准室内的压强及气体成分产生变化，从而引起校准误差。对气体分布产生的影响因素有泵的影响、注入气体的形式影响以及校准室的形状及尺寸的影响。

第四节　培训与指导

学习目标：掌握培训教学的基本方法和教学大纲的编写。

一、培训教学的基本方法

核辐射探测仪器制造高级技师应能培训和指导高级工的操作，因此掌握培训教学的基本方法和教学大纲的编写是很有必要的。

1. 培训教学的特点

培训教学具有如下几个特点：

(1) 具有较强的针对性和实用性。职业培训目标、专业设置、教学内容等均根据职业技能标准、劳动力市场需求和用人单位的实际要求确定。经过职业培训的毕(结)业生可上岗作业。

(2) 具有较强的灵活性。在培训形式上可采取联合办学、委托培训、定向培训等方式；在培训期限上采取长短结合的方式，可以脱产也可以半脱产；在培养对象上依据岗位的实际需要灵活确定；在教学形式上不受某种固定模式的限制，根据职业标准的要求采取多种形式匠教学手段。

(3) 教学与生产相结合。主要体现在一方面教学要紧紧围绕生产实际进行，另一方面要贯彻勤工俭学、自立更生和艰苦奋斗的原则，通过教学与生产经营相结合，既培养了人才，又创造了物质财富，获得社会、经济的双重效益。

(4) 培训方法上强调理论知识教育与实际操作训练相结合，突出技能操作训练。

2. 培训教学的模式

(1) 讲授法：传统的培训方式。优点：运用起来方便，便于培训者控制整个过程。缺点：单向信息传输，反馈效果差，教师和学员的互动少。用于一些理念性知识的培训。对核辐射仪器制造人员高级工的理论知识的培训适用此模式。

(2) 视听技术法：通过现代视听技术，对学员进行培训。优点：直观鲜明。缺点：学员的反馈与实践较差，且制作和购买的成本高，内容易过时。

(3) 讨论法：一般可分成小组讨论和研讨会两种方式。小组讨论的特点是信息交流时方式为多向传递，学员的参与性高，费用较低。多用于巩固知识，训练学员分析、解决问题的能力与人际交往的能力，但运用时对培训教师的要求较高。研讨会以主题演讲为主，中途或会后允许学员与演讲者进行交流沟通。优点是信息可以多向传递，缺点是费用较高。

(4) 案例研讨法：这一方式使用费用低，反馈效果好，可以有效训练学员分析解决问题的能力。另外案例、讨论的方式也可用于知识类的培训，且效果更佳。

(5) 角色扮演法：学员在培训教师设计的工作情况中扮演其中角色，其他学员与培训教师在学员表演后作适当的点评。由于信息传递多向化，反馈效果好、实践性强、费用低，因而多用于人际关系能力的训练。

(6) 互动小组法：也成敏感训练法。此法主要适用于管理人员的人际关系与沟通训练。让学员在培训活动中亲身体验来提高他们处理人际关系的能力。其优点是可明显提高人际关系与沟通的能力，但其效果在很大程度上依赖于培训教师的水平。

(7) 网络培训法：是一种新型的计算机网络信息培训方式，投入较大。但由于使用灵活，符合分散式学习的新趋势，节省学员集中培训的时间和费用。这种方式信息量大，新知识、新观念传递优势明显，更适合成人学习。因此，特别为实力雄厚的企业所青睐，也是培训发展的一个必然趋势。

(8) 项目教学法：教师的指导下亲自处理一个项目的全过程，在这一过程中学习掌握教学计划内的教学内容。学生全部或部分独立组织、安排学习行为，解决在处理项目中遇到的困难，提高了学生的兴趣，自然能调动学习的积极性。因此"项目教学法"是一种典型的以学生为中心的教学方法。对核辐射探测仪器制造高级工的实操的指导适合此方法。

3. 培训的效果评价

培训效果评价一般用培训效果评价表来表示，表中一般要注明课题名称、培训教师、培训时间、培训课时、培训地点、培训人员、考核方式、培训内容、培训效果评价等内容。

培训效果评价表的模板如表 2-2 表示。

表 2-2　培训效果评价表

<table>
<tr><td>课题名称</td><td></td><td>培训时间</td><td></td></tr>
<tr><td>培训地点</td><td></td><td>培训教师</td><td></td></tr>
<tr><td>培训课时</td><td></td><td>考核方式</td><td></td></tr>
<tr><td>培训人员</td><td colspan="3"></td></tr>
<tr><td>培训内容</td><td colspan="3"></td></tr>
<tr><td>培训效果评价</td><td colspan="3"></td></tr>
</table>

二、培训计划和培训大纲的编写

1. 培训计划和培训大纲的概念

(1) 培训计划：根据一定的培训目的和培养目标制定的教学和培育工作的指导文件。它决定着培训内容总的方向和总的结构，并对有关培训的教学、培育活动、生产劳动和课外活动等方面作出全面安排，具体规定培训项目的学科设置、各门学科的教学顺序、教学时数以及各种活动等。

(2) 培训大纲：是根据培训计划中规定的各门学科(课程)的目的、任务而编写的指导性文件。它以纲要的形式，具体规定每门学科知识、技能的范围、深度以及体系、结构，同时规定教学的一般进度和对教学法的基本要求。其一般分为"说明""正文"两部分。

(3) 培训计划和培训大纲的关系

培训大纲是按照项目培训计划要求，各培训课程在项目培训计划中的地位、作用、性质、目的和任务而规定的培训内容、结构体系、知识范围、教学要求等的基本纲要。培训大纲是实施培训计划的基本保证，也是编写培训教材、组织培训教学、进行教学质量考核的指导性文件。

2. 培训计划编写的依据

(1) 培训需求调查分析

培训需求可分三个层面:组织层面的需求、职务层面的需求和个人层面的需求。

组织层面的需求包括企业经营策略方针,企业使命、战略目标、策略和文化分析以及企业生命周期所处阶段,这时培训的最大前提,为了企业战略及策略目标的达成,培训必须依据企业经营的策略方针来进行。组织层面的分析就是要解决公司高层管理者这样的问题:培训对实现我们的经营目标重要吗?培训将会怎样支持我们战略目标的实现?哪些职能部门和经营单位需要培训?从一个发展阶段来看,企业所处生命周期不同,其相应的组织培训需求就有所不同。

职务层面的需求是按照企业岗位职务能力标准,对担当工作的员工的工作能力、工作态度和工作业绩进行比较分析,以确定员工能否胜任,进而确定企业培训需求。职务层面的培训需求主要通过职务分析、问卷调查以及与部门主管面谈的方式进行。

个人层面的需求是通过对员工个人工作要求、工作结果、素质条件、工作态度以及发展要求进行评估,以确定培训对象和内容。其中对关键岗位的人员情况要进行重点分析。个人层面的需求主要通过与员工的个人面谈结合需求调查表进行。

在进行培训需求分析过程中,对于出现的工作差异,要首先确定改变这些差异的重要性,判断改变这种差异是当前需求还是未来需求?管理层是否支持这种改变?应该按什么顺序进行改变?有没有资源和政策上的保证等,最重要的是判断培训是否是解决这种差异最有效的方法。否则,盲目培训不但效果不好,而且劳民伤财。

(2) 依据国家职业标准要求

国家标准是制定培训计划和培训大纲的基础。培训计划和培训大纲应该涵盖职业标准的全部内容,但也不能超出职业标准的内容。

(3) 根据公司生产工艺及技术装备

编写培训计划和培训大纲要考虑公司现有的生产工艺、技术水平和技术装备等,否则培训计划和培训大纲就不现实、不能够具体实施的。

培训是为了满足管理者的需要和工作任务的需要,而不是单纯为满足员工需要。

3. 培训计划的内容

培训计划要解决5W1H问题,即

Why(为什么要培训?):培训的目的;

Who(谁?):培训的负责人、培训的对象;

What(培训的内容是什么?):培训的内容;

When(什么时候、时间?):培训的时间、期限;

Where(在哪里?):培训的场地;

How(如何进行?):培训的方法。

4. 培训大纲编写的原则

(1) 符合教学计划要求。

1) 明确本门课程在教学计划中的地位和作用;

2) 通过本门课程的学习需达到什么目的和要求;

3）体现各技能等级层次在培养规格、要求等方面上的差别；

4）重视应用技术与实践创新能力的培养。

（2）结合开放教育的特点，贯彻“少而精，求实效”的原则。

1）结合开放教育特点，考虑教学对象，教学内容难易要适中，教学总量要合理控制；

2）公共基础课和专业基础课的教学内容根据专业课的要求以必需、够用为标准，突出重点；

3）教学内容的精简标准以学生所学知识在量上符合专业培养目标和在一定时间内能吸收消化为限度；

4）要求反应学科的新成果，体现理论知识与实践应用能力的结合；

5）在文字表述上要力求精炼、准确。

（3）对操作技能类的课程要突出其指导与训练的特点，要针对其各教学环节有明确、具体的要求，且有较强的可操作性。

（4）同工种、同等级的相同课程（主要是基础课和专业基础课）原则上使用统一大纲、统一教材。

5．培训大纲编写的内容和基本结构

培训大纲编写应包括大纲说明和大纲内容。

（1）大纲说明

这是培训大纲编写中必须强调的一部分，主要包括六点内容：

1）本课程的性质与地位、目的与任务；

2）本课程适用的主要专业及其他说明；

3）本课程与相关课程的前后衔接关系；

4）本课程的基本教学（包括实践性环节方面）要求；

5）本课程的教学方法和教学形式建议；

6）本课程内容的教学要求层次。

（2）大纲正文

1）教学要求：在教学要求中目的与要求应予以明确、具体、层次清楚，进一步增强和培养学员的逻辑思维能力与创造能力。

教学要求层次的术语通常有：知道、了解、理解、明确、能、学会、掌握、熟练掌握等。

对有关定义、定理、性质、特征等概念的内容可按“知道、了解、理解”三个层次要求；

有关计算、解法、公式、法则等方法的内容，可按“会、掌握、熟练掌握”三个层次要求；

技能（实践环节）可按：指认、学会、能、测定（测绘）、掌握、应用等几个层次要求来把握。

在编写时，应根据课程的性质与要求采用相应的定性词汇，并注明不同教学层次所对应的考核要求。

2）教学内容及课时：明确教学的内容和课时。

3）教学建议：明确教学内容中重点与难点的教学要求，建议教师采用的教学方法和教学手段等。

第五节 管 理

学习目标：熟悉组织管理基础知识和质量管理基础知识。

一、组织管理基础知识

1. 组织的概述

(1) 组织的定义:人们为了实现一定的目标,相互结合、确定职位、明确责任与义务、分工合作、协调行动的人工系统及其运转过程。

(2) 组织的特征

1) 组织必须有一个共同的目标。

2) 组织要有不同层次的权利和责任制度。

3) 组织包括不同层次的分工和合作。

4) 组织的功能在于协调人们的活动去实现共同的目标。

(3) 组织的四层次

1) 决策层:领导对近期与远期的计划与决策项目选择。

2) 控制层:高层管理者(领导班子)对各部门建立有效的控制体系。

3) 管理层:(从高层到各中层干部)知道自己的职责与权力是什么,发挥其管理作用。

4) 经营层:经营层(各部门)执行决策,动员全体人员完成组织的总体目标。

2. 组织管理原则

任何社会活动都应是有组织的活动,任何组织都有一个与其功能与目标相适应的组织机构及其设置原则。尽管由于客观条件和所承受的任务不同,不同层次的企业其具体的社会职能有所侧重和差异,但组织设置的科学合理与否,直接关系着组织的功能能否有效发挥,组织管理一般应遵循以下原则:

(1) 任务目标原则

任何组织都有特定的任务和目标,每个组织及其组成部分,都应当与这一目标相关联;组织的调整、增加、合并或取消,都应该以能否实现目标为标准。做到分工合理,协作明确。每个部门及员工的工作范围、相互关系、协作方法、权利责任等,都应有明确规定。

(2) 因人设岗与因事设岗辩证使用的原则

从管理学的角度讲,因事设岗是正确的,而因人设岗是不科学的。但事实上,中国很多企业都采用因人设岗的原则并且取得了成功。

1) 对于高层岗位要采用因人设岗的原则。因为高层管理人员属于职业经理人阶层,目前还比较稀缺,因人设岗还是必要的。

2) 为了留住核心竞争力的人才(一般是高级技术人才或高级专业人才),可以采用因人设岗原则。

3) 一旦组织的高层人员老化,为了及时培养接班人可以采用因人设岗原则。

4) 对于普通岗位来说,可选择的余地很多,采取因事设岗或因岗位择人,问题不大。

(3) 集权和分权相结合的原则

集权与分权的关系是辩证统一,一般表现为统一领导、分级管理。集权到什么程度,应该以不妨碍下级积极性为限;分权到什么程度,应该以上级不失去对下级的有效控制为限。分权要使结果可控,必须有控制系统辅助,可以使授权的上级放心分权,做到“用人不疑”,也可以防止受权者不滥用权力，保证分权能达到预期效果。

(4) 命令统一原则

从管理的常识来看，一定要避免多头领导，做到统一指挥。实质也就是要进行统一领导，消除多头领导和无人负责现象。

(5) 管理幅度与管理层级适度原则

管理幅度指平均每位干部下属员工的数量配备，管理层级指最高管理者到最基层员工之间设了几层机构。

管理幅度与管理层级是对应的关系：管理幅度越大，管理层级就越少；管理幅度越小，管理层级就越多。管理者由于精力有限，有效管理幅度就受到一定限制。管理幅度过小，造成越级指挥、多头指挥、越权指挥；管理幅度越宽，对干部素质要求越高，虽可降低管理中间层次，但管理幅度超过一定范围，势必导致管理人员负担过重，无法对下属人员施加必要的监督和有效的指导，从而影响工作效率。

二、质量管理基础知识

1. *质量管理概述*

质量管理是在质量方面指挥和控制组织的协调的活动。质量管理涉及组织的各个方面，它要求围绕产品质量形成的全过程，通过制定质量方针和实现质量目标，向市场提供符合顾客和其他相关方要求的产品。因此，质量首先是一个满足客户需要和要求的问题。这意味着质量管理的焦点必须放在为客户服务并使之满意上。

质量管理的主要活动通常包括：制定质量方针和质量目标；进行质量策划、质量控制、质量保证和质量改进。在这些活动中，质量策划、质量控制、质量保证和质量改进都是为制定质量方针和实现质量目标而进行的。当质量方针、质量目标实现后应重新进行质量策划、质量控制、质量保证和质量改进。

质量管理的三大目标包括：提高顾客满意度、缩短流程和减少缺陷。

影响质量的因素包括 4M1E，即材料、机器、人、方法和环境。

2. *质量管理原则*

(1) 五不放过原则

在质量管理中需做到：

1) 原因找不到，不放过——追查原因；

2) 责任分不清，不放过——选择对策；

3) 纠正措施不落实，不放过——草拟行动；

4) 纠正措施不验证，不放过——成果比较；

5) 有效措施不纳入，不放过——标准化。

(2) 员工的工作质量具体要求

1) 熟悉检验标准、了解操作规范的内容要求。

2) 树立“质量是生产出来的，不是检验出来的”的思想。

3) 严格遵守品质保证的三不政策和三不放过原则。

三不政策包括不接受不良品(互检)、不制造不良品(自检)以及不流出不良品(自检和互检)。

三不放过原则指事件原因分析不清不放过;事件责任者与群体未受到教育不放过;事件没有防范措施不放过。

(3) 不合格品的控制

1) 不合格品指未满足明示的、习惯上隐含的或必须履行的需求和期望的产品。

2) 不合格品的控制要求包括标识、记录、评审、隔离和处置。

3) 不合格品评审和处置的方法有返工、让步接收、降级、拒收或报废。

(4) 质量意识

所谓质量意识:首先要保证我们的产品是合格的。符合产品的规格要求,另外整个生产流程要严格遵照企业生产流程的管理规定。

作为员工,不仅仅是被动的接受,更要不断的提出改善意见,促进质量的提高。所以生产现场人员应注意以下事项:

1) 不要踩踏产品(原材料、半成品和成品);

2) 不要让不合格品流到下一工序;

3) 不要抛扔产品;

4) 不要把产品直接放在地上;

5) 不要不按操作规范作业;

6) 不要无首检作业;

7) 不要乱摆放产品;

8) 不要一味追求速度;

9) 不要机器带病作业;

10) 不要"知情不报"。

思考题

1. 气体探测器坪斜的计算公式是什么?

2. 闪烁探测器的能量分辨率的计算公式是什么?

3. 真空镀膜的过程是什么?

参考文献

[1] 王君容,薛召南. 光电子器件[M]. 北京:国防工业出版社,1982.

[2] 胡汉泉,王迁. 真空物理与技术及其在电子器件中的应用[M]. 北京:国防工业出版社,1982.

[3] 黄运添. 电子材料与工艺学(材料部分)[M]. 西安:西安交通大学出版社,1983.

[4] 张爱堂,冯新三. 电光源材料与工艺[M]. 北京:中国轻工业出版社,1992.

[5] 汲长松. 核辐射探测器及其实验技术手册[M]. 北京:原子能出版社,2010.

第三章　技师半导体探测器制作

第一节　生产准备

学习目标：掌握机械制图基础知识；掌握核物理基础知识；掌握硅材料的基础知识；掌握核半导体探测器相关知识。

一、机械制图基础知识

1. 剖视图的概念

(1) 剖视图的形成

假想用一剖切面将机件剖开，移去剖切面和观察者之间的部分，将其余部分向投影面投射，并在剖面区域内画上剖面符号。

(2) 剖视图的画图步骤

1) 确定剖切面的位置；

2) 想象哪部分移走了，剖面区域的形状，哪些部分投射时可看到；

3) 在剖面区域内画上剖面符号。

(3) 剖视图的标注

1) 剖切线：指示剖切面的位置(细单点长画线)。一般情况下可省略。

2) 剖切符号：表示剖切面起、迄和转折位置及投影方向。

3) 剖视图的名称。

下列情况可省略标注：

1) 剖视图按基本视图关系配置时，可省略箭头。

2) 当单一剖切面通过机件的对称(或基本对称)平面，且剖视图按基本视图关系配置时，可不标注。

(4) 画剖视图的注意事项

1) 剖切平面的选择：选择机件的对称面或轴线且平行或垂直于投影面。

2) 剖切是一种假想，其他视图仍应完整画出，并可取剖视。

3) 剖切面后方的可见部分要全部画出。

4) 在剖视图上已经表达清楚的结构，在其他视图上此部分结构的投影为虚线时，其虚线省略不画。但没有表达清楚的结构，允许画少量虚线。

5) 不需在剖面区域中表示材料的类别时，剖面符号可采用通用剖面线表示。通用剖面线为细实线，最好与图形的主要轮廓或剖面区域的对称线成 45°角；同一物体的各个剖面区域，其剖面线画法应一致。

2. 剖视的种类和适用条件

(1) 全剖图

用剖切面完全的剖开物体所得的剖视图。

适用范围:外形较简单,内形较复杂,而图形又不对称时。

(2) 剖图

以对称线为界,一半画视图,另一半画剖视。

适用范围:内、外形都需要表达,而形状又对称或基本对称时。

注意:不对称部分一定另有图形表达清楚。

(3) 局部剖

用剖切平面局部的剖开物体所得的剖视图。

适用范围:局部剖是一种较灵活的标识方法,适用范围很广。

1) 只有局部内形需要剖切表示,而又不宜采用全剖视时。

2) 当不对称机件的内、外形都需要表达时。

3) 当对称机件的轮廓线与中心线重合,不宜采用半剖视时。

4) 实心杆上有孔、槽时,应采用局部剖视。

画局部剖应注意的问题:

1) 波浪线不能与图上的其他图线重合。

2) 当被剖结构为回转体时,允许将其中心线作局部剖的分界线。

3) 在一个视图中,局部剖的数量不宜过多。

二、核物理基础知识

1. α 辐射探测器

由于 α 粒子在物质上的射程极短,因此对于 α 粒子探测不得不使用薄窗探测器,或者将待测样品置入探测器的工作容积之内(内计数器)。最适于 α 粒子探测的探测器是脉冲电离室、正比计数器、硫化锌闪烁体、玻璃闪烁体、塑料闪烁体、PIPS 型半导体探测器等。

α 粒子探测不适于使用电流型探测器,因为:

(1) 电离电流与 α 粒子能量及待测样品的厚度有关;

(2) α 粒子引起的电离,与 β 粒子、γ 量子或宇宙线引起的电离没有差别,无法辨识;

(3) 无法测定极弱放射性(弱电流测量技术所限)。

而脉冲型 α 探测器在很宽的 α 粒子能量范围内,对于一个 α 粒子可以给出一个脉冲信号。可以使待测样品的自吸收、探测器窗的吸收不起重要作用,因为 α 粒子脉冲较容易与 β 粒子、γ 量子或宇宙线脉冲,用较简单的脉冲幅度甄别法甄别开来。这样,无需特殊措施便可使 α 粒子计数探测器的本底降得很低(如每小时几个计数)。低本底 α 粒子探测器与特殊的电子学线路联用,可把本底降至每昼夜几个计数,因而可以很精确的进行低水平 α 放射性测定。

表 3-1 列出了部分典型的 α 粒子探测器。

表 3-1 典型的 α 粒子探测器

类型	α 探测器	主要特点、用途
气体电离探测器	电离室 正比计数管	1. 微秒级脉冲衰减时间 2. 对电压稳定性要求不高，高压稳定性一般为 1%～0.5% 3. 价格低、操作方便、温度性能好，宜与通用性 α 粒子计数仪器配用 4. 能量分辨性能较差
半导体探测器	PIPS 探测器	1. ^{241}Am 5.486 MeV，半高宽 13 keV(室温)；<10 keV(－40 ℃) 2. 能量分辨率高，工艺简单，易受环境条件的影响
	高纯锗探测器	1. ^{241}Am 5.486 MeV，半高宽 16 keV(77 K) 2. 需在 77 K 低温下工作
	砷化镓面垒探测器	^{241}Am 5.486 MeV，半高宽 15.5 keV(室温)；40 keV(120 ℃) 能量分辨率高，可在 60 ℃以上温度下工作
闪烁探测器	ZnS(Ag) 塑料探测器 对联三苯闪烁体蒽 玻璃闪烁体	1. 发光衰减时间短(纳秒与亚纳秒级)，可用于高计数率 α 粒子计数 2. 对高压电源稳定性要求较高，一般为 0.1% 3. 可制成大面积探测器 4. 能量分辨率适中 5. 可用于各种 α 粒子计数场合
热释光探测器	LiF 热释光探测器	注量测定，不能用于单个 α 粒子计数。不能在线获得数据，测量后信息不再保存，故不能复测。适合大量应用。主要用于环境监测
径迹探测器	核乳胶 径迹蚀刻探测器	径迹显示，无电源，不能在线获得数据。处理工艺过程复杂，信息可长期保留。主要用于基本粒子物理与环境监测

2. β 辐射探测器

β 放射源的 β 辐射活度测量的特点包括：

(1) β 粒子的能谱是连续的，从零到 $E\beta_{max}$ 有一定的分布。低能的 β 粒子被甄别掉；

(2) β 粒子质量小，易被原子、原子核散射。因此，β 粒子测量结果必须进行各种修正。

作为 β 探测器常用盖革-弥勒计数管、流气式正比计数管、塑料闪烁体、液体闪烁体等。表 3-2 列出了各种常用的 β 辐射探测器。

表 3-2 β 辐射探测器

类型	β 探测器	主要特点、用途
气体电离探测器	β 电离室	时间分辨：10^{-5}～10^{-2} s；最大计数率：10^2～10^5 脉冲/s。粒子计数
	流气正比计数管 多丝正比室	时间分辨：10^{-5}～10^{-2} s；最大计数率：10^2～10^5 脉冲/s。粒子计数
	β 盖革-弥勒计数管	时间分辨：10^{-5}～10^{-2} s；最大计数率：10^2～10^5 脉冲/s。粒子计数
半导体探测器	PIPS 探测器	1. 低能 β 能谱 75 keV，半高宽 7.5 keV，室温，可构成低噪声器件 2. ^{137}Cs 650 keV 内转换电子，半高宽：2.1 keV(135 K)；13 keV(室温) 3. ^{207}Bi 1 MeV 内转换电子，半高宽 3.1 keV(77 K) 漏电流低，噪声低，薄窗、可清洗，耐温 100 ℃

续表

类型	β探测器	主要特点、用途
闪烁探测器	塑料探测器 对联三苯闪烁体蒽	1. 灵敏体积可制作得很薄,具有较高的β/γ效率比 2. 闪烁光衰减快,$10^{-9}\sim10^{-8}$ s,宜作快时间、高计数率测量
	玻璃闪烁体 液体闪烁体	
热释光探测器	热释光β剂量计	β剂量测量,易于大批量使用。无源剂量计 存在衰退现象,积分测量,不能在线提供测量结果

3. γ辐射探测器

(1) γ辐射探测原理

X射线与γ辐射皆为不带电的核辐射,因此它不能被核辐射探测器直接探测。光电效应、康普顿散射与电子对产生,是γ辐射与物质相互作用的主要过程。这三种作用过程中皆有电子产生。所有的X射线探测器与γ辐射探测器对X射线与γ辐射的探测,皆基于对这种次级电子的探测。

(2) γ辐射探测器分类

测量X射线和γ辐射的探测器可分为气体电离探测器、半导体探测器和闪烁探测器。

1) 气体电离探测器探测γ辐射时,其效率要比探测X射线的低。原因如下:随γ辐射能量的增高,光电效应和康普顿效应的吸收截面减小,并且在计数管壁内能产生次级电子,进而导致探测时间发生的那部分γ辐射所占的比例很快减小。在这种情况下,很难计算γ辐射探测器效率,因为次级电子的方向和能量是变化的,而且它们在计数管壁中的路径是弯曲的。

对于较高能量的光子吸收来说,计数管填充气体的作用已经微不足道,为了提高探测器效率必须借助γ辐射与计数管管壁的相互作用。只有射程大于次级电子产生地点~计数管壁内表面的距离的那一部分次级电子,才能进入计数器的的灵敏体积,导致放电(盖革-弥勒计数管)而被探测。

2) 半导体探测器

高纯锗(HPGe)半导体探测器以及化合物半导体探测器都是有效的γ辐射探测器。半导体探测器对X射线与γ辐射的探测,基于对它们与探测器物质相互作用产生次级电子的探测。X射线与γ辐射与探测器物质的相互作用主要是光电效应、康普顿散射与电子对产生。次级电子可以由上述单一的过程产生,也可由这三种过程的混合过程产生。

3) 闪烁探测器

γ射线在闪烁体内也由于光电效应、康普顿散射与电子对产生而产生次级电子。这些电子闪烁体分子激发。退激时闪烁体产生闪烁。

有一部分闪烁体的闪烁光强与入射粒子的能量不存在正比关系。这一部分闪烁体构成的闪烁探测器只能用于粒子计数,如玻璃闪烁体。另有一部分闪烁体,其闪烁光强与入射γ量子的能量成正比关系。它们除了可以用于γ量子计数之外,还可以用于入射γ量子的能量分布测量,即能谱测量。这类闪烁体有NaI(Tl),LiI(Eu),BGO及CsI(Tl)等,它们也成为线性闪烁体。

入射窗材料与尺寸的选择与被探测 γ 射线的能量密切相关。特别是低于 100 keV 的 γ 射线，实际的探测器效率与探测器入射窗的吸收密切相关。对于 X 射线与能量低于 5 keV 的 γ 射线的探测，用铍做入射窗最佳。

4. 中子探测和中子探测器

(1) 中子探测原理

中子不带电，因此它在物质中不能直接引起电离而被探测。中子探测必须借助其与原子核发生的相互作用产生的次级带电粒子来实现。通常用于中子探测的基本方法有四种：核反应法、核反冲法、核裂变法与核激活法。

核反应法：通过记录中子引起的核反应产物，来探测中子的方法。

核反冲法：通过记录中子引起的反冲核来探测中子的方法。核反冲法只用于探测快中子。

核裂变法：通过记录中子俘获导致重核裂变所产生的裂变碎片来探测中子的方法。核裂变法可用于探测任意能量的中子。

核激活法：部分稳定核素经中子照射后具有放射性。由其放射性活度可以求出中子的注量率，达到中子探测的目的。基于核激活法的中子探测器主要用于高中子注量率、并伴有强 γ 辐射的场合进行中子探测，如反应堆堆芯中子注量率的测定。

(2) 中子探测器分类

中子探测器可分为慢中子探测器、快中子探测器和特殊中子探测器。

常见的慢中子探测器有硼电离室、^{235}U 裂变室、BF_3 正比计数管、^{3}He 正比计数管、衬硼正比计数管等。

常见的快中子探测器有含氢正比计数管、^{238}U 裂变室、ZnS 快中子屏、塑料闪烁体、液体闪烁体等。

三、硅(Si)材料相关知识

1. 简介

硅是一种重要的半导体元素，原子序数 14，原子量 28.085 5。在自然界中以化合物形态存在，在地壳中含量很大，仅次于氧在地壳中的含量，约占地壳质量的 25.8%。硅的化合物有二价化合物和四价化合物。在常温下化学性质稳定，与空气、水和酸等没有明显作用，不溶于单一强酸中，但易溶于碱。在高温下性质活泼，易与各种材料发生反应。

硅有晶态和无定形两种形式，晶态又分为多硅晶和单晶硅，具有金刚石晶格，硬而脆，熔点 1 410 ℃，沸点 2 355 ℃，密度 2.32～2.34 g/cm^3，硬度为 7。晶态硅的电导率不及金属，且随温度升高而增加，具有明显的半导体性质。本书中制作半导体探测器的硅材料为单晶硅。

2. 硅的晶体结构

不同的半导体材料有不同的晶体结构，硅的晶体结构为金刚石结构，如图 3-1 所示：

硅晶体中原子以共价键结合，形成一个正四面体结构(晶胞)，一个硅原子位于正四面体的中心，相邻四个硅原子分别位于正四面体的顶角，如图 3-2 所示。每个硅原子有四个单电子，位于正四面体中心的硅原子的四个单电子分别与位于正四面体定点的硅原子一个单电子相结合,形成四个共价键。晶胞无规则排列形成的晶体为多晶,晶胞有规则的排列形成的晶体为单晶。本书中制作半导体探测器的硅材料为单晶硅。

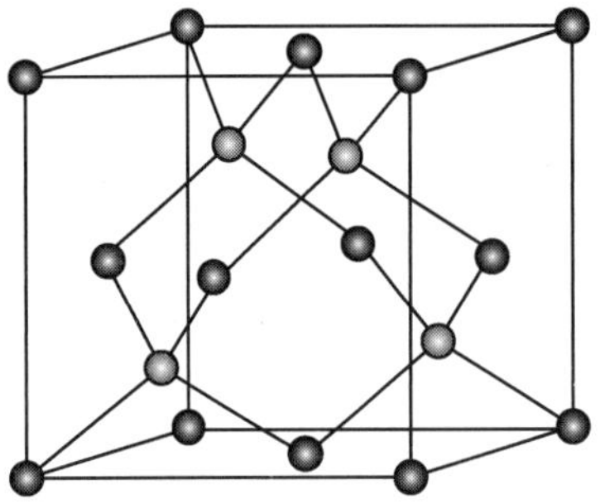

图 3-1　硅的金刚石结构

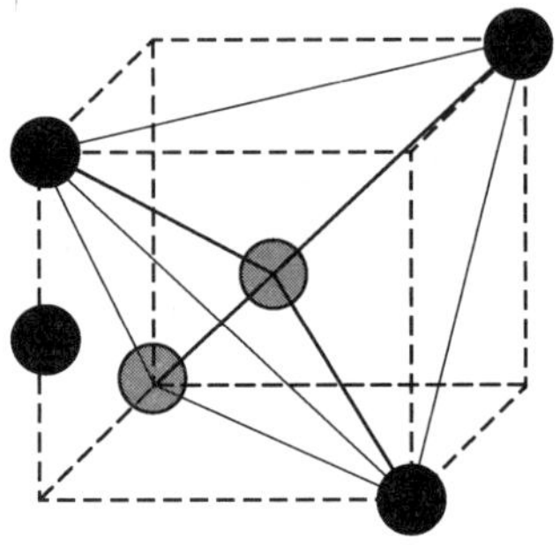

图 3-2　硅四面体结构示意图

对于制作半导体探测器的晶圆,除了有单晶结构外,还需要有特定的晶向。不同的晶向,原子排列密度不同,由于硅单晶体沿<111>晶向方向,原子排列最为密集,有利于阻止带电粒子沉积能量,所以制作半导体探测器的晶圆一般选择晶向为<111>的晶面。

3. *硅的电学性质*

固体按导电能力的大小可分为绝缘体、导体、半导体。金属的电阻率约为 10^{-6} Ω·cm,具有良好的导电性;绝缘体的电阻率在 10^{12} Ω·cm 以上,基本不导电;半导体的电阻率约为 $10^{-3}\sim10^{9}$ Ω·cm,其导电性能介于金属和绝缘体之间。

半导体的电阻率一般随温度、掺杂浓度、磁场强度、光照强度等因素的变化而变化。未掺杂的半导体称为本征半导体,其导电性能很差。通过掺杂技术,掺入极其微量的电活性杂质,其导电性能得到显著提高。如在硅中掺入亿分之一的硼,其电阻率就可降为原来的千分之一。这种掺杂的半导体就成为掺杂半导体。根据掺入的杂质提供多余的电子或空穴的不同,分为施主杂质或受主杂质。能提供多余电子的杂质称为施主杂质,能提供多余空穴的杂质称为受主杂质。掺入施主杂质的半导体以电子导电为主,称为 N 型半导体,掺入受主杂质的半导体以空穴导电为主,称为 P 型半导体。

当硅中掺入以施主杂质(Ⅴ族元素:磷 P、砷 As、锑 Sb 等)为主时,以电子导电为主,称为 N 型硅;当硅中掺入以受主杂质(Ⅲ族元素:硼 B、铝 Al、镓 Ga 等)为主时,以空穴导电为主,称为 P 型硅。金硅面垒探测器所用的硅单晶为 N 型硅,Si(Li)探测器所用硅单晶的为 P 型硅。

4. *硅的光学性质*

硅在室温时的禁带宽度为 1.12 eV,光的吸收是处于红外波段。虽然硅在可见光谱范围内是不透明的,但可被接近红外光谱频率的光线所穿透。可见光的能量范围为 1.64～3.19 eV,大于硅的禁带宽度,当硅经可见光照射时,会产生许多载流子,所以在半导体探测器进行电性能、核性能测试以及进行辐射探测时,一般都要避光进行。

5. *硅的热学性质*

硅是具有明显的热膨胀及热传导性质的材料。硅在融化时其体积会缩小,当硅从液态凝固时其体积会膨胀。

6. 硅的机械性质

在室温时，硅是一种无延伸性的脆性材料。但在温度高于 700～800 ℃时，硅却具有明显的热塑性，在应力的作用下会呈现塑性变形。硅的抗拉应力远大于抗剪应力，故在硅片的加工过程中会产生弯曲和翘曲，也极易产生裂纹或破损。

7. 硅的化学性质

硅常以氧化物为主的化合物存在于自然界。室温时，硅晶体的化学性质十分稳定，除氟外，不与其他元素发生作用。但可以与空气中的氧气发生缓缓慢反应，在硅晶体表面形成一层 SiO_2层（厚度为 2～3 nm），硅的这种表面自钝化、易于形成本征 SiO_2层，是使硅成为当今最为重要的固态器件材料的独特性能之一。在高温时，硅几乎可与所有物质发生化学反应，在 400 ℃时能与氧发生化学反应、在 1 000 ℃时能与氮发生化学反应。

硅在常温下易溶于碱，但不溶于单一的强酸，如盐酸（HCl）、硫酸（H_2SO_4）、硝酸（HNO_3）、氢氟酸（HF）及王水，却极易被硝酸和氢氟酸的混合酸所溶解。因此在半导体探测器的制作中，硝酸和氢氟酸的混合酸被用作硅的腐蚀液。其反应如下：

$$Si+4HNO_3+6HF = H_2SiF_6+4NO_2+4H_2O$$

在以上反应中，HNO_3起着氧化剂的作用，没有氧化剂的作用，HF 是不会与硅发生化学反应的。

四、半导体探测器基础知识

1. 半导体概念及分类

半导体是由两种类型的载流子（电子和空穴）决定的总电导率介于金属导体和绝缘体之间的一种物质。其载流子浓度因外界作用而变化。表 3-3 列出了各类型材料的电阻率。

表 3-3 材料的电阻率

材料	电阻率/(Ω·cm)
导体	$<10^{-5}$
半导体	$10^{-2}\sim10^{9}$
绝缘体	$>10^{14}$

晶体中的电子能级彼此之间非常接近而形成能带。晶体中的满带与孤立原子中电子能量的基态相对应，导带与激发态相对应。满带和导带之间的禁区称为禁带。

金属导体满带和导带交织在一起；半导体的禁带宽度 E_g 为 0.1～2.2 eV，绝缘体的禁带宽度 E_g 为 2～10 eV。

半导体可分为本征半导体、P 型、N 型和补偿半导体。

本征半导体是指热平衡条件下，两种载流子浓度几乎相等的一种“纯”半导体。本征半导体在热力学温度为零度时满带被电子填满，导带是空的。

N 型、P 型半导体指含有杂质或具有其他晶格缺陷，导致两种类型的载流子浓度不同的半导体，称为杂质半导体。导电的电子浓度超过运动的空穴浓度的杂质半导体，称为电子型或 N 型半导体；运动的空穴浓度超过了导电的电子浓度的杂质半导体，称为空穴型或 P 型半导体。

补偿半导体指含有等量施主和受主杂质的半导体。在这种半导体中,一种类型的杂质对载流子的浓度的影响,部分或全部被另一种杂质的影响抵消。

P型半导体材料与N型半导体材料结合后,载流子将由浓度高的区域向浓度低的区域扩散。扩散的结果,在P区和N区的界面附近形成一个结区即PN结。在结区中,基本上不存在载流子,只剩下施主和受主的离子,从而形成一个空间电荷区。

2. 结型半导体探测器

结型半导体探测器的灵敏区就是介于P型和N型半导体区域之间加反向偏压的PN结。它主要用于测量质子、α粒子、重离子及低能电子等带电粒子。

结型半导体探测器一般用硅制作。室温下漏电流小,使用时不需冷却。

(1) 工作原理

带电粒子射入探测器的灵敏区,把其能量耗尽,通过电子从价带到导带的跃迁而产生电子-空穴对。耗尽层内的电场将自有的正负载流子分开,并将它们收集到电极上。为使信号与入射粒子的能量成正比,粒子应被耗尽层全吸收。

根据PN结的制备方法不同,结型半导体探测器可分为扩散型、面垒型、离子注入型和钝化离子注入平面硅(PIPS)探测器等类型。

(2) 扩散结半导体探测器

这是一种把一类杂质扩散到另一种相反类型的半导体内,形成PN或NP结的半导体探测器。其第一个字母P或N标志扩散杂质的类型。常用的是将五价磷(N型)扩散到P型硅中,制成PN结,扩散厚度1～2 μm。结的前、后表面的欧姆接触可用真空沉积或化学镀膜等方法实现。

扩散结探测器在加工工艺中,要经高温(800～1 000 ℃)处理,致使半导体载流子寿命缩短,影响其能量分辨率。同时扩散结死层较厚,不易获得大面积PN结,使其应用受到限制。

(3) 面垒半导体探测器

这是一种由表面反型层产生的结形成势垒的半导体探测器。在经过腐蚀处理的N型硅单晶表面蒸上一层金(约40 $\mu g/cm^2$)或其他金属,氧化后形成反型层,从而在表面附近形成PN结区。这种探测器称为金硅面垒半导体探测器。

面垒探测器窗薄、噪声低、能量分辨率高、工艺简单、成品率高、易于制得大面积均匀探测器,因而比扩散结探测器用得广泛。我国目前生产的结型探测器主要是金硅面垒半导体探测器。

(4) 离子注入PN结探测器

这是一种利用加速器产生的具有一定能量的正离子束流,直接穿透半导体材料表面而形成PN结的半导体探测器。

通常用硼离子轰击N型硅,用磷离子轰击P型硅,能量在5～100 eV,视所制造的探测器而定。

离子注入PN结半导体探测器对环境和真空更稳定,可以在高阻硅上得到薄窗。能量分辨率不及面垒型,但由于扩散型。离子注入型缺点是由于入射离子产生强的辐射损伤,形成大量俘获和复合中心。

(5) 钝化离子注入平面硅(PIPS)探测器

该探测器属于结探测器,它是半导体钝化离子注入新工艺产品,是近几年发展极为迅速的一种新型半导体探测器。在绝大部分应用场合下，它可以代替硅面垒探测器和扩散结探测器。

PIPS 探测器的优点包括：

1）结的全部外缘都是不可见的，因此不需要将结边缘用环氧树脂密封；

2）接触面用离子注入法形成，可以得到精确、薄而且突变的结，使 α 粒子分辨率好；

3）入射窗稳定而坚固，可以很容易的、可靠的清洗；

4）漏电流的典型值是面垒型与结型探测器的 1/100～1/10；

5）死层（窗）厚度小于类似的面垒型与扩散结型探测器。

第二节　工艺操作

学习目的：掌握镀镍的一般工艺及镀镍过程的影响因素，掌握硅片腐蚀的原理及影响因素；掌握蒸金工艺。

一、镀镍基础知识

1. 化学镀镍的一般工艺

如同其他湿法表面处理一样，化学镀镍包括镀前处理、施镀操作、镀后处理各部分工艺序列组成，正确地实施工艺全过程才能获得质量合格的镀层。

化学镀取决于在工件表面均匀一致的、迅速生成的初始状态（起镀过程），化学镀镍并无外力启动和帮助克服任何表面缺陷；于是，工件一进入镀液即形成均匀一致的沉积界面，这一点很重要，因为化学镀是靠表面条件启动的，即异相表面自催化反应，而不是电力。

一般来说，化学镀镍液比电镀液更加敏感娇弱。其中各项化学成份的平衡、工艺参数的可操作范围比较狭窄；对于污染物的耐受能力较差，甚至 ppm① 级的重金属离子就可能造成镀层性能恶化或漏镀、停镀。

化学镀生产的工艺都可分为前处理、化学镀、后处理三个部分，其中化学镀与后处理基本相同，只有前处理区别较大，不同的材质、基体应有不同的前处理工艺：

- 工件如已经过热处理，需除掉表面氧化膜；
- 工件如已经过磁性处理，需先消磁；
- 工件如已经过渗碳或氮处理，则不能进行化学镀；
- 如果需要达到镜面效果的光亮度则需进行镀前精抛和镀后的精抛；
- 如果表面已有镀层，则需先退镀；
- 如果某些部位不要求化学镀，可以涂保护漆；
- 如果工件多微孔、小孔，正常清洗困难时，则需超声波清洗；
- 当工件多而又前处理复杂时应考虑集中前处理后一起化学镀；
- 如果有非常规基体材料，请向专业技术人员问询具体工艺。

2. 化学镀镍的温度

化学镀镍过程涉及的氧化还原反应需要热能，对于任何化学镀液都是如此而已，即在一

① 1 ppm=10^{-6}。

定的温度下才能发生化学沉积反应。除少数低温、常温镀液外,大多数的化学镀液要在比较高的温度下进行,当然不同的镀液对温度的敏感程度也不尽相同。

按照化学动力学经验公式,化学镀镍沉积速度为镀液温度的指数函数;某些化学镀液温度升高 1 ℃,沉积速度增加 5%～7%。在较高温度下速度较快,但是通过升高温度来提高镀速有可能带来镀液分解或降低寿命的风险。为了得到一个尽可能快又不伤害镀液的稳定性,每种镀液都一个最佳的操作温度范围,比如酸性的,以次磷酸钠为还原剂的镀液最佳操作温度为 88～92 ℃,在此范围内磷含量不会有超过 1%的波动。

由此可见对化学镀镍操作温度精确管理的控制是十分重要的,实际操作时镀液温度控制在最佳操作温度正负 2 ℃范围内,应该尽可能让温度减少波动。另外,温度是与镀层的磷含量成反比的,越低的温度越有利于得到较高的磷含量,当然温度对磷含量的影响是比较小的。

3. 化学镀镍的 pH

氢离子是化学镀镍反应的产物之一。化学镀镍是镀液中氢离子浓度持续升高的过程,尽管镀液中含有大量的缓冲剂,仍然需要不断加入 pH 调整剂,即加入碱才能维持镀液的 pH。因为 pH 对于化学镀镍过程产生重大影响,在化学镀镍操作过程中应十分重视镀液 pH 的控制问题。

不同的化学镀镍溶液有着不同的 pH 操作范围,比如酸性次磷酸钠镀液的 pH 操作范围大都在 4.2～5.0 之间,低磷化学镀镍溶液近中性;而二甲基硼烷(DMAB)为还原剂的化学镀镍可以在中性、偏酸性范围操作等。通常情况,pH 越高,镀速越快,pH 越高,磷含量也就越低。

通常使用氨水、碳酸钾、碳酸钠或氢氧化钠还调整 pH。在手工调整 pH 时,要尽可能将调整剂稀释后,缓慢地加入到镀液中,并且进行连续的搅拌,避免对镀镍液造成不必要的冲击。也要避免在有工件的时候进行 pH 调整,最好在把工件取出后,调整好 pH 之后再进行。

镀液的 pH 对化学镀镍过程的影响可概括为:

(1) 当 pH 增大时,沉积速度随之提高,反之沉速减缓。对于酸性镀液,pH<3 时,沉积反应实际已终止。

(2) 当 pH 增大时,所得沉积层磷量降低。

(3) 增大 pH 会降低次磷酸盐还原剂的利用率,此时相当部分还原剂消耗于析氢。

(4) 对于酸性化学镀镍液,当 pH 增大时,亚磷酸盐的的溶解度降低,亚磷酸镍沉淀析出将有触发镀液自然分解的危险。如果 pH 继续提高,次磷酸盐氧化成亚磷酸盐的反应将由催化反应(仅在催化表面上进行的反应)转化为自发性的均相反应(反应在镀液本体内部可进行,不需要在催化表面)。这时镀液很快就分解而失效。

$$H_2PO_2^- + H_2O \xrightarrow[\text{Ni}]{\text{催化表面}} H^+ + [HPO_3]^{2-} + H_2\uparrow$$

二、晶圆的腐蚀

1. 硅的腐蚀基础知识

(1) 硅的酸腐蚀原理

硅的腐蚀目前广泛采用浓硝酸和氢氟酸的混合腐蚀液。硝酸和氢氟酸的体积比一般为

10∶1～2∶1。氧化剂硝酸的作用是使单质硅氧化为二氧化硅。其反应如下：

$$3Si + 4HNO_3 = 3SiO_2 + 2H_2O + 4NO\uparrow$$

但是由于二氧化硅是难溶的物质，它既不溶于水，也不溶于硝酸。同时，由于硅表面被硝酸氧化，表面形成一层非常紧密的二氧化硅薄膜，这个氧化膜对硅起保护作用，能阻碍氧化剂硝酸对硅进一步腐蚀，所以硝酸也不能有效地腐蚀硅，而只能在硅表面形成一层很薄的二氧化硅薄膜。但是，如果腐蚀液不是单纯的氧化剂硝酸，而是氧化剂硝酸和络合剂氢氟酸的混合液，那么，由于二氧化硅能与氢氟酸生成可溶于水的络合物六氟硅酸，而使硅片表面的二氧化硅膜溶解。其反应如下：

$$SiO_2 + 6HF = H_2[SiF_6] + 2H_2O$$

在硝酸和氢氟酸混合腐蚀液中，由于有氢氟酸的存在，使硅表面的二氧化硅薄膜被破坏，所以硅能不断地被硝酸氧化，同时，生成的二氧化硅又能不断地被氢氟酸溶解，因此硝酸和氢氟酸混合腐蚀液对硅能进行有效地腐蚀。

在常用的硅酸腐蚀液中，还有 CP_4 腐蚀液，其配方如下：

硝酸∶氢氟酸∶冰醋酸∶溴 ＝ 5∶3∶3∶0.06

它除了包含氧化剂硝酸和络合剂氢氟酸外，还含有缓和剂和附加剂。常用的缓和剂有醋酸或水，缓和剂的作用是控制反映速度，使硅表面光亮。常用的附加剂是在腐蚀液中加入一种氧化剂（如溴，碘等）或还原剂（如碘化钾等）或加一些金属盐类（如硝酸银、硝酸汞、硫酸铜等），CP_4 腐蚀液中加入的附加剂溴就是一种强氧化剂，它能大大加快腐蚀反应的速度。

（2）各种反应条件对腐蚀反应的影响

1）$HF\text{-}HNO_3$ 配比对腐蚀速度的影响

当 $HF/HNO_3=4.5$ 时及比值在其附近时，硅的腐蚀速度最大，硅的氧化和硅的络合物的溶解都立即发生，加入水可减慢腐蚀速度，但并不能改变最大腐蚀速度时 HF/HNO_3 的比值。

氢氟酸含量比较高时，反应速度由硝酸浓度决定，硝酸浓度的稍微减小能很快降低反应速度。即使氢氟酸浓度有少量变化，仍有足够的量去溶解硅表面的氧化膜。反应速度变化不大。这时可认为硅表面一旦被硝酸氧化，SiO_2 完全被氢氟酸溶解，反应速度决定于 HNO_3 氧化硅片的速度。

当硝酸过量时，氢氟酸少量的变化能明显改变硅片的腐蚀速度。反应过程中硅片表面始终覆盖着氧化膜，即使硝酸浓度有少量变化，仍有足量的硝酸氧化硅表面，硝酸含量的减小只能使氧化膜变得纤细。硅片腐蚀速度决定于 HF 酸与氧化膜的接触速率即氢氟酸从溶液中扩散到硅片表面的速率决定。

2）添加剂的影响

① 常用的添加剂是水和冰醋酸，二者主要是稀释反应物质浓度。水的加入主要降低了硝酸的浓度，从而减小了酸液对硅片的氧化能力。当用冰醋酸做稀释剂时，降低了硝酸的电离度，降低了反应速度。

② 当向酸液中加入 $NaNO_2$ 时，高硝酸区域，腐蚀速度几乎没有变化，高氢氟酸区域，反应速度明显增大，这是因为 $NaNO_2$ 和溶液中氢离子形成了氧化反应所需的催化剂。

③ 加入磷酸到酸液中，既可以降低硅片腐蚀速度，又不改变硅片表面的腐蚀形貌。反应速度易于控制，磷酸液不参加腐蚀反应，不能改变化学动力学，但能提高溶液黏度，提高传

质阻，降低腐蚀速度。

④ 硫酸能提高溶液黏度，也不参加腐蚀反应，可以稳定反应速度，增加腐蚀均匀性。

3）硅片表面状态的影响

切割硅片腐蚀速度比光滑硅片的腐蚀速度大，这是因为腐蚀过程产生的催化剂易于被硅片表面的裂缝捕获，并易于聚集在其周围有助于腐蚀反应发生，而且硅片表面有许多缺陷，或者触发反应所需能量小的位置，腐蚀反应会先在这些位置发生。另一方面，可能是因为不均匀表面的势能不一样，电解反应从势能比较低的地方引发，致使了不均匀表面的腐蚀速度较快。

4）硅片电阻率的影响

参与反应的硅片电阻率不同，类型不同，也会对腐蚀机制产生影响。在 $HF:HNO_3:CH_3COOH=1:3:8$ 的溶液中，腐蚀速度随掺杂浓度的增加而增加，高掺杂浓度的硅片的腐蚀速度是低掺杂浓度的硅片的 10 倍以上(正好与碱腐蚀相反)。低掺杂材料的活化能是 12.3 kcal/mol，表明这种腐蚀反应是表面反应控制过程，即表面反应速度决定腐蚀速度。高掺杂材料的活化能是 5.15 kcal/mol，反应过程是扩散控制过程。

5）温度影响

温度对氧化反应的影响比较大，对扩散及溶解反应的影响比较小。温度升高，反应速度常数会增大，物质传输速度也增大。

6）搅拌影响

当溶液中有扰动时，富氢氟酸体系中，反应速度减小。这是因为，扰动降低了氧化过程中的中间产物在硅片表面的浓度，降低氧化反应速度。富硝酸体系中，扰动将会增大硅片腐蚀速度，这是因为，扰动降低 HF 的传质阻，降低 HF 的扩散梯度，减少扩散层厚度。

2. 晶圆的腐蚀

(1) 腐蚀的目的

半导体探测器的制作过程中，一般用 $HF\text{-}HNO_3$ 配比液来对晶圆进行腐蚀，氢氟酸与浓硝酸的配比为 $HF:HNO_3=1:6$。腐蚀的目的为去除研磨后的损伤层，使晶圆制作入射窗的一面光滑，无表面缺陷，易于和金结合，形成肖特基结，进而有了耗尽层，成为辐射探测器的灵敏区。也有人认为，其实腐蚀过程，一方面是去除研磨损伤层，更重要的是在腐蚀的过程中，在晶圆的腐蚀面形成了一层薄的 P 型层，与原来的 N 型晶圆基底形成了 P-N 结，从而形成腐蚀探测的灵敏区，而后面的镀金工艺只是提供电极连接的作用。

(2) 影响因素

晶圆的腐蚀过程中，有以下几个因素对腐蚀工艺有较大的影响。

腐蚀温度：如前所述，温度对腐蚀速度有较大的影响，温度越高，腐蚀速度越大。如果腐蚀速度过快，手工腐蚀过程不易控制，容易造成腐蚀面出现如同水波纹一样缺陷，为了控制速度，在腐蚀前，先要把配置好的腐蚀液放入冰水混合物中降温，在腐蚀过程中，也要把装有腐蚀液的容器放入冰水混合物中。

溶液配比：用来腐蚀晶圆的腐蚀液，氢氟酸与浓硝酸的配比为 $HF:HNO_3=1:6$，如前所述，影响腐蚀速度的为 HF 的浓度，而 HNO_3 浓度的少量变化对腐蚀速度影响不大，故此在腐蚀液的配置过程中，要严格控制 HF 的量，不能超过 1：6。

晶圆的表面形态：若研磨后的晶圆表面有未发现的划痕、小坑，腐蚀后晶面上会出现明显的小坑或比较宽的划痕，所以研磨后的检验非常重要，一定要仔细检查。

后电极的影响：构成后电极的金属元素为铜和镍，这些金属都会与浓硝酸发生反应，所以为了保护后电极，在腐蚀前要对后电极进行保护，即在后电极及引线上涂上保护胶。但是有时候保护胶由于种种原因（晶圆表面未清洗干净、保护胶烘烤过干等），在腐蚀的过程中会剥离开保护层，造成腐蚀液进入而与这些金属发生反应，损伤电极或引线脱落。还有一种情况是，在涂胶的过程中，保护胶从后电极边缘流出，使晶圆的侧表面，甚至腐蚀面沾有保护胶，在腐蚀的过程中，由于这些地方被保护胶遮盖而无法腐蚀掉。所以涂胶工艺也非常重要，在涂覆过程中一定要仔细，烘胶时注意控制时间和温度，并不断查看。

扰动的影响：在腐蚀的过程中，要不断上下左右均匀摇动腐蚀花篮，使腐蚀过程均匀、充分与腐蚀面反应，如果摇动不够充分，腐蚀液与腐蚀面反应不充分，腐蚀出的面不会呈现光亮的效果，而是看上去发污，影响探测器的性能。

淬灭：晶圆腐蚀完成后，不能从腐蚀液中立即拿出，应用大量的冷去离子水冲洗，使腐蚀液完全被稀释冲洗掉后，才可取出，此过程称为淬灭（终止反应进行）。

另外要注意的是，HF 能与 SiO_2 发生反应，所以配置腐蚀液时，量取 HF 时，不能用玻璃量筒，要用塑料量筒。同样的道理，存储腐蚀液的容器、腐蚀时盛放腐蚀液的容器、腐蚀花篮都得用塑料制品，腐蚀花篮用聚四氟乙烯塑料制成。

三、蒸金

1. 真空镀膜基础知识

(1) 真空的划分

按照真空度的高低，可将真空划分为低真空（$1\times10^{5}\sim1\times10^{2}$ Pa），中真空（$1\times10^{2}\sim1\times10^{-1}$ Pa），高真空（$1\times10^{-1}\sim1\times10^{-6}$ Pa）和超高真空（$<1\times10^{-6}$ Pa）。真空镀膜一般处在高真空区。

(2) 真空镀膜技术

真空镀膜技术是一种由物理方法产生薄膜材料的技术，是指在真空环境下，将某种金属或金属化合物以气相的形式沉积到材料表面，属于物理气相沉积工艺。通俗地讲，就是把待镀金属和被镀物体放置在真空室内，采用一定方法加热待镀金属，使金属蒸发或升华，金属蒸汽遇到冷的被镀物体表面凝聚成金属薄膜。

1) 真空镀膜的形式

真空镀膜有三种形式，即蒸发镀膜、溅射镀膜和离子镀。

① 蒸发镀膜

真空蒸发镀膜法是在真空室中，加热蒸发容器中待形成薄膜的原材料，使其原子或分子从表面气化逸出，形成蒸气流，入射到固体（称为衬底或基片）表面，凝结形成固态薄膜的方法。蒸发镀膜具有较高的沉积速率，可镀制单质和不易热分解的化合物膜。蒸发源是蒸发装置的关键部件，根据蒸发源不同，真空蒸发镀膜法又可以分为下列几种：

a. 电阻蒸发源蒸镀法

采用钽、钼、钨等高熔点金属，做成适当形状的蒸发源，其上装入待蒸发材料，让电流通过，对蒸发材料进行直接加热蒸发，或者把待蒸发材料放入 Al_2O_3、BeO、W 等坩埚中进行间接加热蒸发，这就是电阻加热蒸发法。薄膜厚度可由数百埃至数微米。膜厚决定于蒸发源的蒸发速率和时间(或决定于装料量),并与源和基片的距离有关。对于大面积镀膜,常采用旋转基片或多蒸发源的方式以保证膜层厚度的均匀性。从蒸发源到基片的距离应小于蒸气分子在残余气体中的平均自由程,以免蒸气分子与残气分子碰撞引起化学作用。蒸气分子平均动能约为 0.1～0.2 eV。

利用电阻加热器加热蒸发的优点:镀膜机构造简单,造价便宜、使用可靠,可用于熔点不太高的材料的蒸发镀膜,尤其适用于对膜层质量要求不太高的大批量的生产中。

电阻加热方式的缺点是:加热所能达到的最高温度有限,加热器的寿命也较短(见图 3-3)。

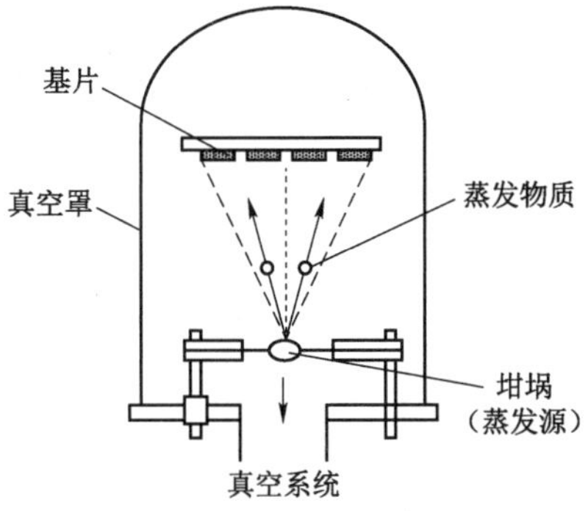

图 3-3　电阻蒸发源蒸镀示意图

b. 电子束蒸发源蒸镀法

依靠电子束轰击蒸发的真空蒸镀技术,将蒸发材料放入水冷铜坩埚中,直接利用电子束加热,使蒸发材料气化蒸发后凝结在基板表面成膜,是真空蒸发镀膜技术中的一种重要的加热方法和发展方向。电子束蒸发克服了一般电阻加热蒸发的许多缺点,特别适合制作高熔点薄膜材料和高纯薄膜材料。

电子束蒸发源的优点为:电子束轰击热源的束流密度高,能获得远比电阻加热源更大的能量密度,因此可以使高熔点(可高达 3 000 ℃以上)材料蒸发,并且能有较高的蒸发速度;由于被蒸发材料是置于水冷坩埚内,因而可避免容器材料的蒸发,以及容器材料与蒸镀材料之间的反应,这对提高镀膜的纯度极为重要;热量可直接加到蒸镀材料的表面,因而热效率高,热传导和热辐射的损失少(见图 3-4)。

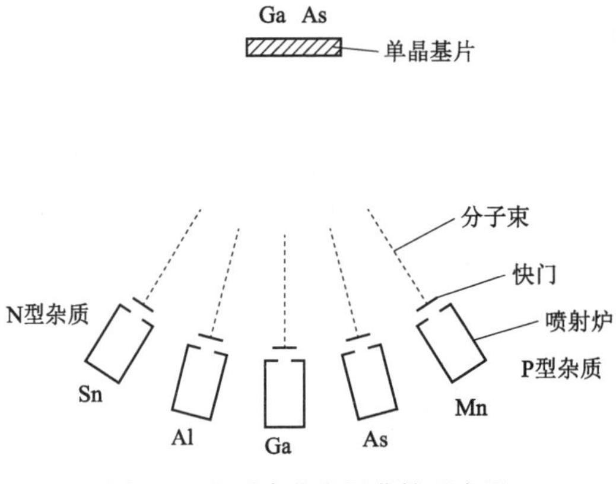

图 3-4　电子束蒸发源蒸镀示意图

c. 高频感应蒸发源蒸镀法

高频感应蒸发源是将装有蒸发材料的石墨或陶瓷坩埚放在水冷的高频螺旋线圈中央,使蒸发材料在高频带内磁场的感应下产生强大的涡流损失和磁滞损失,致使蒸发材料升温,直至气化蒸发。膜材的体积越小,感应的频率就越高。

高频感应蒸发源的特点是:蒸发速率大,可比电阻蒸发源大 10 倍左右;蒸发源的温度均匀稳定,不易产生飞溅现象;蒸发材料是金属时,蒸发材料可产生热量。所以,坩埚可选用和蒸发材料反应最小的材料;蒸发源一次装料,无需送料机构,温度控制比较容易,操作比较简单。

它的缺点是:必须采用抗热震性好、高温化学性能稳定的氮化硼坩埚;蒸发装置必须屏蔽,并需要较复杂和昂贵的高频发生器;如果线圈附近的压强超过 10^{-2} Pa,高频场就会使残余气体电离,使功耗增大。

② 溅射镀膜

所谓"溅射"是指荷能粒子轰击固体表面(靶),使固体原子(或分子)从表面射出的现象。射出的粒子大多呈原子状态,通常称为溅射原子。用于轰击靶的荷能粒子可以是电子、离子或中性粒子,因为离子在电场下易于加速并获得所需动能,因此大多采用离子作为轰击粒子。该粒子又称入射离子。用"溅射"出的高能粒子轰击固体表面,使固体表面的粒子获得能量并逸出表面,沉积在基片上,形成薄膜的镀膜技术就称为溅射镀膜。由于直接实现溅射的是离子,所以这种镀膜技术又称为离子溅射镀膜或淀积。

通常将欲沉积的材料制成板材——靶,固定在阴极上。基片置于正对靶面的阳极上,距靶几厘米。系统抽至高真空后充入 1～10 Pa 的气体(通常为氩气),在阴极和阳极间加几千伏电压,两极间即产生辉光放电。放电产生的正离子在电场作用下飞向阴极,与靶表面原子碰撞,受碰撞从靶面逸出的靶原子称为溅射原子,其能量在 1 至几十电子伏范围,溅射原子在基片表面沉积成膜(见图 3-5)。

③ 离子镀

离子镀膜技术是在真空蒸发和真空溅射技术基础上发展起来的一种新的镀膜技术。它是在真空条件下,应用气体放电实现镀膜的,即在真空室中使气体或蒸发物质电离,在气体离子或被蒸发物质离子的轰击下,同时将蒸发物或其反应产物蒸镀在基片上。离子镀技术综合了蒸发(高沉积速率)与溅射(良好的膜层附着力)工艺的特点,并有很好的绕射性,可为形状复杂的工件镀膜(见图 3-6)。

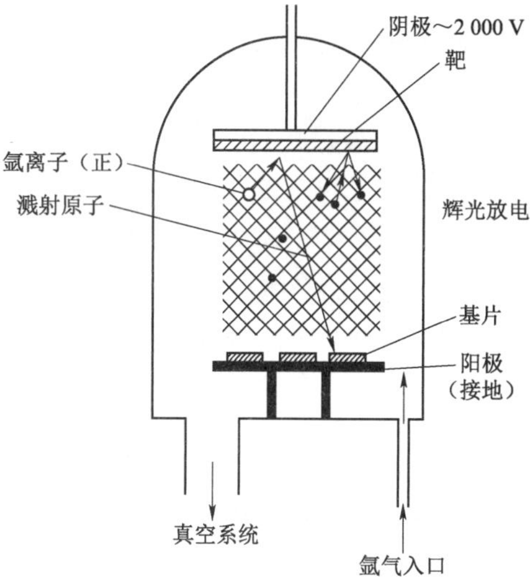

图 3-5 溅射镀膜示意图

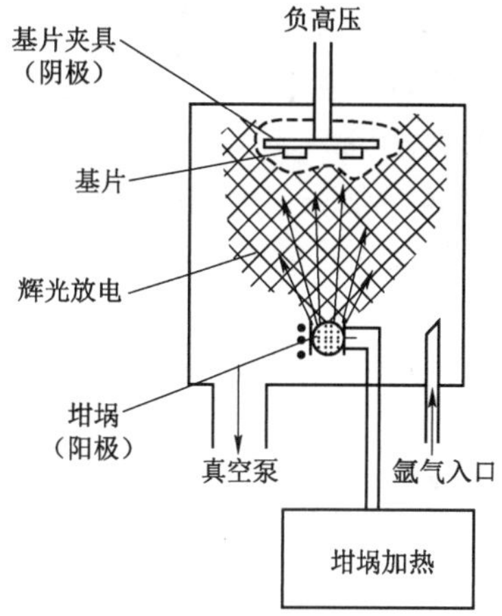

图 3-6 离子镀膜示意图

半导体探测制作中的镀膜工艺通常采用电阻蒸发源蒸镀方式进行镀膜,蒸发源为钨丝做成的螺旋状椎体坩埚，蒸发材料为纯度为99.999%的海绵金，基片为封装好的晶圆(也成管芯)。此后所称的真空蒸发镀膜即为电阻蒸发源真空镀膜。

2）真空蒸发镀膜过程

真空蒸发镀膜包含三个基本过程：

① 热蒸发过程

蒸发物质由凝聚相转变成气相(固相或液相转变成气相)的相变过程。每种蒸发物质在不同温度时有不相同的饱和蒸气压；蒸发化合物时，其组分之间发生反应，其中有些组分以气态或蒸气进入蒸发空间。

② 气化原子或分子在蒸发源与基板之间的输运，即这些粒子在环境气氛中的飞行过程

飞行过程中与真空室内残余气体分子发生碰撞的次数，取决于蒸发原子的平均自由程及蒸发源到基板之间的距离，常称源-基距。

③ 蒸发原子或分子在基板表面的沉积过程

沉积过程即是蒸气凝聚、成核、核生长、形成连续薄膜的过程。由于基板温度远低于蒸发源温度，因此，沉积物分子在基板表面将直接发生从气相到固相的相转变。

3）真空蒸发镀膜法的优缺点

优点：真空蒸发镀膜法操作设备比较简单、操作容易；制成的薄膜纯度高、质量好；成膜速率快、效率高；薄膜的生长机理比较单纯。

缺点：不容易获得结晶结构的薄膜，所形成薄膜在基板上的附着力较小，薄膜厚度不均匀，工艺重复性不够好等。

4）影响真空镀膜的因素

① 真空度的影响

真空镀膜必须在高真空下完成，否则将发生：

a. 蒸发物原子或分子将与大量空气分子碰撞，使膜层受到严重污染，甚至形成氧化物；

b. 蒸发源被加热氧化烧毁；

c. 由于空气分子的碰撞阻挡，难以形成均匀连续的薄膜。

② 蒸发源与基板之间的距离

蒸发源与基板之间的距离决定膜层厚度。距离太近会导致膜层较厚且不均匀，且基板容易被加热；距离太远会导致膜层过薄，难以形成连续的薄膜。

③ 蒸发源加热速度的快慢

蒸发源加热的速度也会影响膜层的质量。加热过快会使蒸发材料溅射，导致蒸发材料不能全部到达基板，使得基板膜层变薄；加热过慢会导致蒸发材料分子部分被抽真空系统抽走无法达到基板，所以合适速度缓慢的加热是必要的。

④ 蒸发材料的重量

蒸发材料的重量直接决定了膜层的厚度。重量大、膜层厚；重量小，膜层薄。在实际镀膜中，其他条件不变的情况下，就是利用蒸发材料的重量来决定膜层的厚度。

2. 海绵金

金的化学符号位Au，分子量为196.97，密度为18.88 g/cm^3，具有美观的金黄色光泽。化学性质十分稳定，酸、碱对它都不起作用。熔点为1 064.43 ℃，加热时不变色，具有良好的抗氧化性。金有极好的延展性能，对光有很好的反射率和良好的导电性能。

海绵金是含有汞等杂质的纯度达不到99%的金，它是由汞从金矿之中吸附的所获得的混汞金（混汞金为银白色），经高温蒸汞就形成了海绵金，海绵金的颜色根据它的含杂质的不同颜色也不一，但基本都为淡黄色，其他物理性质和金的一样。半导体探测器制作中，蒸金工艺所用的蒸发材料即为纯度为99.999%的海绵金。所用海绵金如图3-7所示。

3. 钨丝坩埚

钨的化学符号为W，属于难熔金属，一般呈钢灰色或银白色，硬度高，熔点高，为3 410 ℃。高温性能好，在2 000～3 000 ℃的温度下工作仍有较好的机械强度、低的蒸发速率和蒸汽压。由于钨的熔点很高，化学性质也比较稳定，所以在真空镀膜中，常把钨丝做成螺旋状作为钨丝坩埚，用来盛放、加热待镀金属。用钨丝制成的钨丝坩埚如图3-8所示。

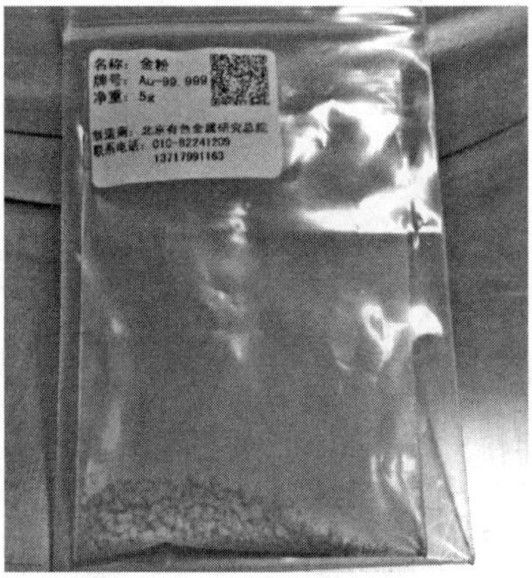

图3-7　海绵金

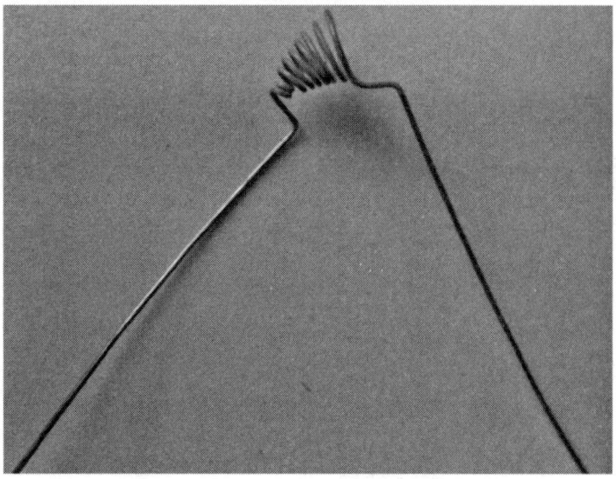

图3-8　钨丝坩埚图

4. 蒸金

蒸金工艺就是通过真空镀膜的方法在管芯表面蒸镀一层金薄膜，形成金属-半导体（肖特基）接触，构成肖特基结，成为半导体探测器的灵敏区，用来进行带电粒子的辐射探测。同时金层还形成半导体探测器的入射电极，起到连通电路的作用。

（1）膜厚的计算

因为半导体探测器的镀金面用来作为带点粒子的入射窗，要求金层的厚度尽可能地薄，以免引起带点粒子的能量损失，但是如金层太薄，有可能难以形成连续的薄膜，不能形成肖特基结或者不能起到连通电路的作用。所以适宜的金层厚度对半导体探测器的性能有很大的影响。通过试验，目前半导体探测器金层的厚度大约为20 nm。探测器制作完成后可通过核测量的方法推导出死层（金层）的厚度。通常情况下，可通过以下公式来估算金层的厚度：

$$t=\frac{M}{4\pi R^{2}\rho}$$

式中：t 为金层的厚度；M 为蒸镀用的金量；ρ 为金的密度；R 为管芯蒸镀表面任意点到蒸发源（钨丝坩埚）的距离。

假定 M 为100 mg，R 为10 cm；ρ 为18.88 g/cm^3；则 t 为：

$$t=\frac{0.1}{4\times 3.14\times 15\times 15\times 18.88}\text{cm}=1.87\times 10^{-6}\text{cm}=18.7\text{nm}$$

(2) 蒸金步骤

1) 把载有管芯(封装后的晶圆)的不锈钢支架按手套箱物件放入方法放进蒸金专用手套箱的操作室内;

2) 操作人员打开手套箱操作接口的长臂手套,双手通过长臂手套伸入手套箱,准备把管芯固定在蒸发架上;

3) 左手拿蒸发支架,右手用镊子把管芯从不锈钢支架上取下,检查管芯表面是否有粘胶或其他缺陷,如果发现粘胶或其他缺陷,应剔除掉,如果没有发现粘胶或其他缺陷,把管芯引线从蒸发支架凹面上的孔洞中穿过,在蒸发支架的凸面,用镊子拉紧引线,从底部进行弯折,使其紧贴蒸发支架的凸面,完成管芯的固定。按以上方法依次把待蒸镀的管芯固定在蒸发支架上;注意:在固定前,应根据待蒸镀管芯的大小、数量对管芯在蒸发支架上固定位置进行布局,一般情况大尺寸的管芯尽量固定在支架的中心位置,尺寸越小越靠边缘,保证金层在同一管芯面上的厚度均匀性;同时注意管芯之间不能重叠,要保证管芯的蒸镀面要完全暴露,否则被遮住的部分将不能蒸镀上金层;固定过程如图 3-9 所示;

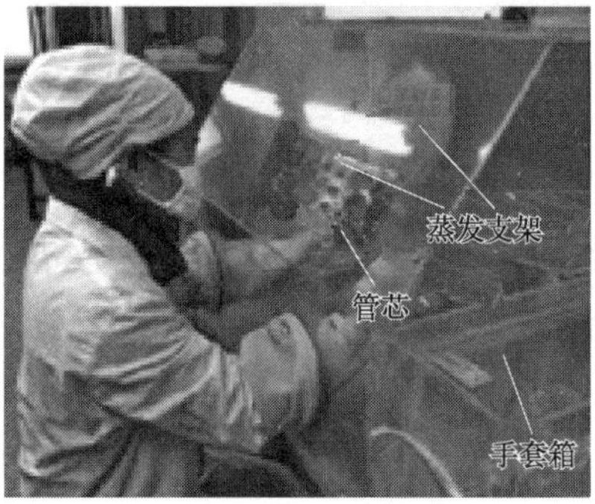

图 3-9　管芯固定作业图

4) 用电子分析天平称量(100±2)mg 海绵金,金一定要成团状,防止蒸镀时,小的金块从钨丝坩埚的螺纹缝隙里掉落造成蒸金量的减少;

5) 打开镀膜机电源开关,开启总开关为镀膜机送电,并打开循环水开关;开启充气开关为真空室充气,听不到气流声后,启动升钟罩开关,钟罩升起,当钟罩上升到合适位置(大于蒸发支架的高度)后,关闭生钟罩开关;

6) 用镊子把称量好的海绵金团放入钨丝坩埚,当有多个金团时,先放大金团,再放小金团;

7) 将固定有管芯的蒸发支架从手套箱中取出,用洗耳球吹去前表面尘粒及纤维,然后把蒸发支架放入正空腔室内固定位置,距离钨丝坩埚大约 15 cm 处,放置好以后,开口降钟罩开关,降下钟罩,准备抽真空蒸镀;其过程如图 3-10 所示;

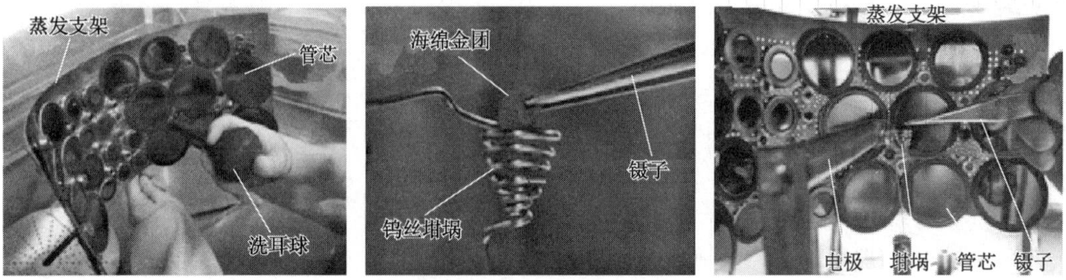

图 3-10　蒸发支架、海绵金放置过程图

8) 按镀膜机操作规程,开始抽真空,时间大约 40 min,当真空度高于 1.33×10^{-3} Pa

时，开始蒸金；

9）当真空度达到指定值后，打开“烘烤蒸发”开关，旋转镀膜机顶部的调压器转盘，观察蒸发电流表指针，先在电流为 20 A 时预热 40～60 s，然后继续旋转调压器转盘增大电流至 40 A，通过观察窗，直到金全部蒸完，旋转调压器转盘为 0，关闭“烘烤蒸发”开关；通过观察窗观察到蒸发过程如图 3-11 所示；

图 3-11　蒸发过程图

10）按镀膜机操作规程，依次关闭分子泵、高真空插板阀、符合真空机、扩散泵，关闭循环水开关；20 min 后，然后打开充气开关充气，当听不到气流声后，打开升钟罩开关，升起钟罩，取出蒸发支架，用镊子把蒸镀好的管芯从蒸发支架上取下，放置在专用的盒子中，3 d 后进行电性能测试；

11）用机械泵对真空腔室抽真空至 10 Pa 左右后，然后关机，关循环水。

第三节　故障判断与排除

学习目的： 了解镀膜机的结构及各组成系统的功能；掌握镀镍作业常见故障现象及原因分析和纠正方法，掌握镀膜机的操作方法及应急操作。

一、化学镀镍常见的故障及纠正方法(见表 3-4)

表 3-4　化学镀常见故障及纠正方法

故障现象	可能产生的原因和纠正方法
反应慢，沉积速度低	(1) pH 低，用 NH_4OH 或 NaOH 调整 (2) 温度过低 (3) 次磷酸钠含量不足，分析补充
镀液反应激烈，呈沸腾状，出现深灰色镍粉(镀液自然分解的象征)	(1) 装载量过大 (2) 温度过高或局部过热 (3) 镀液掉入金属屑或固体粒子 (4) 次磷酸盐含量过高 (5) pH 太高
槽壁和槽底沉积有金属镍	(1) 局部温度过高 (2) 槽衬里破损，显露基体金属，更换槽

续表

故障现象	可能产生的原因和纠正方法
镀液中亚磷酸未达到额定含量而发生亚磷酸镍沉淀	(1) pH 太高 (2) 络合剂不足,应给予补充
镀层发暗	镀液被锌铜等金属杂质污染;可用低电流密度处理;或适当补充次磷酸钠后用废件进行处理,直至镀层正常为止
镀层有麻点	氢气停留在零件上,可搅动槽液或抖动零件来避免
镀层易剥落	(1) 镀前处理不彻底 (2) 温度波动太大

二、真空镀膜机

1. 真空镀膜机的结构

蒸金工艺所用的设备为真空镀膜机,主要由真空室、加热系统、抽真空系统、真空监测系统构成。蒸金所使用的真空镀膜机如图 3-12 所示:

真空镀膜机主要结构可用图 3-13 表示:

图 3-12　真空镀膜机

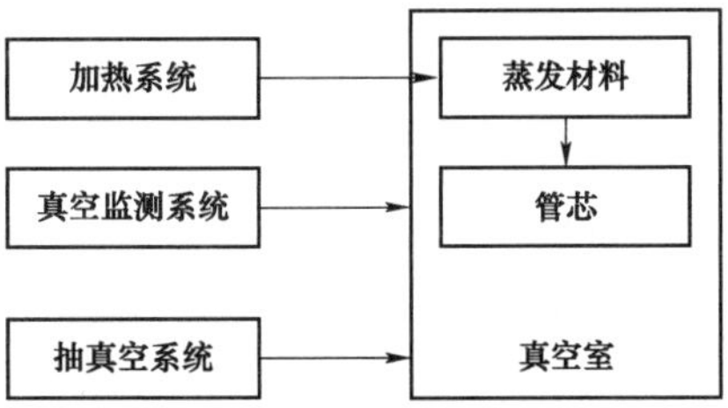

图 3-13　真空镀膜机结构示意图

各部分介绍如下:

(1) 真空室

真空室是指密闭的高真空腔室,蒸发材料、管芯在此腔室内,蒸镀过程在此腔室内完成。

(2) 管芯

指待镀膜的封装后的晶圆。

(3) 加热系统

加热系统主要由调压器、蒸发电极、钨丝坩埚等组成,主要目的是给蒸发材料加热使其蒸发。调压器在使用时应缓慢调节,应先将钨丝坩埚预热后再调到蒸发电流值,否则会造成蒸发材料的溅射。

(4) 蒸发材料

蒸发材料是指海绵金。

（5）抽真空系统

抽真空系统包括分子泵、机械泵等，主要目的是将系统抽到高真空，达到真空镀膜所必需的真空度要求。

分子泵主要用来抽取系统的高真空，其前级的机械泵用来抽取低真空。在开启真空镀膜机时，需要用机械泵将系统抽取到一定的真空度后才可以开启分子泵，否则容易造成分子泵的损坏。在关闭真空镀膜机时，应先关闭分子泵，待分子泵停止运转后，再关闭机械泵。分子泵采用水冷模式，开启时应先开启循环水，否则会导致分子泵温度升高报警，无法正常使用。机械泵尾端排出的废气含有油蒸气，应通过胶皮管排出室外。

（6）真空监测系统

真空监测系统包括复合真空计、电离规、热偶规等，主要目的是监测系统的真空度。

电离规用来测量系统的高真空度、热偶规用来测量系统的低真空度。复合真空计用于显示系统的真空度，且其有自动和手动两种工作模式。当处于自动模式时，热偶规测量的系统低真空度达到一定数值时，电离规自动开始工作并在复合真空计上显示高真空度。当处于手动模式时，无论系统真空度达到多少，电离规都不会自动打开，此时需要手动打开电离规。但要注意，如果系统的真空度比较低，不允许手动打开电离规，由于电离规的自我保护功能，此时如果强制打开，电离规会自动关闭。这说明系统真空度还没达到电离规工作的需要的高真空度，此时严禁强制打开电离规，否则易造成电离规的损坏。

目前使用的复合真空计显示的单位为帕（Pa）。

2. 真空镀膜机的操作

（1）检查真空镀膜机各操作控制开关是否在“关”位置；

（2）打开总电源开关，设备送电；

（3）打开充气开关，听不到气流声后，启动升钟罩开关，钟罩升起；

（4）安装固定钨丝坩埚（如需要），并其中加入蒸发金属（如金）。放入待蒸镀物品（如管芯）。清理钟罩内各部位，保证无任何杂质污物；

（5）启动降钟罩开关，落下钟罩，旋转开关到关闭位置；

（6）将机械泵开关拨到“前级阀机械泵”，启动真空机械泵，开始抽真空；

（7）打开复合真空计电源；

（8）当低真空表“G1”显示为 10 Pa 时，把开关拨到“旁抽阀机械泵”，抽取旁路真空，按低真空表“G2”按键，直至低真空表“G2”显示为 10 Pa；再把开关拨回到“前级阀机械泵”对真空腔抽真空，按低真空表“G1”按键，直至低真空表“G1”显示为 1.3 Pa；

（9）打开循环水开关，启动分子泵开关，打开高真空插板阀门（顺时针旋转手柄），开始抽高真空，直至高真空表显示为所要求的真空度，半导体探测器蒸金工艺一般要求为 1.33×10^{-3} Pa；

（10）把电流分插塞插入蒸发电极分配孔内（设有 1、2、3、4 孔，可插入任意一孔），打开“烘烤蒸发”开关；

（11）旋转镀膜机顶部的调压器手轮，慢慢旋转升压，并观察蒸发电流表指针变化，直至所需的电流值；从视镜窗口观察金属蒸发情况，当蒸发完全后，旋转调压器手轮回零位，关闭“烘烤蒸发”开关，蒸镀工作完成；

（12）关闭高真空插板阀门（逆时针旋转手柄），关闭分子泵开关，待分子泵转速为 0 时，关闭符合真空计开关,把“旁抽阀机械泵”开关旋转至关闭位置。

(13) 打开充气开关为钟罩充气,听不到气流声后,启动升钟罩开关,钟罩升起,拿出被蒸镀好的物品(管芯),打开降钟罩开关,降下钟罩,开关旋转到关闭位置;

(14) 按前述步骤用机械泵对真空腔室抽真空至 10 Pa 左右后,然后关机,关循环水。

3. 真空镀膜机在停水、停电情况下的处理措施

(1) 在停电的情况下,真空镀膜机全面停止运转,此时需要将所有的电源开关关闭,关闭高真空插板阀,来电后,待机械泵工作 2～3 min 后,再恢复正常工作。

(2) 在系统突然暴露大气时,应首先关闭主阀和分子泵电源,待分子泵停止运转后再关闭机械泵等其他电源设备。关闭主阀的目的是隔绝玻璃系统与分子泵,减少对分子泵的损坏。

4. 真空镀膜机使用注意事项

(1) 当真空室处于真空状态时,绝对不能提升钟罩,否则提升系统将会破坏。

(2) 必须在系统达到一定真空度的情况下才能开启分子泵,否则会导致分子泵的损坏。

(3) 必须在开启冷却水的情况下才能开启分子泵,否则会导致分子泵的损坏。

(4) 机械泵排出的废气应通过皮管排到室外。

(5) 严禁在低真空情况下强制打开复合真空计的电离规,否则会导致电离规损坏。

(6) 停电情况下,应关闭所有设备、仪器的电源开关。

(7) 在系统突然暴露大气时,应关闭分子泵电源和主阀,待分子泵转速停止后关闭机械泵。

第四节 培训与指导

学习目标:掌握培训教学的基本方法和教学大纲的编写。

一、培训教学的基本方法

核辐射探测仪器制造高级技师应能培训和指导高级工的操作,因此掌握培训教学的基本方法和教学大纲的编写是很有必要的。

1. 培训教学的特点

培训教学具有如下几个特点:

(1) 具有较强的针对性和实用性。职业培训目标、专业设置、教学内容等均根据职业技能标准、劳动力市场需求和用人单位的实际要求确定。经过职业培训的毕(结)业生可上岗作业。

(2) 具有较强的灵活性。在培训形式上可采取联合办学、委托培训、定向培训等方式;在培训期限上采取长短结合的方式,可以脱产也可以半脱产;在培养对象上依据岗位的实际需要灵活确定;在教学形式上不受某种固定模式的限制,根据职业标准的要求采取多种形式匠教学手段。

(3) 教学与生产相结合。主要体现在一方面教学要紧紧围绕生产实际进行,另一方面要贯彻勤工俭学、自立更生和艰苦奋斗的原则,通过教学与生产经营相结合,既培养了人才,又创造了物质财富,获得社会、经济的双重效益。

(4) 培训方法上强调理论知识教育与实际操作训练相结合,突出技能操作训练。

2. 培训教学的模式

（1）讲授法：传统的培训方式。优点：运用起来方便，便于培训者控制整个过程。缺点：单向信息传输，反馈效果差，教师和学员的互动少。用于一些理念性知识的培训。对核辐射仪器制造人员高级工的理论知识的培训适用此模式。

（2）视听技术法：通过现代视听技术，对学员进行培训。优点：直观鲜明。缺点：学员的反馈与实践较差，且制作和购买的成本高，内容易过时。

（3）讨论法：一般可分成小组讨论和研讨会两种方式。小组讨论的特点是信息交流时方式为多向传递，学员的参与性高，费用较低。多用于巩固知识，训练学员分析、解决问题的能力与人际交往的能力，但运用时对培训教师的要求较高。研讨会以主题演讲为主，中途或会后允许学员与演讲者进行交流沟通。优点是信息可以多向传递，缺点是费用较高。

（4）案例研讨法：这一方式使用费用低，反馈效果好，可以有效训练学员分析解决问题的能力。另外案例、讨论的方式也可用于知识类的培训，且效果更佳。

（5）角色扮演法：学员在培训教师设计的工作情况中扮演其中角色，其他学员与培训教师在学员表演后作适当的点评。由于信息传递多向化，反馈效果好、实践性强、费用低，因而多用于人际关系能力的训练。

（6）互动小组法：也成敏感训练法。此法主要适用于管理人员的人际关系与沟通训练。让学员在培训活动中亲身体验来提高他们处理人际关系的能力。其优点是可明显提高人际关系与沟通的能力，但其效果在很大程度上依赖于培训教师的水平。

（7）网络培训法：是一种新型的计算机网络信息培训方式，投入较大。但由于使用灵活，符合分散式学习的新趋势，节省学员集中培训的时间和费用。这种方式信息量大，新知识、新观念传递优势明显，更适合成人学习。因此，特别为实力雄厚的企业所青睐，也是培训发展的一个必然趋势。

（8）项目教学法：教师的指导下亲自处理一个项目的全过程，在这一过程中学习掌握教学计划内的教学内容。学生全部或部分独立组织、安排学习行为，解决在处理项目中遇到的困难，提高了学生的兴趣，自然能调动学习的积极性。因此“项目教学法”是一种典型的以学生为中心的教学方法。对核辐射探测仪器制造高级工的实操的指导适合此方法。

3. 培训的效果评价

培训效果评价一般用培训效果评价表来表示，表中一般要注明课题名称、培训教师、培训时间、培训课时、培训地点、培训人员、考核方式、培训内容、培训效果评价等内容。

培训效果评价表的模板如表 3-5 表示。

表 3-5　培训效果评价表

课题名称		培训时间	
培训地点		培训教师	
培训课时		考核方式	
培训人员			
培训内容			
培训效果评价			

二、培训计划和培训大纲的编写

1. 培训计划和培训大纲的概念

(1) 培训计划:根据一定的培训目的和培养目标制定的教学和培育工作的指导文件。它决定着培训内容总的方向和总的结构,并对有关培训的教学、培育活动、生产劳动和课外活动等方面作出全面安排,具体规定培训项目的学科设置、各门学科的教学顺序、教学时数以及各种活动等。

(2) 培训大纲:是根据培训计划中规定的各门学科(课程)的目的、任务而编写的指导性文件。它以纲要的形式,具体规定每门学科知识、技能的范围、深度以及体系、结构,同时规定教学的一般进度和对教学法的基本要求。其一般分为“说明”、“正文”两部分。

(3) 培训计划和培训大纲的关系

培训大纲是按照项目培训计划要求,各培训课程在项目培训计划中的地位、作用、性质、目的和任务而规定的培训内容、结构体系、知识范围、教学要求等的基本纲要。培训大纲是实施培训计划的基本保证,也是编写培训教材、组织培训教学、进行教学质量考核的指导性文件。

2. 培训计划编写的依据

(1) 培训需求调查分析

培训需求可分三个层面:组织层面的需求、职务层面的需求和个人层面的需求。

组织层面的需求包括企业经营策略方针,企业使命、战略目标、策略和文化分析以及企业生命周期所处阶段,这时培训的最大前提,为了企业战略及策略目标的达成,培训必须依据企业经营的策略方针来进行。组织层面的分析就是要解决公司高层管理者这样的问题:培训对实现我们的经营目标重要吗?培训将会怎样支持我们战略目标的实现?哪些职能部门和经营单位需要培训?从一个发展阶段来看,企业所处生命周期不同,其相应的组织培训需求就有所不同。

职务层面的需求是按照企业岗位职务能力标准,对担当工作的员工的工作能力、工作态度和工作业绩进行比较分析,以确定员工能否胜任,进而确定企业培训需求。职务层面的培训需求主要通过职务分析、问卷调查以及与部门主管面谈的方式进行。

个人层面的需求是通过对员工个人工作要求、工作结果、素质条件、工作态度以及发展要求进行评估,以确定培训对象和内容。其中对关键岗位的人员情况要进行重点分析。个人层面的需求主要通过与员工的个人面谈结合需求调查表进行。

在进行培训需求分析过程中,对于出现的工作差异,要首先确定改变这些差异的重要性,判断改变这种差异是当前需求还是未来需求?管理层是否支持这种改变?应该按什么顺序进行改变?有没有资源和政策上的保证等,最重要的是判断培训是否是解决这种差异最有效的方法。否则,盲目培训不但效果不好,而且劳民伤财。

(2) 依据国家职业标准要求

国家标准是制定培训计划和培训大纲的基础。培训计划和培训大纲应该涵盖职业标准的全部内容,但也不能超出职业标准的内容。

(3) 根据公司生产工艺及技术装备

编写培训计划和培训大纲要考虑公司现有的生产工艺、技术水平和技术装备等,否则培训计划和培训大纲就不现实、不能够具体实施的。

培训是为了满足管理者的需要和工作任务的需要，而不是单纯为满足员工需要。

3. 培训计划的内容

培训计划要解决 5W1H 问题，即

Why(为什么要培训?)：培训的目的；

Who(谁?)：培训的负责人、培训的对象；

What(培训的内容是什么?)：培训的内容；

When(什么时候、时间?)：培训的时间、期限；

Where(在哪里?)：培训的场地；

How(如何进行?)：培训的方法。

4. 培训大纲编写的原则

(1) 符合教学计划要求

1) 明确本门课程在教学计划中的地位和作用；

2) 通过本门课程的学习需达到什么目的和要求；

3) 体现各技能等级层次在培养规格、要求等方面上的差别；

4) 重视应用技术与实践创新能力的培养。

(2) 结合开放教育的特点，贯彻“少而精，求实效”的原则。

1) 结合开放教育特点，考虑教学对象，教学内容难易要适中，教学总量要合理控制；

2) 公共基础课和专业基础课的教学内容根据专业课的要求以必需、够用为标准，突出重点；

3) 教学内容的精简标准以学生所学知识在量上符合专业培养目标和在一定时间内能吸收消化为限度；

4) 要求反应学科的新成果，体现理论知识与实践应用能力的结合；

5) 在文字表述上要力求精炼、准确。

(3) 要加强实践能力的培养和实践环节的教学

1) 对操作技能类的课程要突出其指导与训练的特点，要针对其各教学环节有明确、具体的要求，且有较强的可操作性。

2) 同工种、同等级的相同课程(主要是基础课和专业基础课)原则上使用统一大纲、统一教材。

5. 培训大纲编写的内容和基本结构

培训大纲编写应包括大纲说明和大纲内容。

(1) 大纲说明：这是培训大纲编写中必须强调的一部分，主要包括六点内容：

1) 本课程的性质与地位、目的与任务；

2) 本课程适用的主要专业及其他说明；

3) 本课程与相关课程的前后衔接关系；

4) 本课程的基本教学(包括实践性环节方面)要求；

5) 本课程的教学方法和教学形式建议；

6) 本课程内容的教学要求层次。

(2) 大纲正文

1) 教学要求:在教学要求中目的与要求应予以明确、具体、层次清楚,进一步增强和培养学员的逻辑思维能力与创造能力。

2) 教学要求层次的术语通常有:知道、了解、理解、明确、能、学会、掌握、熟练掌握等。

对有关定义、定理、性质、特征等概念的内容可按“知道、了解、理解”三个层次要求;

有关计算、解法、公式、法则等方法的内容,可按“会、掌握、熟练掌握”三个层次要求;

技能(实践环节)可按:指认、学会、能、测定(测绘)、掌握、应用等几个层次要求来把握。

在编写时,应根据课程的性质与要求采用相应的定性词汇,并注明不同教学层次所对应的考核要求。

3) 教学内容及课时:明确教学的内容和课时。

4) 教学建议:明确教学内容中重点与难点的教学要求,建议教师采用的教学方法和教学手段等。

第五节 管 理

学习目标: 熟悉组织管理基础知识和质量管理基础知识。

一、组织管理基础知识

1. 组织的概述

(1) 组织的定义:人们为了实现一定的目标,相互结合、确定职位、明确责任与义务、分工合作、协调行动的人工系统及其运转过程。

(2) 组织的特征

1) 组织必须有一个共同的目标。

2) 组织要有不同层次的权利和责任制度。

3) 组织包括不同层次的分工和合作。

4) 组织的功能在于协调人们的活动去实现共同的目标。

(3) 组织的四层次

1) 决策层:领导对近期与远期的计划与决策项目选择。

2) 控制层:高层管理者(领导班子)对各部门建立有效的控制体系。

3) 管理层:(从高层到各中层干部)知道自己的职责与权力是什么,发挥其管理作用。

4) 经营层:经营层(各部门)执行决策,动员全体人员完成组织的总体目标。

2. 组织管理原则

任何社会活动都应是有组织的活动,任何组织都有一个与其功能与目标相适应的组织机构及其设置原则。尽管由于客观条件和所承受的任务不同,不同层次的企业其具体的社会职能有所侧重和差异,但组织设置的科学合理与否,直接关系着组织的功能能否有效发挥,组织管理一般应遵循以下原则:

(1) 任务目标原则

任何组织都有特定的任务和目标,每个组织及其组成部分,都应当与这一目标相关联;

组织的调整、增加、合并或取消，都应该以能否实现目标为标准。做到分工合理，协作明确。每个部门及员工的工作范围、相互关系、协作方法、权利责任等，都应有明确规定。

(2) 因人设岗与因事设岗辩证使用的原则

从管理学的角度讲，因事设岗是正确的，而因人设岗是不科学的。但事实上，中国很多企业都采用因人设岗的原则并且取得了成功。

对于高层岗位要采用因人设岗的原则。因为高层管理人员属于职业经理人阶层，目前还比较稀缺，因人设岗还是必要的。

为了留住核心竞争力的人才(一般是高级技术人才或高级专业人才)，可以采用因人设岗原则。

一旦组织的高层人员老化，为了及时培养接班人可以采用因人设岗原则。

对于普通岗位来说，可选择的余地很多，采取因事设岗或因岗位择人，问题不大。

(3) 集权和分权相结合的原则

集权与分权的关系是辩证统一，一般表现为统一领导、分级管理。集权到什么程度，应该以不妨碍下级积极性为限；分权到什么程度，应该以上级不失去对下级的有效控制为限。分权要使结果可控，必须有控制系统辅助，可以使授权的上级放心分权，做到“用人不疑”，也可以防止受权者不滥用权力，保证分权能达到预期效果。

(4) 命令统一原则

从管理的常识来看，一定要避免多头领导，做到统一指挥。实质也就是要进行统一领导，消除多头领导和无人负责现象。

(5) 管理幅度与管理层级适度原则

管理幅度指平均每位干部下属员工的数量配备，管理层级指最高管理者到最基层员工之间设了几层机构。

管理幅度与管理层级是对应的关系：管理幅度越大，管理层级就越少；管理幅度越小，管理层级就越多。管理者由于精力有限，有效管理幅度就受到一定限制。管理幅度过小，造成越级指挥、多头指挥、越权指挥；管理幅度越宽，对干部素质要求越高，虽可降低管理中间层次，但管理幅度超过一定范围，势必导致管理人员负担过重，无法对下属人员施加必要的监督和有效的指导，从而影响工作效率。

二、质量管理基础知识

1. 质量管理概述

质量管理是在质量方面指挥和控制组织的协调的活动。质量管理涉及组织的各个方面，它要求围绕产品质量形成的全过程，通过制定质量方针和实现质量目标，向市场提供符合顾客和其他相关方要求的产品。因此，质量首先是一个满足客户需要和要求的问题。这意味着质量管理的焦点必须放在为客户服务并使之满意上。

质量管理的主要活动通常包括：制定质量方针和质量目标；进行质量策划、质量控制、质量保证和质量改进。在这些活动中，质量策划、质量控制、质量保证和质量改进都是为制定质量方针和实现质量目标而进行的。当质量方针、质量目标实现后应重新进行质量策划、质量控制、质量保证和质量改进。

质量管理的三大目标包括：提高顾客满意度、缩短流程和减少缺陷。

影响质量的因素包括4M1E,即材料、机器、人、方法和环境。

2. 质量管理原则

(1) 五不放过原则

在质量管理中需做到:

1) 原因找不到,不放过——追查原因;

2) 责任分不清,不放过——选择对策;

3) 纠正措施不落实,不放过——草拟行动;

4) 纠正措施不验证,不放过——成果比较;

5) 有效措施不纳入,不放过——标准化。

(2) 员工的工作质量具体要求

1) 熟悉检验标准、了解操作规范的内容要求。

2) 树立“质量是生产出来的,不是检验出来的”的思想。

3) 严格遵守品质保证的三不政策和三不放过原则。

三不政策包括不接受不良品(互检)、不制造不良品(自检)以及不流出不良品(自检和互检)。

三不放过原则指事件原因分析不清不放过;事件责任者与群体未受到教育不放过;事件没有防范措施不放过。

(3) 不合格品的控制

1) 不合格品指未满足明示的、习惯上隐含的或必须履行的需求和期望的产品。

2) 不合格品的控制要求包括标识、记录、评审、隔离和处置。

3) 不合格品评审和处置的方法有返工、让步接收、降级、拒收或报废。

(4) 质量意识

所谓质量意识:首先要保证我们的产品是合格的。符合产品的规格要求,另外整个生产流程要严格遵照企业生产流程的管理规定。

作为员工,不仅仅是被动的接受,更要不断的提出改善意见,促进质量的提高。所以生产现场人员应注意以下事项:

1) 不要踩踏产品(原材料、半成品和成品);

2) 不要让不合格品流到下一工序;

3) 不要抛扔产品;

4) 不要把产品直接放在地上;

5) 不要不按操作规范作业;

6) 不要无首检作业;

7) 不要乱摆放产品;

8) 不要一味追求速度;

9) 不要机器带病作业;

10) 不要“知情不报”。

思考题

1. 半导体探测器制造过程中，为何要进行晶圆腐蚀工艺？影响腐蚀速度的因素有哪些？在实际工作中我们应如何采取措施来控制腐蚀速度？

2. 在半导体制造过程中，如何对各工艺进行质量控制，从而保证高的成品率？

参考文献

[1] Peter Van Zant(著)，赵树武等(译). 芯片制造-半导体工艺制程使用教程[M]. 北京：电子工业出版社，2004.

[2] 孟庆巨，刘海波，孟庆辉. 半导体器件物理[M]. 北京：科学出版社，2005.

[3] 汲长松. 核辐射探测器及其实验技术手册[M]. 北京：原子能出版社，2010.

[4] 金原粲(著)，杨希光(译). 薄膜的基本技术[M]. 北京：科学出版社，1982

第四章 技师核探测元件测量与检验

第一节 生产准备

学习目标：了解放射性衰变规律；掌握放射性单位及换算；熟悉放射性防护及剂量限值要求。

一、放射性基础知识

1. 放射性衰变

不稳定的原子核，能自发放出射线，转变成稳定的原子核，这一转变过程称为放射性衰变。自然界存在着稳定性核素和放射性核素，放射性衰变是原子核内部的物理现象。稳定的原子核中，中子和质子数目通常保持一定的比例，当中子数或质子数过多时，原子核便不稳定，形成放射性核素。放射性核素又分为天然放射性核素（自然界存在的，如^{238}U，^{232}Th，^{226}Ra和^{40}K等）和人工放射性核素（由人工核反应生产的，如^{137}Cs，^{60}Co，^{131}I等）。

(1) 核衰变方式，主要有以下几种：

1) α衰变，放射性原子核放出α粒子（He原子核）后生成另一个核的过程。

$$_{Z}X^{A} \longrightarrow {}_{Z-2}Y^{A-4} + {}_{2}He^{4} + Q$$

它一般发生在原子序数较高的重原子核中，尤其为原子序数大于82的重金属原子核中，如

$$_{88}Ra^{226} \longrightarrow {}_{86}Rn^{222} + {}_{2}He^{4} + 4.879\ MeV$$

$$_{92}U^{238} \longrightarrow {}_{90}Th^{234} + {}_{2}He^{4} + 4.15\ MeV$$

2) β衰变，分β^-衰变、β^+衰变和电子俘获三种情况。

β^-衰变为放出负电子（e^-）的衰变，它是由于原子核中中子过多而造成，放出一个负电子后，核内一个中子转变为一个质子，原子序数增加1，衰变式为：

$$_{Z}X^{A} \longrightarrow {}_{Z+1}Y^{A} + \beta^- + \nu + Q$$

由于β^-衰变产生的能量在β^-粒子和反中微子ν之间分配，因此β^-粒子的能量是连续分布，最大为Q，最小为0，如：

$$_{55}Cs^{137} \longrightarrow {}_{56}Ba^{137} + \beta^- + \nu + Q$$

$$_{27}Co^{60} \longrightarrow {}_{28}Ba^{60} + \beta^- + \nu + Q$$

同理β^+衰变是放出正电子（e^+）的衰变，它是由于原子核内质子过多而引起的，放出一个正电子后，核内一个质子转变为一个中子，原子序数减少1，其衰变式为：

$$_{Z}X^{A} \longrightarrow {}_{Z-1}Y^{A} + \beta^+ + \nu + Q$$

自然界中找不到正电子衰变的核素。

电子俘获又称K俘获，它是原子核自核外层轨道上（通常在K层）俘获一个电子，使核里的一个质子转变成一个中子，并放出中微子，衰变式为：

$$_{Z}X^{A}+e^{+}\longrightarrow {}_{Z-1}Y^{A}+\nu+Q$$

很多放射性同位素会发生电子俘获衰变，如：

$$_{26}Fe^{55}+e^{-}\longrightarrow {}_{25}Mn^{55}+\nu+Q$$

$$_{53}I^{125}+e^{-}\longrightarrow {}_{52}Te^{125}+\nu+Q$$

电子俘获过程中会伴随发生标识 X 射线，γ 射线和俄歇电子（即外层电子跃迁至 K 层时，过剩能量传递给另一个壳层电子发出）。

3) γ 衰变

在 α 衰变、β 衰变和电子俘获过程中，原子核往往处于激发态（即较高的能级），处于激发态的原子核，通过发出 γ 光子回到基态（即核平常所处的最低能级），这一过程称为 γ 衰变。γ 衰变对于核的原子序数 Z 和质量数 A 均无影响，仅能量状态发生变化，因此又称同质异能跃迁。由于处于激发态时间一般都十分短暂（10^{-13} s 左右）。可以认为 γ 衰变是与 α 或 β 衰变同时发生的，前面提到的 ^{137}Cs，^{60}Co 和 ^{125}I 等 β 衰变同位素，均伴有 γ 辐射。

处于激发态的原子核，还可以以内转换电子方式将能量直接传给核外电子，把壳层电子（主要为 K 层）以单能电子束发射出去，该电子称为内转换电子，此时还会发出标识 X 射线或俄歇电子等次级射线。

γ 衰变中射线能量大小取决于激发态与基态之间的能量差，它们用千电子伏特（keV）和兆电子伏特（MeV）表示。它是发射 γ 线的放射性同位素的特征量，用于识别放射性核素种类的主要依据，也是 γ 能谱仪分析的主要依据和原理。

(2) 射线的主要特性

α 射线——电离能力强，射程短，穿透力弱，一张纸或皮肤死层（角质层）即可挡住，对人体的损伤仅为内照射。

β 射线——电离能力、穿透能力及射程均为中等，对人体的损害主要为皮肤和内照射。

γ 射线——是一种电磁辐射，间接电离粒子，电离能力最小，穿透能力最强，散射作用最强，可穿透上公里的空气和几米厚的人体组织，对人体的损害为全身照射。

中子射线——为间接电离粒子，具有较强的穿透力和间接电离能力，对人体的损伤为全身照射。

(3) 放射性衰变规律

时间 $t=0$ 时，共有原子核数 No 个，单位时间中衰变掉的原子核与未衰变的核数 N 成正比 $\Delta N/\Delta t=-\lambda N$

经积分后得到：$N=\mathrm{Noe}-\lambda t$

同理可得到 $A=\mathrm{Ao\ e}-\lambda t$

不难可以计算 $\lambda=0.693/T_{1/2}$

$T_{1/2}$ 为原子核数或活度减少一半所需时间，该值为放射性核素的特征量，也是区别放射性核素的重要物理量。

(4) 天然放射性核素与感生放射性

自然界存在三个天然放射性系列，它们是钍系、铀—镭系和锕系，它们的母体为 $_{90}{}^{232}Th$（$T_{1/2}=1.405\times10^{10}$ 年），$^{238}_{92}U$（$T_{1/2}=4.468\times10^{9}$ 年）和 $^{235}_{92}U$（$T_{1/2}=7.038\times10^{8}$ 年）。说它们是系列是因为它们的母体放射性核素衰变后得到的子体仍为放射性核素，经多次衰变后，才达到稳定。在这之间形成了一个放射性核素的系列。这些系列的存在原因是由于其母体核素的半衰期与地球年龄(约30亿年)在同一数量级甚至更大。还有一个镎系,它母体核素为$^{241}_{94}Pu$,该系列中最长命的$^{237}_{93}Np$,$T_{1/2}=2.14\times10^6$年。在地球中已找不到它了。除了三个系列外,自然界中还有$^{40}_{19}K$($T_{1/2}=1.277\times10^9$年)。

用核粒子(n、p、α、γ等)轰击较轻的稳定性核素会产生放射性核素,这一过程为称为活化,由此产生的放射性为感生放射性。它是除裂变外生产同位素的又一个重要途径。

(5) 放射性单位

衡量某一个放射源或含放射性物质的物理量为放射性活度(Radioactivity)或简称活度(Activity)。活度也就是放射源的衰变率。最初放射性活度的单位一直采用居里(Curi)表示。

1居里(Ci)=1 000 mCi=10^6 μCi=10^{12} pCi=3.7×10^{10}衰变/s

19世纪80年代中期,推广国际制单位(SI),放射性活度的国际制单位为贝可(Becqurel)。

1贝可(Bq)=1衰变/s=2.7×10^{-11}Ci;

1千贝可(kBq)=10^3衰变/s=2.7×10^{-8}Ci;

1兆贝可(MBq)= 10^6 s=2.7×10^{-5}Ci。

目前两种单位同时使用,但正式文件和出版物中,必须首先使用国际制单位。

2. 放射源

放射性是自然界存在的一种自然现象。世界上一切物质都是由一种叫“原子”的微小粒子构成的,每个原子的中心有一个“原子核”。大多数物质的原子核是稳定不变的,但有些物质的原子核不稳定,会自发地发生某些变化,这些不稳定原子核在发生变化的同时会发射各种各样的射线,这种现象就是人们常说的“放射性”。

有的放射性物质在地球诞生时就存在,如铀、钍、镭等,它们叫做天然放射性物质。另一方面,人类出于不同的目的制造了一些具有放射性的物质,这种物质叫人工放射性物质。

放射源是指用放射性物质制成的能产生辐射照射的物质或实体,放射源按其密封状况可分为密封源和非密封源。密封源是密封在包壳里的或紧密地固结在覆盖层里并呈固体形态的放射性物质,如钴-60、铯-137、铱-192等。非密封源是指没有包壳的放射性物质,医院里使用的放射性示踪剂属于非密封源,如碘-131、碘-125等。放射源按所释放射线的类型可分放射源为α放射源、β放射源、γ放射源和中子源等。

放射性同位素:同位素是同一元素的不同种原子,它们具有相同的质子数,但中子数却不同。

例如原子序数为1的氢就有三种同位素,分别是氕(H)、氘(D)、氚(T),它们的原子内都只有一个质子,但分别有0、1、2个中子。

钾(K)在自然界也有3种同位素,它们是^{39}K,^{40}K,^{41}K,其中^{40}K具有放射性(占钾元素的0.01%,它是岩石和土壤中天然放射性本底的重要来源之一。

铀(U)在自然界同样有3种同位素,它们是^{234}U(0.005%),^{235}U(0.720%),^{238}U(99.275%),它们都具有放射性。

放射性物质具有α和β衰变形式,分别释放出α射线和β射线,多余的能量通过γ射线释放。一般放射性物质衰变的时候,α、β、γ三种射线同时产生。

放射性元素的原子在释放α、β、γ射线的同时,会衰变成其他元素,这种衰变有一定的速率。当原子中有半数发生衰变时所需要的时间，叫半衰期。

二、放射性防护及环境保护

1. 辐射防护目的

辐射防护的出发点是要降低辐射对人类健康的危害。在制订适当防护措施之前，我们要了解辐射对人体健康造成的效应。辐射效应主要分为确定性效应和随机性效应两大类。前者存在着剂量阈值，当吸收剂量大于阈值时，辐射会对人体健康造成一定的危害。而后者没有剂量阈值，但效应出现的机会率与剂量有关。

根据辐射效应的特点，辐射防护的主要目的在于防止有害的确定性效应，限制随机性效应的发生率并降低到可以接受的水平。保障从事放射工作的人员和公众以及他们的后代的健康与安全、保护环境，促进放射性同位素和核技术的应用和发展。

实现辐射防护目的的办法：其一，为了防止确定性效应的发生，把剂量当量限值定在足够定的水平上，以保证工作者在终生全部时间内受到的照射也不会达到产生有害效应的阈值；其二，使一切具有正当理由的照射保持在合理的可以达到的尽量低的水平。

2. 辐射防护中使用的基本物理量

人体受到电离辐射照射，所受照射大小用剂量描述，根据射线种类和所需评价受照对象的不同详细分为：

（1）吸收剂量

吸收剂量是单位质量上因辐射照射所沉积的能量，单位为 Gy。它是一个基本的物理学剂量量，是实际可测量的量。

（2）当量剂量

由于不同质的辐射照射所产生的生物效能的差异，引入辐射权重因子（见表 4-1），吸收剂量与对应辐射权重因子之积就是当量剂量，单位为 Sv。

$$当量剂量 = \sum 吸收剂量 \times 辐射权重因子$$

表 4-1　常见辐射的辐射权重因子

辐射种类	辐射权重因子
X 射线、γ 射线、β 粒子	1
α 粒子、裂变碎片	20
中子（<10 keV）	5
中子（10～100 keV）	10
中子（100 keV～2 MeV）	20

周围环境中的辐射无处不在，适当的辐射对人类是有益处的，它们的剂量水平如表 4-2 所示。

表 4-2　人类生活方式与辐射水平的关系

类型	剂量水平(mSv/a)
看电视每天 2 h	<0.01
夜光表	0.02

续表

类型	剂量水平(mSv/a)
乘飞机 2 000 km	0.005
家用天然气(局部)	0.06～0.09
假牙(局部)	0.001
吸烟每天 20 支("钋弹")	0.5～1.0
诊断 X 射线人均年有效剂量	0.3
CT 人均单次年有效剂量	8.6
火力发电厂带来的照射	0.005
核电站附近	0.001～0.02
核设施附近	0.001～0.2

(3) 有效剂量

为了建立辐射剂量与辐射危害之间的关系，除了考虑不同种类的辐射照射所产生的生物效应的差异外，对同一种辐射还需要考虑器官和组织对辐射照射的敏感性不同。为此，引入组织权重因子，用它和组织当量剂量加权求和来获得人体所受的有效剂量，单位为 Sv(见表 4-3)。

有效剂量＝∑当量剂量×组织权重因子

表 4-3　组织权重因子

器官或组织	组织权重因子	器官或组织	组织权重因子
性腺	0.08	肝	0.04
骨髓	0.12	食道	0.04
结肠	0.12	甲状腺	0.04
肺	0.12	皮肤	0.01
胃	0.12	骨表面	0.01
膀胱	0.04	脑	0.01
乳腺	0.12	其余组织	0.12

3. 剂量限值要求

根据《电离辐射防护与辐射源安全基本标准 GB 18871—2002》，辐射防护剂量限值体系对职业照射和公众照射有明确的剂量限值要求，详细如下：

(1) 对于职业照射

1) 连续 5 年内的平均有效剂量为 20 mSv；

2) 连续 5 年中任何一个单一年份中的年有效剂量 50 mSv，但 5 年内有效剂量总合不超过 100 mSv；

3) 眼晶体的年当量剂量 150 mSv；

4) 四肢(手、足)或皮肤的年当量剂量 500 mSv。

(2) 对于公众照射

1) 年有效剂量为 1 mSv；

2）特殊情况下，连续5年的年平均有效剂量不超过1 mSv，其中某一个单一年份中的年有效剂量可为5 mSv；

3）眼晶体的年当量剂量15 mSv；

4）四肢（手、足）或皮肤的年当量剂量50 mSv。

4. 放射源的防护

放射源发射的射线有：α射线、β射线、γ射线、中子（n）射线等，它们看不见，摸不着，必须使用专门的仪器才能探测得到。不同的射线在物体中穿透能力也各有不同。α射线是氦原子核（两个质子，两个中子），带两个正电荷；β射线是电子，带一个负电荷；γ射线是光子（电磁波），只是波长更短，能量更高。其中α射线的电离能力最强，对人体伤害最大，但其穿透力相当弱，几厘米的空气或纸张就能完全挡住α射线，更不用说穿透皮肤了；β射线电离能力较弱，但具有较好的穿透力，可以被3 mm的铝板阻挡；γ射线具有极强的穿透力，超过X射线，可以穿透几厘米厚的铅板，但由于它的电离能力最弱，所以对人体造成的伤害最小。

α和β射线经过几英寸的空气或者普通玻璃就会被阻隔，γ射线穿透力虽强，但对人体的伤害也最小，所以放射性物质在体外对人造成的危害是相当有限的。但如果放射性物质进入体内，危害就要大得多，α射线的内照射是各种放射性危害中最大的，内照射是放射性核素进入生物体（常通过呼吸道和消化道），使生物受到来自内部的射线照射。对γ射线来说，因其射程长、穿透力强，内照射与外照射并无多大差别；而对于α和β射线，在体外大部分被阻挡，一旦进入体内，将会引起极高能量的局部吸收，导致特异的生物学效应，引起细胞损伤和癌变。有机玻璃、铝等材料可有效阻挡β射线；γ射线穿透能力较强，可以用混凝土、铅等阻挡；中子（n）射线需用石蜡等轻质材料来阻挡。因此，放射源并不可怕，对放射源无端的恐惧是没有必要的，特别是那些已经采取了安全保护措施，正常使用的放射源，对人体是基本没有危害的。

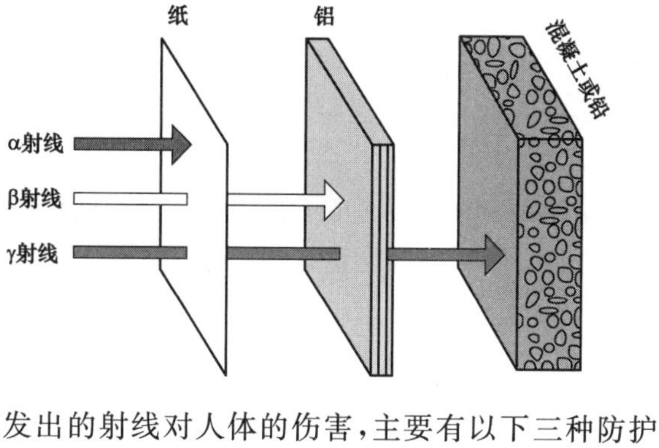

防止或减少放射源发出的射线对人体的伤害，主要有以下三种防护手段：

（1）距离防护：距离放射源越远，接触的射线就越少，受到的伤害也越小。

（2）屏蔽防护：选取适当的屏蔽材料（如混凝土、铁或铅等）做成屏蔽体遮挡放射源发出的射线。

（3）时间防护：尽可能减少与放射源的接触时间。在实际工作中，通常将上述三种防护手段组合应用。

第二节 工艺操作

学习目标：了解反应堆基础知识；掌握核探测器核电性能指标理论知识；熟悉测试设备维护保养及探测器的检验方法。

一、核探测器核电性能指标

核探测器核电性能指标包括电性能指标与核性能指标两大类。

1. 电性能指标

电性能指标主要包括：

(1) 绝缘电阻：探测器电极相对阴极或电极之间的电阻。

(2) 分布电容：探测器电极相对阴极或电极之间的电容。

(3) 耐压：探测器电极相对阴极或电极之间的耐压。

2. 核性能指标

核性能指标主要包括：

(1) 坪特性曲线：在其他参数不变的条件下，计数管的计数率与所加电压之间的关系曲线。

(2) 坪区：在计数管坪特性曲线上，计数率基本上不随所加电压变化的那一部分。坪区的范围称为坪长。

(3) 坪斜：在计数管坪特性曲线的坪区，电压每改变 100 V 时，计数率变化的百分数。

(4) 中子灵敏度：单位中子注量率下所产生的计数率。

(5) γ 感应度：在规定的 γ 照射量率下所产生的计数率。

(6) 幅度分辨率：用能谱分析器测得的计数管脉冲幅度分布曲线中峰的半高宽除以峰位所对应值的百分数。

(7) 本底：在规定条件下，待检测的辐射(中子)不存在时，计数管的计数率。

(8) 最高计数率：在其他参数不变的条件下，计数率随中子注量率的增长而成同一比例增长的上限。

(9) 使用寿命：在规定范围内的辐射和环境条件下工作，计数管特性指标超过规定的容差时的寿命。使用寿命可用入射粒子的注量、产生的脉冲数等来表示。

二、反应堆基础知识

核电厂由核岛(NI)、常规岛(CI)、电厂配套设施(BOP)组成。核岛的主要部分是核蒸汽供应系统(NSSS)，其中包括核反应堆本体和冷却剂循环系统。核反应堆内装载有进行核裂变链式反应的核燃料，核反应所产生的热量由反应堆冷却剂带走，并产生(或形成)蒸汽，以驱动汽轮发电机组发电。

1. 核裂变

迄今为止，所有核电厂的反应堆都是运用核裂变反应释放核能的。

核裂变反应是指可裂变的重原子核，例如，铀和钚吸收中子后，分裂为两个或两个以上的碎片，形成新的，较轻的原子核，并释放能量。目前已发现了约 30 多种不同裂变方式，即有 60 多种裂变碎片，质量数大多分布在 72～158 之间。

2. 反应堆物理

反应堆堆芯由一个一个栅格组成，对于压力容器式的反应堆，每个栅格由燃料组件、可燃毒物组件、部分栅格，还有控制棒组件、中子源组件等组成。在这些组件的空间充有作为慢化剂和冷却剂的水，形成反应堆内能进行链式反应的区域；对于压力管式的反应堆，每个栅格由燃料组件、压力管组成，在压力管内充有冷却剂，以带走链式反应所产生的裂变能，压力管外包围有慢化剂，例如压水堆为重水，石墨堆为石墨，所有栅格的集合构成堆芯，堆芯还有专门的控制棒管道，用以控制链式反应。

(1) 链式反应

在裂变反应过程中将放出新的次级中子。对于热中子反应堆，一次热中子轰击 ^{235}U，平均放出 2.43 个次级中子；对快中子反应堆，一次快中子轰击 ^{239}Pu，平均放出 2.84 个次级中子，用这些次级中子再去轰击下一个可裂变核 ^{235}U 或 ^{239}Pu，则核裂变反应将持续下去，称链式反应。链式反应如果不依靠外界作用能持续下去，称自持链式反应，其条件是，当一个可裂变核吸收一个中子产生裂变后，新产生的裂变中子，平均至少要有一个中子能再引起另一个可裂变的核裂变。

中子在慢化和扩散过程中可能出现中子吸收，中子吸收包含辐射俘获 (n,γ)、(n,α)、(n,p)，以及裂变俘获几类。其中辐射俘获 (n,γ) 产生的同位素往往具有放射性，低能中子与中等质量核、重核作用时容易发生辐射俘获。

(2) 反应堆临界

反应堆内当中子的产生率和消失率之间保持严格的平衡，使链式反应得以恒定的速率持续地进行下去的工作状态，称反应堆临界。对于给定的几何布置与材料组成的堆芯，为达到临界所需的最小尺寸，称临界尺寸或临界大小，临界反应堆内的核燃料装载量，亦就是维持自持链式裂变反应所需的易裂变物质的最小质量称临界质量。一座反应堆的临界质量通常针对反应堆芯部没有控制棒和化学补偿毒物时的情况，而实际反应堆都设有控制棒和化学补偿毒物，以控制反应堆的运行和补偿，由于中撵和燃耗所引起的反应性变化。因此，反应堆核燃料的装载量必须大于临界质量，反应堆才能达到临界状态。

(3) 反应堆控制

通过控制反应性来控制堆芯的链式反应，从而控制反应堆的运行。凡是能够有效地影响反应堆内反应性的任何装置、机构和过程都可以用作反应性的控制。总起来说有四种方式：中子吸收法、改变中子慢化性能法、改变燃料含量法及中子泄漏法等。

中子吸收法利用堆芯中添加或移出控制毒物来改变堆内中子吸收。目前大多数核电厂反应堆上广泛采用的有：可移动式控制棒、固体可燃毒燃物（如 Gd2 饶等），以及液体慢化剂或冷却剂中加入可溶性毒物（如硼酸等）。

改变中子慢化性能法多数在重水-轻水混合反应堆中，通过调节重水与轻水的比例，来改变堆内中子能谱，控制反应性。早期的重水堆亦由调节排管容器内重水慢化剂液位来进行控制。

改变燃料含量法指用燃料作控制棒或控制跟随体，当移动控制棒时，除改变堆内吸收体数量外，还改变堆内燃料含量。

中子泄漏法利用移动反射层的方法,改变堆内中子泄漏量,从而控制反应性。

3. 核电厂的核岛

核岛系核蒸汽生产的系统、设备和厂房的总称。它包括核蒸汽供应系统、核辅助系统、专设安全设施以及其他核岛的配套设施。

核蒸汽供应系统指核电厂中汽轮机进汽阀之前的部分,一般为反应堆本体、一次冷却剂系统,以及支持一次冷却剂系统正常运行和保证反应堆安全的主要核辅助系统的总称。

4. 核电厂的常规岛

常规岛系将核蒸汽转换为电能的系统、设备和厂房的总称。在具有两个以上回路的核电厂中,将蒸汽循环系统称为二回路系统。它包括汽轮发电机组、蒸汽系统、凝结水及给水系统、发变电系统以及循环冷却水系统等。

5. 反应堆类型

根据引发核裂变的中子能谱的能量,反应堆可分为热中子反应堆和快中子反应堆两大类。热中子反应堆又可根据冷却剂和慢化剂的种类分成轻水堆、重水堆、石墨气冷堆和石墨水冷堆。其中轻水堆又可分成压水堆和沸水堆两类,压水堆经蒸汽器发生器产生核蒸汽,沸水堆则直接在反应堆内产生核蒸汽。

6. 反应堆核测量系统

反应堆核测量系统分为堆外核测量系统和堆芯核测量系统。

反应堆的全部能量是堆内核裂变所释放出能量的总和。全部能量的 90%以上是直接由裂变产生的,另一部分是由核裂变时释放的各种射线间接作用产生的。中子是核裂变的产物,核反应堆的功率水平被认为是与活性区的中子注量率成比例的。因此,反应堆功率的测量是建立在测量中子注量率基础上的。

利用这种方法测量反应堆功率,响应快、量程宽,还可以方便地测得功率的变化速率,为操纵人员提供监测信息,为保护系统和功率调节系统提供必要的数据和信号。

对大型核电站,反应堆的安全运行不能只依靠从堆外核测量系统取得数据,还必须从堆芯核测量系统获取信息,以便能够确定堆芯是否工作在预选确定的安全限度内。

(1) 堆外核测量系统

反应堆核功率测量由堆外核测量系统完成。该系统的作用是向操纵员提供反应堆装料、停堆、启动和功率运行各种工况下的反应堆状态信息,即监测反应堆功率、功率变化率及功率分布,并为保护系统提供信息,实现保护功能。

反应堆从完全停闭状态到满功率,功率变化达 10 个数量级,如果使用一种探测器和测量电路是很难完成这样大范围的监测任务。为此,运行通常把整个测量范围分为源量程、中间量程和功率量程 3 个区段来完成。分别采用不同的探测器和测量电路,3 个量程相互重叠,这可以保证整个测量范围功率水平测量值的连续性、读数互相校核和信号互相连锁。

秦山第二核电厂堆外核测量系统由两个源量程通道、两个中间量程通道、4 个功率量程通道以及辅助通道构成,用于测量反应堆从中子源水平启堆到满功率的中子注量率和注量率的变化率,为操作人员提供反应堆停堆、启堆和运行期间反应堆的状态信息,并向其他系统提供反应堆正常运行和安全保护的信息参数和报警信号。国外一些大型核电厂的堆外核测量系统一般都设置了 4 个源量程通道、4 个中间量程通道、4 个功率量程通道,以充分实现系统的四重冗余。本书介绍的具体内容以秦山第二核电厂为例。

（2）堆芯核测量系统

堆芯核测量系统用于提供反应堆堆芯中子注量率分布。中子注量率的实测数据可用于验证堆芯设计参数。

根据对该系统具体的测量要求，可以采用不同的测量方法实现系统功能，目前国内外核电厂采用的测量方法主要有移动式微型裂变室测量法、固定式自给能中子探测器测量法和气动球活化测量方法。

堆芯核测量系统在启堆期间的主要作用是：验证堆芯寿命初期时的功率分布是否符合设计要求；验证用于事故分析的热管因子值是否保守；校准堆外核仪表系统；探测可能的堆芯装料错误。

堆芯核测量系统在反应堆正常运行期间的主要作用是：验证与燃耗相对应的功率分布是否符合设计要求；监测各燃料组件的燃耗；验证堆外核仪表的校准系数；探测堆芯发生异常情形时的反常现象。

由于堆芯核测量系统仅间断地使用，同时还由于该系统从测量到获得可用数据所需的时间间隔太长，所以该系统在核电厂中不承担安全功能。

该系统的功能是验证用于设计和事故分析的某些设计参数是否合适。当怀疑控制棒错放、燃料装载错误等时，该系统也可用于证实或探测这些错误或异常工况。

在该系统不使用的情况下，反应堆仍可继续正常运行，直到按照运行技术规格书的要求，从最后一次提供通量图起最长不超过一个月，到时又需要提供新的通量图（局部的或全堆的）。

7. 辐射监测

（1）辐射监测的对象

核电厂生产的电力能源主要来源于堆芯核燃料的可控核裂变。在反应堆运行过程中会产生大量放射性物质，由于放射性物质的释放会对电厂工作人员和周围居民的身体健康产生危害，并导致环境污染，因此能否确保这些放射性物质不会对电厂工作人员产生辐射危害并避免放射性物质向环境中大量释放，是反应堆安全运行的重要标志。反应堆运行过程产生的放射性物质主要包括裂变产物、活化产物和锕系元素等几类。

（2）辐射监测系统的组成

压水堆核电厂的辐射监测系统一般主要包括厂房辐射监测系统、保健物理监测系统和环境辐射监测系统三部分。

三、测试设备维修保养及校准

1. 高阻计维修保养及校准

（1）常用高阻计主要是国内外知名品牌，其测试电压分档可调；测量量程与测试电压相对应，最高可到 10 TΩ 以上。

（2）高阻计一般自带电源或内置充电电池，当电压低时会有提示充电，此时应该连接电源进行充电。

（3）高阻计应定期送检，送检周期一般为 1 年一次，经过计量仪器检定合格后方可继续使用。

(4) 除定期送检外,还可用标准电阻对高阻计进行校准。

2. 电容表维护保养及校准

(1) 常用电容表有专用电容表、数字电桥、万用表等形式,且根据测量范围分档进行测试。

(2) 电容表一般内置电池,根据不同型号的电容表,在电量耗尽前进行电池更换。

(3) 电容表应定期送检,送检周期一般为1年一次,经过计量仪器检定合格后方可继续使用。

(4) 除定期送检外,还可用标准电容对电容表进行校准。

3. 万用表维护保养及校准

(1) 万用表用途较广,国内外厂家均有成熟的商品。一般可用于测量连通性、电阻值、电压值、电流值、电容值。

(2) 万用表一般内置电池,根据不同型号的万用表,在电量耗尽前进行电池更换。

(3) 万用表应定期送检,送检周期一般为1年一次,经过计量仪器检定合格后方可继续使用。

4. 微电流计维护保养及校准

(1) 微电流计用于测量电离室的微弱电流,国外的厂家最高能达到 10^{-17} A 的微弱电流测量,常用于探测器测量的微电流计要求能达到 10^{-12} A 的精度,即测量的本底应该小于 10^{-13} A。

(2) 微电流计一般外接电源供电。

(3) 微电流计应定期送检,送检周期一般为1年一次,经过计量仪器检定合格后方可继续使用。

(4) 除定期送检外,还可用标准电阻对电流计进行校准,其实施方法是对标准电阻施加固定电压,测量标准电阻的电流,是否符合伏安特性。

5. NIM 脉冲测量系统维护保养及校准

(1) NIM 脉冲测量系统一般包括高压电源、前置放大器、线性放大器、单道甄别器、定标器、低压电源、NIM 机箱、示波器。

(2) 示波器连接线性放大器输出接口,观察信号输出的波形,正常情况下,其输出波形噪声应小于100 mV。

(3) 若出现异常情况时,可采用逐一排除法,从最前端开始进行初步排查,判定是否某个卡件或者连接线出现故障。

(4) 定标器具备自检功能,可定期(半年一次)进行自检,判定计数系统是否正常。

(5) 高压电源应用万用表定期(半年一次)进行测试其高压输出是否正常。

(6) 示波器应定期送检,送检周期一般为1年一次,经过计量仪器检定合格后方可继续使用。

(7) NIM 脉冲测量系统还可以用脉冲信号发生器作为标准信号源,对系统的放大倍数,甄别阈值等参数进行校准。

四、探测器的质量分析与检测方法

1. 探测器的质量分析

产品质量分析就是对产品的质量水平从影响的各方面进行评价与判断，找出影响产品质量的主要因素，提出改进建议和措施并指导有效实施的工作过程。

探测器质量分析针对探测器各方面性能进行，如绝缘性能、灵敏度、分辨率、一致性等。

主要目的是通过数据分析，得出对产品一致性改进的建议，对工艺进行改进。

对于不同的产品，衡量其质量的指标也不尽相同，如有形产品和服务产品在指标上有较大区别。但反映产品质量指标水平的高低和质量的稳定性，以及顾客对质量的满意程度等三项内容是共同的。产品质量分析将对上述三项内容做出判断，寻找原因并在此基础上提出改善建议。

(1) 产品质量水平分析

产品的质量水平分析通常从三个方面进行，即质量标准分析、本企业质量达标程度分析以及质量水平行业比较分析。

1) 质量标准分析

产品质量标准的收集：国家标准、行业标准、企业标准、企业内控标准、协议标准。

产品质量标准评价：

首先，对各类标准的指标内容作比较，应特别关注客户新的要求。

其次，对各类标准的指标水平作比较，评价本企业选择的标准能否满足客户要求，下一级标准能否保证上一级标准的要求，如不能满足则应进行修订与补充。

在上述基础上，选定评价本企业产品质量的标准内容。

2) 本企业产品质量达标程度分析

产品质量达标程度分析的参照对象是质量标准：按产品质量等级分析；按产品质量合格率水平分析；按质量计划完成率分析；按产品质量实测水平分析。

3) 产品质量水平行业比较分析

产品质量水平行业之间比较分析，其内容仍然是上述四项，但比较的基准可以选用行业的平均水平、先进水平和竞争对手水平。

(2) 质量稳定性分析

1) 产品质量稳定性高的典型特征

稳定性：当一个实际的系统处于一个平衡的状态时，如果受到外来作用的影响时，系统经过一个过渡过程仍然能够回到原来的平衡状态，我们判别这个系统是稳定的，否则判别系统不稳定。

在稳定的生产条件下，产品质量特性的分布应符合正态分布。

正态分布由两个参数决定：均值 μ、标准差 σ。

理想的产品质量特性检测数据分布应为：产品质量特性检测数据呈正态分布，平均值与指标公差中心重合，产品质量特性检测数据分布的两边距规格限有一定的余量。

2) 产品质量稳定性的判别方法

产品质量分布是否在合理的范围呈现正态分布，是判别产品质量稳定性的依据。判别是否符合正态分布的方法中，直方图法是比较简便的方法之一。

采集数据，制作直方图。

正态分布的判别：

产品质量符合性好：近似正态分布，且数据分布中心（平均值）与指标公差中心基本重合、数据分布没有超过指标上限和下限，产品质量处于受控状态。

产品质量符合性较好：近似正态分布，且数据分布中心（平均值）与指标公差中心稍有偏移、数据分布极少超过指标上限或下限，产品质量处于次受控状态。

产品质量符合性差：非近似正态分布，因数据分布中心（平均值）与指标公差中心偏移较大，有较多数据超过指标上限或不限，产品质量处于失控状态。

(3) 顾客满意度分析

1) 顾客满意度对企业的影响

顾客满意是顾客的一种心理活动。顾客满意度用来测量一家企业（公司）在满足或超过顾客购买产品的期望方面所达到的程度。顾客满意的三个构成要素是：直接要素商品和服务、间接要素企业形象。顾客不满意只能给企业（公司）带来不良的后果，甚至威胁到企业的生存。

2) 顾客满意度评价指标

用户评价指标一般可包括用户期望和产品性能，还包括产品的合用性、可信性、可用性、可靠性、可维修性、安全性、环境影响、美学规范、产品交付、产品价格、广告宣传、企业形象、服务、用户投诉、用户忠诚度等。

我国顾客满意度评价模型，选用了如下六个结构变量及其相应的指标构成，即顾客对产品：① 预期质量；② 感知质量；③ 感知价值；④ 满意程度；⑤ 忠诚度（顾客保持率）；⑥ 抱怨（投诉）程度。

2. 探测器质量的检测方法

(1) 总则

产品的质量检验根据其质量特性、质量史、使用要求和生产特征以及检验的要求，耗时、费用、技术难易程度和破坏性等因素，有很多不同方法。我国已有一系列国家标准规定了相应的检验方法及其检查程序和抽样方案可供选用。

(2) 计数法或计量法检验

产品的质量检验可以采用计效法或计量法，探测器的质量检验推荐计数法检验，当产品的质量特征值是单项连续计量值（或少数项连续计量值）并服从正态分布（包括近似服从或可转化为正态分布）时，也可采用计量法检验。

(3) 全检或抽检

产品的质量检验可以采用 100％检验或抽样检验。由于抽样检验有一定的风险，根据核探测器的特点，有些检验项目应全检，其他检验项目可抽检。

(4) 检验的质量指标

产品检验的质量指标是不合格品率和每百单位产品不合格数。核探测器的质量检验采用不合格品率为质量指标。

(5) 检验项目的分组

核探测器质量检验的项目分为 A，B，C 和 D 四组（见表 4-4）。

表 4-4 质量检验项目及其分组表

组别	序号	检验项目	鉴定检验	交收检验	质量一致性检验
A 组	1	外形尺寸、外观	●	●	●
	2	坪长	●	●	●
	3	坪斜	●	●	●
	4	电容	●	●	●
	5	中子灵敏度	●	●	●
	6	绝缘电阻	●	●	●
B 组	7	本底	●	○	●
	8	分辨率	●	○	●
	9	γ 感应度	●	○	●
	10	最高计数率	●	○	●
C 组	11	低温	●	○	●
	12	高温	●	○	●
	13	潮湿	●	○	●
	14	振动	●	○	●
	15	冲击	●	○	●
	16	包装运输	●	○	●
D 组	17	磁场试验	○	○	○
	18	辐射试验	○	○	○
	19	电磁兼容试验	○	○	○
	20	光效应试验	○	○	○
	21	浸水试验	○	○	○
	22	盐雾试验	○	○	○
	23	寿命或可靠性	○	○	○
	24	现场试验	○	○	○
	25	其他破坏性试验	●	○	○

注：○—选检项目；●—必检项目。

(6) A 组检验

A 组检验是对一个检验批中的全部产品所进行的非破环性检验，以证实产品是否符合标准要求。A 组项目应检验那些易受生产工艺或生产技能变化影响的特性，以及对于达到产品预定要求至关重要的。

(7) B 组检验

B 组检验是比 A 组检验更复杂、需要更多试验时间的一种检验，它一般也是非破环性试验，B 组项目应检验那些更多地受零部件或设备质量影响而较少地受生产工艺或生产技能影响的特性，以及那些要求特殊工艺或特殊环境的性能，B 组检验需要受检的样本量通常比 A 组少，其样本应从通过 A 组检验的合格批中抽样。

(8) C 组检验

C 组检验是对那些依赖于产品设计及材料特性所进行的周期性检验；它可能是破坏性

试验,也可能是非破坏性试验。C组项目是比B组更复杂的检验,通常要求模拟的工作环境。C组检验需要受检的样本量通常比B组少,并需根据生产量或生产周期而定;其样本应从通过A组和B组检验的合格批次或样本中抽取,但在不影响检验结果可靠的情况下,允许使用有某些缺陷的样本。

(9) D组检验

D组检验是一种破坏性检验,或者是要消耗全部或相当一部分设计服务寿命的长时间试验。经过D组检验的样本,不应发货。D组检验仅在少数样本上进行,样本大小应根据生产量或生产周期而定;其样本应从通过A组和B组检验的合格批或样本中抽取,但在不影响检验结果可靠的情况下,允许使用有某些缺陷的样本。

第三节　故障判断与排除

学习目标:了解培训教学的基本方法;掌握教学大纲的编写方法;熟悉教学培训计划的编写方法。

一、测试故障与排除

1. 测试故障

测试故障包括:

(1) 电容测试故障:电容测试过程中,可能出现电容显示偏离指导值的情况。

(2) 耐压测试故障:耐压击穿电压中,可能出现耐压性能不能达到指标要求的情况。

(3) 绝缘电阻测试故障:绝缘电子测试过程中,可能出现绝缘电阻达不到指标要求的情况。

(4) 计数管测量故障:计数管测量过程中,可能出现本底计数高、工作电压偏高、无计数、坪特性差等情况。

(5) 电离室测量故障:电离室测量过程中,可能出现本底电流大、坪特性差、输出电流偏小、输出电流异常等情况。

2. 故障排除

(1) 电容显示偏离指导值时,应检查测量线是否正常,是否有错接、反接或短路,若排除后证明测试线路没问题,则再判定探测器的故障。对有疑问的测量数据,应复测,以保证其可靠性。

(2) 耐压测试时,若出现性能不达标,检查线路无误后,则可更换更低电压耐压测试表进行测试。对有疑问的测量数据,应复测,以保证其可靠性。

(3) 绝缘电阻测试时,若出现绝缘电阻不能满足要求时,检查绝缘测试线是否有接触,应保持测试线相对独立;可用电热吹风机对测量部件进行空气加热,减少湿度对绝缘电阻测量的影响;检查绝缘陶瓷表面是否有沾污;若排除外部因素干扰后,才能判定真实的绝缘电阻值。对有疑问的测量数据,应复测,以保证其可靠性。

(4) 计数管测量时若出现本底计数较高的现象,则通过示波器观察输出波形是否正常,经过调理后的脉冲应该是高斯波形,若偏离高斯波形,则可检查信号接地是否正常;再检查单道甄别阈值是否正常；若工作电压偏高时，检查放大倍数是否合理，可适当增加放大倍数；当无计数率时，检查线路是否正常，放射源位置是否正常，探测器电容是否正常；当坪特性较差时，检查甄别电压是否正常，高压电源输出是否正常。对有疑问的测量数据，应复测，以保证其可靠性。

（5）电离室测量时，若出现本底电流大，应先检查线路是否正常，是否出现接地现象，环境湿度是否正常，可用电热吹风进行处理；输出电流偏小时，就检查放射源位置是否处于工作位置，线路是否断路；输出电流异常时，也应检查线路是否正常，高压电源是否正常工作；坪特性差时，则应检查其环境湿度及绝缘电阻，绝缘陶瓷表面是否有沾污。对有疑问的测量数据，应复测，以保证其可靠性。

二、本工艺残次品知识

下列现象的产品可列为残次品：

（1）计数管判定为漏气，无信号输出。

（2）计数管坪特性超出指标要求。

（3）电离室信号极对地常温下绝缘电阻小于 100 GΩ。

（4）电离室某电极对地短路。

（5）电离室某电极断路。

（6）探测器结构损坏。

第四节　培训与指导

学习目标：了解培训教学的基本方法；掌握教学大纲的编写方法；熟悉教学培训计划的编写方法。

一、培训教学的基本方法

核辐射探测仪器制造高级技师应能培训和指导高级工的操作，因此掌握培训教学的基本方法和教学大纲的编写是很有必要的。

1. 培训教学的特点

培训教学具有如下几个特点：

（1）具有较强的针对性和实用性。职业培训目标、专业设置、教学内容等均根据职业技能标准、劳动力市场需求和用人单位的实际要求确定。经过职业培训的毕（结）业生可上岗作业。

（2）具有较强的灵活性。在培训形式上可采取联合办学、委托培训、定向培训等方式；在培训期限上采取长短结合的方式，可以脱产也可以半脱产；在培养对象上依据岗位的实际需要灵活确定；在教学形式上不受某种固定模式的限制，根据职业标准的要求采取多种形式的教学手段。

（3）教学与生产相结合。主要体现在一方面教学要紧紧围绕生产实际进行，另一方面要贯彻勤工俭学、自立更生和艰苦奋斗的原则，通过教学与生产经营相结合，既培养了人才，又创造了物质财富，获得社会、经济的双重效益。

（4）培训方法上强调理论知识教育与实际操作训练相结合，突出技能操作训练。

2. 培训教学的模式

(1) 讲授法:传统的培训方式。优点:运用起来方便,便于培训者控制整个过程。缺点:单向信息传输,反馈效果差,教师和学员的互动少。用于一些理念性知识的培训。对核辐射仪器制造人员高级工的理论知识的培训适用此模式。

(2) 视听技术法:通过现代视听技术,对学员进行培训。优点:直观鲜明。缺点:学员的反馈与实践较差,且制作和购买的成本高,内容易过时。

(3) 讨论法:一般可分成小组讨论和研讨会两种方式。小组讨论的特点是信息交流时方式为多向传递,学员的参与性高,费用较低。多用于巩固知识,训练学员分析、解决问题的能力与人际交往的能力,但运用时对培训教师的要求较高。研讨会以主题演讲为主,中途或会后允许学员与演讲者进行交流沟通。优点是信息可以多向传递,缺点是费用较高。

(4) 案例研讨法:这一方式使用费用低,反馈效果好,可以有效训练学员分析解决问题的能力。另外案例、讨论的方式也可用于知识类的培训,且效果更佳。

(5) 角色扮演法:学员在培训教师设计的工作情况中扮演其中角色,其他学员与培训教师在学员表演后作适当的点评。由于信息传递多向化,反馈效果好、实践性强、费用低,因而多用于人际关系能力的训练。

(6) 互动小组法:也成敏感训练法。此法主要适用于管理人员的人际关系与沟通训练。让学员在培训活动中亲身体验来提高他们处理人际关系的能力。其优点是可明显提高人际关系与沟通的能力,但其效果在很大程度上依赖于培训教师的水平。

(7) 网络培训法:是一种新型的计算机网络信息培训方式,投入较大。但由于使用灵活,符合分散式学习的新趋势,节省学员集中培训的时间和费用。这种方式信息量大,新知识、新观念传递优势明显,更适合成人学习。因此,特别为实力雄厚的企业所青睐,也是培训发展的一个必然趋势。

(8) 项目教学法:教师的指导下亲自处理一个项目的全过程,在这一过程中学习掌握教学计划内的教学内容。学生全部或部分独立组织、安排学习行为,解决在处理项目中遇到的困难,提高了学生的兴趣,自然能调动学习的积极性。因此"项目教学法"是一种典型的以学生为中心的教学方法。对核辐射探测仪器制造高级工的实操的指导适合此方法。

3. 培训的效果评价

培训效果评价一般用培训效果评价表来表示,表中一般要注明课题名称、培训教师、培训时间、培训课时、培训地点、培训人员、考核方式、培训内容、培训效果评价等内容。

培训效果评价表的模板如表 4-5 表示。

表 4-5　培训效果评价表

课题名称		培训时间	
培训地点		培训教师	
培训课时		考核方式	
培训人员			
培训内容			
培训效果评价			

二、培训计划和培训大纲的编写

1. 培训计划和培训大纲的概念

(1) 培训计划：根据一定的培训目的和培养目标制定的教学和培育工作的指导文件。它决定着培训内容总的方向和总的结构，并对有关培训的教学、培育活动、生产劳动和课外活动等方面作出全面安排，具体规定培训项目的学科设置、各门学科的教学顺序、教学时数以及各种活动等。

(2) 培训大纲：是根据培训计划中规定的各门学科(课程)的目的、任务而编写的指导性文件。它以纲要的形式，具体规定每门学科知识、技能的范围、深度以及体系、结构，同时规定教学的一般进度和对教学法的基本要求。其一般分为“说明”“正文”两部分。

(3) 培训计划和培训大纲的关系

培训大纲是按照项目培训计划要求，各培训课程在项目培训计划中的地位、作用、性质、目的和任务而规定的培训内容、结构体系、知识范围、教学要求等的基本纲要。培训大纲是实施培训计划的基本保证，也是编写培训教材、组织培训教学、进行教学质量考核的指导性文件。

2. 培训计划编写的依据

(1) 培训需求调查分析

培训需求可分三个层面：组织层面的需求、职务层面的需求和个人层面的需求。

组织层面的需求包括企业经营策略方针，企业使命、战略目标、策略和文化分析以及企业生命周期所处阶段，这时培训的最大前提，为了企业战略及策略目标的达成，培训必须依据企业经营的策略方针来进行。组织层面的分析就是要解决公司高层管理者这样的问题：培训对实现我们的经营目标重要吗？培训将会怎样支持我们战略目标的实现？哪些职能部门和经营单位需要培训？从一个发展阶段来看，企业所处生命周期不同，其相应的组织培训需求就有所不同。

职务层面的需求是按照企业岗位职务能力标准，对担当工作的员工的工作能力、工作态度和工作业绩进行比较分析，以确定员工能否胜任，进而确定企业培训需求。职务层面的培训需求主要通过职务分析、问卷调查以及与部门主管面谈的方式进行。

个人层面的需求是通过对员工个人工作要求、工作结果、素质条件、工作态度以及发展要求进行评估，以确定培训对象和内容。其中对关键岗位的人员情况要进行重点分析。个人层面的需求主要通过与员工的个人面谈结合需求调查表进行。

在进行培训需求分析过程中，对于出现的工作差异，要首先确定改变这些差异的重要性，判断改变这种差异是当前需求还是未来需求？管理层是否支持这种改变？应该按什么顺序进行改变？有没有资源和政策上的保证等，最重要的是判断培训是否是解决这种差异最有效的方法。否则，盲目培训不但效果不好，而且劳民伤财。

(2) 依据国家职业标准要求

国家标准是制定培训计划和培训大纲的基础。培训计划和培训大纲应该涵盖职业标准的全部内容，但也不能超出职业标准的内容。

(3) 根据公司生产工艺及技术装备

编写培训计划和培训大纲要考虑公司现有的生产工艺、技术水平和技术装备等,否则培训计划和培训大纲就不现实、不能够具体实施的。

培训是为了满足管理者的需要和工作任务的需要,而不是单纯为满足员工需要。

3. 培训计划的内容

培训计划要解决5W1H问题,即

Why(为什么要培训?):培训的目的;

Who(谁?):培训的负责人、培训的对象;

What(培训的内容是什么?):培训的内容;

When(什么时候、时间?):培训的时间、期限;

Where(在哪里?):培训的场地;

How(如何进行?):培训的方法。

4. 培训大纲编写的原则

(1) 符合教学计划要求

1) 明确本门课程在教学计划中的地位和作用;

2) 通过本门课程的学习需达到什么目的和要求;

3) 体现各技能等级层次在培养规格、要求等方面上的差别;

4) 重视应用技术与实践创新能力的培养。

(2) 结合开放教育的特点,贯彻“少而精,求实效”的原则。

1) 结合开放教育特点,考虑教学对象,教学内容难易要适中,教学总量要合理控制;

2) 公共基础课和专业基础课的教学内容根据专业课的要求以必需、够用为标准,突出重点;

3) 教学内容的精简标准以学生所学知识在量上符合专业培养目标和在一定时间内能吸收消化为限度;

4) 要求反应学科的新成果,体现理论知识与实践应用能力的结合;

5) 在文字表述上要力求精炼、准确。

(3) 对操作技能类的课程要突出其指导与训练的特点,要针对其各教学环节有明确、具体的要求,且有较强的可操作性。

(4) 同工种、同等级的相同课程(主要是基础课和专业基础课)原则上使用统一大纲、统一教材。

5. 培训大纲编写的内容和基本结构

培训大纲编写应包括大纲说明和大纲内容。

(1) 大纲说明:这是培训大纲编写中必须强调的一部分,主要包括六点内容:

1) 本课程的性质与地位、目的与任务;

2) 本课程适用的主要专业及其他说明;

3) 本课程与相关课程的前后衔接关系;

4) 本课程的基本教学(包括实践性环节方面)要求;

5) 本课程的教学方法和教学形式建议;

6）本课程内容的教学要求层次。

（2）大纲正文

1）教学要求：在教学要求中目的与要求应予以明确、具体、层次清楚，进一步增强和培养学员的逻辑思维能力与创造能力。

教学要求层次的术语通常有：知道、了解、理解、明确、能、学会、掌握、熟练掌握等。

对有关定义、定理、性质、特征等概念的内容可按“知道、了解、理解”三个层次要求；有关计算、解法、公式、法则等方法的内容，可按“会、掌握、熟练掌握”三个层次要求；技能（实践环节）可按：指认、学会、能、测定（测绘）、掌握、应用等几个层次要求来把握。在编写时，应根据课程的性质与要求采用相应的定性词汇，并注明不同教学层次所对应的考核要求。

2）教学内容及课时：明确教学的内容和课时。

教学建议：明确教学内容中重点与难点的教学要求，建议教师采用的教学方法和教学手段等。

第五节　管　理

学习目标：了解生产管理的基础知识；掌握探测器测试生产质量管理方法；熟悉探测器测试相关技术管理知识。

一、管理基础

1. 组织管理基础

（1）总则

组织管理的工作内容，概括地讲，包括四个方面：

1）确定实现组织目标所需要的活动，并按专业化分工的原则进行分类，按类别设立相应的工作岗位；

2）根据组织的特点、外部环境和目标需要划分工作部门，设计组织机构和结构；

3）规定组织结构中的各种职务或职位，明确各自的责任，并授予相应的权力；

4）制订规章制度，建立和健全组织结构中纵横各方面的相互关系。

（2）管理目标

组织管理，应该使人们明确组织中有些什么工作，谁去做什么，工作者承担什么责任，具有什么权力，与组织结构中上下左右的关系如何。只有这样，才能避免由于职责不清造成的执行中的障碍，保证组织目标的实现。

（3）特点

1）它是围绕组织目标来进行的。组织目标是组织存在和发展的基础，组织管理就是为了有效地协调组织内的各种信息和资源，提高组织的工作效率，以期顺利地达到组织目标。

2）它是一个动态的协调过程。既要协调组织内部人与人的关系，又要协调组织内部人与物的关系。

3）组织管理是一种有意识有计划的自觉活动。

（4）原则

1）除非特殊状况，交待事项只对下一级的直接部属，而绝不能跨级指挥。否则今后受害受累的一定是你自己。

2) 除非事先已协调有共识或遇紧急状况，否则绝不指挥其他平行单位的员工。

3) 接受上级跨级指挥时，必定要及时回报自己的直接上司，让其第一时间了解状况。

4) 交办员工工作或任务分配时，能多花点时间沟通，了解他对工作的想法同时让他了解工作的重要性与意义，想办法唤起他内心执行的愿意。否则可能不会有你想得到的结果。

5) 交待部属工作时，应该尽量思考如何给予他更多的空间发挥。要让下属告诉你他是怎样做的，而绝不要做下属的保姆，也最好不要直接告诉他怎么做。

6) 下达指示时，着重要求目标的完成，对过程不需要太多的限制。

7) 当有人向你打小报告时，一定不要过于在意，也不要喜形于色，否则，你的组织文化就会烂成一锅粥。

8) 考核评估下属时，不要只看事情的结果，一定要了解他的过程是怎么样的。否则，你的下属一定会投机取巧。

9) 奖励下属时，绝对不要只会用现金，精神激励永远比物质激励更重要。否则，你的团队将会随时面临危机。

10) 提拔下属时，绝对不要一步到位，因为爬得快的人一定会跌的很惨。否则，你就是害了他，也害了你自己。

(5) 形式

从历史上看，社会组织的管理经历了两种形式：

1) 家长制

它是产生和存在于传统农业社会的一种管理方式。由于传统社会生产分工不发达，生产规模相对狭小，人们把生产管理的一切指挥权集中于一人身上。

2) 科层制

它产生于工业革命后现代化大生产时代，它把企业管理的权力分散于各个科层，分科执掌、分层负责。

(6) 管理层次

1) 行为层次管理实务

行为层次管理实务是指领导者在日常工作中的行为举止，对部属产生的影响，这是最直接有效的方法。作为高层主管不但要在工作管理中给员工以模范，还应采用不同的方式去关心过问部属的工作进展、生活情况、困难、解决的方法等。应记住，平时点点滴滴的积累，都会变成高层主管的影响力资产。帮助部属成功是最有效的激励办法。

2) 管理层次管理实务

虽然行为层次的领导力是极为有效的，但随着企业组织规模的扩大，人数的增多，高层主管或老总难以完全使用此法进行领导，这种行为层次的领导只使用于资本、组织规模小的企业或家族性企业。此时需要管理层次的方法来搭配，有几条基本原则应该掌握：

① 让部属知道公司对他的期望：使用职位说明书、工作说明书、管理制度、培训指导来实现此项目标。

② 让部属知道公司对他的看法：采用定期绩效评估、成果面谈、配合合理的奖惩办法，将会更有效。

③ 让部属对组织有归属感：让其认识重要的人，与不同部门的员工交流，知道公司相关

的信息，到陌生的部门时有人热情接待，到其他部门办事受到礼貌亲切的对待，这些会加强他的归属感。

④ 让部属得到启发，当部属感觉到自己进步了，会有高度的满意感。在工作上为人处事上、业绩上、管理知识技能上能得到高层主管的帮助指导与启发，是非常重要的无形软激励、软管理。

⑤ 让部属的努力得到应有的回报：可以物质的、心理的、名誉的、或是培训学习机会、升迁等。

什么样的环境塑什么样的人，这就是环境塑造人的真谛。一个领导管理者，必须有能力建立以上的环境与机制，才能使部属在大环境中得到滋润，以增进其向心力与工作能力。

3）战略层次管理实务

战略领导是企业管理中的最高层次，这个层次对高层决策者的综合素质、理论指导水平、能力要求相当高。这样需要掌握几个要点：

① 创造良好的企业文化，企业文化对部属的感染力是长期的、深远的。良好的企业文化是杰出领导者最重要的一环。

② 战略规划，将帅无能累死三军。有效可行的战略，可以使部属产生高度的信赖，进而产生乐意跟随的意愿。

③ 设计合理高效的组织结构，部属对于不合理的组织结构与制度，是深恶痛绝但又无能为力，所以企业高层决策者不能忽视这项工作，才能确保部属的士气。

（7）组织管理工具

组织管理工具主要是对整个组织内成员的权责关系进行管理的在线管理工具。它既可对人员的任务进行分派，又可进行组织内的业务管理，还可进行部门间的协作管理，保证整个组织运行的顺利进行。

针对组织管理的在线软件中，以 TeamOffice 为例，可在线完全共享小组内所有信息，帮助组内成员之间的实质性的协作、系统的记录业务的成果和过程。

其功能板块如下：

任务板块：对工作进行设定、分派和确认，判断和显示任务进行状态（进行、完成、延迟），可以显示每个人的业务量。

项目板块：可同时管理多个项目，生成项目目录。每个项目均可进行项目分级生成下级子项目，自动计算项目进度。

报告书：可按照日、周、月的设定做定期报告书，有各种企业、非企业各种类型的报告书模块。还可自定义不定期报告书。

资料室：各个模块上传的附件，都可在资料室中统一查看。可设定他人（上传/下载）权限。

留言板：可用于组织内/外的信息共享或作为备忘录等形式使用。有新增加的公告时，系统将自动发送邮件到用户邮箱，同时系统也会将用户发送的留言邮件转发到留言板，实现邮件与留言双向互动。

通讯录：不仅可以录入基本信息，还可附加简单的说明和文件材料，组员之间可共享。

日历：设定日程，还可与 Outlook 日程同步。重要日程还可设定“邮件发送提醒”和“纸条提醒”功能。

在线考勤簿:可用于组织内的上下班(出勤、退勤、外勤、出差、休假)的考勤管理。系统将自动按照周、月来进行统计。

2. 质量管理基础

质量管理是指确定质量方针、目标和职责,并通过质量体系中的质量策划、控制、保证和改进来使其实现的全部活动。

质量管理的发展与工业生产技术和管理科学的发展密切相关。现代关于质量的概念包括对社会性、经济性和系统性三方面的认识。

(1) 质量社会性

质量的好坏不仅从直接的用户,而是从整个社会的角度来评价,尤其关系到生产安全、环境污染、生态平衡等问题时更是如此。

1) 坚持按标准组织生产

标准化工作是质量管理的重要前提,是实现管理规范化的需要,“不讲规矩不成方圆”。企业的标准分为技术标准和管理标准。工作标准实际上是从管理标准中分离出来的,是管理标准的一部分。技术标准主要分为原材料辅助材料标准、工艺工装标准、半成品标准、产成品标准、包装标准、检验标准等。它是沿着产品形成这根线环环控制投入各工序物料的质量,层层把关设卡,使生产过程处于受控状态。在技术标准体系中,各个标准都是以产品标准为核心而展开的,都是为了达到产成品标准服务的。

管理标准是规范人的行为、规范人与人的关系、规范人与物的关系,是为提高工作质量、保证产品质量服务的。它包括产品工艺规程、操作规程和经济责任制等。企业标准化的程度,反映企业管理水平的高低。企业要保证产品质量,首先要建立健全各种技术标准和管理标准,力求配套。二是要严格执行标准,把生产过程中物料的质量、人的工作质量给予规范,严格考核,奖罚兑现。三是要不断修订改善标准,贯彻实现新标准,保证标准的先进性。

2) 强化质量检验机制

质量检验在生产过程中发挥以下职能:一是保证的职能,也就是把关的职能。通过对原材料、半成品的检验,鉴别、分选、剔除不合格品,并决定该产品或该批产品是否接收。保证不合格的原材料不投产,不合格的半成品不转入下道工序,不合格的产品不出厂;二是预防的职能。通过质量检验获得的信息和数据,为控制提供依据,发现质量问题,找出原因及时排除,预防或减少不合格产品的产生;三是报告的职能。质量检验部门将质量信息、质量问题及时向厂长或上级有关部门报告,为提高质量,加强管理提供必要的质量信息。

要提高质量检验工作,一是需要建立健全质量检验机构,配备能满足生产需要的质量检验人员和设备、设施;二是要建立健全质量检验制度,从原材料进厂到产成品出厂都要实行层层把关,做原始记录,生产工人和检验人员责任分明,实行质量追踪。同时要把生产工人和检验人员职能紧密结合起来,检验人员不但要负责质检,还有指导生产工人的职能。生产工人不能只管生产,自己生产出来的产品自己要先进行检验,要实行自检、互检、专检三者相结合;三是要树立质量检验机构的权威。质量检验机构必须在厂长的直接领导下,任何部门和人员都不能干预,经过质量检验部门确认的不合格的原材料不准进厂,不合格的半成品不能流到下一道工序,不合格的产品不许出厂。

3) 实行质量否决权

产品质量靠工作质量来保证,工作质量的好坏主要是人的问题。因此,如何挖掘人的积极因素，健全质量管理机制和约束机制，是质量工作中的一个重要环节。

质量责任制或以质量为核心的经济责任制是提高人的工作质量的重要手段。质量管理在企业各项管理在占有重要地位，这是因为企业的重要任务就是生产产品，为社会提供使用价值，同时获得自己经济效益。质量责任制的核心就是企业管理人员、技术人员、生产人员在质量问题上实行责、权、利相结合。作为生产过程质量管理，首先要对各个岗位及人员分析质量职能，即明确在质量问题上各自负什么责任，工作的标准是什么。其次，要把岗位人员的产品质量与经济利益紧密挂钩，兑现奖罚。对长期优胜者给予重奖，对玩忽职守造成质量损失的除不计工资外，还处以赔偿或其他处分。

此外，为突出质量管理工作的重要性，还要实行质量否决。就是把质量指标作为考核干部职工的一项硬指标，其他工作不管做得如何好，只要在质量问题上出了问题，在评选先进、晋升、晋级等荣誉项目时实行一票否决。

4）抓住影响产品质量的关键因素，设置质量管理点或质量控制点。

质量管理点（控制点）的含义是生产制造现场在一定时期、一定的条件下对需要重点控制的质量特性、关键部位、薄弱环节以及主要因素等采取的特殊管理措施和办法，实行强化管理，使工厂处于很好的控制状态，保证规定的质量要求。加强这方面的管理，需要专业管理人员对企业整体作出系统分析，找出重点部位和薄弱环节并加以控制。

质量是企业的生命，是一个企业整体素质的展示，也是一个企业综合实力的体现。伴随人类社会的进步和人们生活水平的提高，顾客对产品质量要求越来越高。因此，企业要想长期稳定发展，必须围绕质量这个核心开展生产，加强产品质量管理，借以生产出高品质的产品，让企业领导放心，让我们的客户称心。

（2）质量经济性

质量不仅从某些技术指标来考虑，还从制造成本、价格、使用价值和消耗等几方面来综合评价。在确定质量水平或目标时，不能脱离社会的条件和需要，不能单纯追求技术上的先进性，还应考虑使用上的经济合理性，使质量和价格达到合理的平衡。

（3）质量系统性

质量是一个受到设计、制造、安装、使用、维护等因素影响的复杂系统。例如，汽车是一个复杂的机械系统，同时又是涉及道路、司机、乘客、货物、交通制度等特点的使用系统。产品的质量应该达到多维评价的目标。费根堡姆认为，质量系统是指具有确定质量标准的产品和为交付使用所必须的管理上和技术上的步骤的网络。

质量管理发展到全面质量管理，是质量管理工作的又一个大的进步，统计质量管理着重于应用统计方法控制生产过程质量，发挥预防性管理作用，从而保证产品质量。然而，产品质量的形成过程不仅与生产过程有关，还与其他许多过程、许多环节和因素相关联，这不是单纯依靠统计质量管理所能解决的。全面质量管理相对更加适应现代化大生产对质量管理整体性、综合性的客观要求，从过去限于局部性的管理进一步走向全面性、系统性的管理。

（4）质量保证

质量保证活动涉及企业内部各个部门和各个环节。从产品设计开始到销售服务后的质量信息反馈为止，企业内形成一个以保证产品质量为目标的职责和方法的管理体系，称为质量保证体系，是现代质量管理的一个发展。建立这种体系的目的在于确保用户对质量的要求和消费者的利益，保证产品本身性能的可靠性、耐用性、可维修性和外观式样等。

“质量保证”一词在 GB/T 19000—2008/ISO 9000:2005 已经定义为“质量管理”的一部分,其定义为:“质量管理(3.2.8)的一部分,致力于提供质量要求会得到满足的信任”。因此,质量保证的活动,更应该是以 3.5.3 可信性为核心。可信性的定义为:“用于表述可用性及其影响因素(可靠性、维修性和保障性)的集合术语。注解:可信性仅用于非定量术语的总体表述。所以,质量保证,更多的应该模拟最终顾客使用的环境、寿命以及产品的相关标准要求进行严格的试验来满足顾客信任。

(5) 质量控制

为保证产品的生产过程和出厂质量达到质量标准而采取的一系列作业技术检查和有关活动,是质量保证的基础。美国 J. M. 朱兰认为,质量控制是将测量的实际质量结果与标准进行对比,并对其差异采取措施的调节管理过程。这个调节管理过程由以下一系列步骤组成:选择控制对象;选择计量单位;确定评定标准;创造一种能用度量单位来测量质量特性的仪器仪表;进行实际的测量;分析并说明实际与标准差异的原因;根据这种差异作出改进的决定并加以落实。

质量控制更应该对活动过程加以控制。

(6) 质量管理工具

1) 控制图

控制图是用图形显示某项重要产品或过程参数的测量数据。在制造业可用轴承滚珠的直径作为例子。在服务行业测量值可以是保险索赔单上有没有列出某项要求提供的信息。

依照统计抽样步骤,在不同时间测量。控制图显示随时间而变化的测量结果,该图按正态分布,即经典的钟形曲线设计。用控制图很容易看出实际测量值是否落在这种分布的统计界线之内。

上限叫“控制上限”,下限叫“控制下限”。如果图上的测量值高于控制上限或低于控制下限,说明过程失控。这样就得仔细调查研究以查明问题所在,找出并非随机方式变动的因素。

2) 帕累托图

帕累托图又叫排列图,是一种简单的图表工具,用于统计和显示一定时间内各种类型缺陷或问题的数目。其结果在图上用不同长度的条形表示。所根据的原理是 19 世纪意大利经济学家维尔弗雷德·帕雷托(Vilfred Pareto)的研究,即各种可能原因中的 20%造成 80%左右的问题;其余 80%的原因只造成 20%的问题和缺陷。

为了使改进措施最有效,必须首先抓住造成大部分质量问题的少数关键原因。帕雷托图有助于确定造成大多数问题的小数关键原因。该图也可以用于查明生产过程中最可能产生某些缺陷的部位。

3) 鱼骨图

鱼骨图也称为因果分析图或石川图(根据最先提出这一工具的石川熏(Kaoru Ishikawa 译名)的名字命名)。它看上去有些象鱼骨,问题或缺陷(即后果)标在“鱼头”外。在鱼骨上长出鱼刺,上面按出现机会多寡列出产生生产问题的可能原因。鱼骨图有助于说明各个原因之间如何相互影响。它也能表现出各个可能的原因是如何随时间而依次出现的。这有助于着手解决问题。

4) 走向图

走向图有时也叫趋势图。它用来显示一定时间间隔(例如一天、一周或一个月)内所得到的测量结果。以测得的数量为纵轴,以时间为横轴绘成图形。

走向图就像不断改变的记分牌。它的主要用处是确定各种类型问题是否存在重要的时间模式。这样就可以调查其中的原因。例如,按小时或按天画出次品出现的分布图,就可能发现只要使用某个供货商提供的材料就一定会出问题。这表示该供货商的材料可能是原因所在。或者发现某台机器开动时一定会出现某种问题,这就说明问题可能出在这台机器上。

5) 直方图

直方图也称线条图。在直方图上,第一控制类别(对应于一系列相互独立的测量值中的一个值)中的产品数量用条线长度表示。第一类别均加有标记,条线按水平或垂直依次排列。直方图可以表明哪些类别代表测量中的大多数。同时也表示出第一类别的相对大小。直方图给出的是测量结果的实际分布图。图形可以表现分布是否正常,即形状是否近似为钟形。

6) 分布图

分布图提供了表示一个变量与另一个变量如何相互关联的的标准方法。例如要想知道金属线的拉伸强度与线的直径的关系,一般是将线拉伸到断裂,记下使线断裂时所用的力的准确数值。以直径为横轴,以力为纵轴将结果绘成图形。这样就可以看到拉伸强度和线径之间的关系。这类信息对产品设计有用。

7) 流程图

流程图有时也称作输入-输出图。该图直观地描述一个工作过程的具体步骤。流程图对准确了解事情是如何进行的,以及决定应如何改进过程极有帮助。这一方法可以用于整个企业,以便直观地跟踪和图解企业的运作方式。

流程图使用一些标准符号代表某些类型的动作,如决策用菱形框表示,具体活动用方框表示。但比这些符号规定更重要的,是必须清楚地描述工作过程的顺序。流程图也可用于设计改进工作过程,具体做法是先画出事情应该怎么做,再将其与实际情况进行比较。

(7) 全面管理

第一,全面的质量,包括产品质量、服务质量、成本质量;

第二,全过程的质量,指质量贯穿于生产的全过程,用工作质量来保证产品质量;

第三,全员参与的质量,对员工进行质量教育,强调全员把关,组成质量管理小组;

第四,全企业的质量,目的是建立企业质量保证体系。

全面质量管理常用七种工具,就是在开展全面质量管理活动中,用于收集和分析质量数据,分析和确定质量问题,控制和改进质量水平的常用七种方法。这些方法不仅科学,而且实用,作为班组长应该首先学习和掌握它们,并带领工人应用到生产实际中。

1) 统计分析表法和措施计划表法

质量管理讲究科学性,一切凭数据说话。因此对生产过程中的原始质量数据的统计分析十分重要,为此必须根据本班组,本岗位的工作特点设计出相应的表格。

2) 排列图法

排列图法是找出影响产品质量主要因素的一种有效方法。

制作排列图的步骤:

① 收集数据,即在一定时期里收集有关产品质量问题的数据。如,可收集 1 个月或 3 个月或半年等时期里的废品或不合格品的数据。

② 进行分层,列成数据表,即将收集到的数据资料,按不同的问题进行分层处理,每一层也可称为一个项目;然后统计一下各类问题(或每一项目)反复出现的次数(即频数);按频数的大小次序,从大到小依次列成数据表,作为计算和作图时的基本依据。

③ 进行计算,即根据第(3)栏的数据,相应地计算出每类问题在总问题中的百分比,计入第(4)栏,然后计算出累计百分数,计入第(5)栏。

④ 作排列图。即根据上表数据进行作图。需要注意的是累计百分率应标在每一项目的右侧,然后从原点开始,点与点之间以直线连接,从而作出帕累托曲线。

3)因果分析图法

因果分析图又叫特性要因图。按其形状,有人又叫它为树枝图或鱼刺图。它是寻找质量问题产生原因的一种有效工具。

画因果分析图的注意事项:

① 影响产品质量的大原因,通常从五个大方面去分析,即人、机器、原材料、加工方法和工作环境。每个大原因再具体化成若干个中原因,中原因再具体化为小原因,越细越好,直到可以采取措施为止。

② 讨论时要充分发挥技术民主,集思广益。别人发言时,不准打断,不开展争论。各种意见都要记录下来。

4)分层法

分层法又叫分类,是分析影响质量(或其他问题)原因的方法。我们知道,如果把很多性质不同的原因搅在一起,那是很难理出头绪来的。其办法是把收集来的数据按照不同的目的加以分类,把性质相同,在同一生产条件下收集的数据归在一起。这样,可使数据反映的事实更明显、更突出,便于找出问题,对症下药。

企业中处理数据常按以下原则分类:

① 按不同时间分:如按不同的班次、不同的日期进行分类;

② 按操作人员分:如按新、老工人、男工、女工、不同工龄分类;

③ 按使用设备分:如按不同的机床型号,不同的工夹具等进行分类;

④ 按操作方法分:如按不同的切削用量、温度、压力等工作条件进行分类;

⑤ 按原材料分:如按不同的供料单位不同的进料时间,不同的材料成份等进行分类;

⑥ 按不同的检测手段分类;

⑦ 其他分类:如按不同的工厂、使用单位、使用条件、气候条件等进行分类。

总之,因为我们的目的是把不同质的问题分清楚。便于分析问题找出原因。所以,分类方法多种多样,并无任何硬性规定。

5)直方图法

直方图(Histogram)是频数直方图的简称。它是用一系列宽度相等、高度不等的长方形表示数据的图。长方形的宽度表示数据范围的间隔,长方形的高度表示在给定间隔内的数据数。

6)控制图法

控制图法是以控制图的形式,判断和预报生产过程中质量状况是否发生波动的一种常用的质量控制统计方法。它能直接监视生产过程中的过程质量动态,具有稳定生产,保证质量、积极预防的作用。

7）散布图法

散布图法，是指通过分析研究两种因素的数据之间的关系，来控制影响产品质量的相关因素的一种有效方法。

在生产实际中，往往是一些变量共处于一个统一体中，它们相互联系、相互制约，在一定条件下又相互转化。有些变量之间存在着确定性的关系，它们之间的关系，可以用函数关系来表达，如园的面积和它的半径关系：$S=\pi r^2$；有些变量之间却存在着相关关系，即这些变量之间既有关系，但又不能由一个变量的数值精确地求出另一个变量的数值。将这两种有关的数据列出，用点子打在坐标图上，然后观察这两种因素之间的关系。这种图就称为散布图或相关图。

（8）质量改善意义

所谓全面质量管理，就是企业全体人员及各个部门同心协力，把经营管理、专业技术、数量统计方法和思想教育结合起来，建立起产品的研究与开发、设计、生产作业、服务等全过程的质量体系，从而有效地利用人力、物力、财力、信息等资源，提供符合规定要求和用户期望的产品和服务。美国著名质量管理专家戴明曾提出：在生产过程中，造成质量问题的原因只有10%～15%来自工人，而85%～90%是企业内部在管理上有问题。由此可见，质量不仅仅取决于加工这一环节，也不只是局限于加工产品的工人，而是涉及到企业各个部门、各类人员。

质量——企业的生命。

抓好产品质量，首先就要提高质量意识，不重视产品质量的职工是不可能生产出好的产品的。

质量管理：治标更要治本。

关于企业如何抓好产品的质量管理，谈的人够多了，但是，不少听起来头头是道的理论运用到实际当中，收到的效果却不佳。

从“扁鹊自责”看质量管理。

质量管理如同医生看病，治标不能忘固本。许多企业悬挂着质量是企业的生命的标语，而现实中存在头疼医头、脚疼医脚的质量管理误区。

3. 技术管理基础

技术管理通常是指在技术行业当中所作的管理工作，管理者一般具有较高的技术水平，同时带领着自己所管理的团队完成某项技术任务。技术管理的实际操作当中，强调的是管理者对所领导的团队的技术分配，技术指向和技术监察。管理者用自己所掌握的技术知识和能力来提高整个团队的效率，继而完成技术任务。技术管理是技术和管理的融合，是较高知识容量的高深行业。

（1）概念

技术通常指根据生产实践经验和自然科学原理总结发展起来的各种工艺操作方法与技能。现代企业技术管理就是依据科学技术工作规律，对企业的科学研究和全部技术活动进行的计划、协调、控制和激励等方面的管理工作。

企业技术管理是整个企业管理系统的一个子系统，是对企业的技术开发、产品开发、技术改造、技术合作以及技术转让等进行计划、组织、指挥、协调和控制等一系列管理活动的总称。企业技术管理的目的，是按照科学技术工作的规律性，建立科学的工作程序，有计划地、合理地利用企业技术力量和资源，把最新的科技成果尽快地转化为现实的生产力，以推动企业技术进步和经济效益的实现。

企业技术管理系统的建立，是根据技术管理的基本理论，以促进企业技术进步为目的，对企业的技术开发、产品开发、技术改造、技术合作和技术转让等工作进行分析和评价，提出改善方案并指导实施的一种智力服务活动。

通过技术管理系统的建立，能够对技术管理的成效进行评价，帮助企业分析技术管理不善的原因，制定改进措施，提高企业技术管理水平，促进企业进步，增强企业的竞争能力。

(2) 技术内容

企业技术管理的内容主要有：

1) 进行科学技术预测，制定规划并组织实施；

2) 改进产品设计，试制新产品；

3) 制订和执行技术标准，进行产品质量的监督检验；

4) 组织信息交流；

5) 建立健全技术操作规程；

6) 技术改造、技术引进和设备更新；

7) 做好生产技术准备和日常技术管理；

8) 做好技术经济的论证工作。

(3) 技术管理概念

1) 工艺规程

工艺规程是企业根据原料质量情况和产品质量标准，在国家技术政策指导下，根据自身的生产技术条件所制定的工艺性技术文件。企业工艺规程主要包括：

① 工艺流程，就是将一系列的机器、设备和工序组合起来，对原、辅材料按一定的产品质量标准进行加工、处理的生产工艺过程。

② 各种作业机械的生产技术数据，是指各种不同性能的作业机械，在加工不同原、辅材料品质的情况下，为达到预定的产品质量标准而规定的生产技术参数。

2) 技术测定

企业的技术测定就是对本企业产品生产过程中各个作业机的处理(加工)量与其质量以及它们的相互关系进行系统地检查、检测和分析研究。

测定内容主要有物料流量测定、成品与半成品的质量测定、机械设备的工作参数测定三个方面。

3) 科学研究

科学研究一般是指利用科学手段与装备对客观的自然现象的奥秘进行探索以获取对自然现象的科学知识，并揭示它们之间的内在联系，为创造发明新的技术提供理论依据。科学研究通常分为基础研究、应用研究和发展研究三类。

4) 技术革新

技术革新通常是指生产技术上的局部改进，如设备结构的改进，生产工艺和操作方法的改进、原材料的节约等。技术革新一般仅是局部工艺、个别设备的改进。

5) 技术引进

技术引进是一个国家为了发展本国的经济科学技术水平，通过各种方式，从国外取得先进的技术成果，包括各种工艺、设备制造的技术资料、关键设备或成套设备。

6）技术改造

技术改造是指在坚持技术进步前提下，把科学技术成果应用于企业生产的各个领域（产品，设备，工艺），用先进技术改造落后技术，用先进工艺和设备代替落后工艺和设备，达到提高产品质量、节约能耗，全面提高企业经济效益的目的。

7）技术档案管理

技术档案是企业在生产、建设和科学研究活动中所形成的具有保存价值的并保存起来以备查考的图纸（产品图纸、工艺图纸、基建图纸）、各类说明书、实验记录和专题、研究论文、有关的照片、影片录像、录音带等技术文件材料。技术档案管理指对技术档案的收集、整理、分类、保管、鉴定、统计和服务等一系列活动的管理过程。

（4）技术管理任务

企业技术管理的任务主要是推动科学技术进步，不断提高企业的劳动生产力和经济效益。

1）正确贯彻执行国家的技术政策

技术政策是国家根据现代企业生产的发展和客观需要，根据科学技术原理制定的，是指导企业各种技术工作的方针政策。企业许多技术问题和经济问题的解决都离不开国家的有关技术政策。我国现代企业的技术政策很多，主要包括产品质量标准、工艺规程、技术操作规程、检验制度等，其中，产品的质量标准是最重要的。

2）建立良好的生产技术秩序，保证企业生产的顺利进行

良好的生产技术秩序，是保证企业生产顺利进行的必要前提。企业要通过技术管理，使各种机器设备和工具经常保持良好的技术状况，为生产提供先进合理的工艺规程，并要严格执行生产技术责任制和质量检验制度，及时解决生产中的技术问题，从而保证企业的生产顺利进行。

3）提高企业的技术水平

现代企业要通过各种方式和手段，提高工人和技术人员的技术素质，对生产设备、工艺流程、操作方法等不断进行挖潜、革新和改造，推广行之有效的生产技术经验；努力学习和采用新工艺、新技术，充分发挥技术人员和工人的作用，全面提高所有生产人员的科学文化水平和技术水平，以加速企业的现代化进程。

4）保证安全生产

操作工人和机器设备的安全是现代企业生产顺利进行的基本保证，也是社会主义制度的一个基本要求。如果企业不能确保生产的安全，工人的人身安全和健康就不能得到保证，国家的财产就会遭受损失，企业的生产经营活动也会受到极大影响，所以说，安全就是效益。企业生产的安全应靠企业上下各方面的共同努力，从技术上采取有力措施，制定和贯彻安全技术操作规程，从而保证生产安全。

5）广泛开展科研活动，努力开发新产品

在市场经济中，现代企业必须及时生产出符合社会需求的产品，才能取得相应的经济效益。这就要求企业必须发动广大技术人员和工人，广泛开展科学研究活动，努力专研技术，积极开发新产品，不断满足需求，开拓新市场。

思考题

1. 请思考探测器的最高线性计数率指标的用途及测量方法？
2. 请思考 A、B、C、D 四组检验项目中哪组检验项目可以归为产品型式试验？

参考文献

[1] 用于核反应堆的辐射探测器特性及其测试方法[S]. GB/T 7164—2004.
[2] 汲长松. 核辐射探测器及其实验技术手册[M]. 北京：原子能出版社，2010.

第五章　整机装接

第一节　生产准备

学习目的：了解数字万用表的基本原理；掌握直流电压、电流测量电路、电阻测量电路。

一、万用表

1. 数字万用表

（1）数字万用表的概述

数字万用表是采用集成电路模/数转换器和液晶显示器，将被测量的数值直接以数字形式显示出来的一种电子测量仪表。

1）数字万用表的组成

数字万用表是在直流数字电压表的基础上扩展而成的。为了能测量交流电压、电流、电阻、电容、二极管正向压降、晶体管放大系数等电量，必须增加相应的转换器，将被测电量转换成直流电压信号，再由 A/D 转换器转换成数字量，并以数字形式显示出来。它由功能转换器、A/D 转换器、LCD 显示器、电源和功能/量程转换开关等构成。

常用的数字万用表显示数字位数有三位半、四位半和五位半之分。对应的数字显示最大值分别为 1 999，19 999 和 199 999，并由此构成不同型号的数字万用表。

2）数字万用表的面板

① 液晶显示器：显示位数为四位，最大显示数为±1 999，若超过此数值，则显示 1 或－1。

② 量程开关：用来转换测量种类和量程。

③ 电源开关：开关拨至“ON”时，表内电源接通，可以正常工作；“OFF”时则关闭电源。

④ 输入插座：黑表笔始终插在“COM”孔内。红表笔可以根据测量种类和测量范围分别插入“V · Ω”“mA”“10 A”插孔中。

（2）数模转换与数字显示电路

常见的物理量都是幅值连续变化的所谓模拟量。指针式仪表可以直接对模拟电压、电流进行显示，而对数字式仪表，需要把模拟电信号转换成数字信号，再进行显示和处理。

数字信号与模拟信号不同，其幅值是不连续的。就是说数字信号的大小只能是某些分立的数值。若最小量化单位为 Δ，则数字信号的大小一定是 Δ 的整数倍，该整数可以用二进制数码表示，但为了能直观地读出信号大小的数值，需经过数码变换后由数码管或液晶屏显示出来。

例如，设 $\Delta=0.1$ mV，把被测电压 U 与 Δ 比较，看 U 是 Δ 的多少倍，并把结果四舍五入取为整数 N。然后，把 N 变换成显示码显示出来。能准确得到并被显示出来的 N 是有限的，一般情况下，$N\geqslant 1\,000$ 即可满足测量精度要求。所以，最常见的数字表头的最大示数为 1 999，被称为三位半数字表。对上述情况，把小数点定在最末位之前，显示出来的就是以

mV 为单位的被测电压 U 的大小。如:U 是 Δ(0.1 mV)的 1 234 倍,即 $N=1\ 234$,显示结果为 123.4(mV)。这样的数字表头,再加上电压极性判别显示电路,就可以测量显示 −199.9～199.9 mV 的电压,显示精度为 0.1 mV。

由上可见,数字测量仪表的核心是模/数转换、译码显示电路。A/D 转换一般又可分为量化、编码两个步骤。A/D 转换及数字显示已是很成熟的电子技术,且已经制成大规模集成电路。

(3) 直流电压测量电路

在数字电压表头前面加一级分压电路,可以扩展直流电压测量的量程。如图 5-1 所示,U_0 为数字电压表头的量程(如 200 mV),r 为其内阻(如 10 MΩ),r_1、r_2 为分压电阻,U_{i0} 为扩展后的量程。

由于 $r \gg r_2$,所以分压比为

$$\frac{U_0}{U_{i0}}=\frac{r_2}{r_1+r_2} \tag{5-1}$$

扩展后的量程为

$$U_{i0}=\frac{r_1+r_2}{r_2}U_0 \tag{5-2}$$

多量程分压器原理电路见图 5-2。

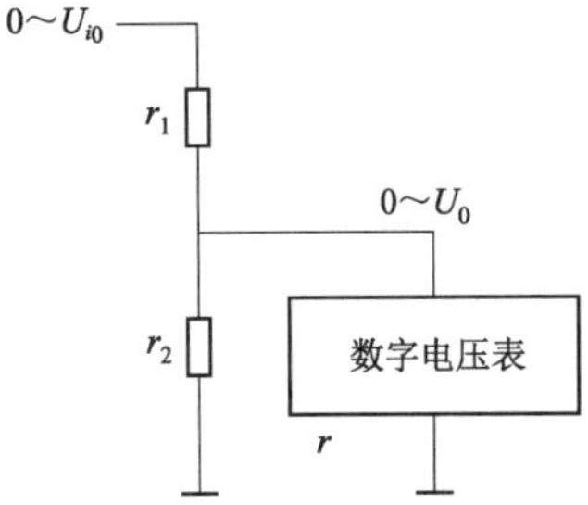

图 5-1　分压电路原理

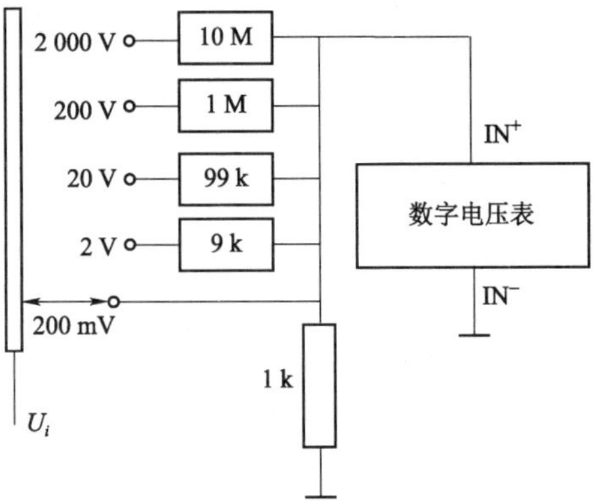

图 5-2　多量程分压器原理

(4) 直流电流测量电路

测量电流的原理是:根据欧姆定律,用合适的取样电阻把待测电流转换为相应的电压,再进行测量。见图 5-3,由于 $r \gg R$,取样电阻 R 上的电压降为 $U_i=RI_i$,即被测电流 $I_i=U_i/R$,若数字表头的电压量程为 U_0,欲使电流档量程为 I_0,则该档的取样电阻为 $R=U_0/I_0$。如 $U_0=200$ mV,则 $I_0=200$ mA 档的分流电阻为 $R=1\ \Omega$。

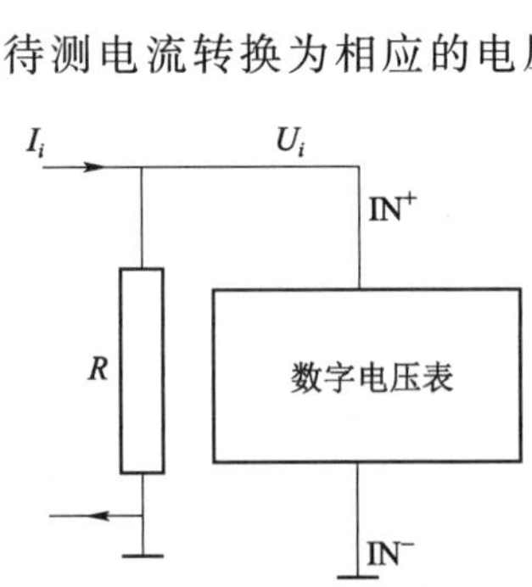

图 5-3　电流测量原理

多量程分流器原理电路见图 5-4。实际数字万用表的直流电流档电路为图 5-5 所示。

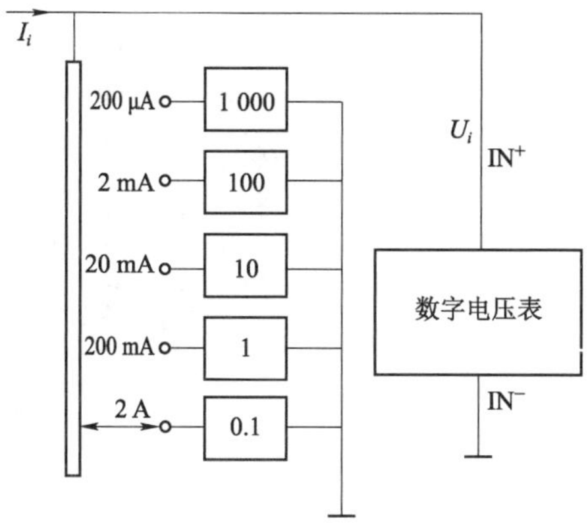

图 5-4　多量程分流器电路

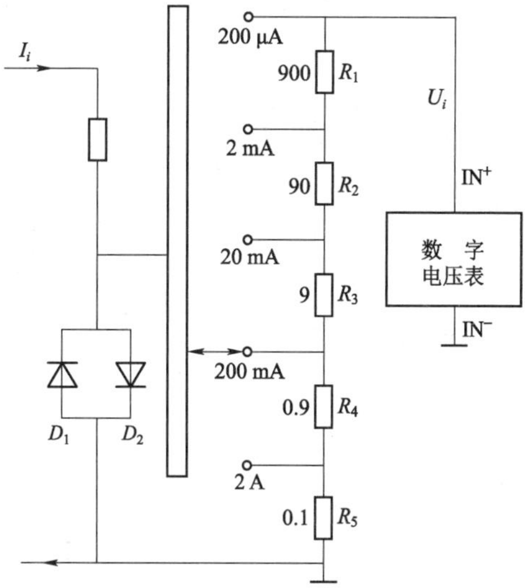

图 5-5　直流电流档

图 5-5 中各档分流电阻的阻值是这样计算的：

先计算最大电流档的分流电阻 R_5，

$$R_5=\frac{U_0}{I_{m5}}=\frac{0.2}{2}=0.1(\Omega) \tag{5-3}$$

再计算下一档的 R_4，

$$R_4=\frac{U_0}{I_{m4}}-R_5=\frac{0.2}{0.2}-0.1=0.9(\Omega) \tag{5-4}$$

依次可计算出 R_3、R_2和 R_1分别为 9Ω、90Ω、900Ω。

图中的 FUSE 是 2 A 保险丝管，电流过大时会快速熔断，起过流保护作用。两只反向连接且与分流电阻并联的二极管 D_1、D_2 为塑封硅整流二极管，它们起双向限幅过压保护作用。正常测量时，输入电压小于硅二极管的正向导通压降，二极管截止，对测量毫无影响。一旦输入电压大于 0.7 V，二极管立即导通，两端电压被限制住，保护仪表不被损坏。

用 2 A 档测量时，若发现电流大于 1 A 时，应不使测量时间超过 20 s，以避免大电流引起的较高温升影响测量精度甚至损坏仪表。

交流电压、电流测量电路：数字万用表中交流电压、电流测量电路是在直流电压、电流测量电路的基础上，在分压器或分流器之后加入了一级交流-直流变换器，图 5-6 为其原理简图。

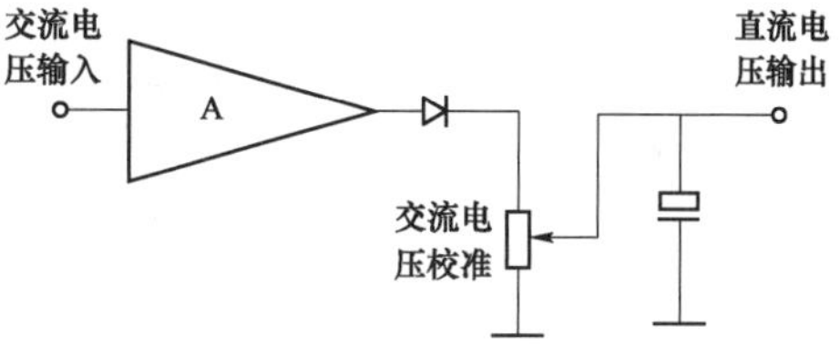

图 5-6　AC-DC 变换原理

该 AC-DC 变换器主要由集成运算放大器、整流二极管、RC 滤波器等组成，还包含一个能调整输出电压高低的电位器，用来对交流电压档进行校准之用。调整该电位器可使数字表头的显示值等于被测交流电压的有效值。

同直流电压档类似，出于对耐压、安全方面的考虑，交流电压最高档的量限通常限定为

750 V。数字万用表交流电压、电流档适用的频率范围通常为 40～400 Hz，有些型号的交流档测量频率可达 1 000 Hz。

(5) 电阻测量电路

数字万用表中的电阻档采用的是比例测量法，其原理电路见图 5-7。

稳压管 Z_D 提供测量基准电压，流过标准电阻 R_0 和被测电阻 R_x 的电流基本相等。所以 A/D 转换器的参考电压 U_{REF} 和输入电压 U_{IN} 有如下关系：

$$\frac{U_{REF}}{U_{IN}}=\frac{R_0}{R_x} \tag{5-5}$$

即

$$R_x=\frac{U_{IN}}{U_{REF}}R_0 \tag{5-6}$$

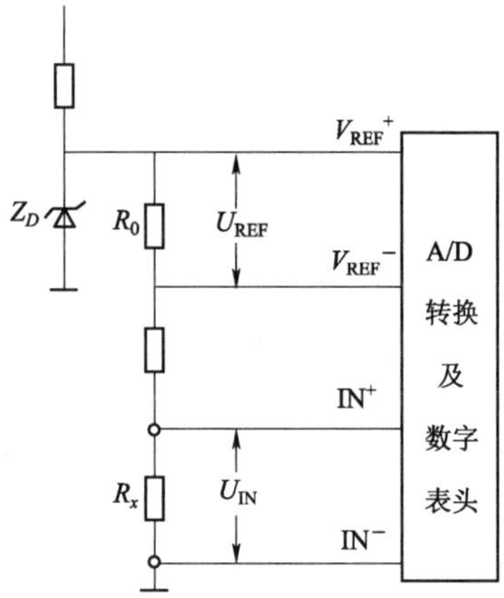

图 5-7　电阻测量

根据所用 A/D 转换器的特性可知，数字表显示的是 U_{IN} 与 U_{REF} 的比值，当 $U_{IN}=U_{REF}$ 时显示“1 000”，$U_{IN}=0.5U_{REF}$ 时显示“500”，以此类推。所以，当 $R_x=R_0$ 时，表头将显示“1 000”，当 $R_x=0.5R_0$ 时显示“500”，这称为比例读数特性。

因此，我们只要选取不同的标准电阻并适当地对小数点进行定位，就能得到不同的电阻测量档。如对 200 Ω 档，取 $R_{01}=100\ \Omega$，小数点定在千位上。当 R_x 变化时，显示值相应变化，可以从 0.001 kΩ 测到 1.999 kΩ。数字万用表多量程电阻档电路见图 5-8。

由上分析可知，

$$R_1=R_{01}=100\ \Omega$$
$$R_2=R_{02}-R_{01}=1\,000-100=900\ \Omega$$
$$R_3=R_{03}-R_{02}=10\text{ k}-1\text{ k}=9\text{ k}$$
$$\cdots\cdots$$

图 5-8 中由正温度系数热敏电阻 R_t 与晶体管 T 组成了过压保护电路，以防误用电阻档去测高电压时损坏集成电路。当误测高电压时，晶体管 T 发射极将击穿从而限制了输入电压的升高。同时 R_t 随着电流的增加而发热，其阻值迅速增大，从而限制了电流的增加，使 T 的击穿电流不超过允许范围。即 T 只是处于软击穿状态，不会损坏，一旦解除误操作，R_t 和 T 都能恢复正常。DT830B 型数字万用表的设计原理。

第二节　工艺操作

学习目的： 了解前置级；熟悉线性脉冲放大器、多道脉冲幅度甄别器、直流高压电源；掌握脉冲幅度甄别器、定标器。

一、核辐射探测仪器基本测量电路

1. 前置级

(1) 核探测器的输出信号

核探测器的输出电流波形复杂，例如应用最广泛的闪烁探测器中从闪烁体发光到光电倍增管输出电流，经过多种物理过程，需要一系列的假设和数学推导，整个光电子脉冲在光电倍增管阳极上产生的电流表示式要运用卷积分的概念，不易掌握，此处从物理概念上简明阐述它们之间的关系。前面已述，光电倍增管阳极上收集到的总电荷 Q_0 与入射粒子在闪烁体中损耗的能量 E 成正比。电荷 Q_0 在阳极及其负载上产生电流脉冲或电压脉冲，电压脉冲的大小与闪烁体的光脉冲形状、光电倍增管电子渡越时间的离散和阳极负载电阻 R 及分布电容 C 有关。

应该指出：虽然增大阳极负载 R，在一定范围内可以提高输出电压脉冲幅度，但他的选择受频率特性的限制，由于脉冲的尾部随 R 的加大而加长，在较高计数率情况下将造成脉冲的堆积，影响整个系统的分辨率，所以在闪烁计数器中能谱型光电倍增管阳极负载电阻不宜过大，一般选择在几十千欧至一百千欧左右。

（2）前置级的类型

从电子学线路着手，多数核探测器可以看作是一个电流脉冲信号源，一般情况下，须经过放大和成形使其在幅度上和波形上满足后接信号处理设备的要求。在探测器与脉冲放大器的连接上有几种可能的方式。

1）通过前置放大器的预放大方式

这是一种最常用的方式，把线性脉冲放大器分为二部分：前置放大器（预放大器）和主放大器。前置放大器体积很小，常与探测器装在一个结构中，这个整体称为探头。由于前置放大器的过渡，探测器的附加电容可以很小，对输出信号的幅度影响很小，而且前置放大器与探测器放在一起并做好屏蔽以降低外界的干扰，因此它增加了测量系统的信噪比，降低了对主放大器的要求。即使从前置放大器输出到主放大器通过长电缆连接，但一是由于前置放大器可以设计交底的输出阻抗，因此干扰本身比较小；二是由于探头输出信号已经通过一定的前置放大，也即干扰对信号的影响减小了。此外，主放大器与探头分开，也不受现场条件的限制，需要调节的部分如改变放大倍数，成形电路参数波段开关及稳压电源供给均安装在主放大器上，使用方便。这种方式的原理方框图如图 5-8 所示。

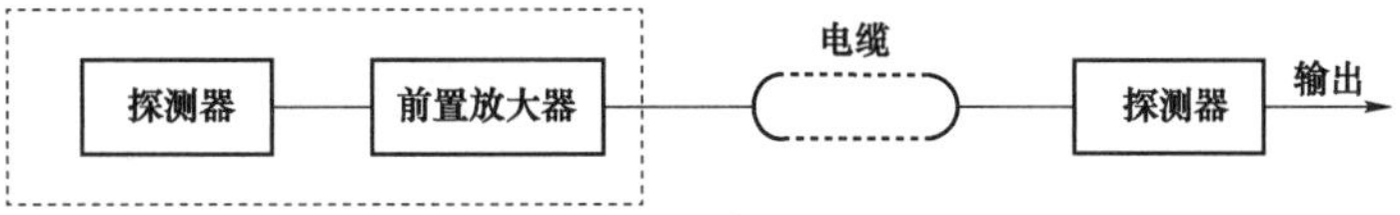

图 5-8　预放大方式原理方框图

根据探测器输出信号成形方式的不同，前置放大器大体可分为电压、电荷和电流三大类。虽然探测器的输出是一个电流脉冲，但能模拟被探测核辐射能量的大小并不是电流脉冲的某一瞬时值，而是它的积分值（或输出电荷量）的大小。在能谱测量时，为了得到与能量成线性关系的电压脉冲，就应对核探测器的输出电流脉冲进行积分。当积分作用发生在探测器输出端与前置放大器之间，就称为电压成形方式，此时前置放大器的输入信号为电压脉冲，与电压前置放大器相配合。如果积分作用发生在前置放大器之后，积分前的各放大级应是电流放大级，探测器的输出波形在此保持不变，称为电流成形方式，应采用电流前置放大器。至于电荷（灵敏）前置放大器与电荷成形方式，实际上也是属于电压型，因为电荷前置放大器的输入端已经把信号积分成电压脉冲，所不同的是电荷前置放大器具有很大的等效输入电容，探测器本身电容变化的影响可忽略不计。

2）通过射极输出器的前置级方式

前面已述的前置放大器放大倍数通常在 1～100 之间。射极输出器实际上是百分之百的负反馈放大器，不过其放大倍数近似为 1，由于闪烁探测器的输出信号幅度大，其前置级只要射极输出器保证较低的输出阻抗就行了。

3）不采用前置级的连接方式

这种方式探测器输出的电流脉冲不转变成电压脉冲，直接经电缆把电流脉冲送到输入阻抗很小的电流脉冲放大器的输入端，此时探头内除探测器之外不包括任何电子元件，这在某些场合下是很有价值的。当然信号在电缆传输过程中易受外界的干扰，要注意电缆的良好屏蔽。

2. 线性脉冲放大器

线性脉冲放大器是核仪器基本测量电路之一，在核仪器中起着相当重要的作用。前述前置放大器也是线性脉冲放大器，不过从连线结构上紧跟核探测器，将脉冲幅度预先放大 1～10 倍，以免通过电缆传输时衰减而造成漏记。线性脉冲放大器的基本特点是输出信号幅度与输入信号幅度应保持正比关系，即放大器的幅度特性具有良好的线性。这种放大器又称为谱仪放大器，从其用途出发可用于脉冲幅度分析，亦即射线能谱分析的主放大，其作用是将前置放大器的输出信号加以放大和滤波成形。

核仪器中的线性脉冲放大器必须适应核辐射测量的特点，即输入信号具有时间上和幅度上的统计分布规律，同时还考虑到探测器或放大器本身的噪声以及放大脉冲信号的基本任务，对于脉冲放大器有下列设计要求：

(1) 放大倍数

放大器应有足够的放大倍数以使后接的脉冲幅度分析器能正常工作。一般光电倍增管阳极负载上电压脉冲幅度为十毫伏至数百毫伏，而一般分析器工作范围为 0.1～10 V，而放大倍数应为 $10\sim10^3$；若配用半导体探测器，由于其输出脉冲幅度约 1～10 mV，则放大倍数应为 $10^3\sim10^4$。

(2) 幅度特性应有良好的线性

线性脉冲放大器的线性是指放大器的输入信号与输出信号的幅度关系，核仪器中线性放大器的名称由来就是要求这种放大器的输出与输入幅度有严格的线性关系，即在一定范围内，放大器的放大倍数不随输入幅度而变化。实际上放大器的放大倍数并不是常数，它随输入(或输出)幅度的变化而变化，因而产生非线性失真。

通常把线性分为积分非线性和微分非线性两项。一般放大器的放大倍数随输入幅度的增加而有所减小；微分非线性比积分非线性差。往往放大器只给出积分非线性一项。积分非线性是指放大器的实际输出特性与理想输出特性之间的最大偏差与最大输出(或额定输出)之比。

积分非线性的优劣影响所测能谱的能量刻度误差或使峰位发生移动。通常要求积分非线性系数小于 0.5%，对于配合高分辨率探测器用放大器的非线性系数应小于 0.1%。

(3) 稳定性

放大器的稳定性应当足够高，包括对温度变化的稳定性、长时间工作的稳定性和电源电压变化的稳定性等。放大器放大倍数的不稳会引起放大后输出信号幅度分布与输入信号幅度分布之间的差别，即所谓“谱的畸变”，特别是引起“峰的加宽”而使能量分辨率变差。为了不因放大器的影响而损害探测器的分辨率，而分辨率越高的探测器要求放大倍数的稳定性越好。对于闪烁计数器，其放大倍数的不稳定 $\Delta K/K$ 不超过 1%至 0.5%即可，而对于分辨率较高的某些半导体探测器，甚至要求 $\Delta K/K$ 不超过 0.1%～0.5%。这里总的 $\Delta K/K$ 是指在放大器连续使用时间内(一般取 4～8 h)由市电电网电压变化和可能的环境温度变化等因素综合造成的放大倍数相对变化值。

(4) 上升时间

探测器输出脉冲的上升时间从几个纳秒至几个微秒，如果都用快速响应的放大器则技术经济效益不合理，且在其他指标方面有所影响，例如信噪比和稳定性方面都会降低指标，因此还是根据具体探测器来定。一般闪烁谱仪和半导体探测用放大器，上升时间在 0.1～0.3 μs。为了改善放大器的信噪比有时还要适当调节改变上升时间的电路(通常是加 RC 积分电路)，可调到微秒量级以获得较好的信噪比。

(5) 应用的最大计数率

放大器应能适应较高的计数率，即在高计数率情况下仍保持稳定的放大倍数和线性。为了获得由于计数率的影响造成的谱线位移限制在一定数值以内，一般要求放大器标明在某一计数率情况下峰位移动小于 1%，此计数率即为放大器应用的最大计数率。

(6) 过载性能

在有过载的大脉冲情况下，还能正确测量小幅度的脉冲，这就是过载性能的要求，亦称为抗阻塞性能。放大器过载性能指标常用对应多少倍正常脉冲时放大器的失效时间大小来确定。

(7) 放大器的输入阻抗和输出阻抗

放大器应有适当的输入阻抗和输出阻抗。对输入阻抗的要求主要取决于探测器的情况和放大器的型式。一般闪烁计数器所接普通电压放大器的输入阻抗几十千欧姆或再高一些就够了；而对于电流型放大器则要求输入阻抗很小，一般应小于 100 Ω。

放大器输出电阻取决于后接脉冲幅度甄别器或分析器的输入电阻的大小。但一般而言，放大器输出电阻小一些好，以便能在不同的负载情况下工作。

(8) 噪声

噪声和干扰的影响应小到符合测量的要求。干扰和噪声是影响放大器稳定性和使能量分辨率变坏的重要因素，因此必须尽量减小，但也应具体对待。如果配合的探测器输出信号较大，噪声即使较大也对实验影响很小；反之就要尽量降低噪声水平。一般噪声指标是均方根电压值，但实际测量中为方便起见都用峰-峰电压值来确定。一般放大器的噪声水平是 10～50 μV 峰-峰值。

3. 脉冲幅度甄别器

(1) 甄别器的作用和要求

甄别器(或称甄别器)是核仪器中基本电路之一。甄别器的作用是对探测器的输出信号加以甄别。从探测器来的电脉冲经过放大后具有足够的幅度可供测量分析记录之用，但是在有用信号中混杂有噪声以及小幅度的干扰信号，因此要求排除噪声和小幅度干扰信号而保留有用信号。幅度甄别电路具有一个甄别阈，当输入信号的幅度小于甄别阈值时，甄别电路无输出；当输入信号的幅度超过阈值时，甄别电路就输出具有一定形状和大小的脉冲。

改变甄别电路的阈值可以测出输出脉冲计数率与阈值的关系，这样计数率对阈值的关系也就是核辐射的积分能谱曲线,因此这种甄别电路称为积分甄别电路。于是,积分甄别器可测量其幅度超过某一给定阈电压的脉冲信号的总计数。当输入信号是一个慢变化电压时,积分甄别器只有当信号电压超过阈电压时才给出一个输出电压;而当信号电压下降至阈电压时才给出一个输出电压;而当信号电压下降至阈电压以下是,输出电压很快消失。

甄别电路具有两个组成部分:一个是甄别阈,另一个是整形级,如图 5-9 所示。

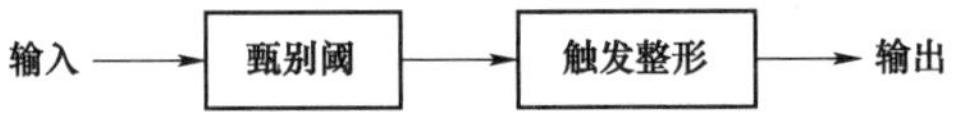

图 5-9　甄别电路

(2) 甄别电路的种类

甄别器的作用是对探测器的输出脉冲加以甄别。按甄别内容可分为幅度甄别器和波形甄别器,后者常用于粒子甄别,大多用零交叉甄别电路。

幅度甄别器按其功能又可分为积分甄别器和微分甄别器两种。微分甄别器具有下述功能:当信号电压在两个给定的阈电压之间,即信号电压小于高阈而大于低阈值时,电路才有输出信号。因此,它可以直接测出核辐射的能谱曲线,它是在积分甄别器的基础上发展而成的。

按积分甄别器所用的器件又可分为普通二极管、隧道二极管、晶体管和集成电路甄别器几类。

在晶体管甄别器中主要电路有触发器(常用其中的施密特电路)和差分对电压甄别电路,而实际上集成电路运算放大器和比较器的输入电路也都是射极耦合差分对结构的。

触发器甄别电路又分为直耦合跟随触发器和电容耦合(交流耦合)跟随触发器。电容耦合电路与直耦合跟随触发器相比,容易使阈值稳定性做得高些,工作点安排比较灵活,两者工作原理十分类似,同样具有回差(滞后)现象。

触发器前面添加切割放大,让触发器的阈值固定不变,利用切割阈作为甄别阈,输入信号首先被切割,其超阈部分经放大后去触发触发器。

隧道二极管本身的响应时间为 1 ns 左右,因而是理想的快甄别器件,利用它构成的触发器具有响应快,分辨时间小等特点,适用于快甄别电路。

4. 单道脉冲幅度分析器

单道分析器和反符合测量原理

单道脉冲幅度分析器(简称单道分析器)是用来测量脉冲幅度分布的部分,它也是测量核辐射能谱的基本仪器之一。前述微分甄别电路即单道脉冲幅度分析器。由于能谱测量时,意义重大的不是幅度超过某阈值的脉冲计数率,而是幅度在某阈值附件一定范围中的脉冲计数率,亦即人们感兴趣的主要不是积分甄曲线,而是相应的微分甄别曲线。如图 5-10 所示。

其中(a)为积分曲线;(b)为相应的微分曲线,横轴表示阈值 V,纵轴表示信号脉冲幅度在相应阈附近单位阈值宽度范围内的计数率。显然,微分曲线比积分曲线能更深刻地反映幅度分布情况。实际上反映道宽(高阈与低阈值之差)的输出计数率对阈值关系的微分曲线亦即核辐射的能谱曲线。

单道分析器作用在于:对于幅度在一定范围内的输入脉冲提供输出整形脉冲,而对于幅度不在这个范围内的任何输入脉冲，电路均无输出。其原理方框图如图 5-11 所示。

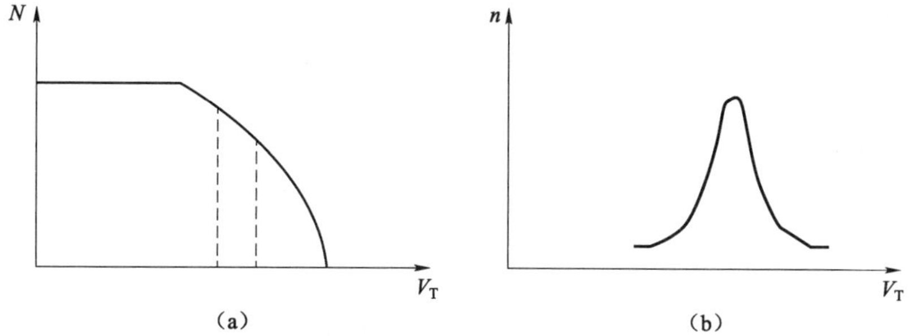

图 5-10　甄别曲线

(a) 积分曲线；(b) 微分曲线

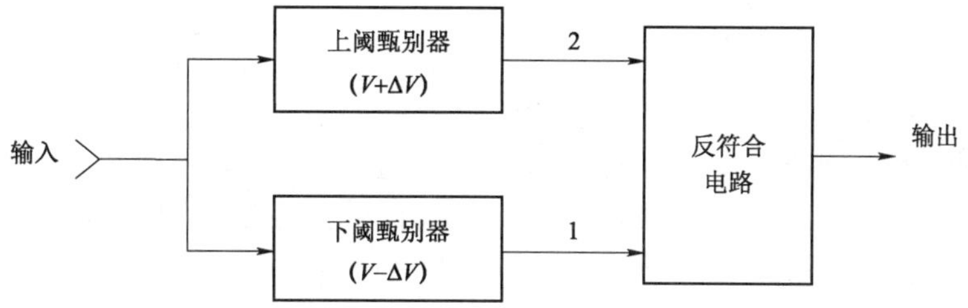

图 5-11　单道分析器原理方框图

单道分析器包括以下三个组成部分：阈值为 $V-\Delta V$ 的低阈积分甄别器（或称下阈甄别器），阈值为 $V+\Delta V$ 的高阈积分甄别器（或称上阈甄别器）和反符合电路。组成单道分析器的核心单元是脉冲幅度甄别器。

高阈与低阈之差 $\delta V=2\Delta V$，称为“道宽”，而 V 称为“道位”。所有输入脉冲按其幅度 V_i 的大小可分成三种情况：

$V_i<(V-\Delta V)$，上、下阈甄别器均无输出，反符合电路无输出。

$V_i>(V+\Delta V)$，上、下阈甄别器均有输出，反符合电路无输出。

$(V-\Delta V)<V_i<(V+\Delta V)$ 下阈甄别器有输出，而上阈甄别器无输出，反符合电路有输出脉冲。

反符合电路有两个输入端，端 1 与下阈甄别器输出端相连称为信号输入端；端 2 与上阈甄别器输出端相连称为反符合输入端。反符合电路的功能在于：只有信号输入端单独有输入脉冲时，它才有输出脉冲；当两个输入端同时有输入脉冲时，它无输出脉冲。当单道分析器后接计数器时，计数显示值就表示在一定计数时间接收的幅度介于 $(V-\Delta V)$）与 $(V+\Delta V)$ 之间的脉冲数。

为了提高测量精度或在干扰脉冲存在的背景条件下选取有用信号，从积分甄别器基础上发展而成幅度分析器，积分甄别器是其重要组成部分，而反符合电路则是连接两甄别器并使之成为单道分析器的枢纽。

单道分析器基本上包括了脉冲幅度甄别器的所有要求，此外，其主要性能指标还有以下几个方面：

(1) 动态范围;

(2) 非线性;

(3) 稳定度;

单道分析器的主要类型有下列几种:

(1) 大道宽和小道宽单道分析器;

(2) 不对称调节道宽和对称调节道宽单道分析器;

(3) 按比例调节道宽的单道分析器;

(4) 定时单道分析器;

此外,还有固定死时间单道分析器,高计数率单道分析器等。

反符合电路的具体结构有以下方式:

(1) 简单的开关电路方式;

(2) 门电路结构;

(3) 前沿定时输出延迟法。

5. 计数率仪

在核辐射测量中往往需要测量放射性物质的辐射强度,即单位时间中核衰变次数。探测器输出的电脉冲信号经过放大、整形(或再经甄别、符合或反符合电路等)以后,一般采用计数率仪(亦称计数率计或率表),测量的是其单位时间的脉冲数(即计数率);另一种是计数器(定标器),测量的是某一时间间隔内的脉冲个数。前者与后者相比有结构简单、轻便的优点,并且测量的是输入脉冲的平均数,更直观地反映放射性强度的变化。率表是核辐射测量的常用仪器,它能连续测量射线强度,输入到率表的信号脉冲平均速率由指示器直接指示或由自动记录仪加以记录。计数率超过预定水平时还可给出控制信号或报警信号。

(1) 计数率仪的工作原理及类型

率表的原理如图 5-12 所示。

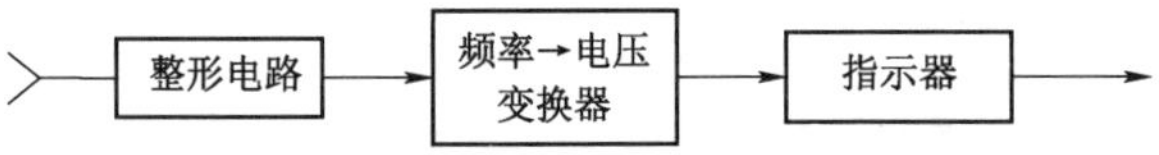

图 5-12 率表电路原理图

信号脉冲输入后经率表内部整形电路整形,提供幅度和宽度一直的信号脉冲,然后加到频率-电压变换电路,其输出电压由指示器指示或记录仪记录。它们的读数表示输入信号脉冲的平均速率。频率-电压变换(f-V)电路是率表的核心部件。

按指示读数分类,常用的率表有线性率表和对数率表,前者的输出电平正比于输入脉冲的平均计数率;而后者的输出电平则与输入脉冲计数率的对数成正比,其测量范围达几个量级而无需换挡。一般使用线性率表居多,但在测量范围很大而不适于手动变换量程的场合,则要用后者;解决这个问题的另一途径是线性率表的自动换挡,这样可以在宽量程获得高精度的测量读数。

从电路采用的器件种类而言,有二极管、晶体管和集成电路等。随着集成电路的迅速发展和广泛应用,采用集成电路器件的率表电路越来越多。

几种常用的率表电路:

1) 二极管泵计数率电路;

2）晶体管泵计数率电路；

3）反向充电晶体管泵计数率电路；

4）由 PNP 管构成的晶体管泵计数率电路；

5）差值晶体管泵计数率电路。

（2）计数率仪误差分析

率表的主要指标包括非线性误差（对于对数率表而言为偏离对数规律的误差）、统计丢失误差、分辨时间、相应时间、涨落误差、精度以及量程范围等。率表的误差应包括终端指示器本身的误差在内。一般在百分之几至千分之几。

率表电路的误差来自下列方面：

1）统计误差

由探测器输出的脉冲与射线粒子在时间上的统计分布是一致的，所以加到率表电路中的输入脉冲在时间上有一定涨落。率表电路的统计涨落可由下式估计：

$$\Delta W_i = 0.67 \times \frac{1}{\sqrt{2fR_C}}$$

式中：f——输入脉冲平均计数率；

R_C——电容 C 的放电时间常数。

从上式可知，在同一时间常数下，平均计数率越大，统计涨落误差越小。因此，在高计数率时率表统计误差可以忽略不计，而在低计数率时必须考虑。R_C时间常数越大，统计误差越小，读数建立时间越长。

2）漏记误差

率表电路的输入脉冲需要一定的宽度，所以通常率表电路的输入脉冲由整形电路输出，而整形电路有着一定的分辨时间，当平均计数率很高时，就会出现整形电路的漏记，从而使计数率电路的输入脉冲计数率减小。因此，在高计数率时，漏记误差必须考虑；而在低计数率时，漏记误差可以忽略不计。上述规律恰与统计误差相反。

3）率表电路误差

率表电路误差主要来自表头误差和电路本身的非线性误差。两者中前者的误差是主要的。测量值是通过电表读数反映出来的，所以电表测电流本身的误差也使率表电路的测量出现误差。

率表电路的非线性误差原因之一是元器件本身的质量问题，另一个原因在于电路原理本身。

率表电路总误差为上述各种误差之和。

6. 定标器

在核辐射测量中常常需要测量某一时间间隔内由探测器输出的脉冲信号绝对数目，从而获得射线能量或强度的实验数据。该设备称为脉冲计数器（又称定标器）。

定标器和计数率仪都是定量测量射线的电子线路或部件，但计数率仪测量的精度较差，特别在计数率比较低得场合；而定标器是测量某一时间间隔内的脉冲个数，测量时间可以选择，按具体情况控制测量时间以减小统计涨落的影响。所以，在测量要求较高的场合，常常采用定标器。若测量放射性物质的辐射强度用计数率仪测量精度不够是，则用计数器先测出一段时间里的脉冲数目，再计算出单位时间内的脉冲数，从而给出辐射强度。

(1) 基本参数和核辐射测量对其要求

一台完整的定标器应具有下列基本指标：

1) 分辨时间

分辨时间是定标器的最重要的性能指标。它是指仪器能够分开记录两个相邻信号脉冲之间最小时间间隔。当前后两信号脉冲的间隔小于定标器的分辨时间时，仪器只能记录前一个脉冲，而后一个信号脉冲被丢失。由于核辐射衰变的统计性，从核探测器输出的脉冲间隔时大时小，很可能小于定标器的分辨时间，则计数就要损失。因此，定标器的分辨时间直接影响计数测量精度。对定标器分辨时间的具有要求首先取决于探测器的特性和核辐射计数率的高低。例如，盖革计数管本身的分辨时间在 100 μs 左右，因此配用的定标器的分辨时间在 50 μs 已足够了，这对定标器分辨时间的要求十分低。而常用的闪烁晶体或半导体探测器，其分辨时间在 1 μs 左右，这时定标器的分辨时间往往大于这个数值，因而造成统计计数丢失。在已知分辨时间的情况下，可以根据实际计数率求得真正输入的计数率，通常称为计数的分辨时间校正。

尽管在已知定标器的分辨时间的情况下，可以对漏记的脉冲数加以校正，但实际上由于定标器的分辨时间值也不可能测得很准确(误差通常为±10%左右)，而且分辨时间与环境温度等使用条件也有一定关系，产品的指标只保证分辨时间不大于某一数值。此外，如果定标器本身分辨时间很差，则在很高计数率工作时，仪器本身工作可能不正常，那时就不能校正。所以，通常漏计数的校正量以不超过 10%为宜。

2) 最大计数率

定标器的最大计数率是指无遗漏地进行恒定周期性脉冲计数时的最高频率值。

3) 计数容量

计数容量是指定标器能够记录的最大脉冲数。

4) 灵敏度

灵敏度是指定标器能够记录输入脉冲的最小幅度。

5) 可靠性和稳定性

所谓可靠性和稳定性应包含对电源电压的波动和干扰作用，不影响仪器工作，不造成(假)计数。要求仪器在低温(如 0 ℃)和高温(如 40 ℃以上)也能正常工作。

(2) 工作原理和电路结构

对于一台通用的定标器，按照内部线路的功能可分为三个部分：计数电路及其输入电路，定时电路和控制电路。

定标器能够记录来自探头的输出脉冲；而探头输出脉冲有时幅度太小不足以触发计数电路；且幅度值也大小不一；某些情况下，又要求定标器能够排除掉那些幅度较小的噪声脉冲，这些都需要在计数电路之前安排输入电路对输入脉冲进行预处理，如放大、甄别和成形等。

7. 直流高压电源

低压稳压电源是一般电子仪器通用的，然而直流高压稳压电源是核辐射测量中常用仪器之一，也是核辐射测量仪器中基本部件或电路单元。

(1) 仪器对直流高压电源的要求

一般探测器都需要直流高压电源供电。各种不同的核仪器，对探测器高压供电要求不同。通常剂量仪器主要是对探测器输出脉冲计数，它对高压的要求不高，所以高压电源的稳定度在千分之一值百分之一，一般在千分之五上下足够了，输出电流在 100 μA 左右就满足需要。但作为能谱测量，对直流高压电源提出更高的要求，主要有下列几方面：

1）稳定度

在能谱测量中，探测器输出信号的幅度与射线能量成正比，但是探测器输出脉冲幅度的大小与探测器供电高压大小有关。当高压变化时，输出脉冲幅度也要改变（高压增加，输出脉冲幅度也增加）。对闪烁计数器而言，高压变动 0.1%，输出脉冲幅度将变动 1%，对正比计数器而言，高压变动 1%，输出脉冲幅度将变动 2%～3%。因此，高压稳定度是高压电源的一项重要指标。

2）调节范围

不同类型的探测器，所需要的供电电压不同。例如，锂漂移半导体探测器所需高压只要在 200～500 V 已足够了；闪烁探测器作能谱分析时，所需高压一般在几百～1 500 V 范围；而作时间测量时，往往要用到 2 000～3 000 V；正比计数管常用高压都在 2 000 V 以上。所以，从通用性考虑要求高压有一定的调节范围。

此外，为了满足不同需要，输出高压的极性应当能够正负可变。

3）输出电流

仪器在不同测量时，对高压电源输出电流的大小有不同的要求。通常，强度测量时，高压电源输出电流约在 30～100 μA 内；测谱时，光电倍增管分压器中流过的电流应比各电极电流大一两个数量级，所以高压输出电流应在 100～500 μA 以上。

4）输出电阻

输出阻抗是指电网电压和环境温度不变时，负载电流的变化引起输出电压变化量之比，用 R_0 表示，即：

$$R_0=\frac{\Delta V_0}{\Delta I_0}$$

一般情况下，高压电源的负载往往较大（如 MΩ 数量级），实际上负载电阻阻值变化也不会很大，所以输出阻抗在 1 kΩ 或 1 kΩ 以下便可以了。一般减小高压电源的输出电阻与提高稳定度是一致的，即比较稳定的高压电源，其输出电阻也比较小。

5）纹波电压

给探测器供电的直流高压上的交流太大会导致能谱、分辨率变差，所以对高压电源的纹波应有一定的限制。不同的探测器，对供电纹波大小的要求也不同。通常探测器输出信号幅度越小，高压纹波也应越小。

一般探测器加正高压时，高压纹波要求很苛刻；加负高压时，对纹波要求放宽，因为阳极通过负载接地，在探测器阳极上是稳定的无纹波的地电位，输出脉冲中的纹波成分可以大大降低。所以，为了减少纹波电压对测谱的影响，最好尽量采用负高压供电。

（2）高压电源的稳压原理

高压电源与低压电源一样，都是利用负反馈自动调整的原理。考虑到高压变换器的输出脉动电压幅度与变化器的低压工作电压成正比，因而，高压整流滤波的高压直流输出显然取决于变换的工作低压。

8. 多道脉冲幅度分析器

(1) 多道脉冲幅度分析器简介

多道脉冲幅度分析器(以下简称为多道分析器)是测量射线能谱的基本设备。测量射线能谱时,多道分析器与前面已述的单道分析器相比有着显著的优越性。用单道分析器测量能谱效率很低,这是因为道宽外的许多有用信号被丢失了,尤其在有用计数率很低的情况下,用单道分析器测量能谱所需的时间极长,对电路稳定性要求极高,有时简直可能达到难以实现的程度。对于短寿命的放射源而言有些实验不能得到精确的结果,甚至完全无法进行测量。再则手动调阈也会带来误差,从而影响测量精度。因此,比较先进的方法是把输入信号的幅度数字化,也就是把脉冲幅度进行数字编码,然后进行分析处理,即所谓多道脉冲幅度分析技术。多道分析器能够自动地获取核能谱数据,一次实验就能够测出整个核能谱曲线。因此,它不但可以大大地减少数据获取的时间,而且测量精度也显著提高。多道分析器成为自动获取核能谱数据的通用仪器,在核技术中得到广泛的应用。

(2) 多道分析器的基本原理和电路结构

按照多道分析器的工作原理,大致可划分为两大类:一种是单道分析器演变来的多阈式多道分析器;另一种是完全不同于单道原理的模拟－数字变换(ADC)式多道分析器。前者由于实际上是多个单道构成的,除在道址 N＜10 的脉冲幅度分析器中扔被采用,在道址较多的多道分析器中已被摒弃。

现代的多道分析器,绝大多数采用模拟数字变换原理。这种多道分析器的各道脉冲数,仅用同一计数电路处理,当完成一次计数动作后,把计数转存在存贮器中,使计数电路空出来,以便完成下一个计数动作。多道分析器一般由输入电路(模数变换器 ADC)、存贮器和数据输出三部分组成。如图 5-13 所示。

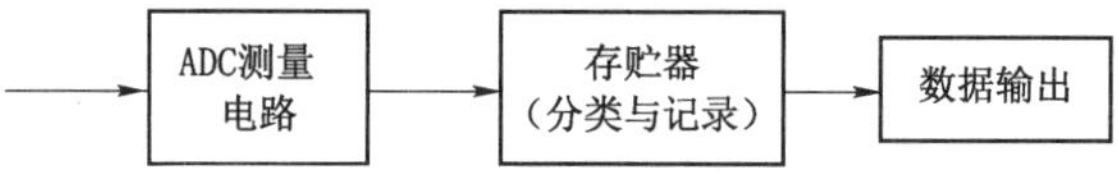

图 5-13　多道分析器

第三节　故障判断与排除

学习目的: 熟悉示波器的分类;了解数字示波器的基本结构;熟悉示波器的扫描原理;熟悉信号发生器的分类和几种常用的信号发生器;了解信号发生器的维护与使用常识。

一、示波器

(1) 数字示波器的基本结构

示波器的规格和型号较多,但所有的示波器所具有的基本结构都相同,大致可分为:示波管(又称阴极射线管)、X 轴放大器和 Y 轴放大器(含各自的衰减器)、锯齿波发生器等,如图 5-14 所示。

1) 示波管

示波管是示波器的核心部件,它主要包括电子枪、偏转系统和荧光屏三部分,这三部分

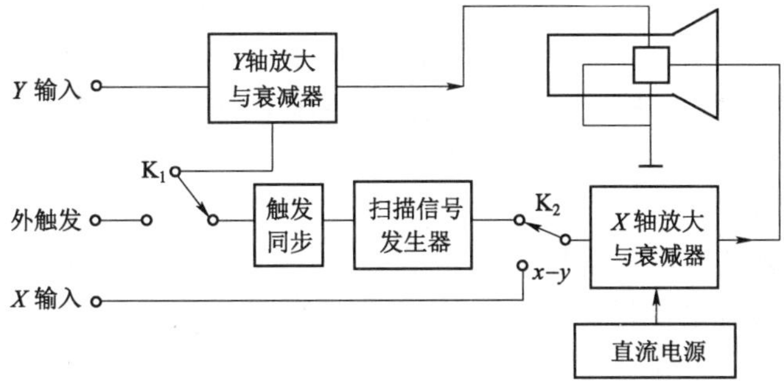

图 5-14　示波器的基本结构图

全部被密封在高真空的玻璃外壳内(如图 5-15 所示)。电子枪有灯丝、阴极、控制栅极、第一阳极和第二阳极共五部分组成。灯丝通电后加热表面涂有氧化物的金属圆筒(即阴极),使之发射电子。控制栅极是一个套在阴极外面的金属圆筒,其顶端有一小孔,它的电位比阴极低,对阴极发射出来的电子起减速作用,只有初速度较大的电子才可能穿过栅极顶端的小孔,进入加速区的阳极。因此控制栅极实际上起控制电子流密度的作用。调整示波器面板上的"亮度"旋钮,其实就是调节栅极电位改变飞出栅极的电子数目,飞出的电子数目越多,荧光屏上亮斑就越亮。从栅极飞出来的电子再经过第一阳极和第二阳极的加速与聚焦后打到荧光屏上形成一个明亮清晰的小圆点。偏转系统是由两对相互垂直的电极板组成。电子束通过偏转系统时,同时受到两个相互垂直方向的电场的作用,荧光屏上小亮点的运动轨迹就是电子束在这两个方向运动的叠加。

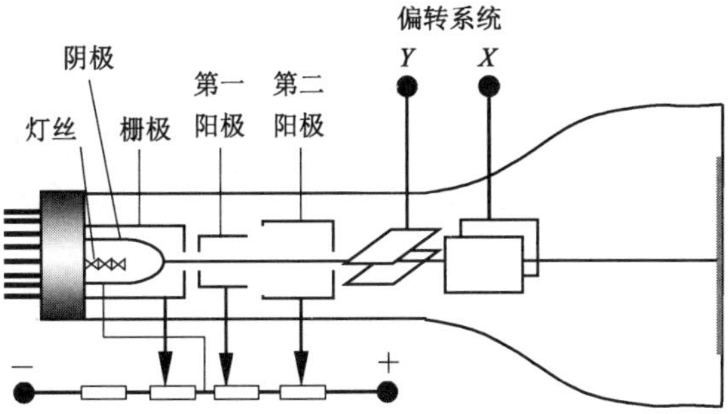

图 5-15　示波管结构图

2) X、Y 轴电压放大器和衰减器

由于示波管本身的 X 及 Y 偏转板的灵敏度不高(0.1～1 mm/V),当加在偏转板上的信号电压较小时,电子束不能发生足够的偏转,屏上的光点位移较小,不便观测。这就需要预先将该小电压通过电压放大器进行放大。衰减器的作用是使过大的电压信号衰减变小,以适应轴放大器的要求,否则放大器不能正常工作,甚至受损。

3) 锯齿波信号(扫描信号)发生器

锯齿波信号发生器的作用就是产生周期性锯齿波信号(图 5-16)。将锯齿波信号加在 X 偏转板上,可以证明,此时电子束打在荧光屏上的亮点将向一个方向作匀速直

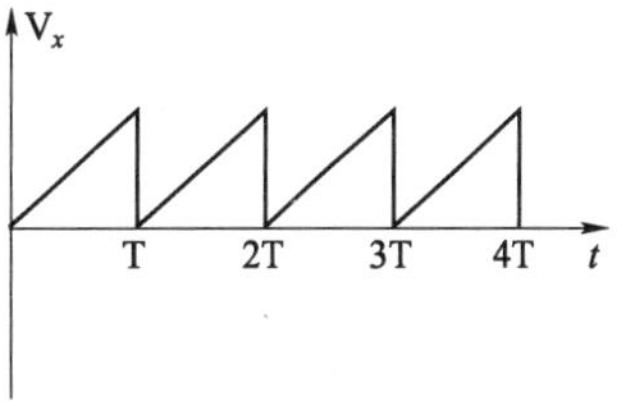

图 5-16　锯齿波信号

线运动。经过一个周期后,荧光屏上的亮点又回到左侧,重复运动。如果锯齿波的频率较大,由于荧光材料具有一定的余辉时间,在荧光屏上能看到一条水平亮线。本实验中所用到的V-222型示波器上的“扫速选择开关”可以改变锯齿波信号的频率或周期。

(2) 示波器的扫描原理

将一正弦电压信号加到Y轴偏转板上,即$U_y \neq 0$,若X轴偏转板上为零电压信号,则荧光屏上的光点将随着正弦电压信号作正弦振荡。若Y轴上的电压信号频率较快,则屏上只出现一条亮线。要直观地看到正弦波信号随时间的变化波形,必须将屏上光点在X方向(即时间方向)上“拉开”,这就要借助与锯齿波信号的作用。将锯齿波信号加到X偏转板上(本实验中只要将“扫速选择开关”不要置于“$x-y$”挡位即可),此时示波器内的电子束将既要在y方向按正弦电压信号的规律作正弦振荡,又要在x方向作匀速直线运动,y方向的正弦振荡被“展开”,屏上光点留下的轨迹是一正弦曲线。锯齿波信号完成一个周期变化后,屏上光点又回到屏幕的左侧,又准备重复以前的运动。这一过程称为扫描过程,图5-17是这一过程的图解原理。图中假设加在Y偏转板上的电压信号为待测正弦电压信号,其频率与加在X偏转板上的锯齿波信号的频率相同,并将一个周期分为相同的四个时间间隔,U_y和U_x的值分别对应光点在y轴和x轴偏离的位置。将U_y和U_x各自对应的投影交汇点连接起来,即得被测电压波形。完成一个波形后的瞬间,屏上光点立刻反跳回原点,并在荧光屏上留下一条“反跳线”,称为回归线。因这段时间很短,线条比较暗,有的示波器采用措施将其消除。

上面所讨论的波形因U_y和U_x的周期相等,荧光屏上出现一个正弦波。当$f_y = nf_x$,$n=1,2,3,\cdots$时,荧光屏上将出现1个,2个,3个……稳定的波形。

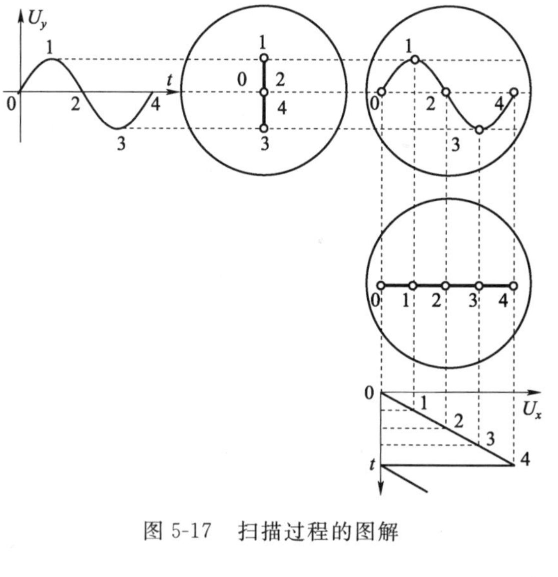

图5-17　扫描过程的图解

(3) 示波器的整步(或同步)

若待测正弦信号的频率与锯齿波信号的频率不成整数比,则每当扫描一个周期后,荧光屏上的光点回到左侧起点时,U_y不能回到一个扫描周期以前的值,即每扫描一个周期,荧光屏上的光点回到起点时的位置将不一样,以致于整个波形在屏幕上“走动”,或者说,波形不稳定。虽然锯齿波信号的频率是可调的，但 f_y 和 f_x 是来自于两个不同系统的频率，在实验中总是有不可避免地变化，因此很难长时间地维持两者成整数比的关系。为了得到稳定的波形，示波器采用整步的方法，即把 y 轴输入的信号电压接至锯齿波信号发生器电路中，强迫 f_x 跟随 y 轴信号频率 f_y 变化而变化，以保证 $f_y = nf_x$ 成立。

（4）李萨如图形

若同时分别在 X、Y 偏转极板上加载两个正弦电压信号，结果又怎样呢？其实，此时荧光屏上运动的光点同时参与两个相互垂直方向的运动，荧光屏上的“光迹”就是两个相互垂直方向上的简谐振动合成的结果。可以证明，当这两个垂直方向上信号频率的比值为简单整数比时，光点的轨迹为一稳定的封闭图形，称为李萨如图形。表 5-1 是几个常见的李萨如图形。

利用李萨如图形可以测量待测信号的频率。令 N_x、N_y 分别代表 x、y 方向切线和李萨如图形的切点数，则

$$\frac{f_y}{f_x}=\frac{x\text{ 方向的切点数 }N_x}{y\text{ 方向的切点数 }N_y} \tag{5-7}$$

实验中，若加载在 x 偏转板信号的频率 f_x 已知，则待测信号频率 f_y 可由式(5-1)求出。

表 5-1　几种常见的李萨如图形

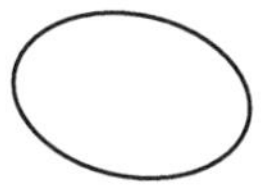		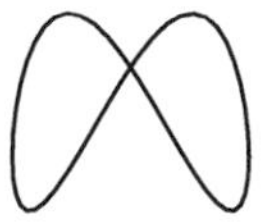	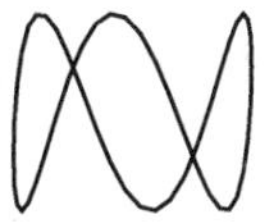	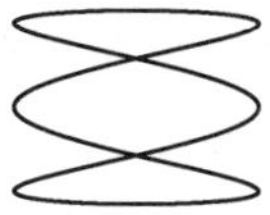	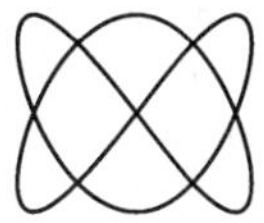
$f_x : f_y = 1:1$	$f_x : f_y = 2:1$	$f_x : f_y = 1:2$	$f_x : f_y = 1:3$	$f_x : f_y = 3:1$	$f_x : f_y = 2:3$

（5）示波器的实验

1）观测波形

① 了解数字示波器的面板布置，熟悉各旋钮的功能和用法。

② 打开电源开关，按下 CH1 或 CH2 键，CH1 或 CH2 灯亮，按 auto 液晶屏上显示完整波形。

注意：1. 必须弄清楚所使用的示波器、信号发生器的型号与面板上各个旋钮的作用后再使用。

2. 实验时，示波器和信号发生器上所有旋钮应被轻轻地缓慢地旋转，不可猛转乱旋！

③ 按示波器的操作方法调节各个旋钮，使其处于测量状态。将信号发生器输出的电压信号输入到 CH2 通道（即 Y 轴），改变信号发生器的输出频率（如 200 Hz，2 kHz，20 kHz 等），调节扫速开关（面板上标记为 TIME/DIV），使荧光屏上每次分别出现 1～5 各完整的波形。

2）测量正弦信号

① 测电压：正弦信号有三种电压值，即有效值 μ、峰值 μ_p 和峰峰值 μ_{p-p}。三者的关系如下：

$$u_p=\frac{u_{p-p}}{2}=\sqrt{2}\ u \tag{5-8}$$

一般的交流电表读出的只是电压的有效值,正弦信号的峰峰值可通过示波器直接测出。测量时,应将待测正弦信号接入 CH2 通道(即接入 Y 偏转极板),“输入耦合开关”置于“AC”档,Y 轴灵敏度微调旋钮置于“校正”,并置其合适的档位以保证屏幕上的正弦波形的幅度在刻度尺范围内,但也不要过小。量出波峰与波谷之间在 y 方向的所占的格数 D_y,如 2.3 Div、5.2 Div 等(Div 代表刻度面板上一个单元格在 y 方向上的宽度),则待测信号的电压峰峰值 $u_{p-p}=D_y\times$[Y 轴灵敏度档位值]。待测波形 D_y 的测量如图 5-18 所示。

本实验中,我们所选的待测信号频率为 $f_0=1\ 000$ Hz,并调节低频信号发生器的输出电压为 3 V。按表 5-2 要求,改变信号发生器上的衰减旋钮的档位值,用上述方法测出四组不同的数据,并填入表 5-2。

表 5-2 测量正弦信号电压值($f_0=1\ 000$ Hz,信号发生器输出电压为 12.65 V)

测量值 / 次数	衰减值	Y 轴灵敏度旋钮档位值	D_y(cm)	u_{p-p}(V)	u_p(V)	u(V)
1	0 dB	2 V	6.15	12.3	6.15	4.35
2	−20 dB	200 mV	6.15	1.23	0.615	0.435
3	−40 dB	20 mV	6.15	0.123	0.061 5	0.043 5

② 测周期:调节示波器的“扫速开关”至适当的挡位,使观测屏上显示的波形为 1~2 个周期,调节 X 轴和 Y 轴“移位”旋钮使波形置于观测屏上适当的位置(见表 3-5 所示),测出一个周期在 x 方向所占的格数 D_x,由 $T=D_x\times$[扫速开关的挡位值]可计算出该信号的周期。改变信号频率,测出四个不同信号的周期,并填入表 5-3。

表 5-3 测量正弦信号周期

测量值 / 次数	待测信号频率 f(Hz)	扫速开关档位值 (TIME/DIV)	D_x(cm)	T(ms)
1	400	500 us	5.02	2.51
2	2 000	100 us	5.02	5.02×10^{-1}
3	8 000	25 us	5.02	1.26×10^{-1}
4	15 000	25 us	2.71	6.25×10^{-3}

3) 用李萨如图形测信号频率

将 F-05 数字合成函数信号发生器的“电压输出”端的输出信号作为已知信号(频率可从面板上读出)接入示波器的 CH1 通道,将信号源“1 kHz 输出”端输出信号作为待测信号(其频率约为 1 000 Hz,具体值 f_y 待测)接入示波器 CH2 通道。按下 SG1648 功率函数信号发生器“波形选择”按钮组中的“正弦波”按钮,将“扫速开关”置于“$x-y$”挡位,则此时 CH1 通道和 CH2 通道的信号被分别接入 X 和 Y 偏转极板,观测屏上将出现一个动态图形。仔细调节信号源的输出频率,即改变 f_x,使得屏上的图形为稳定图形(李萨如图形),在表 5-4 中记下两方向上切点数之比分别为 $N_x:N_y=1:1$、$2:1$、$3:1$、$2:3$ 和 $4:3$ 时的李萨如图形,并由式(5-1)计算 CH2 通道信号的频率 f_y。

表 5-4　用李萨如图形测量正弦信号频率

李萨如图形					
N_x	1	2	3	2	4
N_y	1	1	1	3	3
$f_x : f_y$	1	1∶2	1∶3	3∶2	3∶4
信号源面板读数 f_x(kHz)	2	2	3	3	3
f_y(kHz)	2	4	9	2	4

二、信号发生器

(1) 信号发生器的分类

信号发生器又称信号源,它是在电子测量中提供符合一定电技术要求的电信号的设备,它能提供不同波形、频率、幅度大小的电信号,主要是正弦波、方波、三角波、锯齿波和脉冲波等,为测试提供不同的信号源。它与电子线路中的电流源、电压源的区别在于它是提供的是电信号,而后者只是提供的是电能。

信号发生器可按输出波形和输出频率两种方法进行分类。

1) 按输出波形分类,信号发生器可分为以下四种类型:

① 正弦波信号发生器:可产生正弦波或受调制的正弦波。

② 脉冲信号发生器:可产生脉宽可调的重复脉冲波。

③ 函数信号发生器:可产生幅度与时间成一定函数关系的信号,如正弦波、三角波、方波、锯齿波、钟形波脉冲等。

④ 噪声信号发生器:可产生各种模拟干扰的电信号。

2) 按输出频率可分类,信号发生器可为以下六种类型:

① 超低频信号发生器:频率范围为 0.000 1～1 kHz。

② 低频信号发生器:频率范围为 1 Hz～1 MHz。

③ 视频信号发生器:频率范围为 20 Hz～10 MHz。

④ 高频信号发生器:频率范围为 200 kHz～30 MHz。

⑤ 甚高频信号发生器:频率范围为 30～300 Hz。

⑥ 超高频信号发生器:频率范围为 300 MHz 以上。

(2) 几种常用的信号发生器

1) 正弦波信号发生器

① 频率特性

a) 频率范围。指仪器各项指标都能得到保证时的输出频率范围,更确切地说,应称为“有效频率范围”。

b) 频率准确度。指信号发生器度盘(或数字显示)数值 f_0 与实际输出信号频率 f 间的偏差。可用频率的绝对偏离(绝对误差)$\Delta f = f - f_0$,或用相对偏离(相对误差)α 来表示,即 $\alpha = \dfrac{\Delta f}{f_0}$,式中,$f_0$ 为标称频率。

c）频率稳定度。指在其他外界条件恒定不变的情况下，在规定时间内，信号发生器输出频率相对于预调值变化的大小。频率稳定度（实际上是频率不稳定度）指标要求与频率准确度有关，一般振荡器的频率稳定度应比所要求的准确度高 1～2 个数量级。

② 输出特性

一个正弦信号源的输出特性主要有：

a）输出信号的幅度。输出信号的幅度常采用两种表示方式：其一，直接用正弦波有效值（单位用 V，mV 或 μV）表示；其二，用绝对电平（单位用 dBm 或 dB）表示。

b）输出电平范围。表征信号源能提供的最小和最大输出电平的可调范围。

c）输出电平的频响。指在有效频率范围内调节频率时，输出电平的变化，也就是输出电平的平坦度。

d）输出电平准确度。主要由电压表刻度误差、衰减器衰减误差、0 dB 准确度和输出衰减器决定。它会随温度与供电电压波动的影响而变化。常用"工作误差"来评价仪器的准确度。

e）输出阻抗。信号源的输出阻抗视类型不同而异。低频信号发生器输出阻抗一般有 75 Ω，150 Ω，600 Ω 几种。高频信号发生器一般为 50 Ω 或 75 Ω 不平衡输出。

f）输出信号的频谱纯度。反映输出信号波形接近正弦波的程度，常用非线性失真度（谐波失真度）表示。一般信号源的非线性失真度应小于 1%。

③ 调制特性

高频信号发生器在输出正弦波的同时，一般还能输出一种或一种以上的已被调制的信号，多数情况下是调幅信号和调频信号，有些还带有调相和脉冲调制等功能。例如 QF1481 型合成信号发生器同时具有调幅、调频、调相和脉冲调制特性。当调制信号由信号发生器内部产生时，称为内调制。当调制信号由外部加入信号发生器进行调制时，称为外调制。这类带有输出已调波功能的信号发生器，是测试无线电收发设备等场合不可缺少的仪器。

2）低频信号发生器

低频信号发生器由主振器、电压放大器、输出衰减器和电子电压表组成。如图 5-18 所示。

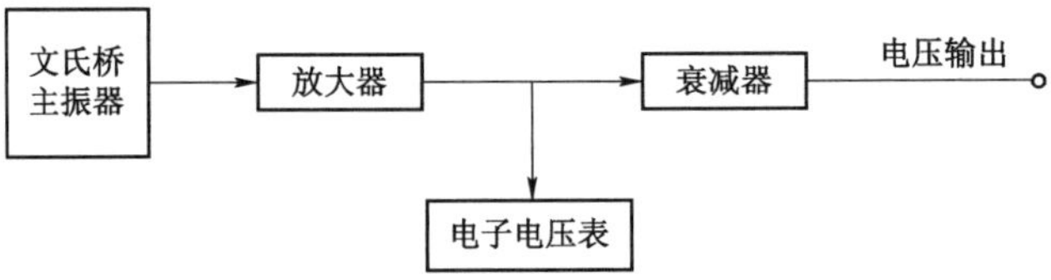

图 5-18　函数信号发生器电路组成图

① 主振器

主振器是低频信号发生器的核心电路。它产生频率可调的正弦信号，决定了信号发生器的有效频率范围和频率稳定度。低频信号发生器中产生振荡信号的方法很多，但目前主要采用 RC 文氏桥振荡器，图 5-19 所示的振荡器由两级 RC 网络和放大器组成。图中 R_1 和 C_1，R_2，C_2 组成正反馈臂，跨接于放大器的输入端和输出端之间，产生了正弦振荡。振荡频率由 R_1，C_1 和 R_2，C_2 各元件参数决定。A 为两级放大器，R_F，R_T 组成负反馈臂，起到自动稳幅作用。该电路的振荡频率 f_n 为：

$$f_0=\frac{1}{2\pi\sqrt{R_1C_1R_2C_2}}$$

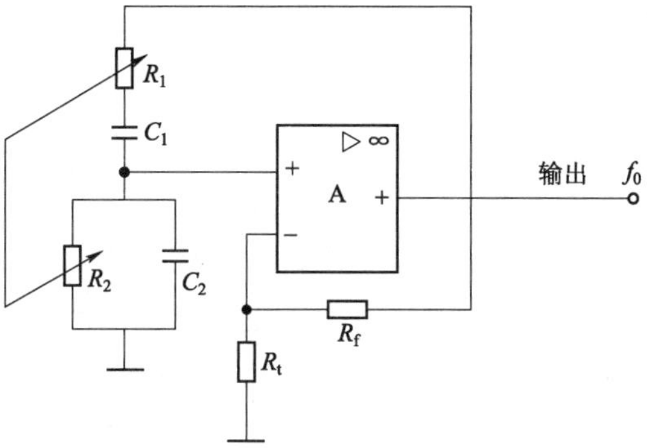

图 5-19　低频信号发生器主振电路

由上式可知，改变电阻 R（R_1或 R_2）电容 C（C_1或 C_2）的大小均可以改变输出信号的振荡频率。通常电阻 R 用于频率微调，输出信号的同谋由输入出衰减器控制。

② 电压放大器

电压放大器兼有隔离和电压放大的作用。隔离是为了不使后级电路影响主振荡器的工作；放大是把振荡器产生的微弱振荡信号进行放大，使信号发生器的输出电压达到预定的技术指标，要求其具有输入阻抗高、输出阻抗低（有一定的带负载能力）、频率范围宽、非线性失真小等性能。一般采用射极跟随器或运算放大器组成的电压跟随器。

③ 输出衰减器

输出衰减器用于改变信号发生器的输出电压或功率。通常分为连续调节和步进调节。连续调节由电阻电位器实现，即输出微调；步进调节由波段转换开关步进调节电阻分压器实现并以分贝值为刻度，也称为输出粗调。

④ 电子电压表

电子电压表一般采用均值检波器作为信号输出指示器。用来显示输出电压或输出功率的幅度或对外部信号电压进行测量。

3）高频信号发生器

高频信号发生器也称为射频信号发生器，信号的频率范围在 300 kHz～300 MHz 之间，广泛应用于高频电子线路的测试实验中。该仪器具有一种或一种以上的组合调制（包括正弦调幅、正弦调频以及脉冲调制）功能，以满足各种通信电路及设备的测试。此外，该类仪器的输出信号的频率、电平、调制度均可在一定范围内调节，并能准确读数。

高频传号发生器组成原理：

高频信号发生器主要由主振级、缓冲级、调制级、内调制振荡器、输出级监测器等部分组成。如图 5-20 所示。

① 主振级

调制级是信号发生器的核心，用于产生高频振荡信号并可实现调频功能。它一般采用可调频率范围、频率准确度高、稳定性好的 LC 振荡器，如变压器耦合振荡器、三点式振荡器等。其振荡频率

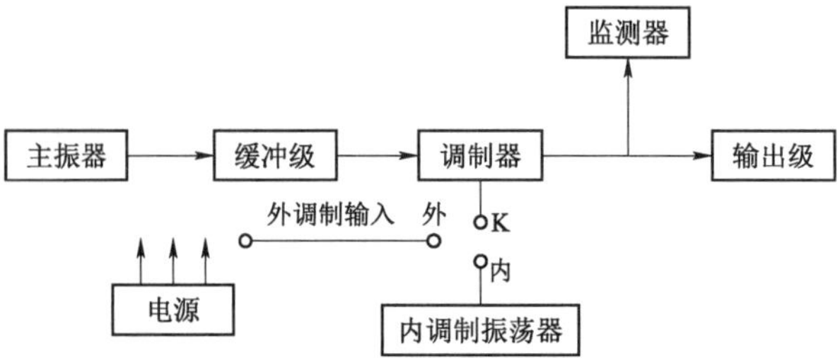

图 5-20　高频信号发生器组成框图

$$f_0=\frac{1}{2\pi\sqrt{LC}}$$

一般改变 L 进行分挡粗调；改变 C 进行细调。

② 缓冲级

缓冲级主要起隔离放大作用，用来隔离调制级对主振级产生的不良影响，保证主振级工作稳定，并将主振信号放大到一定的电平。

③ 调制级

调制级实现调制信号对载波的调制，它包括调频、调幅和脉冲调制等调制方式。调频方式主要用于 30 Hz～1 000 MHz 的信号发生器中；调幅方式多用于 300 kHz～30 MHz 的高频信号发生器中；脉冲调制方式多用于 300 MHz 以上的微波信号发生器中。信号发生器的调制方式通过面板上的选择开关来进行选择。调制信号可来自内调制振荡器，也可来自外部其他信号源。

④ 内调制振荡器

内调制振荡器用于产生调制信号，提供符合调制级要求的音频正弦调制信号。

⑤ 输出级

高频信号发生器输出级具有如下功能：

a）输出级包含功率放大级，提供足够的输出功率。

b）输出级具有输出微调和步进衰减电路，使得输出信号的幅度大小可以任意调节。

c）阻抗匹配：在信号发生器输出端与负载之间加入阻抗变换，使其工作在负载匹配的条件下，否则不仅要引起衰减系数误差，而且还可能影响前级电路的正常工作．减少信号发生器的输出功率，在输出电缆中出现驻波。

⑥ 监测器

监测器一般由调制显示仪表和电子电压表组成。用于检测输出信号的载波幅度、调幅度等参数。

⑦ 电源

用来供给整机各部分电路所需的交直流电源。

4）函数信号发生器

函数信号发生器，它具有调频、调幅等调制功能和压控频度特性，可产生正弦波、方波、三角波等函数波形，广泛用于通信生产测试、仪器维修等工作中（图 5-21）。

函数发生器主要有比较器、积分器、差分放大器三大主要模块电路构成。经比较器产生

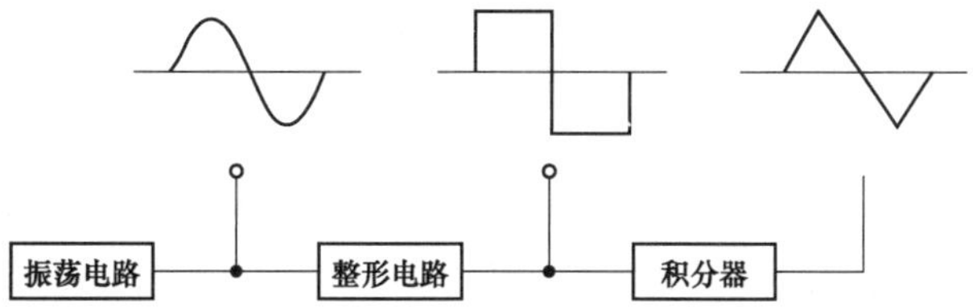

图 5-21　函数信号发生器电路组成图

方波，再经过积分器产生三角波，而后由积分器输出信号反馈给比较器，比较器和积分器组成正反馈闭合电路，使其能够完成自激震荡，分别输出方波和三角波。再经过级间耦合电容接入差分放大器，使其再对三角波进行整形变换，最后输出标准正弦波。由比较器和积分器组成方波/三角波产生电路，比较器输出的方波经积分器得到三角波，三角波到正弦波的变换电路主要由差分放大器来完成。差分放大器具有工作点稳定，输入阻抗高，抗干扰能力较强等优点。特别是作为直流放大器时，可以有效地抑制零点漂移，因此可将频率很低的三角波变换成正弦波。波形变换的原理是利用差分放大器传输特性曲线的非线性。

(3) 信号发生器的维护与使用常识

1) 选择信号发生器的一般原则

信号发生器的应用广泛，种类型号繁多，选择时一般根据具体使用情况进行选择：

① 根据被测信号波形选择；

② 根据被测信号频率选择；

③ 根据测试功能选择。

低频信号发生器主要用于检修、测试或调整各种低频放大器、扬声器、传声器、滤波器等器件的频率特性，也可用于高频信号发生器的外调制信号源。此外，在校准电子电压表时，它可提供交流信号电压。

高频信号发生器主要用于测量各种无线电接收机的灵敏度、选择性等参数，同时也为调试高频电子电路提供所需的各种模拟射频信号。

函数发生器可用于伺服系统、自动测试系统、音频放大器、滤波器等的实验研究中，也可用于神经刺激和麻醉等医疗研究。

脉冲信号发生器是专门用来产生脉冲波形的信号源，可用于测试视频放大器、宽带电路的振幅特性、过度特性，逻辑元件的开关速度、数字电路研究以及示波器的检定与测试等。它广泛用于电子测量系统以及数字通信、雷达、激光、航天、计算机技术、自动控制等领域。

④ 根据测量准确度要求选择。

信号发生源按性能指标可分为普通和标准信号发生器。前者是指对输出信号的频率、幅度准确度和稳定度以及波形失真等要求不高的一类信号发生器，后者是指输出信号的频率、幅度、调制系数等在一定范围内可连续调节，且读数准确、稳定，屏蔽良好的中、高挡信号发生器。

2) 使用注意事项

① 使用前应认真阅读仪器说明书，了解其基本性能、使用方法。

② 接通电源前，检查测量装置的接线是否正确。仪器的量程、频段、衰减、输出等旋钮

是否有松脱、错位现象。

③ 仪器预热。

④ 对于表针指示的仪器，应在接通电源前进行机械调零。观察指针是否指零或规定值，如有差异，可用螺丝刀轻轻旋转机械调零旋钮，使表针指示为零。在仪器通电并充分预热后，进行电气调零，将仪器的输入端短路，调节仪器使其读数指示零或规定值。对于具有内部校准装置的仪器，使用前要正确校准。

⑤ 正确连接测量电路连线，并选择合适的量程。

⑥ 日常维护应注意：防尘、防潮、防腐、防振动等。

第四节 培训与指导

学习目的： 熟悉培训教学的基本方法和教学大纲的编写。

一、培训教学的基本方法

核辐射探测仪器制造高级技师应能培训和指导高级工的操作，因此掌握培训教学的基本方法和教学大纲的编写是很有必要的。

1. 培训教学的特点

培训教学具有如下几个特点：

(1) 具有较强的针对性和实用性。职业培训目标、专业设置、教学内容等均根据职业技能标准、劳动力市场需求和用人单位的实际要求确定。经过职业培训的毕(结)业生可上岗作业。

(2) 具有较强的灵活性。在培训形式上可采取联合办学、委托培训、定向培训等方式；在培训期限上采取长短结合的方式，可以脱产也可以半脱产；在培养对象上依据岗位的实际需要灵活确定；在教学形式上不受某种固定模式的限制，根据职业标准的要求采取多种形式的教学手段。

(3) 教学与生产相结合。主要体现在一方面教学要紧紧围绕生产实际进行，另一方面要贯彻勤工俭学、自立更生和艰苦奋斗的原则，通过教学与生产经营相结合，既培养了人才，又创造了物质财富，获得社会、经济的双重效益。

(4) 培训方法上强调理论知识教育与实际操作训练相结合，突出技能操作训练。

2. 培训教学的模式

(1) 讲授法：传统的培训方式。优点：运用起来方便，便于培训者控制整个过程。缺点：单向信息传输，反馈效果差，教师和学员的互动少。用于一些理念性知识的培训。对核辐射仪器制造人员高级工的理论知识的培训适用此模式。

(2) 视听技术法：通过现代视听技术，对学员进行培训。优点：直观鲜明。缺点：学员的反馈与实践较差，且制作和购买的成本高，内容易过时。

(3) 讨论法：一般可分成小组讨论和研讨会两种方式。小组讨论的特点是信息交流时方式为多向传递，学员的参与性高，费用较低。多用于巩固知识，训练学员分析、解决问题的能力与人际交往的能力，但运用时对培训教师的要求较高。研讨会以主题演讲为主，中途或会后允许学员与演讲者进行交流沟通。优点是信息可以多向传递，缺点是费用较高。

（4）案例研讨法：这一方式使用费用低，反馈效果好，可以有效训练学员分析解决问题的能力。另外案例、讨论的方式也可用于知识类的培训，且效果更佳。

（5）角色扮演法：学员在培训教师设计的工作情况中扮演其中角色，其他学员与培训教师在学员表演后作适当的点评。由于信息传递多向化，反馈效果好、实践性强、费用低，因而多用于人际关系能力的训练。

（6）互动小组法：也成敏感训练法。此法主要适用于管理人员的人际关系与沟通训练。让学员在培训活动中亲身体验来提高他们处理人际关系的能力。其优点是可明显提高人际关系与沟通的能力，但其效果在很大程度上依赖于培训教师的水平。

（7）网络培训法：是一种新型的计算机网络信息培训方式，投入较大。但由于使用灵活，符合分散式学习的新趋势，节省学员集中培训的时间和费用。这种方式信息量大，新知识、新观念传递优势明显，更适合成人学习。因此，特别为实力雄厚的企业所青睐，也是培训发展的一个必然趋势。

（8）项目教学法：教师的指导下亲自处理一个项目的全过程，在这一过程中学习掌握教学计划内的教学内容。学生全部或部分独立组织、安排学习行为，解决在处理项目中遇到的困难，提高了学生的兴趣，自然能调动学习的积极性。因此“项目教学法”是一种典型的以学生为中心的教学方法。对核辐射探测仪器制造高级工的实操的指导适合此方法。

3. 培训的效果评价

培训效果评价一般用培训效果评价表来表示，表中一般要注明课题名称、培训教师、培训时间、培训课时、培训地点、培训人员、考核方式、培训内容、培训效果评价等内容。

培训效果评价表的模板如表 5-5 表示。

表 5-5 培训效果评价表

课题名称		培训时间	
培训地点		培训教师	
培训课时		考核方式	
培训人员			
培训内容			
培训效果评价			

二、培训计划和培训大纲的编写

1. 培训计划和培训大纲的概念

（1）培训计划：根据一定的培训目的和培养目标制定的教学和培育工作的指导文件。它决定着培训内容总的方向和总的结构，并对有关培训的教学、培育活动、生产劳动和课外活动等方面作出全面安排，具体规定培训项目的学科设置、各门学科的教学顺序、教学时数以及各种活动等。

（2）培训大纲：是根据培训计划中规定的各门学科（课程）的目的、任务而编写的指导性文件。它以纲要的形式，具体规定每门学科知识、技能的范围、深度以及体系、结构，同时规定教学的一般进度和对教学法的基本要求。其一般分为“说明”、“正文”两部分。

(3) 培训计划和培训大纲的关系

培训大纲是按照项目培训计划要求,各培训课程在项目培训计划中的地位、作用、性质、目的和任务而规定的培训内容、结构体系、知识范围、教学要求等的基本纲要。培训大纲是实施培训计划的基本保证,也是编写培训教材、组织培训教学、进行教学质量考核的指导性文件。

2. 培训计划编写的依据

(1) 培训需求调查分析

培训需求可分三个层面:组织层面的需求、职务层面的需求和个人层面的需求。

组织层面的需求包括企业经营策略方针,企业使命、战略目标、策略和文化分析以及企业生命周期所处阶段,这时培训的最大前提,为了企业战略及策略目标的达成,培训必须依据企业经营的策略方针来进行。组织层面的分析就是要解决公司高层管理者这样的问题:培训对实现我们的经营目标重要吗?培训将会怎样支持我们战略目标的实现?哪些职能部门和经营单位需要培训?从一个发展阶段来看,企业所处生命周期不同,其相应的组织培训需求就有所不同。

职务层面的需求是按照企业岗位职务能力标准,对担当工作的员工的工作能力、工作态度和工作业绩进行比较分析,以确定员工能否胜任,进而确定企业培训需求。职务层面的培训需求主要通过职务分析、问卷调查以及与部门主管面谈的方式进行。

个人层面的需求是通过对员工个人工作要求、工作结果、素质条件、工作态度以及发展要求进行评估,以确定培训对象和内容。其中对关键岗位的人员情况要进行重点分析。个人层面的需求主要通过与员工的个人面谈结合需求调查表进行。

在进行培训需求分析过程中,对于出现的工作差异,要首先确定改变这些差异的重要性,判断改变这种差异是当前需求还是未来需求?管理层是否支持这种改变?应该按什么顺序进行改变?有没有资源和政策上的保证等,最重要的是判断培训是否是解决这种差异最有效的方法。否则,盲目培训不但效果不好,而且劳民伤财。

(2) 依据国家职业标准要求

国家标准是制定培训计划和培训大纲的基础。培训计划和培训大纲应该涵盖职业标准的全部内容,但也不能超出职业标准的内容。

(3) 根据公司生产工艺及技术装备

编写培训计划和培训大纲要考虑公司现有的生产工艺、技术水平和技术装备等,否则培训计划和培训大纲就不现实、不能够具体实施的。

培训是为了满足管理者的需要和工作任务的需要,而不是单纯为满足员工需要。

3. 培训计划的内容

培训计划要解决 5W1H 问题,即

Why(为什么要培训?):培训的目的;

Who(谁?):培训的负责人、培训的对象;

What(培训的内容是什么?):培训的内容;

When(什么时候、时间?):培训的时间、期限;

Where(在哪里?):培训的场地;

How(如何进行?):培训的方法。

4. 培训大纲编写的原则

(1) 符合教学计划要求

1) 明确本门课程在教学计划中的地位和作用;

2) 通过本门课程的学习需达到什么目的和要求;

3) 体现各技能等级层次在培养规格、要求等方面上的差别;

4) 重视应用技术与实践创新能力的培养。

(2) 结合开放教育的特点,贯彻“少而精,求实效”的原则。

1) 结合开放教育特点,考虑教学对象,教学内容难易要适中,教学总量要合理控制;

2) 公共基础课和专业基础课的教学内容根据专业课的要求以必需、够用为标准,突出重点;

3) 教学内容的精简标准以学生所学知识在量上符合专业培养目标和在一定时间内能吸收消化为限度;

4) 要求反应学科的新成果,体现理论知识与实践应用能力的结合;

5) 在文字表述上要力求精炼、准确。

(3) 对操作技能类的课程要突出其指导与训练的特点,要针对其各教学环节有明确、具体的要求,且有较强的可操作性。

(4) 同工种、同等级的相同课程(主要是基础课和专业基础课)原则上使用统一大纲、统一教材。

5. 培训大纲编写的内容和基本结构

培训大纲编写应包括大纲说明和大纲内容。

(1) 大纲说明:这是培训大纲编写中必须强调的一部分,主要包括六点内容:

1) 本课程的性质与地位、目的与任务;

2) 本课程适用的主要专业及其他说明;

3) 本课程与相关课程的前后衔接关系;

4) 本课程的基本教学(包括实践性环节方面)要求;

5) 本课程的教学方法和教学形式建议;

6) 本课程内容的教学要求层次。

(2) 大纲正文

1) 教学要求:在教学要求中目的与要求应予以明确、具体、层次清楚,进一步增强和培养学员的逻辑思维能力与创造能力。

教学要求层次的术语通常有:知道、了解、理解、明确、能、学会、掌握、熟练掌握等。

对有关定义、定理、性质、特征等概念的内容可按“知道、了解、理解”三个层次要求;

有关计算、解法、公式、法则等方法的内容,可按“会、掌握、熟练掌握”三个层次要求;

技能(实践环节)可按:指认、学会、能、测定(测绘)、掌握、应用等几个层次要求来把握。

在编写时,应根据课程的性质与要求采用相应的定性词汇,并注明不同教学层次所对应的考核要求。

2) 教学内容及课时:明确教学的内容和课时。

3）教学建议：明确教学内容中重点与难点的教学要求，建议教师采用的教学方法和教学手段等。

第五节 管 理

学习目的： 熟悉组织管理基础知识和质量管理基础知识。

一、组织管理基础知识

1．组织的概述

（1）组织的定义：人们为了实现一定的目标，相互结合、确定职位、明确责任与义务、分工合作、协调行动的人工系统及其运转过程。

（2）组织的特征

1）组织必须有一个共同的目标。

2）组织要有不同层次的权利和责任制度。

3）组织包括不同层次的分工和合作。

4）组织的功能在于协调人们的活动去实现共同的目标。

（3）组织的四层次

1）决策层：领导对近期与远期的计划与决策项目选择。

2）控制层：高层管理者（领导班子）对各部门建立有效的控制体系。

3）管理层：（从高层到各中层干部）知道自己的职责与权力是什么，发挥其管理作用。

4）经营层：经营层（各部门）执行决策，动员全体人员完成组织的总体目标。

2．组织管理原则

任何社会活动都应是有组织的活动，任何组织都有一个与其功能与目标相适应的组织机构及其设置原则。尽管由于客观条件和所承受的任务不同，不同层次的企业其具体的社会职能有所侧重和差异，但组织设置的科学合理与否，直接关系着组织的功能能否有效发挥，组织管理一般应遵循以下原则：

（1）任务目标原则

任何组织都有特定的任务和目标，每个组织及其组成部分，都应当与这一目标相关联；组织的调整、增加、合并或取消，都应该以能否实现目标为标准。做到分工合理，协作明确。每个部门及员工的工作范围、相互关系、协作方法、权利责任等，都应有明确规定。

（2）因人设岗与因事设岗辩证使用的原则

从管理学的角度讲，因事设岗是正确的，而因人设岗是不科学的。但事实上，中国很多企业都采用因人设岗的原则并且取得了成功。

1）对于高层岗位要采用因人设岗的原则。因为高层管理人员属于职业经理人阶层，目前还比较稀缺，因人设岗还是必要的。

2）为了留住核心竞争力的人才（一般是高级技术人才或高级专业人才），可以采用因人设岗原则。

3）一旦组织的高层人员老化，为了及时培养接班人可以采用因人设岗原则。

4）对于普通岗位来说，可选择的余地很多，采取因事设岗或因岗位择人，问题不大。

（3）集权和分权相结合的原则

集权与分权的关系是辩证统一，一般表现为统一领导、分级管理。集权到什么程度，应该以不妨碍下级积极性为限；分权到什么程度，应该以上级不失去对下级的有效控制为限。分权要使结果可控，必须有控制系统辅助，可以使授权的上级放心分权，做到"用人不疑"，也可以防止受权者不滥用权力，保证分权能达到预期效果。

（4）命令统一原则

从管理的常识来看，一定要避免多头领导，做到统一指挥。实质也就是要进行统一领导，消除多头领导和无人负责现象。

（5）管理幅度与管理层级适度原则

管理幅度指平均每位干部下属员工的数量配备，管理层级指最高管理者到最基层员工之间设了几层机构。

管理幅度与管理层级是对应的关系：管理幅度越大，管理层级就越少；管理幅度越小，管理层级就越多。管理者由于精力有限，有效管理幅度就受到一定限制。管理幅度过小，造成越级指挥、多头指挥、越权指挥；管理幅度越宽，对干部素质要求越高，虽可降低管理中间层次，但管理幅度超过一定范围，势必导致管理人员负担过重，无法对下属人员施加必要的监督和有效的指导，从而影响工作效率。

二、质量管理基础知识

1. 质量管理概述

质量管理是在质量方面指挥和控制组织的协调的活动。质量管理涉及组织的各个方面，它要求围绕产品质量形成的全过程，通过制定质量方针和实现质量目标，向市场提供符合顾客和其他相关方要求的产品。因此，质量首先是一个满足客户需要和要求的问题。这意味着质量管理的焦点必须放在为客户服务并使之满意上。

质量管理的主要活动通常包括：制定质量方针和质量目标；进行质量策划、质量控制、质量保证和质量改进。在这些活动中，质量策划、质量控制、质量保证和质量改进都是为制定质量方针和实现质量目标而进行的。当质量方针、质量目标实现后应重新进行质量策划、质量控制、质量保证和质量改进。

质量管理的三大目标包括：提高顾客满意度、缩短流程和减少缺陷。

影响质量的因素包括 4M1E，即材料、机器、人、方法和环境。

2. 质量管理原则

（1）五不放过原则

在质量管理中需做到：

1）原因找不到，不放过——追查原因；

2）责任分不清，不放过——选择对策；

3）纠正措施不落实，不放过——草拟行动；

4）纠正措施不验证，不放过——成果比较；

5）有效措施不纳入，不放过——标准化。

(2) 员工的工作质量具体要求

1) 熟悉检验标准、了解操作规范的内容要求。

2) 树立“质量是生产出来的,不是检验出来的”的思想。

3) 严格遵守品质保证的三不政策和三不放过原则。

三不政策包括不接受不良品(互检)、不制造不良品(自检)以及不流出不良品(自检和互检)。

三不放过原则指事件原因分析不清不放过;事件责任者与群体未受到教育不放过;事件没有防范措施不放过。

(3) 不合格品的控制

1) 不合格品指未满足明示的、习惯上隐含的或必须履行的需求和期望的产品。

2) 不合格品的控制要求包括标识、记录、评审、隔离和处置。

3) 不合格品评审和处置的方法有返工、让步接收、降级、拒收或报废。

(4) 质量意识

所谓质量意识:首先要保证我们的产品是合格的。符合产品的规格要求,另外整个生产流程要严格遵照企业生产流程的管理规定。

作为员工,不仅仅是被动的接受,更要不断的提出改善意见,促进质量的提高。所以生产现场人员应注意以下事项:

1) 不要踩踏产品(原材料、半成品和成品);

2) 不要让不合格品流到下一工序;

3) 不要抛扔产品;

4) 不要把产品直接放在地上;

5) 不要不按操作规范作业;

6) 不要无首检作业;

7) 不要乱摆放产品;

8) 不要一味追求速度;

9) 不要机器带病作业;

10) 不要“知情不报”。

思考题

1. 数字万用表的基本组成部分有哪些?

2. 核辐射探测仪器的基本测量电路有哪些?

3. 数字示波器的基本结构包括哪几部分?

参考文献

[1] 王经瑾等. 核电子学[M]. 北京:原子能出版社,1984.

[2] 核仪器环境条件与试验方法:GB/T 8993—1988[S]. 北京:中国标准出版社,1998.

[3] 汲长松. 核辐射探测器及其实验技术手册[M]. 北京:原子能出版社,2010.

[4] 汤婕,孙学耕等. 电子测量与产品检验[M]. 2版. 北京:机械工业出版社,2017.

第六章　技师整机调试安装

第一节　生产准备

学习目标：了解文件的有效性、辐射防护的基础知识、电气安全基础知识；可以进行测试系统的连接。

一、生产准备专业知识

1. 专业英语词汇

核仪器及系统：nuclear instrumentations and systems

核辐射探测器：nuclear radiation detectors

核工业（又称原子能工业）：nuclear industry

核科技：nuclear science and technology

电离辐射：ionizing radiation

核装置：nuclear facility

乏燃料：spent fuel

放射性废物：radioactive waste

核材料：nuclear material

核保障：safeguards

核电厂（又称核电站）：nuclear power plant

核岛：nuclear island(NI)

核裂变：nuclear fission

中子源：neutron source

链式反应：chain reaction

核反应堆：nuclear reactor

核武器：nuclear weapon

受控核聚变：controlled nuclear fusion

粒子加速器：particle accelerator

串列加速器：tandem accelerator

放射源：radioactive source

放射性示踪技术：radioactive tracer technology

辐照装置：irradiation facilities

外照射：extemal exposure

内照射：internal exposure

辐射屏蔽：radiation shielding

辐射监测:radiation monitoring

辐射损伤:radiation injuries

铀矿床:uranium deposit

富集铀:enriched uranium

同位素分离:isotope separation

γ 测井:γlogging(log)

扳子:spanner

螺母:nut

螺栓:bolt

电源按键:power button

噪声:noise

剂量:dose

剪刀:shears

肖特基二极管:schottky diode

电阻:resistance

放大器:amplifier

计数器:counter

蓄电池:accumulator

电离室:ionization chamber

电池:battery

电压:voltage

线性:Linearity

加速器:accelerator

贝克:becquerel

半衰期:half-life

2. 核辐射防护

所有人都会受到来自天然和人工电离辐射源的照射。天然辐射照射来源于宇宙和地球环境,也来自于饮食中含有的天然放射性物质。纵观人类历史,人总是暴露在天然辐射中,不可能判断这样的照射对人类是有害还是有益。与此对应,人工辐射源是在过去的 100 年内引入的,虽然人工辐射源的应用带来了许多利益,但是人们也认识到这些源的照射会对人造成损害。因此,发展了辐射防护体系来保护人们免受不必要的或者过量的电离辐射的照射。随着对电离辐射效应理解的不断加深,这一体系也在不断完善,以保证辐射工作人员和普通公众获得尽可能好的防护。

(1) ICRP 简介

国际辐射防护委员会(International Committee on Radiological Protection,ICRP)的前身国际 X 射线和镭防护委员会于 1928 年成立。那时,人们开始关注与 X 射线和镭相关的危害,国际 X 射线和镭防护委员会的主要职责就是保护受到这些源照射的工作人员。1950 年,国际 X 射线和镭防护委员会的职责拓展到处理由于反应堆的引入出现的新问题,该组织也因此改组,成立了 ICRP。从那以后,ICRP 的关注点也拓展到了电离辐射应用的增加和涉及辐射与放射性物质产生的实践活动。现在，ICRP 考虑影响公众和应用电离辐源的工作人员的辐射防护问题。

ICRP 是非政府性科学组织，负责提出建议书并提供辐射防护基本原则的指南。ICRP 综合 ICRP 外部和其自身委员会的专业知识，在此基础上形成最新的关于辐射防护方法和进展的报告。ICRP 希望这些报告能为国家、区域和国际层次上的监管和资讯机构提供帮助。由于各个国家之间的差异，ICRP 无意提供法律文本。相反，ICRP 建议书旨在按照每个国家的需要而结合到各个国家的法规中去。通过这样的方式，ICRP 希望为世界辐射防护体系提供一个国际间一致的，同事又具有灵活性的框架。

ICRP 定期发布有关辐射防护问题的出版物，除了关于诸如医学、牙科和采矿业等特定的辐射防护问题的报告外，ICRP 也出版更具普遍性的文件。这些文件就是 ICRP 建议书，建议书覆盖了对辐射防护所有方面都很重要的问题。ICRP 第 1 号建议书作为第 1 号出版物于 1959 年问世，从那以后有出版了许多出版物。每个出版物都代表了对辐射照射相关的风险认知的深入。建议书每年进行评审，根据需要发布修订和补充说明。

（2）辐射防护三原则

1）实践正当性

对于辐射防护，做出是否接受新实践或者继续现有实践的决策必须考虑实践的辐射效应风险。涉及照射或者潜在照射的实践，只有在其对个人或者社会产生的利益大于其对健康所致的损害或损伤时，才是可以接受的。

2）辐射防护最优化

个人剂量、受照人数和潜在照射的可能性与大小，在考虑了经济和社会因素时，都应保持在可合理达到的尽可能低的水平，这就是 ALARA(as low as reasonably)原则。这意味着在考虑所有社会和经济因素前提下，应当为辐射源与装置提供最好的实际可行的防护和安全措施。防护和安全应当是最优越的。

3）个人剂量限值

ICRP 建议个人所受照射应当受到剂量限值的约束。职业剂量限制意义在保证没有人会受到不可能接受的危险的照射，以防止确定性效应和使随机性效应的发生几率最小。

职业和公众的剂量限值应用于由实践产生的照射，不包括医学照射和天然本底照射。联系 5 年内年均职业有效剂量限值是 20 mSv，5 年内任何一年中的有效剂量不得超过 50 mSv。公众年平均剂量为 1 mSv，连续 5 年内任意一年的有效剂量不超过 5 mSv。

4）辐射防护用具——铅防护服

核辐射防护服又被叫做射线防护服，专门针对防护 X 和 γ 射线而研制的特殊服装。核辐射防护服根据不同的工作环境有多种款式之分，密闭式、连体式、白大褂式等等。这些款式又有长袖、短袖、无袖、围裙、腺性防护、下体防护等。

核辐射防护服对 X、γ、β、α 粒子提供屏蔽，是一种改性聚乙烯(PE)和聚氯乙烯(PVC)的新技术，采用该技术改性的聚乙烯和聚氯乙烯具有抗核辐射能力，可以用作核辐射屏蔽材料。这种聚合物衬层采用屏蔽材料使用钽材料制成，钽在物质衰减系数、对抗 γ、X 线和 β 放射物都与铅相当，可以有效地对辐射进行吸收。聚合物衬层和天然或者合成无纺布材料生产的一种织物，然后用于制备可以抗辐射的安全服装。这种服装的重量仅是传统的铅服装的五分之一。它的抗辐射能力在现有的防护服装之上。聚合物衬里通过改性可以使它的电子层和重金属的电子层相似，可以吸收核辐射。

核辐射防护服是一种质轻的，耐用的聚合物，对从低到中等能量的 γ 辐射、X 线、高和低能 β 粒子和 α 粒提供屏蔽。

使用者在使用射线防护服之前，应该先选择一套与自己合体的射线防护服，这样才可以在保护的同时，使工作更加轻松舒适；穿戴前，首先检查防护服内外表面是否有损伤，附属配件的连接是否牢固，检查标识上的衰减当量是否符合当前的环境；使用完后，应把防护服放平或用衣架挂起，不能折叠，以免长期折叠造成破裂，发生漏线现象；防护系列制品储存时，应放在不受阳光直射，远离热源，通风良好的室内，严禁与酸、碱等化学物品接触，以免缩短防护服的使用寿命；射线防护服的清洗，严禁用普通的洗涤剂来清洗防护服，更不可将防护服放进洗衣机里进行清洗，对于防护服的清洗，建议送到专业的厂家进行清洗或者购买专业的清洗剂清洗。

二、测量设备与系统连接

1. 万用表

万用表是一种多功能、多量程的测量仪表，一般万用表可测量直流电流、直流电压、交流电流、交流电压、电阻和音频电平，还可以测电容量、电感量及半导体的一些参数。种类可分为指针式万用表、数字式万用表。

(1) 万用表的使用方法

1) 使用前，应认真阅读有关的使用说明书，熟悉刀盘、按钮、插孔的作用。

2) 将刀盘拨离 OFF 位置即为开机。

3) 基本测量：根据需要拨到相应位置，表笔插入相应的插孔。

4) 表笔端接入电路，进行测量。

(2) 万用表使用注意事项

1) 注意正确选择量程及红笔插孔。对未知量进行测量时，应首先把量程调到最大，然后从大到小调，直到合适为止。

2) 不测量时，应随手关断电源。

3) 改变量程时，表笔应与被测点断开。

4) 测量电流时，切忌过载。

5) 不允许用电阻挡和电流挡测电压。

2. 脉冲信号发生器

脉冲信号发生器是信号发生器的一种。信号发生器按信号源有很多种分类方法，其中一种方法可分为混和信号源和逻辑信号源两种。其中混和信号源主要输出模拟波形；逻辑信号源输出数字码形。混和信号源又可分为函数信号发生器和任意波形/函数发生器，其中函数信号发生器输出标准波形，如正弦波、方波等，任意波/函数发生器输出用户自定义的任意波形；逻辑信号发生器又可分为脉冲信号发生器和码型发生器，其中脉冲信号发生器驱动较小个数的的方波或脉冲波输出，码型发生器生成许多通道的数字码型。如泰克生产的 AFG3000 系列就包括函数信号发生器、任意波形/函数信号发生器、脉冲信号发生器的功能。另外，信号源还可以按照输出信号的类型分类，如射频信号发生器、扫描信号发生器、频率合成器、噪声信号发生器、脉冲信号发生器等等。信号源也可以按照使用频段分类，不同频段的信号源对应不同应用领域。由于脉冲信号发生器种类较多，对学员要求可依照相应产品的说明书进行操作使用，把调试过程中需要的信号找出来即可。

3. 示波器

示波器是一种用途十分广泛的电子测量仪器。它能把肉眼看不见的电信号变换成看得见的图像，便于人们研究各种电现象的变化过程。示波器利用狭窄的、由高速电子组成的电子束，打在涂有荧光物质的屏面上，就可产生细小的光点（这是传统的模拟示波器的工作原理）。在被测信号的作用下，电子束就好像一支笔的笔尖，可以在屏面上描绘出被测信号的瞬时值的变化曲线。利用示波器能观察各种不同信号幅度随时间变化的波形曲线，还可以用它测试各种不同的电量，如电压、电流、频率、相位差、调幅度等等。用示波器能观察各种不同电信号幅度随时间变化的波形曲线，在这个基础上示波器可以应用于测量电压、时间、频率、相位差和调幅度等电参数。由于示波器种类较多，对学员要求可依照相应产品的说明书进行操作使用，调试过程中可以查看信号输出即可。

4. 稳压电源

稳压电源是能为负载提供稳定的交流电或直流电的电子装置，包括交流稳压电源和直流稳压电源两大类。当电网电压出现瞬间波动时，稳压电源会以 10～30 ms 的响应速度对电压幅值进行补偿，使其稳定在±2%以内。稳压器除了最基本的稳定电压功能以外，还应具有过压保护（超过输出电压的＋10%）、欠压保护（低于输出电压的－10%）、缺相保护、短路过载保护最基本的保护功能。常用的直流稳压电源有多路输出，每路相互独立，输出电压值可通过电压调节旋钮控制。由于稳压电源种类较多，对学员要求可依照相应产品的说明书进行操作使用，调试过程中可以查看信号输出即可。

5. 原理图的识读步骤

（1）从理解功能模块着手，一般电子产品的整机原理图可大致分成几块模块。通过不同模块根据各部分的功能，结合信号走向，去理解、读懂局部单元电路的功能原理，最后把单元电路中各元器件的作用弄明白。通过模块读懂原理图，实际上是由大到小、由粗到细的理解过程。

（2）从共用部分电路着手，读懂原理图任何电子产品内部的元器件，都是为了实现某种特定功能组合成各种各样的单元电路，每种产品中必然都有其共用电路部分，例如几乎所有电子产品都离不开电源与接地线，从电原理图上很容易找到由电源开关、电源变压器、保险管和整流、滤波、稳压用元器件组成的电源电路，并且在产品设计时习惯将供给某功能电路的电源单独供给，从电源的走向即可帮助确定功能电路的组成。

（3）从信号线的走向着手，读懂电原理图电子产品的电原理图离不开对信号的获取（或取样）、放大（或转换），最后用该信号实现某种功能。从信号的获取或产生开始，随着它在电路中的走向，结合对信号通道的分析，即可判定信号经各级电路后的变化情况（波形、转换、幅度变化、频率变换等），从而加深理解电原理图，有时甚至可根据信号通道中熟悉的单元电路来推测其前级（或后级）不熟悉电路的原理、功能。

（4）从易识别的特殊元件着手，读懂电原理图电子产品系由许多电子元器件组合而成，如果某电路仅由电阻、电容、三极管等常见元器件组成，人们可能很难理解其原理图，但实际上每种电子产品都有其特别的、专用的电子元器件，因此找到这些专门元器件就能大致判定电路的功能和作用。

6. 系统连接方法

信号的产生、传输、处理、存储和再现都需要一定的物理装置，这种装置通常称为系统。系统是由若干相互依赖、相互作用的事物组合而成的具有特定功能的整体。

(1) 被测系统分类

1) 单输入/输出与多输入/输出系统。

2) 线性系统与非线性系统。

3) 即时系统与动态系统。

即时系统(瞬时系统或无记忆系统)：系统在任何时刻 t 的输出都只与该时刻的输入有关；

动态系统(存储系统或有记忆系统)：在时刻 t 的输出不仅与该时刻的输入有关，而且还与该时刻以前或以后的输入有关。记忆系统的输入输出关系一般是微分或差分方程。

4) 模拟系统与数字系统

模拟系统是分析和处理模拟信号的系统，数字系统是分析和处理脉冲与数字信号的系统。

(2) 测量方法分类

1) 直接测量与间接测量

直接测量——用已标定的仪器，直接地测量出某一待测未知量的量值。

间接测量——对与未知待测量 y 有确切函数关系的其他变量 x(或 n 个变量)进行直接测量，然后再通过函数 $y=f(x)$或 $y=f(x_1,x_2,\cdots,x_n)$计算出待测量 y。

2) 有源参量与无源参量的测量

有源量的测量，如图 6-1 所示。

图 6-1　有源量的测量

无源量的测量，如图 6-2 所示。

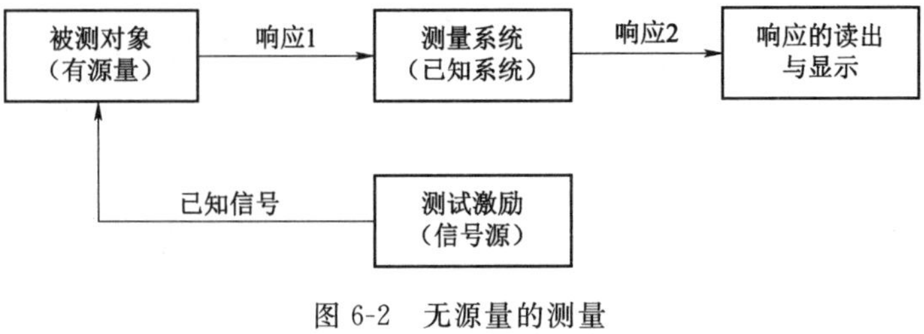

图 6-2　无源量的测量

(3) 系统连接测量实例

以定标器阈值调试系统连接为列，简单示明设备连接，如图 6-3 所示。

数字电压表监测精密脉冲产生器的输出幅值用于定标器阈值调试。

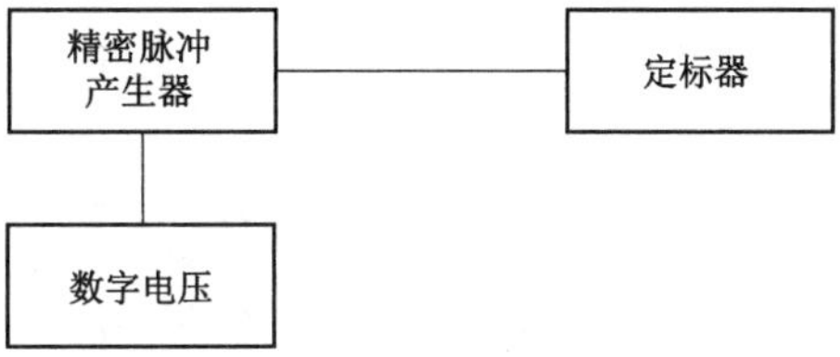

图 6-3　系统连接测量实例

注意事项：

1）供电电源稳定，接地良好；

2）测量设备远离强磁场、强电场。

三、实践与操作

1. 根据测量设备使用说明书，熟练使用调试用仪器仪表。
2. 对于进口调试设备，熟练使用，熟知基础专业英语。
3. 根据组装图，对调试系统进行搭建。
4. 把各个功能单元进行组装连接，可做到整机调试前准备工作。看到连接图，我们应该把所需要的功能单元准备好，接下来按照连接图进行输入输出连接。

第二节　工艺操作

学习目标：了解调试基础知识、对整机调试有概念，做到有调试大纲就可以对仪器，功能单元做测试，对电路图软件进行充分了解。

一、调试基础知识

1. 集成运放的主要技术指标

集成运放的主要技术指标，大体上可以分为输入误差特性、开环差模特性、共模特性、输出瞬态特性和电源特性。

(1) 输入误差特性

输入误差特性参数用来表示集成运放的失调特性，描述这类特性的主要是以下几个参数：

1）输入失调电压 V_{OS}

对于理想运放，当输入电压为零时，输出也应为零。实际上，由于差动输入级很难作到完全对称，零输入时，输出并不为零。在室温及标准电压下，输入为零时，为了使输出电压为零，输入端所加的补偿电压称为输入失调电压 V_{OS}。V_{OS}大小反映了运放的对称程度。V_{OS}越大，说明对称程度越差。一般 V_{OS} 的值为 1 μV～20 mV，F007 的 V_{OS} 为 1～5 mV。

2）输入失调电压的温漂$\frac{dV_{OS}}{dT}$

$\frac{dV_{OS}}{dT}$是指在指定的温度范围内，V_{OS}随温度的平均变化率，是衡量温漂的重要指标。$\frac{dV_{OS}}{dT}$不能通过外接调零装置进行补偿，对于低漂移运放，$\frac{dV_{OS}}{dT}<1\ \mu V/℃$，普通运放为(10～20)$\mu$V/℃。

3）输入偏置电流 I_B

输入偏置电流是衡量差动管输入电流绝对值大小的标志，指运放零输入时，两个输入端静态电流 I_{B1}、I_{B2}的平均值，即

$$I_B=\frac{1}{2}(I_{B1}+I_{B2})$$

差动输入级集电极电流一定时，输入偏置电流反映了差动管 β 值的大小。I_B越小，表明运放的输入阻抗越高。I_B太大，不仅在不同信号源内阻时，对静态工作点有较大的影响，而且也影响温漂和运算精度。

4）输入失调电流 I_{OS}

零输入时，两输入偏置电流 I_{B1}、I_{B2}之差称为输入失调电流 I_{OS}，即 $I_{OS}=|I_{B1}-I_{B2}|$，I_{OS}反映了输入级差动管输入电流的对称性，一般希望 I_{OS}越小越好。普通运放的 I_{OS}约为 1 nA～0.1 μA，F007 的 I_{OS}约为 50～100 nA。

5）输入失调电流温漂$\frac{dI_{OS}}{dT}$

输入失调电流温漂$\frac{dI_{OS}}{dT}$指在规定的温度范围内，I_{OS}的温度系数，是对放大器电流温漂的量度。它同样不能用外接调零装置进行补偿。典型值为几个 nA/℃。

(2）开环差模特性参数

开环差模特性参数用来表示集成运放在差模输入作用下的传输特性。描述这类特性的参数有开环电压增益、最大差模输入电压、差模输入阻抗、开环频率相应及其 3 dB 带宽。

1）开环差模电压增益 A_{od}

开环差模电压增益 A_{od}指在无外加反馈情况下的直流差模增益，它是决定运算精度的重要指标，通常用分贝表示，即，

$$A_{od}=20\lg\frac{\Delta V_o}{\Delta(V_{i1}-V_{i2})}$$

不同功能的运放，A_{od}相差悬殊，F007 的 A_{od}为 100～106 dB，高质量的运放可达 140 dB。

2）最大差模输入电压 V_{idmax}

V_{idmax}指集成运放反相和同相输入端所能承受的最大电压值，超过这个值输入级差动管中的管子将会出现反相击穿，甚至损坏。利用平面工艺制成的硅 NPN 管的 V_{idmax}为±5 V 左右，而横向 PNP 管的 V_{idmax}可达±30 V 以上。

3）3 dB 带宽

输入正弦小信号时，A_{od}是频率的函数，随着频率的增加，A_{od}下降。当 A_{od}下降 3 dB 时所对应的信号频率称为 3 dB 带宽。一般运放的 3 dB 带宽为几赫兹到几千赫兹，宽带运放

可达到几兆赫兹。

4）差模输入电阻 R_{id}

$R_{id}=\dfrac{\Delta V_{id}}{\Delta I_i}$，是衡量差动管向输入信号源索取电流大小的标志，F007 的 R_{id} 约为 2 MΩ，用场效应管作差动输入级的运放，R_{id} 可达 10^6 MΩ。

（3）共模特性参数

共模特性参数用来表示集成运放在共模信号作用下的传输特性，这类参数有共模抑制比、共模输入电压等。

1）共模抑制比 K_{CMRR}

共模抑制比的定义与差动电路中介绍的相同，F007 的 K_{CMRR} 为 80～86 dB，高质量的可达 180 dB。

2）最大共模输入电压 V_{icmax}

V_{icmax} 指运放所能承受的最大共模输入电压，共模电压超过一定值时，将会使输入级工作不正常，因此要加以限制。F007 的 V_{icmax} 为±13 V。

（4）输出瞬态特性参数

输出瞬态特性参数用来表示集成运放输出信号的瞬态特性，描述这类特性的参数主要是转换速率。

转换速率 $S_R=\left|\dfrac{dv_o}{dt}\right|_{max}$ 是指运放在闭环状态下，输入为大信号（如阶跃信号）时，放大器输出电压对时间的最大变化速率。转换速率的大小与很多因素有关，其中主要与运放所加的补偿电容、运放本身各级三极管的极间电容、杂散电容，以及放大器的充电电流等因素有关。只有信号变化斜率的绝对值小于 S_R 时，输出才能按照线性的规律变化。

S_R 是在大信号和高频工作时的一项重要指标，一般运放的 S_R 在 1 V/μs，高速运放可达到 65 V/μs。

（5）电源特性参数

电源特性参数主要有静态功耗等。静态功耗指运放零输入情况下的功耗。F007 的静态功耗为 120 mW。

2. 稳压二极管

要理解稳压二极管的工作原理，只要了解二极管的反向特性就行了。所有的晶体二极管，其基本特性是单向导通。就是说，正向加压导通，反向加压不通。这里有个条件就是反向加压不超过管子的反向耐压值。那么超过耐压值后是什么结果呢？一个简单的答案就是管子烧毁。但这不是全部答案。试验发现，只要限制反向电流值（例如，在管子与电源之间串联一个电阻），管子虽然被击穿却不会烧毁。而且还发现，管子反向击穿后，电流从大往小变，电压只有很微小的下降，一直降到某个电流值后电压才随电流的下降急剧下降。人们正是利用了这个特性才造出了稳压二极管。使用稳压二极管的关键是设计好它的电流值。

稳压二极管的特点就是击穿后，其两端的电压基本保持不变。这样，当把稳压管接入电路以后，若由于电源电压发生波动，或其他原因造成电路中各点电压变动时，负载两端的电压将基本保持不变。

3. 核电子学知识

(1) 线性和稳定性

线性是指产生的离子对的平均值 $\overline{N}$ 和所消耗的入射粒子能量的吻合程度。

上面三种探测器中半导体探测器的线性最好，对电子学系统的线性要求相对要高些，通常应达到 0.01%的量级；电离室和正比计数器的线性约 0.1%，相对的电子学系统的线性达到 0.1%也就够了；闪烁探测器的线性差，对电子学设备的要求不高。

稳定性分为瞬时稳定度和长期稳定度，瞬时稳定度是指 $\overline{W}$、$\overline{\theta}$ 因电压和负载变化而产生的不稳定性；长期稳定度是长时间工作因环境温度和电源电压变化而使 $\overline{W}$、$\overline{\theta}$ 产生变化，常用$\frac{xx}{h}$、$\frac{xx}{D}$表示。

半导体探测器中载流子的迁移率随温度变化，会使输出波形发生变化。工作在饱和电压下的 PIN 探测器和全耗尽状态下的半导体探测器的 C_D 随外加电压变化的关系为 $C_D \propto \left(\frac{1}{V}\right)^{1/2}$，对电压的稳定性要好于 0.1%。

电离室和正比计数器因能量分辨率在 1%量级，温度的影响较小，正比计数器要求电源的稳定度要好于 0.1%。

闪烁探测器不稳定因素主要是光电倍增管的倍增系数 $\overline{M}$。

$$\overline{M}\text{ 的温度系数为}\frac{\frac{\Delta\overline{M}}{\overline{M}}}{\Delta T}=\pm(0.1\sim0.5)\%/℃$$

$$M\text{ 随工作电压 }V\text{ 的相对变化}\frac{\frac{\Delta\overline{M}}{\overline{M}}}{\Delta T}\approx(6\sim7)\frac{\Delta\overline{V}}{V}$$

(2) 能量分辨率

由于探测器中的电离、激发、光电转换及倍增过程都是随机的，所产生的粒子对数 N 总是围绕平均值 N 涨落的，因此 N 的概率密度函数 $f(N)$ 呈高斯分布。当 $N=N$ 时，$f(N)=f(N)_{\max}$。σ_N 是 N 的标准偏差，若 $N-\overline{N}=\pm\sigma_N$

则
$$\frac{f(N)}{f(N)_{\max}}=e^{-1/2}=0.609\approx0.61$$

定义：峰高一半处的全宽度与峰位的比值称为探测器的固有能量分辨率。用 R_D 表示。

$FWHM=2.355\sigma_N$，$FWHM=4.292\sigma_N$，用标准偏差表示能量分辨率 $R_D=2.355\sigma_N/\overline{N}$，用幅度表示分辨率 $R=FWHM_A/\overline{A}\times100\%$，$R=2.355\times\sigma_A/\overline{A}$，用能量表示分辨率 $R=FWHM_E/\overline{E}\times100\%$，$R=2.355\times\sigma_E/\overline{E}$。系统的噪声将使能量分辨率变坏，因此核电子学的任务就是要尽可能克服电子学系统的噪声对能量分辨率的影响，使 R 更接近 R_D，但始终有 $R>R_D$。按照泊松分布 N 的标准偏差为$\sqrt{N}$，但实际测定 $\sigma_N<\sqrt{N}$，因此引入法诺因子 F 加以修正，即 $\sigma_N=\sqrt{N}$。对气体电离室 $F\approx1/3$，半导体探测器 $F\approx0.05-0.2$。

(3) 探测效率

$$\eta=\text{探测器输出脉冲计数率/被测核辐射强度}$$

能量分辨率

闪烁探测器中的荧光光子数和光电倍增管的放大倍数都有统计涨落，光电转换效率也有一定的误差，因此造成闪烁探测器对于单能入射粒子的输出脉冲也有涨落，其脉冲幅度分布有一定宽度．对于 γ 射线，全能峰上的脉冲计数率随脉冲幅度 V_P 近似服从正态分布，全能峰半高宽。由于探测器中的电离、激发、光电转换及倍增过程都是随机的，所产生的粒子对数 N 总是围绕平均值 N 涨落的，因此 $\overline{N}$ 的概率密度函数 $f(N)$ 呈高斯分布。

当 $N=N$ 时，$f(N)=f(N)_{\max}$。σ_N 是 N 的标准偏差，若 $N-\overline{N}=\pm\sigma_N$，则 $\dfrac{f(N)}{f(N)_{\max}}=e^{-1/2}=0.609\approx0.61$。定义：峰高一半处的全宽度与峰位的比值称为探测器的固有能量分辨率。用 R_D 表示。FWHM$=2.355\sigma_{N}$，FWHM$=4.292\sigma_{N}$。用标准偏差表示能量分辨率 $R_D=2.355\sigma_N/\overline{N}$

用幅度表示分辨率 $R=\text{FWHM}_A/\overline{A}\times100\%$，$R=2.355\times\sigma_A/\overline{A}$，用能量表示分辨率 $R=\text{FWHM}_E/\overline{E}\times100\%$，$R=2.355\times\sigma_E/\overline{E}$。

系统的噪声将使能量分辨率变坏，因此核电子学的任务就是要尽可能克服电子学系统的噪声对能量分辨率的影响，使 R 更接近 R_D，但始终有 $R>R_D$。

按照泊松分布 N 的标准偏差为 $\sqrt{N}$，但实际测定 $\sigma_N<\sqrt{N}$，因此引入法诺因子 F 加以修正，即 $\sigma_N=\sqrt{N}$。对气体电离室 $F\approx1/3$，半导体探测器 $F\approx0.05-0.2$。

各倍增极之间电子的倍增可以看做是多级串级型的随机变数，根据数据统计中关于二级串级型随机变数的数学期望值和方差之间的关系，推广到 n 级串级型随机变数，假设各倍增极（串级型各级联）的二次发射系数均为 δ，则：

$$\left(\frac{\sigma_M}{M}\right)^2=\frac{1}{\delta-1}$$

假设第一倍增极的二次发射系数为 δ_1，以后各级倍增极的二次发射系数均为 δ，则上式变为

$$\left(\frac{\sigma_M}{M}\right)^2=\frac{\delta}{\delta_1}\cdot\frac{1}{\delta-1}$$

（4）能量分辨

能量分辨本领是指，针对两种不同能量的入射粒子，探测器所能够测定最小的能量间隔。当脉冲幅度被放大时，也被放大，分辨率基本保持不变。它表征探测器的相对分辨能力。可见能量分辨率越小，则分辨本领越好。对于能量分辨率分别为 8% 和 13% 的 NaI(Tl)晶体，则前者的分辨能力优于后者。用好的 NaI(Tl)晶体和光电倍增管，能量分辨率可达多大？能量分辨率可达 6%～7%。能量分辨能力与射线能量有何关系？能量越高，产生粒子数越多，相对涨落就越小，能量分辨本领就会好些；能量越低，产生的光子数越少，相对涨落就会越大，能量分辨本领就会差。

4. 电磁兼容

（1）电源漏电流

开关电源中为了减少干扰，按照国标，必须设有 EMI 滤波器电路。由于 EMI 电路的关

系,使得在开关电源在接上市电后对地有一个微小的电流,这就是漏电流。如果不接地,计算机的外壳会对地带有 110 V 电压,用手摸会有麻的感觉,同时对计算机工作也会造成影响。

(2) 电容漏电流

电容介质不可能绝对不导电,当电容加上直流电压时,电容器会有漏电流产生。若漏电流太大,电容器就会发热损坏。除电解电容外,其他电容器的漏电流是极小的,故用绝缘电阻参数来表示其绝缘性能;而电解电容因漏电较大,故用漏电流表示其绝缘性能(与容量成正比)。

(3) 滤波漏电流

电源滤波器漏电流定义为:在额定交流电压下滤波器外壳到交流进线任意端的电流。

如果滤波器的所有端口与外壳之间是完全绝缘的,则漏电流的值主要取决于共模电容 CY 的漏电流,即主要取决于 CY 的容量。

由于滤波器漏电流的大小,涉及到人身安全,国际上各国对它都有严格的标准规定:对于是 220 V/50 Hz 交流电网供电,一般要求噪声滤波器的漏电流小于 1 mA。

(4) 电磁干扰类型

1) 静电干扰

2) 磁场耦合干扰

磁场耦合干扰是指大电流周围磁场对机电一体化设备回路耦合形成的干扰。

3) 漏电耦合干扰

漏电耦合干扰是因绝缘电阻降低而由漏电流引起的干扰,多发生于工作条件比较恶劣的环境或器件性能退化、器件本身老化的情况下。

4) 共阻抗干扰

共阻抗干扰是指电路各部分公共导线阻抗、地阻抗和电源内阻压降相互耦合形成的干扰,这是机电一体化系统普遍存在的一种干扰。

5) 电磁辐射干扰

由各种大功率高频、中频发生装置,各种电火花以及电台、电视台等产生的高频电磁波向周围空间辐射,形成电磁辐射干扰。雷电和宇宙空间也会有电磁波干扰信号。

(5) 屏蔽

1) 屏蔽原理

屏蔽可以分为静电屏蔽、磁屏蔽和电磁屏蔽 3 种,它们的原理是:

"静电屏蔽"是把电场终止在屏蔽金属物表面,把电力线限制在屏蔽装置的内部或使外部电力线不能进入内部,而将电荷送到地线上,使外部或内部的电场为零。静电屏蔽的接地十分重要,如果不接地或接地效果不良就起不到屏蔽作用。静电屏蔽主要是屏蔽电场干扰。

"磁屏蔽"是利用具有高导磁率的屏蔽金属(铁磁物质)做成具有一定厚度的磁环,把磁场封闭在它的厚壁中。磁屏蔽对低频磁场的屏蔽效果较好,而对高频磁场的屏蔽效果较差。其原因是随着频率的增高,屏蔽金属中的涡流作用也在增加,结果把磁场从屏蔽中排挤出来。再者,所谓材料的高导磁率是对低频而言,在高频时的导磁率是很低的。

"电磁屏蔽",电磁屏蔽是抑制高频干扰的有效方法。它是利用电磁能在屏蔽金属中产生涡流造成热损失，消耗了电磁能，起到吸收高频干扰电磁能的利用，从而减弱电磁能的辐射。频率越高，屏蔽金属越厚则屏蔽效果越好。

2）屏蔽方法

按照抗扰度要求和条件，屏蔽方法也各有和同，可分：用屏蔽罩对部件进行逐件屏蔽和整体屏蔽以及建造屏蔽室 3 种。需要进行逐件屏蔽的部件有：振荡器（包括振荡管、槽路电容组、电感线圈）、高频输出变压器、高频设备馈电线、放大器中的调谐回路元件等。

整体屏蔽是建造完整机壳，把能够产生电磁辐射的元件全部包括在屏蔽体现内，即全屏蔽。屏蔽金属一般采用电阻率小的铜板或铝板制作。

5. 核辐射探测仪器

辐射探测器是将入射射线的信息（能量、强度、种类等）转换成电信号或者其他易测量信号的转换器，即传感器或换能器。是用来对核辐射和粒子的微观现象，进行观察和研究的传感器件、装置或材料。

辐射探测的主要内容有：记录入射粒子的数量（射线强度），测定射线的种类，确定射线的能量等。应用要求不同，探测的内容可能不同，使用的辐射探测器也可能不同。

（1）闪烁体

当闪烁体中原子的轨道电子从入射粒子接受大于其禁带宽度的能量时，便被激发跃迁至导带。然后，再经过一系列物理过程回到基态，根据退激的机制不同而发射出衰落时间很短的荧光（约 10 ns）或是较长的磷光（约 1 μs 或更长）。

固态的无机闪烁体一般是指含有少量混合物（激活剂）的无机盐晶体。最常用的无机晶体是用铊激活的碘化钠晶体，即 NaI(Tl)。

有机闪烁体大多属于苯环结构的芳香族碳氢化合物。有机闪烁体又可分为有机晶体闪烁体、液体闪烁体和塑料闪烁体。有机晶体主要有蒽、芪、萘等，具有比较高的荧光效率，但体积不易做得很大。

（2）闪烁体主要特性

1）闪烁体应该有较大的阻止本领，这样才能使入射粒子在闪烁体中损耗较多的能量，使其更多地转换为光能，发出较亮的闪光。为此，闪烁体的密度及原子序数大一些对测量 γ 射线是合适的。

2）闪烁体应有较大的发光效率（也称转换效率）。

3）闪烁体对自己发出的光应该是透明的，这样，闪烁体射出的光子可以大部分（或全部）穿过闪烁体，到达其后的光电倍增管的阴极上，产生更多的光电子。

4）闪烁体的发光时间应该尽可能短。闪烁体的发光时间越短，它的时间分辨能力也就越强，在一定时间间隔内，能够观测的现象也就更多，可以避免信号的重叠。

5）闪烁体发射的光谱应该与光电倍增管的光阴极光谱响匹配，这样才能使产生的光子被充分利用起来，使光电倍增管的光阴极产生较多的光电子。将因为光电倍增管对闪烁体发射的光子光谱不敏感，而不能产生良好的响应，得不到大的输出信号。

6）闪烁体要有很高的能量分辨本领。

除此以外，其他条件，例如：要求闪烁体易于加工；闪烁体具有适当的折射率和光耦合能力，尽可能避免全反射，使大部分光线都能射到光电倍增管的光阴极上；闪烁体能够长期工作于辐射条件下，闪烁体性能稳定等等，也是人们所期望的。

(3) 光电倍增管

光电倍增管是将微弱光信号转换成电信号的真空电子器件。光电倍增管用在光学测量仪器和光谱分析仪器中。它能在低能级光度学和光谱学方面测量波长 200～1 200 nm 的极微弱辐射功率。闪烁体的出现,扩大了光电倍增管的应用范围。工作时,各电极上依次加有递增的电压,当光阴极上打出的光电子经电场加速,打到第一个倍增电极上时,每个光电子能够从这个倍增电极上打出 3～6 个电子,这些电子又被电场加速,又会在下一级倍增电极上打出 3～6 倍的电子来,这样不断地增殖,阳极上就可以收集到一大群电子,形成一幅度足够大的电脉冲,由阳极输出。

光电倍增管各倍增极上的电压可以通过分压电阻得到,在进行一般强度测量时,各极电压没有特殊要求,用做能谱测量时,分压电阻不宜太大光电倍增管内有电流脉冲通过时,各极电压波动可以较小。

将闪烁体和光电倍增管按实际需要加以组合,就可以构成闪烁计数器。为了减少闪光在闪烁体和光阴极耦合界面上发生全反射,使大部分光能够射到光阴极上,需要在闪烁体与光电倍增管之间加上一定的光耦合物质,称为光导。可以将光导做成长的光导管,使闪烁体的闪光能传输一定距离。

(4) 放大器

在辐射测量中,探测器输出的信号往往较小,需要加以放大再进一步处理来提高系统的信噪比,减小信号经电缆传送时外界的干扰。但如果把整个放大器做入探测器,系统会比较笨重,并且可能受到探测器周围的条件限制,因此把放大器分为前置放大器和主放大器。前置放大器比较小,紧靠探测器构成探头。主放大器通过电缆核探头相连。

前置放大器的分两类,一类是积分型放大器,另一类是电流型放大器。电压灵敏前置放大器实际上就是电压放大器。

前置放大器的功能是解决和探测器的配合以及对探测器输出信号进行初步处理和放大。但是,前置放大器输出的脉冲幅度和波形并不适合后续测量设备(单道分析器、多道分析器等)的要求。所以对信号还需要进一步放大和成形。这就是采用主放大器进一步放大的必要性。

在放大和成形的过程中必须严格保持探测器输出的有用信息,如射线的能量信息和时间信息,尽可能减少它们的失真。这样的放大和成形就由放大器来完成。用于核辐射能谱仪的放大器,通常也称为谱仪放大器,或相对于前置放大器,称之为主放大器。主放大器在系统中的相对位置在前置放大器和分析测量设备中间。

放大器的输出信号要适应后续测量设备的要求,必须解决的两个问题是:一把小信号放大到需要的幅度;二是改造信号形状,通常称为滤波成形,目的是放大有用信号,降低噪声,提高信噪比,使之适合于后续电路的要求。

(5) 探测器

探测器的机构由下至上可分为:闪烁体,光电倍增管,分压器,前置放大器等。

探测器安装过程及注意事项如下:

1) 首先将光电倍增管顶部与探测器分压器进行电气焊接,以此实现光电倍增管各级依次递增的电压。在焊接过程要轻拿轻放,防止光电倍增管因撞击而产生裂痕和碎片。

2) 将分压器与前置放大器,前置放大器与信号传输线进行电气焊接,保证焊接牢固,无虚焊漏焊。

3）在光电倍增管底部和闪烁体顶部均需要涂抹一层耦合硅油，目的是让闪烁体与光电倍增管能够进行良好的光耦合链接。

4）安装闪烁体前需要用滤镜纸擦拭晶体光滑面，保证晶体的发光效率，并在工作过程中不受杂质的干扰，所发光能够完全让光电倍增管接收到。

5）将闪烁体，光电倍增管，前置放大器等器件全部安装完毕后，利用专用工具安装好探测器密封外壳，避光 24 h 后再进行通电测试。

（6）热释光探测器基本工作原理

热释光探测器是利用热致发光原理测量核辐射的装置。具有晶体结构的某些固体，常含有多种晶格缺陷（如一些原子或离子缺位或加入某些外来杂质等），它们能吸引异性电荷形成“陷阱”。当射线照射时，在固体中产生的电子和正离子被其俘获。检测时加热固体，则释放的电子和正离子与固体其他部分的异性电荷复合并发光。其发光光线穿过并导至光电倍增管产生光电流，再经直流放大器放大，最后通过记录器记录。

热释光探测器具有体积小能量响应好，灵敏度高，使用方便，可测 α、β、γ、X、n 等多种射线的优点。与通常采用的电离室或胶片等方法比较还具有组织等效性好，可测较长时间内积累的剂量，性能稳定等优点。

热释光元件可以重复使用。但是，经核辐射照射后的热释光体只允许一次加热测量，因为加热后，储存的信息就被破坏了，不能复查测量结果。在剂量监测中，万一某次测量失误，测量结果就被丢失。要再次使用时，热释光体要用高温退火。对不同材料，退火温度不完全相同。退火过程可使所有发光峰陷阱中的电子全部释放出来，而陷阱能级并不会被破坏。

6. Altium designer 操作

（1）工程建立

打开 AD 软件，点击菜单栏中的“file”或“文件”（见图 6-4）；

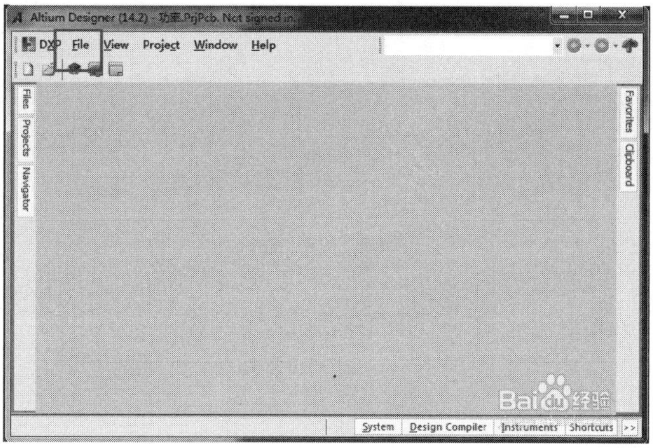

图 6-4　Altium designer 软件主页

在下拉菜单中依次找到“New”-“Project”-“PCB Project”(见图 6-5)。

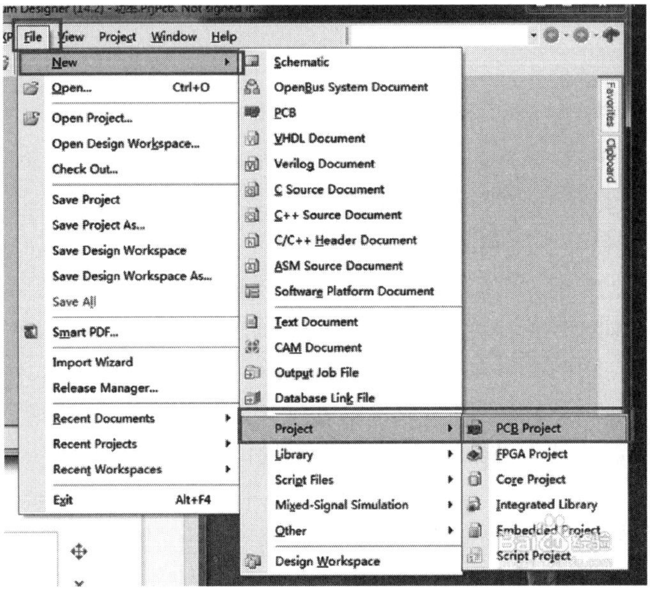

图 6-5　创建项目文件菜单

(2) 原理图添加

图 6-6 可以显示我们所建立的工程,在右侧的工程结构中选中我们建立的工程,然后右键在下拉菜单中,找“Add New to Project”-“schematic”,如图 6-7 所示;

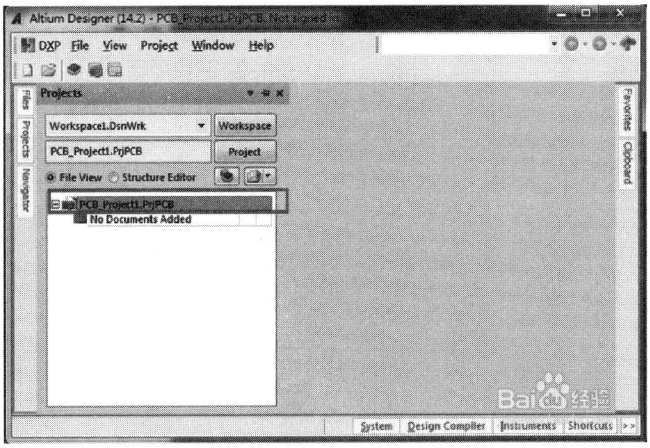

图 6-6　项目工程文件列表

如图 6-8 所示,我们完整的添加了一个原理图到 PCB 工程中。

(3) PCB 文件添加

同样,在右侧的工程结构中选中我们建立的工程(图 6-9),

然后右键在下拉菜单中,找“Add New to Project”-“PCB”,如图 6-10 所示;

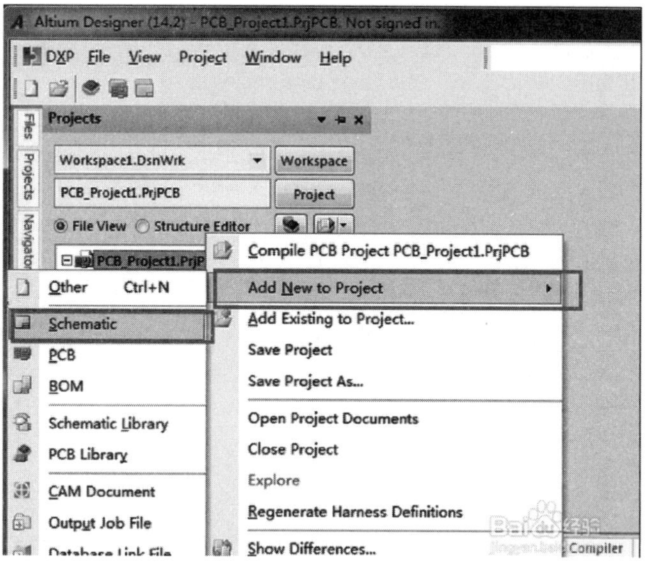

图 6-7　创建原理图文件

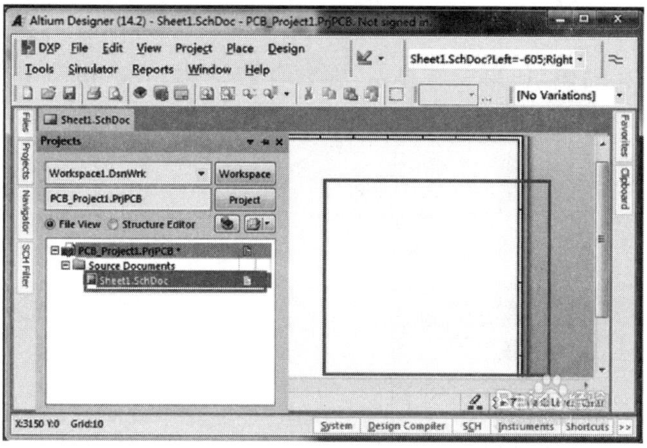

图 6-8　原理图文件位置

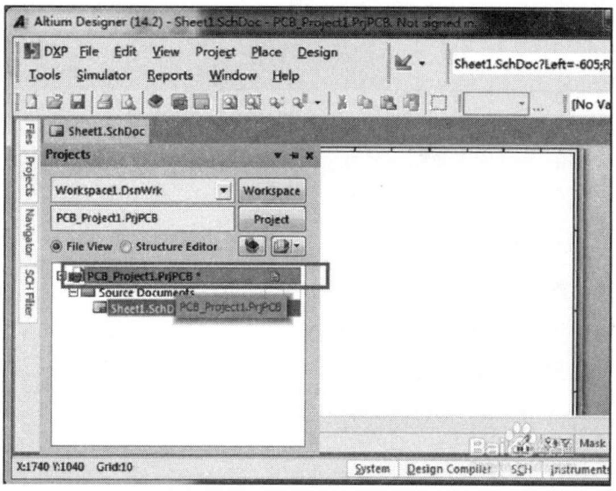

图 6-9　项目工程文件列表

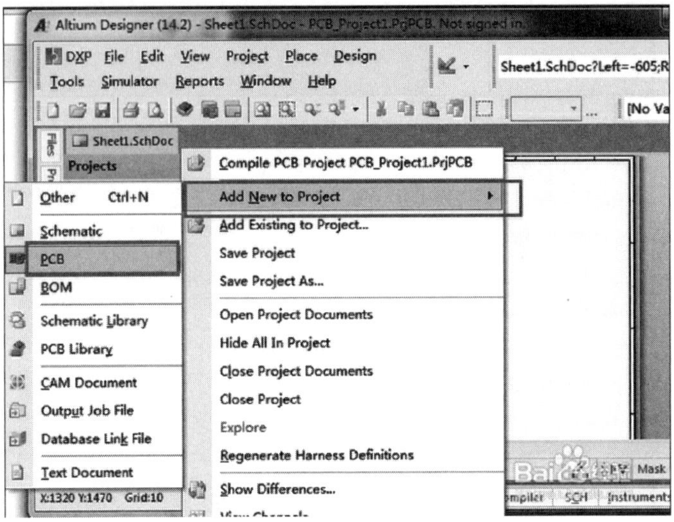

图 6-10　创建 PCB 文件

(4) 元件库添加

库文件显示栏在右侧,如果没有显示,在软件右下侧,system—library。右侧 Library 栏,点上边 Library,弹出添加库文件对话框,Installed 选项,右下,点 install 按键,选择库文件路径,添加即可(见图 6-11)。

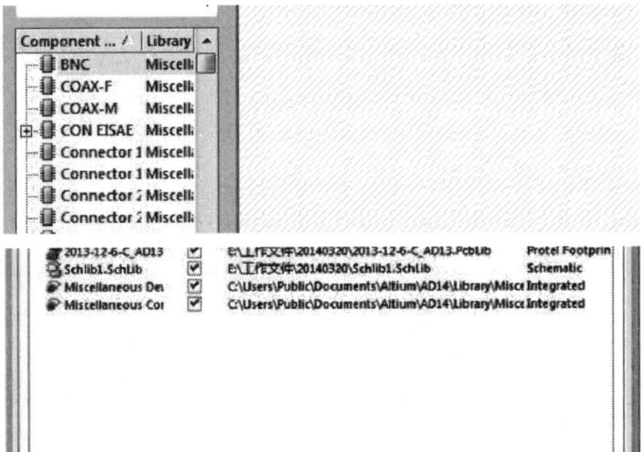

图 6-11　添加元件库

如要删除某个库,只需要在 Installed 选项下选择该库,点右下 remove 即可(图 6-12)。

(5) 原理图原件查找方法

在已知库中查找的方法仅适用于已知元器件所在的库的情况。如果已知某个元器件在某个库中,那么只需在那个库中进行查找即可。下面以查找【Miscellaneous Devices】库中的【MOSFET-N3】为例进行演示,如图 6-13 所示。

当不知道所需元器件在具体哪个库中的时候,可以采用这种方法。首先,单击【查找】按钮,系统会自动弹出【搜索】对话框,如图 6-14 所示。

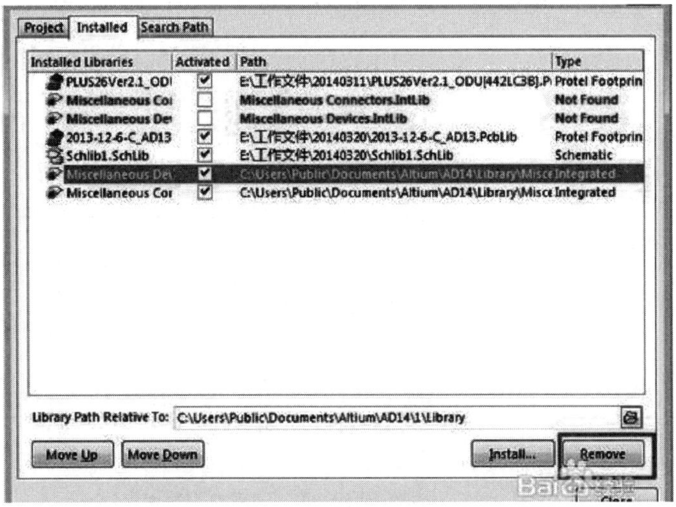

图 6-12 元件库添加删除对话框

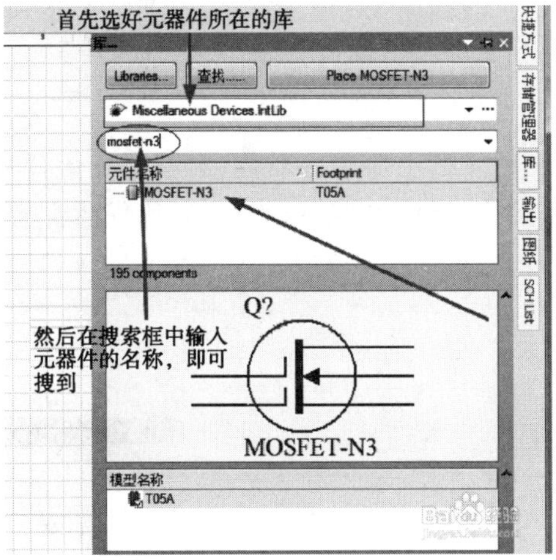

图 6-13 元件搜索选项区

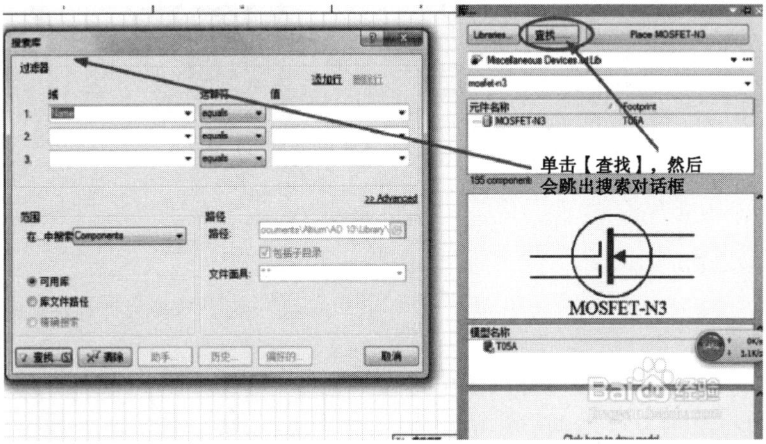

图 6-14 元件搜索对话框

这里我们以搜索 ADC 为例进行演示，在对话框中进行相应设置，具体情况如图 6-15 所示。

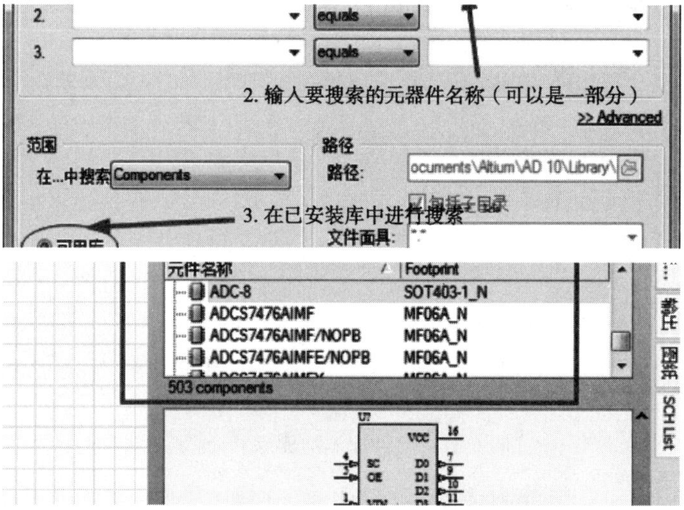

图 6-15　元件搜索流程

当不知道所需元器件在具体哪个库中的时候，且在已安装库中搜索不到时，可以采用这种方法。在方法二的基础上，只需将【可用库】改选为【库文件路径】，然后查找即可。具体情况如图 6-16 所示。

(6) PCB 原件封装查找方法

单击“Search”按钮，如图 6-17 所示。

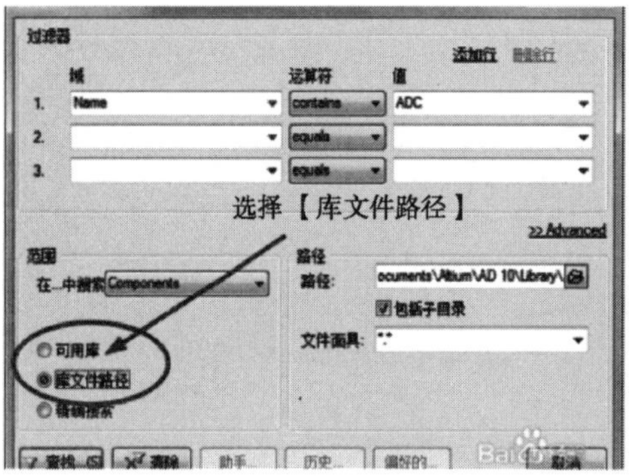

图 6-16　库文件路径选择方式

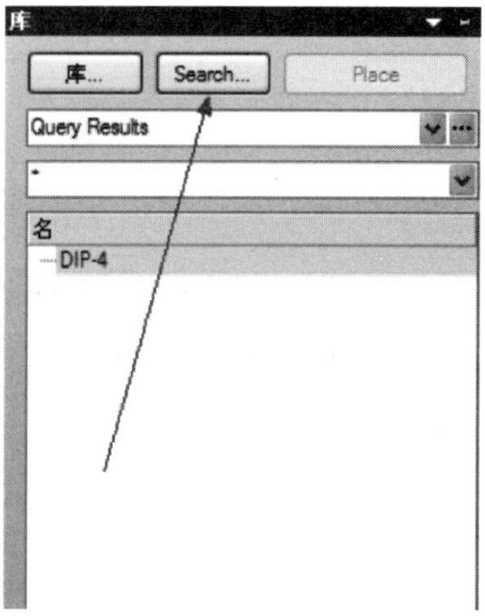

图 6-17　PCB 元件封装搜索选项区

点击对话框中“advanced”按钮，弹出搜索对话框，填入搜索内容，在搜索范围中选择 Footprints 选项，如图 6-18 所示。

点击搜索按钮后，可得到如下搜索结果，如图 6-19 所示。

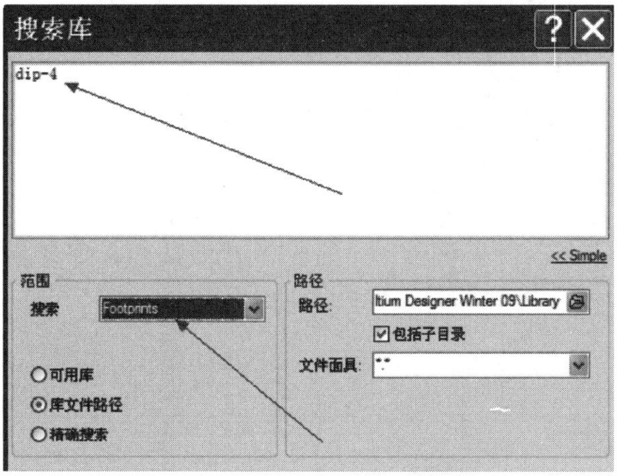

图 6-18 PCB 元件封装搜索对话框

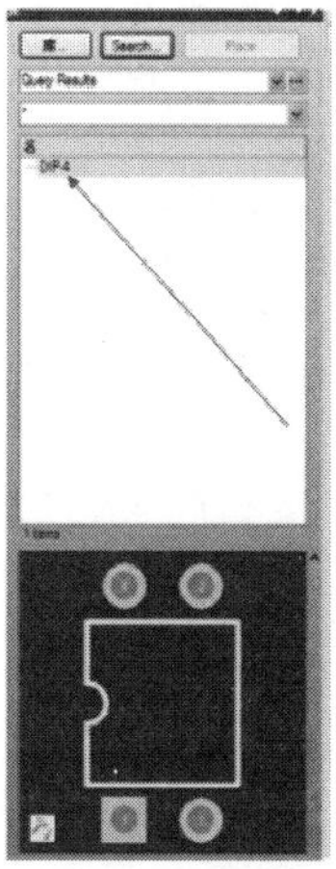

图 6-19 显示找到的 PCB 封装元件

(7) 原件表的导出

打开 PCB 工程,打开 PCB 文件,如图 6-20 所示,点击 Reports 选项卡。

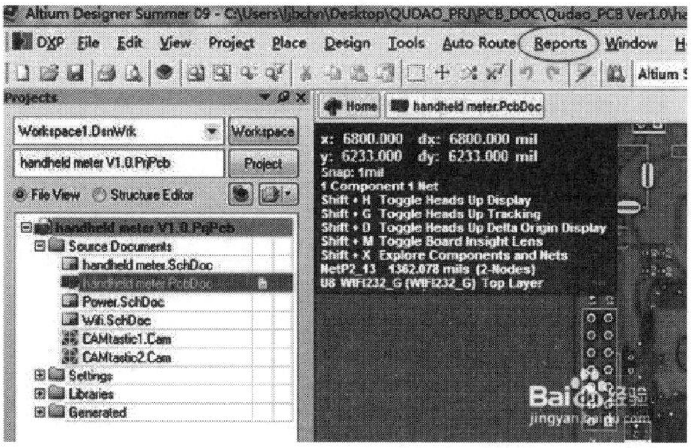

图 6-20 Reports 菜单栏位置

点击 Bill of Materials,如图 6-21 所示。

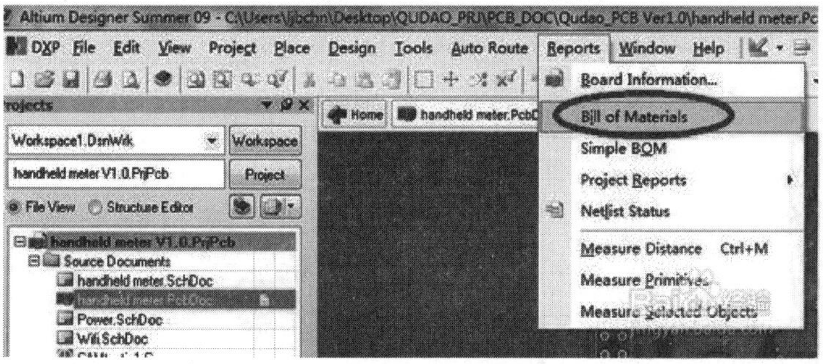

图 6-21 导出元件表选项

如图 6-22 所示可以看到所有元件，通过拖动选择 Group 分组，即将属性相同的分在一起，比如 Footprint 放在 Group 中则将封装一样的分到一个类别里。

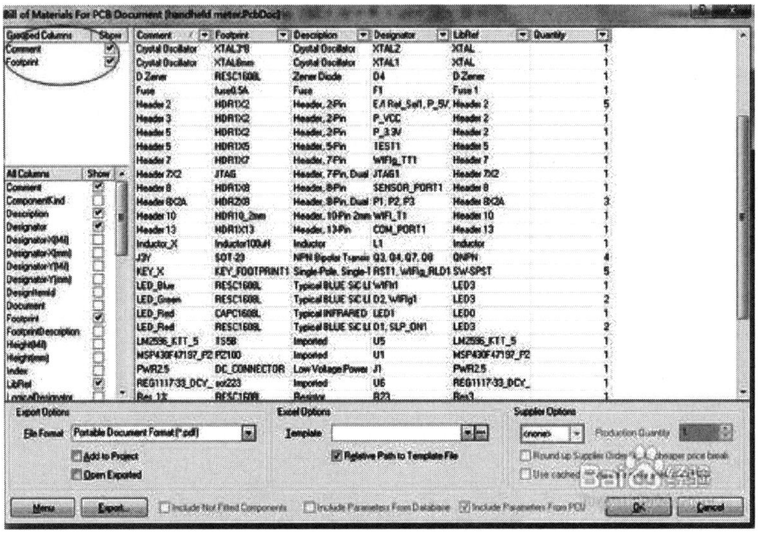

图 6-22 导出元件表对话框

如图 6-23 所示可以选择显示和不显示的属性。

可以点击表头处的相应位置进行排序，如图 6-24 所示。

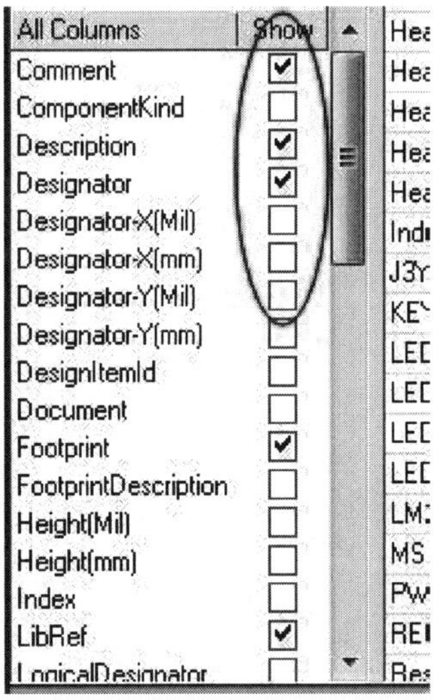

图 6-23 选择导出内容

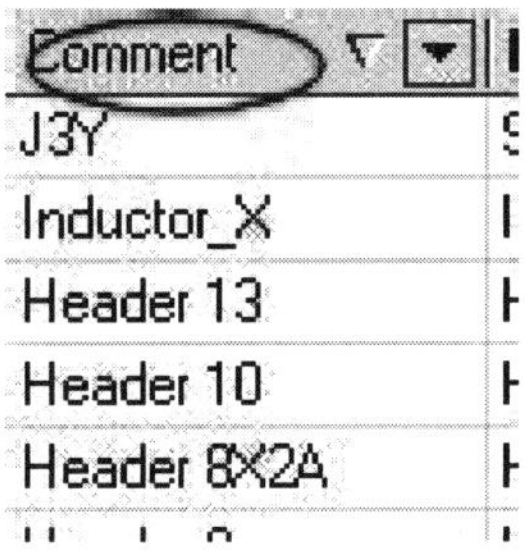

图 6-24 元件表排序

如图 6-25 所示可以设置清单文件的格式，常用的有 pdf 和 xls。

点击 Export 导出清单文件，如图 6-26 所示。

最后打开清单文件如图 6-27 所示。

图 6-25　选择导出元件表文件格式

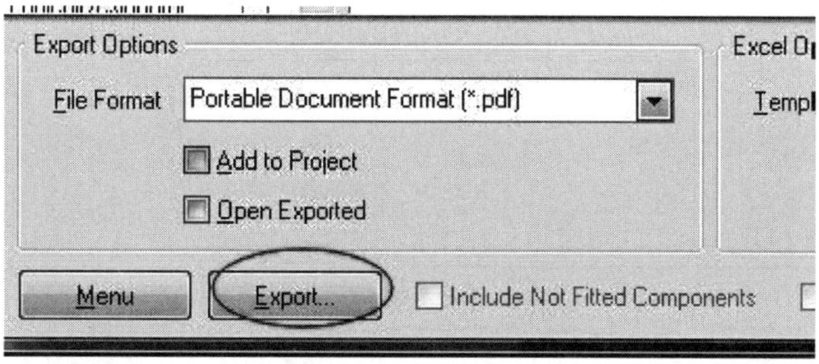

图 6-26　导出命令按钮

Comment	Footprint	Description	Designator	LibRef	Quantity
锂电池	BAT-2	Multicell Battery	BT1	Battery	1
WIFI232_G	WIFI232_G		U7, U8	WIFI232_G	2
TLV431A_DBV_5	TLV431DBV5-M	Imported	U3, U4	TLV431A_DBV_5	2
SS34	SS34	Schottky Diode	D3	D Schottky	1
SN74HC14_D_14	74HC14D14-M	Imported	U2	SN74HC14_D_14	1
Res_X	RESC1608L	Resistor, Semiconductor	R1, R2, R3, R4, R5, R6, R7, R8, R25, R26, R27, R28, R29, R30, R31, R32, R33, R34, R35, R36	Res1, Res3, Res Semi	32

图 6-27　导出的元件表清单

7. 样机试制

(1) 样机试制调试特点

试制样机是指工厂新研制开发的尚未确定的新产品，他的设计及工艺中或多或少存在不足和缺陷。试制样机的调试一般在设计室或者试制车间进行，数量很少。

试制样机的调试同批产量生产的调试区别在于：一是，要拟定调试方案及步骤；二是在调试中可能会遇到各种复杂的问题，并对这些问题提出改进和解决办法；三是，调试人员的水平要高，调试仪器仪表质量要好。

(2) 试制样机调试前的准备工作

1) 研究样机的有关设计文件和工艺文件，拟定出试制样机的调试方案。

2) 根据拟定好的试制样机调试方案，对拟定调试设备逐一检查，校验。

3）对试制样机进行装配质量和安全检查。

4）连接好各测试仪器。

（3）样机调试的一般过程

1）按拟定好的调试方案对试制样机的单板、部件、整机的各项指标进行逐项调试。

2）分析处理调试过程中出现的技术问题。

3）填写记录有关数据及调试中存在的问题，并提出有关问题的改进意见。

二、实践与操作

下面简单介绍低本底 α、β 测量仪的调试过程。

1．准备调试工具

（1）示波器。

（2）数字表。

（3）工作源。

2．单元功能调试

（1）低压电源

把低压电源前面板的保险丝盒＋12 V、－12 V、～220 V 放入保险丝并拧紧，把低压电源插入 NIM 机箱，连接低压电源的电源线，打开低压电源开关，用数字万用表测量 NIM 机箱右侧的电压监测点的电压，确定＋24 V±10％，＋12 V±10％，＋5 V±10％，－12 V±10％，－24 V±10％是否准确。

（2）高压电源

用检修线连接高压电源与 NIM 机箱，先打开低压电源，打开高压电源。把波段开关分别扭到 1、2、3、4 挡，调节十圈电位器控制器使高压输出显示为 600 V。用数字万用表测量高压输出Ⅰ，通过调节电位器，使高压输出Ⅰ与数字显示屏所显示的高压值保持一致都为 600 V。

（3）测量单元

先检查线路板焊接是否有焊接错误，插件组装，连线是否有错误。用检修线连接测量单元与 NIM 机箱，打开低压电源，用数字万用表测量 IC 电路的输入电压是否正确。

3．整机调试

（1）按照连线图进行机器连接。

（2）闪烁探测器的坪特性概述。

坪特性在用于闪烁探测器的辐射强度测量中，是一项十分重要的指标。根据闪烁体探测器的坪特性参数，才能较好地确定探测器的工作电压，可使探测器稳定可靠地工作。

坪区实质上是闪烁体探测器在某一条件下，规定合适的阈值，逐渐改变高压数值，超过该阈值的脉冲被计数，这样输出的计数率就随高压的变化而变化。在高压渐渐升高的一段过程中，计数率会基本不变，这就是所谓的坪区了。还有如果高压继续升高，闪烁体计数率会突然增大，导致坪区结束。

坪区的两个参数：

坪斜：在工作电压每改变 10 V(步间电压)时计数率变化的百分比。

坪长：在坪斜一定范围内如 10%的工作电压范围。

4. 反符合调整

(1) 坪区选择

进行反符合探头调整时无需使用工作源。将反符合阈值 C 设置为 0.1 V，改变高压(反符合高压范围可在 550～700 V 之间调节，步间电压为 5 V)，坪斜为 10%左右，测出坪长，依据调试经验反符合探测器坪长为 10～20 V 左右，可基本选定反符合高压。理论上反符合计数越多越好，但反符合计数过多时，可能会影响反符合线路的正常工作，一般该计数不超过 5 000 cpm。

(2) 阈值确定

选定高压后，保证计数不超过 5 000 cpm 同时，一般反符合阈值 C 在 0.1 V 左右。

5. 主探头调整

(1) 坪区选择

为使仪器能在最佳状态下工作，光电倍增管的高压必须选在坪区。高压的选择方法如下：

首先将 ^{239}Pu α 工作源置于源托盘中，放入仪器，固定 α 阈 4 V 或 5 V，改变高压(高压范围可在 550～700 V 之间调节，步间电压为 5 V)，坪斜为 10%左右，测出坪长。

同理将 ^{90}Sr-^{90}Y β 工作源置于源托盘中，放入仪器，固定一个 β 阈(β_L = 1 V、β_H = 1.5 V)，改变高压(高压范围可在 550～700 V 之间调节，步间电压为 10 V)，坪斜为 10%左右，测出坪长。这样就得到两组坪曲线，即 α 坪曲线和 β 坪曲线。再从两组坪曲线中选取对 ^{90}Sr-^{90}Y β 源的 2π 效率≥45%，对 ^{239}Pu α 源的 2π 效率≥72%时两条坪曲线对应的公共高压作为最佳高压，β 坪曲线对应的 β_L 的值和 α 坪曲线对应的 α 值作为最佳工作阈值。这样光电倍增管的最佳高压就选定了。

(2) 阈值确定

1) β_L(β 低阈)的设置

2) β_L 的设置应能有效的将噪声消除。由于 β 峰前沿较陡，如果 β_L 过高将使 β 效率大大降低。在保持 β 效率的前提下，要尽可能提高 β_L，以最大限度的消除噪声的影响。

3) β_H(β 高阈)的设置

β_H 越高，β 的效率就越高，但 α 进入 β 道的几率就增大。β_H 过高对效率的贡献不明显，因此，在保证 β 效率的前提下，尽可能降低 β_H，以使窗宽度变小，从而降低 β 本底。

4) α(α 阈)的设置

α 越低，α 的效率就越高，但 α 太低时，β 进入 α 道的计数会增加，α 的本底会增大，因此，在保证 α 的效率的前提下，尽可能提高 α 的值，使其 β 串入 α 道的计数减小，α 的本底降低。(一般 α 阈选在 3 V 到 5 V 之间)。

6. 探头联调

根据产品标准要求，进行整体指标(工作源效率、本底、串道比)调试。如不满足指标要求，对主探头及反符合探头阈值进行微调。

第三节 故障判断与排除

学习目标：充分使用维修工具进行调试维修，对核仪器及探测器利用专业知识及目测进行故障判断。

一、电子元器件的基础知识与应用

随着电子技术及其应用领域的迅速发展，所用的元器件种类日益增多，学习和掌握常用元器件的性能、用途、质量判别方法，对提高电气设备的装配质量及可靠性将起重要的保证作用。电阻、电容、电感、二极管、三极管等都是电子电路常用的器件。

1. 电子元器件的分类

电子元器件被用来改变电流方向，它们的形状和尺寸各不相同，用途也多种多样。电路中实现的功能分类：电阻、电容、电感器、变压器、机电组件、半导体分立组件、集成电路。当把元器件安装在 PCB 上时，有 2 种主要封装形式的元件，通过元件和表面贴装元件。

2. 元器件封装

封装外形分类：THT-通孔安装形式；SMT-表面安装形式。通孔元件，它有引脚穿过 PCB，然后焊接。表面安装元件被直接焊到 PCB 表面上被称作焊盘的金属上。通孔元件的形式很多，有轴向、径向两种。轴向元件是元件引脚从身体两端引出的称为轴向元件。典型的轴向元件有：电阻、二极管、电容。径向元件是元件的 2 个或多个引脚从同一方向伸出。典型的径向元件有：晶体管、电容、二极管、滤波器和晶振。表面安装元件或 SMD，相对于通孔元件而言，越来越流行，表面安装元件的引脚不是穿过 PWB，而是直接安装在 PCB 表面的焊盘上，并焊接。很多通孔引脚与表面安装元件的功能相等，但表面安装元件的体积要小得多。SMD 器件没有很长的引脚，因为它们不需要穿过 PWD。与 PCB 接触也有两种形式，第一种是有引脚元件；第二种是无引脚元件。

元件封装不仅起着安装、固定、密封、保护芯片及增强电热性能等方面的作用，而且还通过芯片上的接点用导线连接到封装外壳的引脚上，这些引脚又通过印刷电路板上的导线与其他器件相连接，从而实现内部芯片与外部电路的连接。因为芯片必须与外界隔离，以防止空气中的杂质对芯片电路的腐蚀而造成电气性能下降。另一方面，封装后的芯片也更便于安装和运输。由于封装技术的好坏还直接影响到芯片自身性能的发挥和与之连接的 PCB（印制电路板）的设计和制造，因此它是至关重要的。

衡量一个芯片封装技术先进与否的重要指标是芯片面积与封装面积之比，这个比值越接近 1 越好。封装时主要考虑的因素：芯片面积与封装面积之比为提高封装效率，尽量接近 1∶1；引脚要尽量短以减少延迟，引脚间的距离尽量远，以保证互不干扰，提高性能；基于散热的要求，封装越薄越好。

封装主要分为 DIP 双列直插和 SMD 贴片封装两种。从结构方面，封装经历了最早期的晶体管 TO（如 TO-89、TO92）封装发展到了双列直插封装，随后由 PHILIP 公司开发出了 SOP 小外型封装，以后逐渐派生出 SOJ（J 型引脚小外形封装）、TSOP（薄小外形封装）、VSOP（甚小外形封装）、SSOP（缩小型 SOP）、TSSOP（薄的缩小型 SOP）及 SOT（小外形晶体管)、SOIC(小外形集成电路)等。从材料介质方面,包括金属、陶瓷、塑料、塑料,目前很多高强度工作条件需求的电路如军工和宇航级别仍有大量的金属封装。

封装大致经过了如下发展进程:

结构方面:TO→DIP→PLCC→QFP→BGA →CSP;

材料方面:金属、陶瓷→陶瓷、塑料→塑料;

引脚形状:长引线直插→短引线或无引线贴装→球状凸点;

装配方式:通孔插装→表面组装→直接安装。

具体的封装形式:

(1) SOP/SOIC 封装

SOP 是英文 Small Outline Package 的缩写,即小外形封装。SOP 封装技术由 1968—1969 年菲利浦公司开发成功,以后逐渐派生出 SOJ(J 型引脚小外形封装)、TSOP(薄小外形封装)、VSOP(甚小外形封装)、SSOP(缩小型 SOP)、TSSOP(薄的缩小型 SOP)及 SOT(小外形晶体管)、SOIC(小外形集成电路)等。

(2) DIP 封装

DIP 是英文 Double In-line Package 的缩写,即双列直插式封装。插装型封装之一,引脚从封装两侧引出,封装材料有塑料和陶瓷两种。DIP 是最普及的插装型封装,应用范围包括标准逻辑 IC,存贮器 LSI,微机电路等。

(3) PLCC 封装

PLCC 是英文 Plastic Leaded Chip Carrier 的缩写,即塑封 J 引线芯片封装。PLCC 封装方式,外形呈正方形,32 脚封装,四周都有管脚,外形尺寸比 DIP 封装小得多。PLCC 封装适合用 SMT 表面安装技术在 PCB 上安装布线,具有外形尺寸小、可靠性高的优点。

(4) TQFP 封装

TQFP 是英文 thin quad flat package 的缩写,即薄塑封四角扁平封装。四边扁平封装(TQFP)工艺能有效利用空间,从而降低对印刷电路板空间大小的要求。由于缩小了高度和体积,这种封装工艺非常适合对空间要求较高的应用,如 PCMCIA 卡和网络器件。几乎所有 ALTERA 的 CPLD/FPGA 都有 TQFP 封装。

(5) PQFP 封装

PQFP 是英文 Plastic Quad Flat Package 的缩写,即塑封四角扁平封装。PQFP 封装的芯片引脚之间距离很小,管脚很细,一般大规模或超大规模集成电路采用这种封装形式,其引脚数一般都在 100 以上。

(6) TSOP 封装

TSOP 是英文 Thin Small Outline Package 的缩写,即薄型小尺寸封装。TSOP 内存封装技术的一个典型特征就是在封装芯片的周围做出引脚,TSOP 适合用 SMT 技术(表面安装技术)在 PCB(印制电路板)上安装布线。TSOP 封装外形尺寸时,寄生参数(电流大幅度变化时,引起输出电压扰动)减小,适合高频应用,操作比较方便,可靠性也比较高。

(7) BGA 封装

BGA 是英文 Ball Grid Array Package 的缩写,即球栅阵列封装。20 世纪 90 年代随着技术的进步,芯片集成度不断提高,I/O 引脚数急剧增加,功耗也随之增大,对集成电路封装的要求也更加严格。为了满足发展的需要,BGA 封装开始被应用于生产。

3. 元器件选型原则

(1) 普遍性原则:所选的元器件要是被广泛使用验证过的,尽量少使用冷门、偏门芯片,减少开发风险。

(2) 高性价比原则:在功能、性能、使用率都相近的情况下,尽量选择价格比较好的元器件,降低成本。

(3) 采购方便原则:尽量选择容易买到、供货周期短的元器件。

(4) 持续发展原则:尽量选择在可预见的时间内不会停产的元器件。

(5) 可替代原则:尽量选择兼容芯片品牌比较多的元器件。

(6) 向上兼容原则:尽量选择以前老产品用过的元器件。

(7) 资源节约原则:尽量用上元器件的全部功能和管脚。

4. 三端稳压集成电路

三端稳压集成电路,电子产品中,常见的三端稳压集成电路有正电压输出的 78 XX 系列和负电压输出的 79 XX 系列。三端 IC 是指这种稳压用的集成电路,只有三条引脚输出,分别是输入端、接地端和输出端。它的样子像是普通的三极管,TO- 220 的标准封装,也有 9013 样子的 TO-92 封装。78XX 系列电路的主要特点是:输出电流最大可达 1.5 A,内含过压保护、过流保护以及温度保护功能。

用 78、79 系列三端稳压 IC 来组成稳压电源所需的外围元件极少,电路内部还有过流、过热及调整管的保护电路,使用起来可靠、方便,而且价格便宜。该系列集成稳压 IC 型号中的 78 或 79 后面的数字代表该三端集成稳压电路的输出电压,如 7805 表示输出电压为正 5 V,7905 表示输出电压为负 5 V。7812,输出电压为 12 V,7912 表示输出电压为负 12 V。

这 4 个型号器件的失稳电压都是 3 V,输出电流是 1 A;7805 输出电压是 +5 V、7812 是 +12 V、最高输入电压是 35 V;7905 输出电压是 −5 V、7912 是 −12 V、最高输入电压是 −35 V;

三端稳压器管脚判断:

在 78 * *、79 * * 系列三端稳压器中,最常用的是 TO-220 和 T0-202 两种封装。这两种封装的图形及引脚序号、引脚功能如图 6-28 所示。

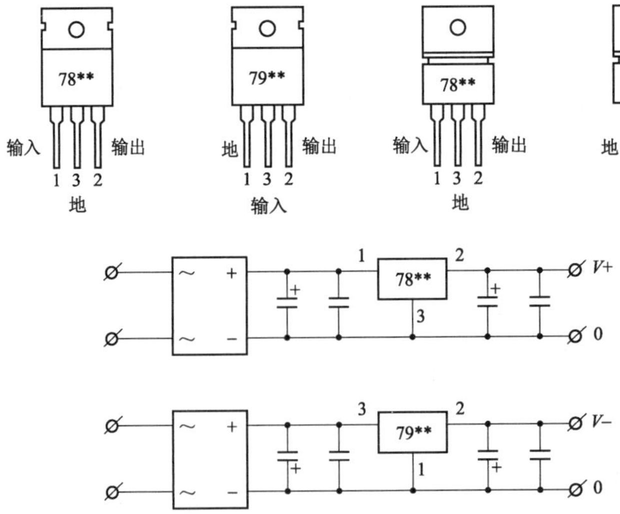

图 6-28 三端稳压器(78/79 系列)管脚序号判别技巧

图中的引脚号的标注方法是按照引脚电位从高到低的顺序标注的，引脚①为最高电位，③脚为最低电位，②脚居中。从图中可以看出，不论 78 系列、还是 79 系列，②脚均为输出端。对于 78 正压系列，输入是最高电位，为①脚，地端为最低电位，为③脚。对于 79 负压系列，输入为最低电位，自然是③脚，而地端为最高电位，为①脚，输出为中间电位，为②脚。此外，还应注意，散热片总是和最低电位的第③脚相连，这样在 78 系列中，散热片和地相连接，而在 79 系列中，散热片和输入端相连接。

5. 常用稳压二极管的主要参数

稳压二极管在电路中常用"ZD"加数字表示，从外形上看，金属封装稳压二极管管体的正极一端为平面形，负极一端为半圆面形。稳压二极管，又叫齐纳二极管。此二极管是一种直到临界反向击穿电压前都具有很高电阻的半导体器件。这临界击穿点上，反向电阻降低到一个很小的数值，在这个低阻区中电流增加而电压则保持恒定，稳压二极管是根据击穿电压来分档的，因为这种特性，稳压管主要被作为稳压器或电压基准元件使用。稳压二极管可以串联起来以便在较高的电压上使用，通过串联就可获得更多的稳定电压。

稳压二极管的特点就是反向通电尚未击穿前，其两端的电压基本保持不变。这样，当把稳压管接入电路以后，若由于电源电压发生波动，或其他原因造成电路中各点电压变动时，负载两端的电压将基本保持不变。稳压二极管在电路中常用"ZD"加数字表示，如：ZD5 表示编号为 5 的稳压管。

主要参数有：(1) 稳定电压；(2) 电压温度系数；(3) 动态电阻；(4) 稳定电流，最大、最小稳定电流；(5) 最大允许功耗。

6. 单片机的定义及特点

89C51 是一种带 4 K 字节闪烁可编程可擦除只读存储器（FPEROM——Flash Programmable and Erasable Read Only Memory）的低电压、高性能 CMOS8 位微处理器，俗称单片机。单片机的可擦除只读存储器可以反复擦除 100 次。该器件采用 ATMEL 高密度非易失存储器制造技术制造，与工业标准的 MCS-51 指令集和输出管脚相兼容。由于将多功能 8 位 CPU 和闪烁存储器组合在单个芯片中，ATMEL 的 89C51 是一种高效微控制器，89C2051 是它的一种精简版本。89C 单片机为很多嵌入式控制系统提供了一种灵活性高且价廉的方案。

主要特性有与 MCS-51 兼容，• 4 K 字节可编程闪烁，存储器寿命：1000 写/擦循环，三级程序存储器锁定，128×8 位内部 RAM，32 可编程 I/O 线，两个 16 位定时器/计数器可编程串行通道，低功耗的闲置和掉电模式，片内振荡器和时钟电路。

结构特点包括：8 位 CPU；片内振荡器和时钟电路；32 根 I/O 线；外部存贮器寻址范围 ROM、RAM64K；2 个 16 位的定时器/计数器；5 个中断源，两个中断优先级；全双工串行口；布尔处理器。

7. FJ367 及 FJ374 闪烁探头的介绍及故障判断与维修

FJF367 型通用闪烁探头配合 FH463 定标器，可供工农业、医疗卫生和科学研究单位做 α、β、γ 的射线测量。它由闪烁体、光电倍增管和前置放大器组成，供电电源为＋10 V 低压、负高压。

FJ374γ 能谱探头主要用于 γ 能谱的测量，适应的能量范围从 6 KeV（用厚 1 mm 的薄

NaI(Tl)晶体)到 3 MeV(用 Φ40 mmNaI(Tl)晶体),因此包括了 X 射线谱的测量、当安装塑料或硫化锌闪烁体时,也可以做 β 或 α 粒子测量。供电电源为-12 V 低压、正高压(一般在600～900 V 之间)。

闪烁探测器在使用过程中,出现不工作或工作不正常,首先应判断故障原因,排除损坏部件(表 6-1)。

表 6-1 故障判断与维修

故障现象	故障原因	维修方法
无计数	高压极性不正确 低压供电电压不正确 光电倍增管底座打拿极电阻焊错或损坏 光电倍增管接触不良 地线不通 前置放大器工作不正常 定标器自身故障	1. 检查 FJ367 为负高压;FJ374 为正高压 2. 用三用表电压挡测量供电电源 3. 用三用表欧姆挡测量电阻阻值是否正确 4. 检查结构是否松动、阴极弹片接触是否不良,重新插好 5. 用三用表欧姆挡测量 6. 用三用表测量内部三极管的静态工作点 7. 按定标器故障排除方法检查
计数不规律 (计数统计涨落误差大)	地线接触不良 接触不良	1. 用三用表欧姆挡测量 2. 检查所有活动连接部位
本底过高	光电倍增管漏光 闪烁体余辉时间长造成 阈值设定过低 被放射性物质污染 周围有 γ 放射性同位素干扰	1. 光电倍增管在自然光下曝光时间过长,延长避光时间 2. 开始使用时闪烁体避光时间不够 3. 提高阈值或适当降低高压 4. 清除污染 5. 去掉干扰放射源
效率低	晶体效率低 光耦合不好 脉冲幅度小 测 α、β 效率低	晶体潮解,更换晶体 硅油太少:闪烁体与光阴极面不平行 增加高压或适当降低阈值 源距离闪烁体太远,放到合适距离

8. 电子线路噪声的产生及抑制

随着电子信息技术的不断发展,电子信息传播过程中的质量是人们所关注的重点。关于电子电路的噪声有许多成因,应通过适宜的检测手段寻找噪声来源并对其进行具有针对性的抑制,以提升整个电子电路的质量。

(1) 噪声的成因

对噪声进行抑制控制,首先就是要对噪声源的位置及产生进行明确。只有了解了相关噪声源的产生位置、产生原因,才能进一步进行具有针对性的实施抑制措施。

1) 通过放电产生的噪声

此类噪声来源于自然界中的雷电,这种状况下产生的噪声对电子设备的损害程度无法预测,就算普通的开关设备,也极有可能成为放点噪声源。

2) 因为辐射干扰而产生的噪声

辐射干扰即通过空间介质,干扰能量的近场感应。此类噪声来源主要在工频、射频和高频大功率传输线上产生,由于上面电流变化较快,在附近形成交变磁场噪声源。

3）特定器件固有的噪声源

在组成电路的内部组件中，特定器件自带噪声源，且产生噪声随机。其中主要包括散弹噪声、热噪声和接触噪声等。热噪声主要成因是导体内部自由电子的无规则热运动；散弹噪声则是在晶体管期间中产生的电流噪声，是载流子在通过势垒区时不均匀而引起的电流的微小起伏；接触噪声则是因为两种不同材料之间的不完全接触，使电导率发生起伏而产生的干扰信号。这几种噪声源都可看作特定器件的固有噪声源，但在噪声的抑制过程中却可能有所区别。

（2）电子电路中噪声的常规监测办法

1）通过观察法进行监测

观察法即通过检测者进行肉眼观察，主要是对电路板的虚焊、漏焊和线之间的短路和断裂、元件安装和是否烧焦等情况进行检查。

2）通过触摸器件进行监测触摸法即通过人手对器件进行触摸从而发现问题的检测方法。通过对机件、机箱、底板进行轻击时产生的噪声震荡加大，则可断定噪声与此电路相关。在电路正常工作时，本身发热的元器件突然失去热度或过热，产生的噪声与此器件有关。

3）通过示波器进行动态观测

通过示波器对电路中的关键点波形进行观察，这种观察是在电路中从后往前慢慢注入测试信号，再根据示波器的输出信号波形来检测异常，若信号波形表现异常，则表明前方电路存在故障。

4）通过分割法逐级检测

此种方法是对部件进行逐级拆除，找出无噪声部位，进而寻找并确定噪声来源。在检查中，应从前往后分离电路，具体可通过在电路板上短线、拔掉部分插件等方式来完成，无噪声的部位即噪声产生的根源所在。

5）用万用表进行静态测量

通过万用表的直流工作电流和电压能对故障进行检测，可见万用表也能检测噪声，尤其是在现行电路分立元件的监测中，万用表的运用十分广泛。

（3）抑制电子电路噪声的有效途径

在电子电路中，噪声对其造成负面效果的大小，取决于噪声与信号相比的相对大小。这种比较通常通过信噪比来表示。对电子电路进行噪声上的优化，应以提升电路输出信噪比为最终目的。具体可从信号强度的提升和噪声的降低上进行。因此在相应的选择过程中，应确保信号和噪声的增减差异，以改变整个电路的信噪比，以下是通过减小电路中内部噪声来提升信噪比的具体途径。

1）在电子电路中运用合适器件

在电子的研制过程中，低噪声电子器件的全用能有效降低噪声污染。以场效应管和晶体管的噪声性能对比为例，结型场效应管在低频和中频区中的电流噪声比晶体管要小很多，原因是场效应管主要以多数载流子来导电，而晶体管在电极和基极之间的电流分布不均，在运行的过程中会产生分配噪声，而载流子从发射结势垒造成的散弹噪声，对冉有栅级与导电沟道的反向电流散弹噪声，但十分微弱。可见，场效应管在低频噪声上相对于晶体管具有较好性能优势。力图在音频放大电路前置放大级中多运用结型场效应管。但高频段的使用中，因为沟道电阻噪声从栅级和够到之间寄生电容感应到栅级，伴随频率的提升而不断变大,因此,此时的电流噪声可能比警惕三极管更大。

2)电源滤波器的运用

在电子电路中,滤波器作为对电源频率进行选择的期间,职能通过对电源频率进行详尽频率成分的选择,而若有高于此频率成分的信号,则会产生衰竭。因为电源滤波器具有十分有效的降噪功能,因而在当前的市场上出现的五花八门的电源滤波器,在许多电子设备的电源输入端都有安装使用。

3)在电子电路中负反馈的引入

负反馈在电子电路中的运用有利有弊,在电子电路中,负反馈对抑制电路内部的噪声具有很好的效果,但对有用信号也会产生抑制影响,相对比则会发现信噪比并无显著提升。在运用负反馈的同时,也会产生如下的负面效果:一是负反馈的引入会在电路中增加一个反馈电阻带来的热噪声;而是在负反馈引入后可能造成电路自激,造成电路无法正常运作。因此,通常在电子电路的噪声抑制中部推荐运用负反馈的办法。

由此可见,对噪声污染进行分析、研究并进行具有针对性的抑制把控,这个过程中应充分运用各种先进科技手段来寻找噪音源,并结合具体的产生原因和环境、应用需求等相关问题进行适当调整,从而战争控制噪声污染,将噪声污染对电子电路的影响和干扰有效的降低和转化。

二、实践与操作

1)开机后仪器无任何显示,首先检查电源。电源是电池的,检查电池是否需要充电,外部电源的检查是否电源跳闸等问题。

2)探测器不工作,检查电源高低压是否有输出,检查是否电缆未接触好。或者连接电缆是否正常。

3)计数混乱,检查探头是否有漏光现象,或者探头有沾污现象。

4)计数不准确,可根据调试方法进行重新调试。

5)低压无输出,判断元器件损坏。

6)测量单元故障,判断放大,阈值设置。

7)高压无输出,判断高压模块有无输入,判断高压模块是否损坏。

第四节　培训与指导

学习目标:掌握培训教学的基本方法和教学大纲的编写。

一、培训教学的基本方法

核辐射探测仪器制造高级技师应能培训和指导高级工的操作,因此掌握培训教学的基本方法和教学大纲的编写是很有必要的。

1. 培训教学的特点

培训教学具有如下几个特点:

(1)具有较强的针对性和实用性。职业培训目标、专业设置、教学内容等均根据职业技能标准、劳动力市场需求和用人单位的实际要求确定。经过职业培训的毕(结)业生可上岗作业。

（2）具有较强的灵活性。在培训形式上可采取联合办学、委托培训、定向培训等方式；在培训期限上采取长短结合的方式，可以脱产也可以半脱产；在培养对象上依据岗位的实际需要灵活确定；在教学形式上不受某种固定模式的限制，根据职业标准的要求采取多种形式匠教学手段。

（3）教学与生产相结合。主要体现在一方面教学要紧紧围绕生产实际进行，另一方面要贯彻勤工俭学、自立更生和艰苦奋斗的原则，通过教学与生产经营相结合，既培养了人才，又创造了物质财富，获得社会、经济的双重效益。

（4）培训方法上强调理论知识教育与实际操作训练相结合，突出技能操作训练。

2. 培训教学的模式

讲授法：传统的培训方式。优点：运用起来方便，便于培训者控制整个过程。缺点：单向信息传输，反馈效果差，教师和学员的互动少。用于一些理念性知识的培训。对核辐射仪器制造人员高级工的理论知识的培训适用此模式。

视听技术法：通过现代视听技术，对学员进行培训。优点：直观鲜明。缺点：学员的反馈与实践较差，且制作和购买的成本高，内容易过时。

讨论法：一般可分成小组讨论和研讨会两种方式。小组讨论的特点是信息交流时方式为多向传递，学员的参与性高，费用较低。多用于巩固知识，训练学员分析、解决问题的能力与人际交往的能力，但运用时对培训教师的要求较高。研讨会以主题演讲为主，中途或会后允许学员与演讲者进行交流沟通。优点是信息可以多向传递，缺点是费用较高。

案例研讨法：这一方式使用费用低，反馈效果好，可以有效训练学员分析解决问题的能力。另外案例、讨论的方式也可用于知识类的培训，且效果更佳。

角色扮演法：学员在培训教师设计的工作情况中扮演其中角色，其他学员与培训教师在学员表演后作适当的点评。由于信息传递多向化，反馈效果好、实践性强、费用低，因而多用于人际关系能力的训练。

互动小组法：也成敏感训练法。此法主要适用于管理人员的人际关系与沟通训练。让学员在培训活动中亲身体验来提高他们处理人际关系的能力。其优点是可明显提高人际关系与沟通的能力，但其效果在很大程度上依赖于培训教师的水平。

网络培训法：是一种新型的计算机网络信息培训方式，投入较大。但由于使用灵活，符合分散式学习的新趋势，节省学员集中培训的时间和费用。这种方式信息量大，新知识、新观念传递优势明显，更适合成人学习。因此，特别为实力雄厚的企业所青睐，也是培训发展的一个必然趋势。

项目教学法：教师的指导下亲自处理一个项目的全过程，在这一过程中学习掌握教学计划内的教学内容。学生全部或部分独立组织、安排学习行为，解决在处理项目中遇到的困难，提高了学生的兴趣，自然能调动学习的积极性。因此“项目教学法”是一种典型的以学生为中心的教学方法。对核辐射探测仪器制造高级工的实操的指导适合此方法。

3. 培训的效果评价

培训效果评价一般用培训效果评价表来表示，表中一般要注明课题名称、培训教师、培训时间、培训课时、培训地点、培训人员、考核方式、培训内容、培训效果评价等内容。培训效果评价表的模板如表 6-2 表示。

表 6-2　培训效果评价表

课题名称		培训时间	
培训地点		培训教师	
培训课时		考核方式	
培训人员			
培训内容			
培训效果评价			

二、培训计划和培训大纲的编写

1. 培训计划和培训大纲的概念

培训计划:根据一定的培训目的和培养目标制定的教学和培育工作的指导文件。它决定着培训内容总的方向和总的结构,并对有关培训的教学、培育活动、生产劳动和课外活动等方面作出全面安排,具体规定培训项目的学科设置、各门学科的教学顺序、教学时数以及各种活动等。

培训大纲:是根据培训计划中规定的各门学科(课程)的目的、任务而编写的指导性文件。它以纲要的形式,具体规定每门学科知识、技能的范围、深度以及体系、结构,同时规定教学的一般进度和对教学法的基本要求。其一般分为“说明”、“正文”两部分。

培训计划和培训大纲的关系

培训大纲是按照项目培训计划要求,各培训课程在项目培训计划中的地位、作用、性质、目的和任务而规定的培训内容、结构体系、知识范围、教学要求等的基本纲要。培训大纲是实施培训计划的基本保证,也是编写培训教材、组织培训教学、进行教学质量考核的指导性文件。

2. 培训计划编写的依据

培训需求调查分析

培训需求可分三个层面:组织层面的需求、职务层面的需求和个人层面的需求。

组织层面的需求包括企业经营策略方针,企业使命、战略目标、策略和文化分析以及企业生命周期所处阶段,这时培训的最大前提,为了企业战略及策略目标的达成,培训必须依据企业经营的策略方针来进行。组织层面的分析就是要解决公司高层管理者这样的问题:培训对实现我们的经营目标重要吗?培训将会怎样支持我们战略目标的实现?哪些职能部门和经营单位需要培训?从一个发展阶段来看,企业所处生命周期不同,其相应的组织培训需求就有所不同。

职务层面的需求是按照企业岗位职务能力标准，对担当工作的员工的工作能力、工作态度和工作业绩进行比较分析，以确定员工能否胜任，进而确定企业培训需求。职务层面的培训需求主要通过职务分析、问卷调查以及与部门主管面谈的方式进行。

个人层面的需求是通过对员工个人工作要求、工作结果、素质条件、工作态度以及发展要求进行评估，以确定培训对象和内容。其中对关键岗位的人员情况要进行重点分析。个人层面的需求主要通过与员工的个人面谈结合需求调查表进行。

在进行培训需求分析过程中，对于出现的工作差异，要首先确定改变这些差异的重要性，判断改变这种差异是当前需求还是未来需求？管理层是否支持这种改变？应该按什么顺序进行改变？有没有资源和政策上的保证等，最重要的是判断培训是否是解决这种差异最有效的方法。否则，盲目培训不但效果不好，而且劳民伤财。

依据国家职业标准要求

国家标准是制定培训计划和培训大纲的基础。培训计划和培训大纲应该涵盖职业标准的全部内容，但也不能超出职业标准的内容。

根据公司生产工艺及技术装备

编写培训计划和培训大纲要考虑公司现有的生产工艺、技术水平和技术装备等，否则培训计划和培训大纲就不现实、不能够具体实施的。

培训是为了满足管理者的需要和工作任务的需要，而不是单纯为满足员工需要。

3. 培训计划的内容

培训计划要解决 5W1H 问题，即

Why(为什么要培训?)：培训的目的；

Who(谁?)：培训的负责人、培训的对象；

What(培训的内容是什么?)：培训的内容；

When(什么时候、时间?)：培训的时间、期限；

Where(在哪里?)：培训的场地；

How(如何进行?)：培训的方法。

4. 培训大纲编写的原则

(1) 符合教学计划要求

1) 明确本门课程在教学计划中的地位和作用；

2) 通过本门课程的学习需达到什么目的和要求；

3) 体现各技能等级层次在培养规格、要求等方面上的差别；

4) 重视应用技术与实践创新能力的培养。

(2) 结合开放教育的特点，贯彻“少而精，求实效”的原则。

1) 结合开放教育特点，考虑教学对象，教学内容难易要适中，教学总量要合理控制；

2) 公共基础课和专业基础课的教学内容根据专业课的要求以必需、够用为标准，突出重点；

3) 教学内容的精简标准以学生所学知识在量上符合专业培养目标和在一定时间内能吸收消化为限度；

4) 要求反应学科的新成果，体现理论知识与实践应用能力的结合；

5）在文字表述上要力求精炼、准确。

(3）对操作技能类的课程要突出其指导与训练的特点，要针对其各教学环节有明确、具体的要求，且有较强的可操作性。

(4）同工种、同等级的相同课程(主要是基础课和专业基础课)原则上使用统一大纲、统一教材。

5. 培训大纲编写的内容和基本结构

培训大纲编写应包括大纲说明和大纲内容。

(1）大纲说明

这是培训大纲编写中必须强调的一部分，主要包括六点内容：

1）本课程的性质与地位、目的与任务；

2）本课程适用的主要专业及其他说明；

3）本课程与相关课程的前后衔接关系；

4）本课程的基本教学(包括实践性环节方面)要求；

5）本课程的教学方法和教学形式建议；

6）本课程内容的教学要求层次。

(2）大纲正文

教学要求：在教学要求中目的与要求应予以明确、具体、层次清楚，进一步增强和培养学员的逻辑思维能力与创造能力。

教学要求层次的术语通常有：知道、了解、理解、明确、能、学会、掌握、熟练掌握等。

对有关定义、定理、性质、特征等概念的内容可按“知道、了解、理解”三个层次要求；

有关计算、解法、公式、法则等方法的内容，可按“会、掌握、熟练掌握”三个层次要求；

技能(实践环节)可按：指认、学会、能、测定(测绘)、掌握、应用等几个层次要求来把握。

在编写时，应根据课程的性质与要求采用相应的定性词汇，并注明不同教学层次所对应的考核要求。

教学内容及课时：明确教学的内容和课时。

教学建议：明确教学内容中重点与难点的教学要求，建议教师采用的教学方法和教学手段等。

第五节 管 理

学习目标：熟悉组织管理基础知识和质量管理基础知识。

一、组织管理基础知识

1. 组织的概述

(1）组织的定义：人们为了实现一定的目标，相互结合、确定职位、明确责任与义务、分工合作、协调行动的人工系统及其运转过程。

(2）组织的特征

1）组织必须有一个共同的目标。

2）组织要有不同层次的权利和责任制度。

3）组织包括不同层次的分工和合作。

4）组织的功能在于协调人们的活动去实现共同的目标。

（3）组织的四层次

1）决策层：领导对近期与远期的计划与决策项目选择。

2）控制层：高层管理者（领导班子）对各部门建立有效的控制体系。

3）管理层：（从高层到各中层干部）知道自己的职责与权力是什么，发挥其管理作用。

4）经营层：经营层（各部门）执行决策，动员全体人员完成组织的总体目标。

2. 组织管理原则

任何社会活动都应是有组织的活动，任何组织都有一个与其功能与目标相适应的组织机构及其设置原则。尽管由于客观条件和所承受的任务不同，不同层次的企业其具体的社会职能有所侧重和差异，但组织设置的科学合理与否，直接关系着组织的功能能否有效发挥，组织管理一般应遵循以下原则：

（1）任务目标原则

任何组织都有特定的任务和目标，每个组织及其组成部分，都应当与这一目标相关联；组织的调整、增加、合并或取消，都应该以能否实现目标为标准。做到分工合理，协作明确。每个部门及员工的工作范围、相互关系、协作方法、权利责任等，都应有明确规定。

（2）因人设岗与因事设岗辩证使用的原则

从管理学的角度讲，因事设岗是正确的，而因人设岗是不科学的。但事实上，中国很多企业都采用因人设岗的原则并且取得了成功。

对于高层岗位要采用因人设岗的原则。因为高层管理人员属于职业经理人阶层，目前还比较稀缺，因人设岗还是必要的。

为了留住核心竞争力的人才（一般是高级技术人才或高级专业人才），可以采用因人设岗原则。

一旦组织的高层人员老化，为了及时培养接班人可以采用因人设岗原则。

对于普通岗位来说，可选择的余地很多，采取因事设岗或因岗位择人，问题不大。

集权和分权相结合的原则。

集权与分权的关系是辩证统一，一般表现为统一领导、分级管理。集权到什么程度，应该以不妨碍下级积极性为限；分权到什么程度，应该以上级不失去对下级的有效控制为限。分权要使结果可控，必须有控制系统辅助，可以使授权的上级放心分权，做到“用人不疑”，也可以防止受权者不滥用权力，保证分权能达到预期效果。

命令统一原则

从管理的常识来看，一定要避免多头领导，做到统一指挥。实质也就是要进行统一领导，消除多头领导和无人负责现象。

管理幅度与管理层级适度原则

管理幅度指平均每位干部下属员工的数量配备，管理层级指最高管理者到最基层员工之间设了几层机构。

管理幅度与管理层级是对应的关系：管理幅度越大，管理层级就越少；管理幅度越小，管理层级就越多。管理者由于精力有限，有效管理幅度就受到一定限制。管理幅度过小，造成越级指挥、多头指挥、越权指挥;管理幅度越宽,对于部素质要求越高,虽可降低管理中间层次,但管理幅度超过一定范围,势必导致管理人员负担过重,无法对下属人员施加必要的监督和有效的指导,从而影响工作效率。

二、质量管理基础知识

1. 质量管理概述

质量管理是在质量方面指挥和控制组织的协调的活动。质量管理涉及组织的各个方面,它要求围绕产品质量形成的全过程,通过制定质量方针和实现质量目标,向市场提供符合顾客和其他相关方要求的产品。因此,质量首先是一个满足客户需要和要求的问题。这意味着质量管理的焦点必须放在为客户服务并使之满意上。

质量管理的主要活动通常包括:制定质量方针和质量目标;进行质量策划、质量控制、质量保证和质量改进。在这些活动中,质量策划、质量控制、质量保证和质量改进都是为制定质量方针和实现质量目标而进行的。当质量方针、质量目标实现后应重新进行质量策划、质量控制、质量保证和质量改进。

质量管理的三大目标包括:提高顾客满意度、缩短流程和减少缺陷。影响质量的因素包括 4M1E,即材料、机器、人、方法和环境。

2. 质量管理原则

(1) 五不放过原则

在质量管理中需做到:

原因找不到,不放过——追查原因;

责任分不清,不放过——选择对策;

纠正措施不落实,不放过——草拟行动;

纠正措施不验证,不放过——成果比较;

有效措施不纳入,不放过——标准化。

(2) 员工的工作质量具体要求

1) 熟悉检验标准、了解操作规范的内容要求。

2) 树立“质量是生产出来的,不是检验出来的”的思想。

3) 严格遵守品质保证的三不政策和三不放过原则。

三不政策包括不接受不良品(互检)、不制造不良品(自检)以及不流出不良品(自检和互检)。

三不放过原则指事件原因分析不清不放过;事件责任者与群体未受到教育不放过;事件没有防范措施不放过。

不合格品的控制

1) 不合格品指未满足明示的、习惯上隐含的或必须履行的需求和期望的产品。

2) 不合格品的控制要求包括标识、记录、评审、隔离和处置。

3) 不合格品评审和处置的方法有返工、让步接收、降级、拒收或报废。

(3) 质量意识

所谓质量意识:首先要保证我们的产品是合格的。符合产品的规格要求,另外整个生产流程要严格遵照企业生产流程的管理规定。

作为员工，不仅仅是被动的接受，更要不断的提出改善意见，促进质量的提高。所以生产现场人员应注意以下事项：

1）不要踩踏产品（原材料、半成品和成品）；

2）不要让不合格品流到下一工序；

3）不要抛扔产品；

4）不要把产品直接放在地上；

5）不要不按操作规范作业；

6）不要无首检作业；

7）不要乱摆放产品；

8）不要一味追求速度；

9）不要机器带病作业；

10）不要“知情不报”。

思考题

1. 如何绘制出智能定标器阈值调试系统的连接方式？

2. 高斯型脉冲波形、典型的指数衰减型脉冲波形如何绘制？

参考文献

[1] 康华光. 电子技术基础数字部分[M]. 5 版. 北京：高等教育出版社，2006.

[2] 汲长松. 核辐射探测器及其实验技术手册[M]. 北京：原子能出版社，2010.

[3] 李杰，杨宗强. 电子电路设计、安装与调试完全知道[M]. 北京：化学工业出版社，2013.

[4] 吴明. 工厂现场精细化管理手册. 2 版[M]. 北京：人民邮电出版社，2014.

第七章　整机检验

第一节　生产准备

学习目标：了解产品涉及的法律法规要求，掌握电离辐射检测和放射源基础知识。

一、产品涉及的法律法规要求

1. 我国计量法律法规

1985年9月6日，全国人大常委会通过《中华人民共和国计量法》，1987年2月1日，国家计量局发布了《计量法实施细则》，从而进一步健全了我国计量法制。根据国家计量法的规定：国家采取国际单位制。国际单位制计量单位和国家选定的其他计量单位，为国家法定计量单位。非国家法定计量单位应废除。

国家通过对计量基准器具，计量标准器具的强制管理，保障量值的准确可靠。计量器具管理包括：

(1) 对计量器具制造和修理的管理；

(2) 对计量器具新产品的管理；

(3) 对计量器具进口的管理；

(4) 对计量器具使用的管理。

计量监督是我国《计量法》的一项重要内容，国家技术监督局依法对全国计量工作实施统计表监督管理。

我国《计量法》专章规定了法律责任，违反《计量法》的单位或个人，将被追究法律责任。这些违法行为包括：

(1) 未取得《制造计量器具许可证》《修理计量器具许可证》进行制造和修理计量器具的；制造、销售未经审查合格的计量器具新产品的；

(2) 制造、修理、销售的计量器具不合格的；属于强制检定范围的计量器具，未按规定申请检定不合格还继续使用的；

(3) 使用不合格的计量器具或者破坏计量器具的准确度，给国家和消费者造成损失的；

(4) 制造、销售、使用以欺骗消费者为目的的计量器具的。

2. 计量要求

(1) 除了一些极大型企业，可以设立计量检定室、配备检定员外，一般企业对于强检计量器具应送到有资格的计量部门或法定授权的单位进行检定。

(2) 非强制检定计量器具的检定方式，由企业根据生产和科研的需要，可以自行决定在本单位检定或者送其他计量检定机构检定、测试，任何单位不得干涉。但对检定条件及检定人员的资格有一定要求(具体资格要求见下文)。

（3）对于列入 59 种计量器具目录，但实际使用不是用于贸易结算等四类领域的计量器具，可不属于强制检定的范围。

（4）计量检定与计量校准有较大的区别，对于非强制检定计量器具，公司可进行计量校准（自校、外校或二者相结合），但对计量校准有要求。

二、电离辐射监测

1. 概述

电离辐射监测简称辐射监测，又称为放射性监测，是指为了评估和控制辐射或放射性物质的照射，对剂量或污染所完成的测量及对测量结果所作的分析和解释。电离辐射监测按监测对象分为个人剂量监测、工作场所监测和辐射环境监测。

2. 个人剂量监测

利用工作人员佩带剂量计进行的测量，或对其体内或排泄物中放射性核素的种类和活度进行的测量，以及对测量结果的解释。个人剂量监测包括外照射监测、内照射监测与皮肤表面污染监测。个人剂量计的类型有胶片个人剂量计、辐射致荧光玻璃个人剂量计、核乳胶快中子个人剂量计、固体径迹中子个人剂量计、热释光个人剂量计、袖珍照射量计等。目前使用最广泛的是热释光个人剂量计（见图 7-1）。

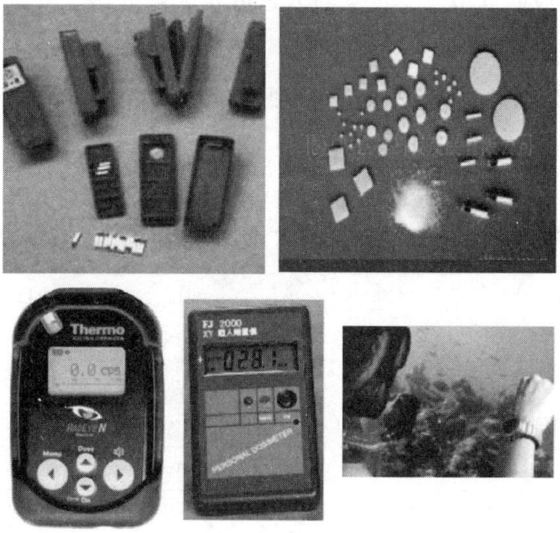

图 7-1　个人剂量计

个人剂量计相关要求：

监测周期：一般为 1 个月，也可视具体情况延长或缩短，但最长不得超过 3 个月。对于短期工作和临时进入放射工作场所的人员，应配带直读式个人剂量计，并按规定记录和保存他们的剂量资料。

3. 个人监测的法律依据

依据国家的法律、法规和标准，开展个人监测的法律依据有：

《中华人民共和国职业病防治法》，中华人民共和国主席令第六十一号，2001；

《放射性同位素与射线装置安全和防护条例》,国务院 449 号令,2005;

《放射工作人员职业健康管理办法》,卫生部 55 号令,2007;

《电离辐射防护与辐射源安全基本标准》GB 18871—2002;

《职业性外照射个人监测规范》GBZ 128—2002 等。

三、检验用放射源

1. 放射源分类原则

参照国际原子能机构的有关规定,按照放射源对人体健康和环境的潜在危害程度,从高到低将放射源分为Ⅰ、Ⅱ、Ⅲ、Ⅳ、Ⅴ类,Ⅴ类源的下限活度值为该种核素的豁免活度。

1) Ⅰ类放射源为极高危险源。没有防护情况下,接触这类源几分钟到 1 小时就可致人死亡;

2) Ⅱ类放射源为高危险源。没有防护情况下,接触这类源几小时至几天可致人死亡;

3) Ⅲ类放射源为危险源。没有防护情况下,接触这类源几小时就可对人造成永久性损伤,接触几天至几周也可致人死亡;

4) Ⅳ类放射源为低危险源。基本不会对人造成永久性损伤,但对长时间、近距离接触这些放射源的人可能造成可恢复的临时性损伤;

5) Ⅴ类放射源为极低危险源。不会对人造成永久性损伤。

2. 常见放射源分类简表

根据《放射源分类办法》(环保总局 2005 年 62 号公告),对常用不同核素的 64 种放射源按表 7-1 进行分类:

表 7-1 放射源分类

核素名称	Ⅰ类源	Ⅱ类源	Ⅲ类源	Ⅳ类源	Ⅴ类源
	(Bq)	(Bq)	(Bq)	(Bq)	(Bq)
^{241}Am	$\geqslant 6\times10^{13}$	$\geqslant 6\times10^{11}$	$\geqslant 6\times10^{10}$	$\geqslant 6\times10^{8}$	$\geqslant 1\times10^{4}$
^{241}Am/Be	$\geqslant 6\times10^{13}$	$\geqslant 6\times10^{11}$	$\geqslant 6\times10^{10}$	$\geqslant 6\times10^{8}$	$\geqslant 1\times10^{4}$
^{198}Au	$\geqslant 2\times10^{14}$	$\geqslant 2\times10^{12}$	$\geqslant 2\times10^{11}$	$\geqslant 2\times10^{9}$	$\geqslant 1\times10^{6}$
^{133}Ba	$\geqslant 2\times10^{14}$	$\geqslant 2\times10^{12}$	$\geqslant 2\times10^{11}$	$\geqslant 2\times10^{9}$	$\geqslant 1\times10^{6}$
^{14}C	$\geqslant 5\times10^{16}$	$\geqslant 5\times10^{14}$	$\geqslant 5\times10^{13}$	$\geqslant 5\times10^{11}$	$\geqslant 1\times10^{7}$
^{109}Cd	$\geqslant 2\times10^{16}$	$\geqslant 2\times10^{14}$	$\geqslant 2\times10^{13}$	$\geqslant 2\times10^{11}$	$\geqslant 1\times10^{6}$
^{141}Ce	$\geqslant 1\times10^{15}$	$\geqslant 1\times10^{13}$	$\geqslant 1\times10^{12}$	$\geqslant 1\times10^{10}$	$\geqslant 1\times10^{7}$
^{144}Ce	$\geqslant 9\times10^{14}$	$\geqslant 9\times10^{12}$	$\geqslant 9\times10^{11}$	$\geqslant 9\times10^{9}$	$\geqslant 1\times10^{5}$
^{252}Cf	$\geqslant 2\times10^{13}$	$\geqslant 2\times10^{11}$	$\geqslant 2\times10^{10}$	$\geqslant 2\times10^{8}$	$\geqslant 1\times10^{4}$
^{36}Cl	$\geqslant 2\times10^{16}$	$\geqslant 2\times10^{14}$	$\geqslant 2\times10^{13}$	$\geqslant 2\times10^{11}$	$\geqslant 1\times10^{6}$
^{242}Cm	$\geqslant 4\times10^{13}$	$\geqslant 4\times10^{11}$	$\geqslant 4\times10^{10}$	$\geqslant 4\times10^{8}$	$\geqslant 1\times10^{5}$
^{244}Cm	$\geqslant 5\times10^{13}$	$\geqslant 5\times10^{11}$	$\geqslant 5\times10^{10}$	$\geqslant 5\times10^{8}$	$\geqslant 1\times10^{4}$
^{57}Co	$\geqslant 7\times10^{14}$	$\geqslant 7\times10^{12}$	$\geqslant 7\times10^{11}$	$\geqslant 7\times10^{9}$	$\geqslant 1\times10^{6}$
^{60}Co	$\geqslant 3\times10^{13}$	$\geqslant 3\times10^{11}$	$\geqslant 3\times10^{10}$	$\geqslant 3\times10^{8}$	$\geqslant 1\times10^{5}$

续表

核素名称	Ⅰ类源 (Bq)	Ⅱ类源 (Bq)	Ⅲ类源 (Bq)	Ⅳ类源 (Bq)	Ⅴ类源 (Bq)
^{51}Cr	$\geqslant 2\times10^{15}$	$\geqslant 2\times10^{13}$	$\geqslant 2\times10^{12}$	$\geqslant 2\times10^{10}$	$\geqslant 1\times10^{7}$
^{134}Cs	$\geqslant 4\times10^{13}$	$\geqslant 4\times10^{11}$	$\geqslant 4\times10^{10}$	$\geqslant 4\times10^{8}$	$\geqslant 1\times10^{4}$
^{137}Cs	$\geqslant 1\times10^{14}$	$\geqslant 1\times10^{12}$	$\geqslant 1\times10^{11}$	$\geqslant 1\times10^{9}$	$\geqslant 1\times10^{4}$
^{152}Eu	$\geqslant 6\times10^{13}$	$\geqslant 6\times10^{11}$	$\geqslant 6\times10^{10}$	$\geqslant 6\times10^{8}$	$\geqslant 1\times10^{6}$
^{154}Eu	$\geqslant 6\times10^{13}$	$\geqslant 6\times10^{11}$	$\geqslant 6\times10^{10}$	$\geqslant 6\times10^{8}$	$\geqslant 1\times10^{6}$
^{55}Fe	$\geqslant 8\times10^{17}$	$\geqslant 8\times10^{15}$	$\geqslant 8\times10^{14}$	$\geqslant 8\times10^{12}$	$\geqslant 1\times10^{6}$
^{153}Gd	$\geqslant 1\times10^{15}$	$\geqslant 1\times10^{13}$	$\geqslant 1\times10^{12}$	$\geqslant 1\times10^{10}$	$\geqslant 1\times10^{7}$
^{68}Ge	$\geqslant 7\times10^{14}$	$\geqslant 7\times10^{12}$	$\geqslant 7\times10^{11}$	$\geqslant 7\times10^{9}$	$\geqslant 1\times10^{5}$
^{3}H	$\geqslant 2\times10^{18}$	$\geqslant 2\times10^{16}$	$\geqslant 2\times10^{15}$	$\geqslant 2\times10^{13}$	$\geqslant 1\times10^{9}$
^{203}Hg	$\geqslant 3\times10^{14}$	$\geqslant 3\times10^{12}$	$\geqslant 3\times10^{11}$	$\geqslant 3\times10^{9}$	$\geqslant 1\times10^{5}$
^{125}I	$\geqslant 2\times10^{14}$	$\geqslant 2\times10^{12}$	$\geqslant 2\times10^{11}$	$\geqslant 2\times10^{9}$	$\geqslant 1\times10^{6}$
^{131}I	$\geqslant 2\times10^{14}$	$\geqslant 2\times10^{12}$	$\geqslant 2\times10^{11}$	$\geqslant 2\times10^{9}$	$\geqslant 1\times10^{6}$
^{192}Ir	$\geqslant 8\times10^{13}$	$\geqslant 8\times10^{11}$	$\geqslant 8\times10^{10}$	$\geqslant 8\times10^{8}$	$\geqslant 1\times10^{4}$
^{85}Kr	$\geqslant 3\times10^{16}$	$\geqslant 3\times10^{14}$	$\geqslant 3\times10^{13}$	$\geqslant 3\times10^{11}$	$\geqslant 1\times10^{4}$
^{99}Mo	$\geqslant 3\times10^{14}$	$\geqslant 3\times10^{12}$	$\geqslant 3\times10^{11}$	$\geqslant 3\times10^{9}$	$\geqslant 1\times10^{6}$
^{95}Nb	$\geqslant 9\times10^{13}$	$\geqslant 9\times10^{11}$	$\geqslant 9\times10^{10}$	$\geqslant 9\times10^{8}$	$\geqslant 1\times10^{6}$
^{63}Ni	$\geqslant 6\times10^{16}$	$\geqslant 6\times10^{14}$	$\geqslant 6\times10^{13}$	$\geqslant 6\times10^{11}$	$\geqslant 1\times10^{8}$
$^{237}Np(^{233}Pa)$	$\geqslant 7\times10^{13}$	$\geqslant 7\times10^{11}$	$\geqslant 7\times10^{10}$	$\geqslant 7\times10^{8}$	$\geqslant 1\times10^{3}$
^{32}P	$\geqslant 1\times10^{16}$	$\geqslant 1\times10^{14}$	$\geqslant 1\times10^{13}$	$\geqslant 1\times10^{11}$	$\geqslant 1\times10^{5}$
^{103}Pd	$\geqslant 9\times10^{16}$	$\geqslant 9\times10^{14}$	$\geqslant 9\times10^{13}$	$\geqslant 9\times10^{11}$	$\geqslant 1\times10^{8}$
^{147}Pm	$\geqslant 4\times10^{16}$	$\geqslant 4\times10^{14}$	$\geqslant 4\times10^{13}$	$\geqslant 4\times10^{11}$	$\geqslant 1\times10^{7}$
^{210}Po	$\geqslant 6\times10^{13}$	$\geqslant 6\times10^{11}$	$\geqslant 6\times10^{10}$	$\geqslant 6\times10^{8}$	$\geqslant 1\times10^{4}$
^{238}Pu	$\geqslant 6\times10^{13}$	$\geqslant 6\times10^{11}$	$\geqslant 6\times10^{10}$	$\geqslant 6\times10^{8}$	$\geqslant 1\times10^{4}$
$^{239}Pu/Be$	$\geqslant 6\times10^{13}$	$\geqslant 6\times10^{11}$	$\geqslant 6\times10^{10}$	$\geqslant 6\times10^{8}$	$\geqslant 1\times10^{4}$
^{239}Pu	$\geqslant 6\times10^{13}$	$\geqslant 6\times10^{11}$	$\geqslant 6\times10^{10}$	$\geqslant 6\times10^{8}$	$\geqslant 1\times10^{4}$
^{240}Pu	$\geqslant 6\times10^{13}$	$\geqslant 6\times10^{11}$	$\geqslant 6\times10^{10}$	$\geqslant 6\times10^{8}$	$\geqslant 1\times10^{3}$
^{242}Pu	$\geqslant 7\times10^{13}$	$\geqslant 7\times10^{11}$	$\geqslant 7\times10^{10}$	$\geqslant 7\times10^{8}$	$\geqslant 1\times10^{4}$
^{226}Ra	$\geqslant 4\times10^{13}$	$\geqslant 4\times10^{11}$	$\geqslant 4\times10^{10}$	$\geqslant 4\times10^{8}$	$\geqslant 1\times10^{4}$
^{188}Re	$\geqslant 1\times10^{15}$	$\geqslant 1\times10^{13}$	$\geqslant 1\times10^{12}$	$\geqslant 1\times10^{10}$	$\geqslant 1\times10^{5}$
$^{103}Ru(^{103m}Rh)$	$\geqslant 1\times10^{14}$	$\geqslant 1\times10^{12}$	$\geqslant 1\times10^{11}$	$\geqslant 1\times10^{9}$	$\geqslant 1\times10^{6}$
^{106}Ru (^{106}Rh)	$\geqslant 3\times10^{14}$	$\geqslant 3\times10^{12}$	$\geqslant 3\times10^{11}$	$\geqslant 3\times10^{9}$	$\geqslant 1\times10^{5}$
^{35}S	$\geqslant 6\times10^{16}$	$\geqslant 6\times10^{14}$	$\geqslant 6\times10^{13}$	$\geqslant 6\times10^{11}$	$\geqslant 1\times10^{8}$

续表

核素名称	Ⅰ类源	Ⅱ类源	Ⅲ类源	Ⅳ类源	Ⅴ类源
	(Bq)	(Bq)	(Bq)	(Bq)	(Bq)
^{75}Se	$\geqslant 2\times10^{14}$	$\geqslant 2\times10^{12}$	$\geqslant 2\times10^{11}$	$\geqslant 2\times10^{9}$	$\geqslant 1\times10^{6}$
^{89}Sr	$\geqslant 2\times10^{16}$	$\geqslant 2\times10^{14}$	$\geqslant 2\times10^{13}$	$\geqslant 2\times10^{11}$	$\geqslant 1\times10^{6}$
^{90}Sr (^{90}Y)	$\geqslant 1\times10^{15}$	$\geqslant 1\times10^{13}$	$\geqslant 1\times10^{12}$	$\geqslant 1\times10^{10}$	$\geqslant 1\times10^{4}$
^{99m}Tc	$\geqslant 7\times10^{14}$	$\geqslant 7\times10^{12}$	$\geqslant 7\times10^{11}$	$\geqslant 7\times10^{9}$	$\geqslant 1\times10^{7}$
^{132}Te(^{132}I)	$\geqslant 3\times10^{13}$	$\geqslant 3\times10^{11}$	$\geqslant 3\times10^{10}$	$\geqslant 3\times10^{8}$	$\geqslant 1\times10^{7}$
^{230}Th	$\geqslant 7\times10^{13}$	$\geqslant 7\times10^{11}$	$\geqslant 7\times10^{10}$	$\geqslant 7\times10^{8}$	$\geqslant 1\times10^{4}$
^{204}Tl	$\geqslant 2\times10^{16}$	$\geqslant 2\times10^{14}$	$\geqslant 2\times10^{13}$	$\geqslant 2\times10^{11}$	$\geqslant 1\times10^{4}$
^{170}Tm	$\geqslant 2\times10^{16}$	$\geqslant 2\times10^{14}$	$\geqslant 2\times10^{13}$	$\geqslant 2\times10^{11}$	$\geqslant 1\times10^{6}$
^{90}Y	$\geqslant 5\times10^{15}$	$\geqslant 5\times10^{13}$	$\geqslant 5\times10^{12}$	$\geqslant 5\times10^{10}$	$\geqslant 1\times10^{5}$
^{91}Y	$\geqslant 8\times10^{15}$	$\geqslant 8\times10^{13}$	$\geqslant 8\times10^{12}$	$\geqslant 8\times10^{10}$	$\geqslant 1\times10^{6}$
^{169}Yb	$\geqslant 3\times10^{14}$	$\geqslant 3\times10^{12}$	$\geqslant 3\times10^{11}$	$\geqslant 3\times10^{9}$	$\geqslant 1\times10^{7}$
^{65}Zn	$\geqslant 1\times10^{14}$	$\geqslant 1\times10^{12}$	$\geqslant 1\times10^{11}$	$\geqslant 1\times10^{9}$	$\geqslant 1\times10^{6}$
^{95}Zr	$\geqslant 4\times10^{13}$	$\geqslant 4\times10^{11}$	$\geqslant 4\times10^{10}$	$\geqslant 4\times10^{8}$	$\geqslant 1\times10^{6}$

注:1. ^{241}Am 用于固定式烟雾报警器时的豁免值为 1×10^{5} Bq;

2. 核素份额不明的混合源,按其危险度最大的核素分类,其总活度视为该核素的活度。

第二节 工艺操作

学习目标:了解软件安装及简单应用,熟悉常见整机仪器的概述及工作原理,掌握整机质量检验程序、放射性测量数据处理方法和检验过程示例。

一、整机质量检验工作程序[1]

1. 系统检验程序

系统检验之前,需要调试人员提供该产品的《仪器装联焊随工单》《调试记录》《产品交验单》,并在《产品交验单》后附有有效图纸,文件齐全后,才能对该产品进行检验。

系统检验不论采取何种方式或方法,都必须按照产品图样、工艺文件和技术标准操作,一般都要经过如下程序:

(1) 定标

定标即了解和掌握质量标准。检验人员必须首先学习和掌握相关的技术文件、技术标准和检验方法,熟悉产品技术原理,明确产品的技术性能,并在此基础上能够制定检验方法和检验操作规程。系统产品标准中对检验规则、检验方案有明确规定,按照标准要求进行检验即可。整机检验分为型式检验、交收检验及出厂复验,可参考产品检验标准中的检验规则有关规定选择检验形式,进而确定检验项目及分组。

（2）抽样和测定

抽样和测定即为具体进行检验。首先，检验人员需要确定全检或抽检项目，对于抽检项目需要按照抽样方案随机抽取样品；然后，按照检验方案或操作规程，运用检验设备、仪器、量具进行试验、测量、分析及感官检验，确定产品的质量特性。检验时，要认真负责做好检验工作和原始记录，建立技术档案，遇到重要问题时要及时报告。

（3）比较和判断

比较和判断即将检测数据与标准进行对比。检验人员将检测数据与技术标准或工艺文件规定的质量指标进行对比，以得出合格与不合格的正确判断。对于判定为不合格的产品，还要进行适用或不适应、返修与报废的判断。

（4）记录及检验报告填写

记录即记录数据及反馈信息。在检验记录中须清楚地表明产品各项指标是否已按规定通过了检测及是否达到了相关要求。通过检验掌握整机的质量数据和信息，并进行记录填写相应的质量证明文件，以反馈质量信息，评价产品，推动质量改进。

检验报告一般分为环境试验报告和常规试验报告，需要按照固定的格式填写相应的产品名称、产品型号、交验数量、检验依据、检验设备、检验项目、结论和原始记录等内容。编写完毕后，还要经过审核和批准后生效存档。

2．检验的规定检验项目及其分组

（1）使用环境条件分组

核仪器按规定的使用环境条件，分为 Ⅰ、Ⅱ、Ⅲ和Ⅳ组。Ⅰ组表示在有气候防护场所固定使用的设备，Ⅱ组表示在无气候防护场所固定使用的设备，Ⅲ组表示可携式和非固定使用的设备，Ⅳ组表示车载使用的设备。

（2）检验项目及其分组

核仪器的检查和试验项目共 22 项，分为 A～F 共 6 组，见表 7-2。

1）A 组检验项目

A 组是基本检验项目，包括外形、外观和尺寸检查，功能、主要技术性能和安全性能试验等。主要技术性能有固有误差、不稳定性和非线性等，安全性能有防电击、防电离辐射和防其他危险等，它们均由产品标准等技术文件规定。

2）B、C 组检验项目

B 组是温、湿度试验项目，包括低温、高温、温度变化和恒定湿热。C 组是机械环境试验项目，包括振动、冲击、自由跌落和包装运输。

3）D 组检验项目

D 组是特殊环境试验项目，包括交流电源电压变化、电磁兼容、低气压和高气压、水（滴水和浸水）、模拟地面的太阳辐照、盐雾、沙尘和其他特殊环境等试验项目。

4）E、F 组检验项目 E 组是现场试验项目；F 组是可靠性试验项目。

（3）检验项自的可选性

在表 7-2 中，“●”表示必检项目；“○”表示选检项目，由产品标准、定货合同等技术文件规定是否选择这些检验项目；“—”表示不要求的项目。

表 7-2 试验项目及分组

检查和试验项目			型式检验										验收检验										检验依据的标准和文件
分组	序号	名称	I			II		III			IV		I			II		III			IV		
			I_a	I_b	I_c	II_a	II_b	III_a	III_b	III_c	IV_a	IV_b	I_a	I_b	I_c	II_a	II_b	III_a	III_b	III_c	IV_a	IV_b	
A 组 基本 项目	01	外形、外观和尺寸检查	●	●	●	●	●	●	●	●	●	●	●	●	●	●	●	●	●	●	●	●	测试方法标准、EJ528 和产品标准等
	02	功能和主要技术性能试验	●	●	●	●	●	●	●	●	●	●	●	●	●	●	●	●	●	●	●	●	
	03	安全性能试验	●	●	●	●	●	●	●	●	●	●	●	●	●	●	●	●	●	●	●	●	
B 组 温、湿度 项目	04	低温试验	●	●	●	●	●	●	●	●	●	●	●	●	●	●	●	●	●	●	●	●	产品标准、GB/T 8993 和定货合同等技术文件
	05	高温试验	●	●	●	●	●	●	●	●	●	●	●	●	●	●	●	●	●	●	●	●	
	06	温度变化试验	—	—	—	—	—	●	●	●	●	●	—	—	—	—	—	○	○	○	○	○	
	07	恒定湿热（高湿度）试验	●	●	●	●	●	●	●	●	●	●	●	●	●	●	●	●	●	●	●	●	
C 组 机械 环境 项目	08	振动试验	—	—	●	●	●	●	●	●	●	●	—	—	○	○	○	●	●	●	●	●	
	09	冲击试验	—	—	○	○	○	●	●	●	●	●	—	—	○	○	○	○	○	○	○	○	
	10	自由跌落试验	—	—	○	○	○	●	●	●	●	●	—	—	○	○	○	○	○	○	○	○	
	11	包装运输试验	●	●	●	●	●	●	●	●	●	●	●	●	●	●	●	●	●	●	●	●	
D 组 特殊 环境 项目	12	交流电源电压变化试验	●	●	●	●	●	●	●	●	●	●	○	○	○	○	○	○	○	○	○	○	
	13	电磁兼容	○	○	○	○	○	○	○	○	○	○	—	—	—	—	—	—	—	—	—	—	
	14	低气压和高气压试验	○	○	○	○	○	○	○	○	○	○	—	—	—	○	○	○	○	○	○	○	
	15	水（滴水和浸水）试验	—	—	—	○	○	○	○	○	○	○	—	—	—	○	○	○	○	○	○	○	
	16	模拟地面的太阳辐照试验	—	—	—	○	○	○	○	○	○	○	—	—	—	○	○	○	○	○	○	○	
	17	盐雾（海盐）试验	—	—	○	○	○	○	○	○	○	○	—	—	○	○	○	○	○	○	○	○	
	18	长霉等生物条件试验	—	—	○	○	○	○	○	○	○	○	—	—	○	○	○	○	○	○	○	○	
	19	沙尘试验	○	○	○	○	○	○	○	○	○	○	○	○	○	○	○	○	○	○	○	○	
	20	其他特殊环境试验	○	○	○	○	○	○	○	○	○	○	○	○	○	○	○	○	○	○	○	○	可靠性标准、产品标准和合同等技术文件
E 组	21	现场使用试验	○	○	○	○	○	○	○	○	○	○	○	○	○	○	○	○	○	○	○	○	
F 组	22	可靠性试验	○	○	○	○	○	○	○	○	○	○	—	—	—	—	—	—	—	—	—	—	

注：“●”——必检项目；“○”——选检项目；“—”——不要求的项目

二、软件的安装及简单使用

以 * * 型微机热释光剂量计(读出器)专用软件为例,该软件是运行于个人微机上,用于控制“ * * 型微机热释光剂量计(读出器)”(以下简称“剂量计(读出器)”)的运行并处理剂量计(读出器)的测量数据。

1. 软件运行环境

Microsoft Windows 98 /Me /2000 /XP 等中文版操作系统。Microsoft Access 数据库引擎。您可以通过安装 Microsoft Office 组件(Access 97、Access 2000 等)安装此数据库引擎。

2. 软件的安装

将软件安装光盘放入光驱,点击“安装”按钮即可完成安装。

3. 软件的启动与退出

软件启动后,进入如图 7-2 所示程序界面,要退出本程序,直接点击右上角‘×’(关闭按钮),或者选择主菜单“程序”→“退出”也可以退出本程序。

(1) 在计算机处于关机的状态下,使用仪器所配的电缆连接剂量计(读出器)“RS232”数据端口和计算机串口(Com1 或 Com2)。

(2) 注意:由于本软件用于控制剂量计(读出器)设备,所以您不能打开本程序的两个或多个应用。

(3) 软件对先启动程序或先打开剂量计(读出器)电源无特定的要求,但建议用户在开机时先打开剂量计(读出器)电源再启动本程序,关机时先关闭本程序,再关掉剂量计(读出器)电源。

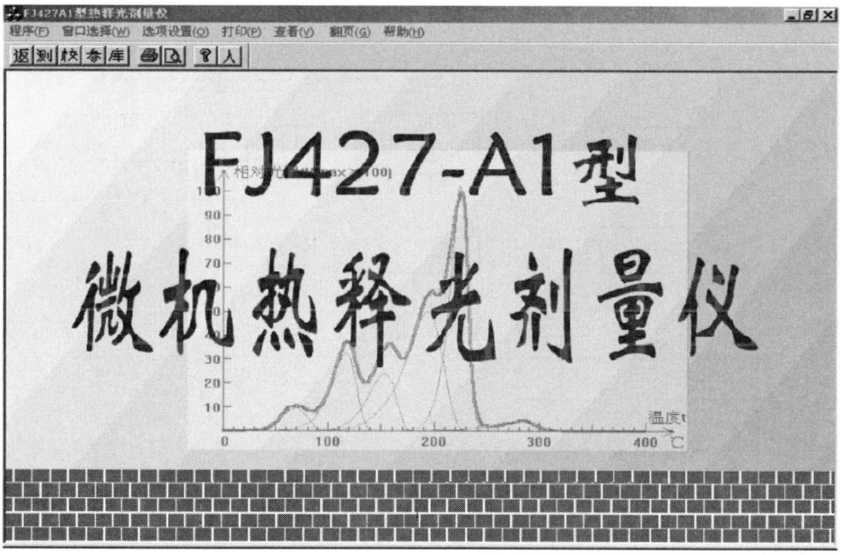

图 7-2　热释光读出器主页面

注:操作方法参考相关产品说明书。

三、常见整机介绍

1. 热释光照射器

(1) 概述

本仪器是与热释光剂量仪配套的关键仪器,它具有对经过退火处理后的热释光探测器(即剂量元件)进行辐照,以便进行热释光探测器的筛选和刻度热释光剂量仪,提供相对标准辐射场,起到标定剂量之用。对于已有热释光剂量仪和热释光退火炉的用户,再配置本仪器可使热释光测量形成一个完整系统,可以独立完成热释光剂量测定的全部工作。同时也可供其他小型样品(例:对地矿系统石英矿粉样本的照射),做小剂量辐照用。

本仪器采用了微机化设计方法,通过接口电路和专用软件设计,将微机与仪器设计为一体,体积小,便于使用。特别对不具备标准辐射场的用户,更为方便。同时具有自动处理放射源的衰变、照射的时间和照射盘的转速与选定照射量之间计算和控制功能。减少了操作人员的繁琐计算与操作。还采用了新旧两种照射单位并存,由用户自己选择。

(2) 工作原理

在热释光技术中,热释光探测器的剂量学特性是不可回避的问题。根据不同的使用条件和使用要求,需要对热释光探测器的某些特性进行筛选(例如:热释光探测器的重复性、计数率的高低等);同时还要针对不同的使用条件和使用过程对热释光剂量仪进行校对。基于上述原因,在热释光探测器的测量过程中,应该有一个相对标准的辐射场,热释光照射器就是提供这样一个辐射场的小型台式仪器。

热释光照射器是根据热释光剂量学原理和主要被辐照物的剂量学特性,结合现代微机技术而设计的仪器。图 7-3 为照射器的工作原理框图,简要地画出了各主要单元及相互的联系。

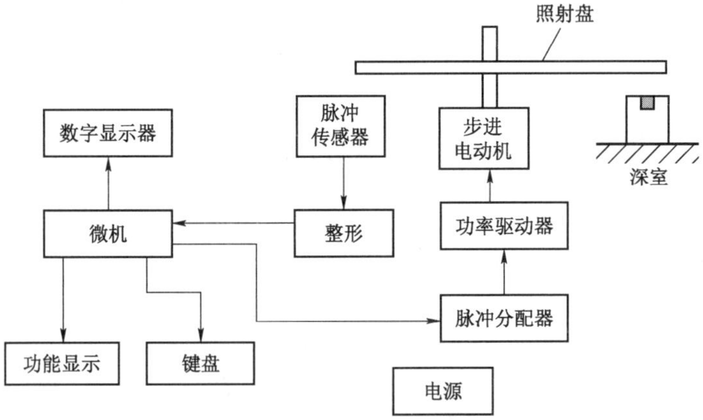

图 7-3 照射器工作原理框图

仪器开机后,将待照射的热释光探测器摆放在照射器的样品盘中,通过键盘输入开机的日期 t(年、月)和需要的照射量 Xi,然后微机计算、控制进行工作。

第一步,微机根据输入的开机日期 t 和需要的照射量 Xi 进行数据处理。先计算出届时放射源的活度 A,由于仪器已经确定了距离和其他参数,根据需要的照射时间 T 与需要的

照射量 Xi 之间的函数关系：

$$T=\mathrm{f}(Xi)$$

可以求出 T。然后根据照射盘的几何尺寸和线速度与转速 ω_T 的物理函数关系：

$$\omega_T=\mathrm{F}(T)$$

可以求出转速 ω_T，至此微机完成了数据处理工作。

第二步，根据上述数据处理的结果，微机实施相应的自动控制。首先微机发出信号使脉冲分配器开始工作。脉冲分配器按照步进电动机运行的要求，将单相脉冲信号分配成三相脉冲信号后，送入功率驱动器对其三相信号分别进行放大，成为能够直接驱动步进电动机转动的三相功率电流信号，使步进电动机按要求的转速正常转动；同时带动照射盘一起转动。由于照射盘与上面板之间装有一对脉冲传感器，在照射盘转动过程中，脉冲传感器和整形电路将照射盘转过的圈数送入微机，微机同时控制显示器，显示出当时的圈数。当达到计算的圈数时，微机控制步进电动机停止转动。

第三步，根据照射盘转过的实际圈数和转动的速度，微机进行复算，求出实际的照射量并加以显示。在步进电动机停止转动后，微机从计算器取出圈数的实际值；同时从定时器取出决定转速的定时常数，重新进行相应的数据处理。最终得到实际的照射量值；并通过数字显示器显示出结果。

注：操作方法参考相关产品说明书。

2. 便携式 X、γ 剂量率仪

(1) 适用范围

主要用于环境辐射 X-γ 空气吸收剂量率的测量，各种建筑材料的放射性检测，工业放射性辐射监测，X-γ 辐射源工作场所的剂量监测，X 光机周围的剂量监测，核电站、地质矿山、医疗卫生等部门的辐射监测等。

(2) 工作原理

当 X-γ 射线的打在闪烁体上，与之发生相互作用，闪烁体吸收带射线能量而使原子、分子的电离和激发，受激原子、分子退激时发射荧光光子，利用反射物和光导将闪烁光子尽可能多地收集到光电倍增管的光阴极上，由于光电效应，光子在光阴极上击出光电子。光电子在光电倍增管中倍增，电子流在阳极负载上产生电信号。再通过 1-F 变换器把电流信号变成计数频率，数据采集器采单片机处理系统完成吸收剂量率大小的显示、报警以及数据传输存储、打印等功能。

(3) 操作方法(以 BH3103B 为例)

1) 使用前将探头和主机连接好，注意电缆插头缺口的方向；

2) 开机后仪器需预热 1 分钟以上；

3) 按键说明；右侧开机按钮，按一下就开机或关机；

4)【▲】 上选或数字增加键；

5)【▼】 下选或数字减少键；

6)【确认】确认键；

7)【取消】取消或返回键；

8) 参数设置。

① 测量参数设置：采样时间(每次测量的时间，设置范围为 1～99 s，一般设置为 5 s)、

采样次数(指每组数据中重复采样的次数,设置范围为 1～99 s,一般设置为 1 次)、测量组数(指仪器共完成的测量组数,设置的组数为 1～250 组)、报警阈(仪器测量值超过设置的报警阈后蜂鸣器将发出连续的报警声音)进行设置。

② 系统时间设置,关机时仍正常工作。

③ 校准因子设置:由国家计量院设置,我们不需要也不能任意设置。

④ 实时打印设置:把光标移动到设置实时打印,按确定键,进入子菜单,用上下键选择打开或关闭实时打印,一般设置为关闭(OFF)状态。

⑤ 测量操作步骤:开启按钮开关,用上下键移动光标至开始测量,按确定键,仪器按已设置的模式自动测量,屏幕显示:"正在测量"每测量完一组数据,显示屏自动显示出该组数据的测量结果。

⑥ 测量结束后,有两种方式可以选择:a. 按取消键,系统返回主菜单,移动光标至数据查询,用上下移动键可对测量的数据进行浏览。b. 按确定键可对数据进行打印、删除等操作。测量过程中若需要临时停止,按取消键,当系统出现"结束采样?"的提示时,按确定键即可停止测量(或连续按两次确定键也可以停止测量)。

⑦ 测量数据管理:仪器有按组号查询和按时间查询两种方式,输入查询的条件(开始组号/时间)、(结束组号/时间),系统自动显示相应的数据,用上下键进行浏览,按确定键可以对已经查询的数据进行打印、删除等操作(注:删除数据时有一个光标在闪动,表示正在删除,完成删除需要等待几分钟)。

⑧ 微型打印机:连接好打印数据线和电源线,即可。不需要别的操作,如需换纸按打印机说明书操作。测量后及时将测量的数据删除,以便下一次存储数据。

⑨ 三脚架:可以伸缩,可将探头固定在支架云台上,调整支架将探头上的刻度线(测量高度)定在距地面 1 米。

3. α、β 表面污染仪

(1) 概述

α、β 表面污染仪主要用于环境辐射、核电站、同位素生产、医院、反应堆场所的地面/板、衣物、工作台等表面的 α、β 放射性污染的测量。

该仪器由探测器、操作台和打印机三部分组成。探测器的探头灵敏面积大;探测效率高;本底低;稳定性好。数据采集、管理和处理均由单片机完成。仪器具有外形美观、操作简单等优点,是测量 α、β 表面污染的专用仪器。

(2) 工作原理

1) 工作方式

① 可同时测出污染物表面总 α,总 β 计数。

② 测量结果可以存入单片机中,可现场打印测量结果,也可将测量结果输入计算机,通过计算机打印出来。

③ 一次测量能显示出扣除本底后的污染物表面的总 α,β 粒子数(CPS),并能给出相应的误差。

2) 探测原理

采用 ST－1221 型低本底 α、β 闪烁体,该闪烁体是将 α 闪烁物质和 β 闪烁物质喷涂在 5～6 mm 的有机玻璃板上,经特殊工艺制成。α 闪烁物质在外层,β 闪烁物质在内层。由于

α 粒子的射程短，当 α 粒子进入 α 闪烁物质时将全部能量损失在 ZnS(Ag) 材料上，引起闪烁发光，产生 α 信号。β 粒子由于穿透能力较强，穿过 ZnS(Ag) 材料进入 β 物质，产生 β 信号。由于 α，β 闪烁材料半透明，α 粒子的闪光能通过 β 闪烁材料进入光电倍增管，而 β 粒子穿过 ZnS(Ag) 材料进入 β 闪烁物质，产生 β 闪光，进入光电倍增管产生 β 信号。

3）线路工作原理

仪器的线路工作原理方框图见图 7-4。来自探测器的信号包括 α，β 和宇宙射线产生的本底 C，三种信号经过放大后分成两路，一路进入 α 道、一路进入 β 道。在 α 道中，阈值一般选在 2～5 V 之间，使 β 信号和低幅度的噪声信号很难通过，

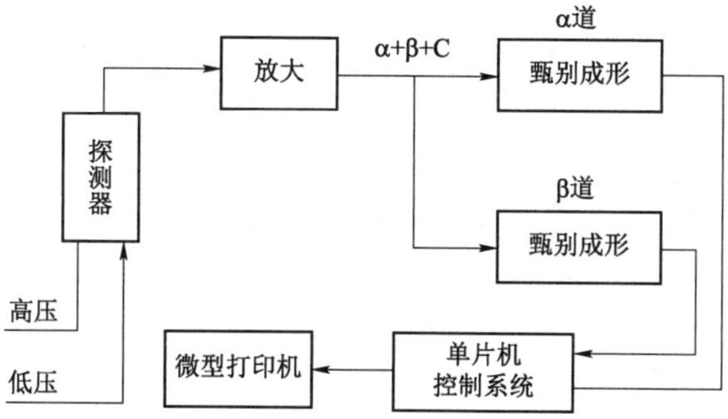

图 7-4 表面污染仪工作原理图

只有 α 粒子产生的较大幅度的信号和宇宙射线产生的大幅度的信号 C 可以通过，进入单片机控制系统，输出 α 信号。进入 β 道的 αβ 和 C 信号，经过窗甄别器，将大于 β_L〔下阈〕并小于 β_H（上阈）的信号及落在 β 道内的宇宙射线，经过成形进入单片机控制系统，输出 β 信号。

α 道和 β 道输出信号，经单片机控制系统处理后给出结果，测量结果可以存入单片机，也可以现场打印测量结果。

注：操作方法参考相关产品说明书。

四、放射性测量数据处理

1. 概述

任何一个物理量的测量，都会产生一定的误差。按误差的性质分类：系统误差、偶然误差、粗大误差。系统误差通常是由测量方法、测量设备等因素等造成的。一旦找到了系统误差，可以对其进行校正，以减少甚至消除系统误差对测量结果带来的影响。偶然误差也叫随机误差，是由不确定的因素引起的。随机误差的出现服从统计分布的规律。增加测量次数，可以减小偶然误差。

放射性测量，由于核衰变事件本身的统计性以及探测器记录粒子的随机性，测量数据本身也服从统计分布规律。各次测量的数据总是围绕着其平均值上下波动（涨落）。当测量次数足够多时，放射性测量的数据，服从高斯（正态）分布。正态分布具有对称性、单峰性、有界性和抵偿性的特点（见图 7-5）。

对一组测量数据，估计其误差的可信程度称为置信概率。估计的误差极限称为置信限（或置信区间）。

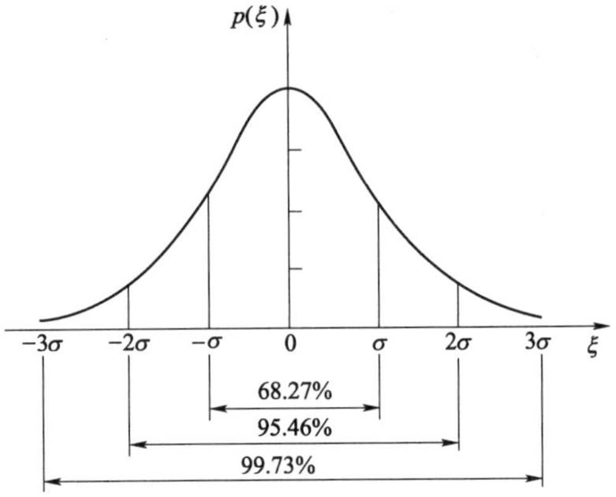

图 7-5 正态分布曲线

当置信区间为 1σ 时,正态分布的置信概率为 68.27%;

当置信区间达到 2σ 时,置信概率达到 95.45%;

当置信区间达到 3σ 时,置信概率变为 99.73%。

出现超过 3σ 范围的误差的几率很小很小,不到 0.3%。因此,通常认为出现超过 3σ 范围误差的几率几乎为零。

放射性测量的统计误差是由于被测物理量本身的统计涨落造成的,它与测量过程无关。即使是所有实验条件都是稳定的,在相同时间内对同一个放射源进行多次重复测量,每次测到的计数并不完全相同,这种涨落是由放射性原子核衰变的随机性引起的。

对于非放射性物理量的测量,具有偶然(随机)误差。它是由于在测量过程中受到各种不确定因素的影响造成的,但被测物理量本身在客观上还是一个确定不变的量。

偶然误差和放射性测量的统计误差服从的分布是相同的(高斯)。因而在表示方法与计算方法上也是很相似。

不同之处仅在于放射性计数值的统计误差与计数本身有联系,表现在其方差与计数的期望值相等,而偶然误差不具备这样的性质。

2. 放射性测量计数的平均值及其标准误差

放射性测量计数的误差既包括了由于放射性衰变本身的统计涨落带来的统计误差,也包括了一般测量过程中产生的偶然误差。测量计数的误差仍然服从正态(高斯)分布。

设 $x_1, x_2, \cdots, x_n$ 为对一个放射性样品进行的一组计数值:

其算术平均值为:

$$\overline{x} = \frac{1}{n}(x_1 + x_2 + x_3 + \cdots + x_n) = \frac{1}{n}\sum_{i=1}^{n} x_i$$

当 $n \to \infty$ 时,其算术平均值就为该测量值的数学期望值。通常用测量值的数学期望值来代替其真值。在正态分布中,n 次测量值的算术平均值是真值的无偏估计。所以,在正态(高斯)分布中就有:

$$p(x_i) = \frac{1}{\sigma\sqrt{2\pi}} e^{\left[-\frac{(x_i - \overline{x})^2}{2\sigma^2}\right]}$$

上式中:

$P(x_i)$ 表示第 i 次测量数据出现的概率;

$\sigma^2 = \frac{1}{n}\sum_{i=1}^{n}(x_i - \overline{x})^2$ 代表高斯分布的方差;

$\sigma = \lim_{n \to \infty}\sqrt{\frac{1}{n}\sum_{i=1}^{n}(x_i - \overline{x})^2}$ 是高斯分布的半宽度,也叫正态分布的标准偏差(或均方根误差)。

人们不可能进行无限多次的测量。因此，放射性计数的期望值实际上是得不到的。一个样品通常只能进行有限次的测量（有时甚至只测量一次）。人们就用 n 次测量计数的平均值（甚至一次测量的计数）来代替其期望值。

3. 变异系数

当需要比较两组数据离散程度大小的时候，如果两组数据的测量尺度相差太大，或者数据量纲的不同，直接使用标准差来进行比较不合适，此时就应当消除测量尺度和量纲的影响，而变异系数可以做到这一点，它是原始数据标准差与原始数据平均数的比。变异系数没有量纲，这样就可以进行客观比较了。事实上，可以认为变异系数和极差、标准差和方差一样，都是反映数据离散程度的绝对值。其数据大小不仅受变量值离散程度的影响，而且还受变量值平均水平大小的影响。

变异系数的计算公式为：变异系数 C·V =（标准偏差 SD /平均值 Mean）× 100%

在进行数据统计分析时，如果变异系数大于 15%，则要考虑该数据可能不正常，应该剔除。

例：

已知某良种猪场长白成年母猪平均体重为 190 kg，标准差为 10.5 kg，而大约克成年母猪平均体重为 196 kg，标准差为 8.5 kg，试问两个品种的成年母猪，哪一个体重变异程度大。

此例观测值虽然都是体重，单位相同，但它们的平均数不相同，只能用变异系数来比较其变异程度的大小。

由于，长白成年母猪体重的变异系数：C. V =（10.5 /190）×100% = 5.53%

大约克成年母猪体重的变异系数：C. V =（8.5 /196）×100% = 4.34%

所以，长白成年母猪体重的变异程度大于大约克成年母猪。

五、检测过程示例

1. 漏电流测试方法

示例为通用测试方法，具体检验过程和参数设置以产品标准和具体测试仪使用说明书为准。

（1）测试仪器

1）TH2658 漏电流测试仪

2）测试线 1 副

（2）测量前的准备

1）确认输入电源电压并可靠接通仪器，确保仪器电远开关置于 OFF 位置，确认接地可靠。

2）确认实验平台绝缘可靠，绝缘垫整洁干净，测试夹具良好并可正常工作。

3）开机预热 5 分钟后课进行测试。

4）设定测量电压、充电时间和最大漏电流值。

5）按“清零”键，使仪器处于清零状态，检查设置好的测量条件，然后启动键，仪器对夹具进行开路校正，校正完毕后再按“清零”键，则仪器处于测量状态，此时各量程挡底数应为零。

根据实际情况,可适当添加阅读产品标准和耐压测试仪使用说明书的过程补充。

(3) 测试操作步骤

1) 接上被测电容,注意电容极性,然后按启动键或是放电键,仪器处于充电状态,充电指示灯亮。测试合格"PASS"灯亮,不合格"FAIL"灯亮,并峰鸣报警。

2) 一个电容测试完毕后要进行机内放电,按放电键放电,放电指示灯亮。

3) 重复4~7步骤,进行下一个电容的测试。

(4) 测试工作结束

1) 等测试的电容放电完毕后关闭关掉电源总开关,仪器面板上电源开关置于OFF位(见图7-6)。

2) 整理实验仪器和实验平台。

(5) 仪器重要参数

1) 测试电压:0~200 V,基本精度1%+2个字

2) 漏电流测试范围:10 mA,基本精度2%+2个字

3) 充电时间:0~99 s,2%+0.5 s

4) 漏电流预置范围:0~99×100(nA)

5) 电源电压:220 V±5%;50 Hz±5%

(6) 注意事项

1) 确认稳压电源是否正常,关键是探头是否有短线。

2) 确保元器件无损害现象。

3) 若有临时性针对性的更改按更改后操作。

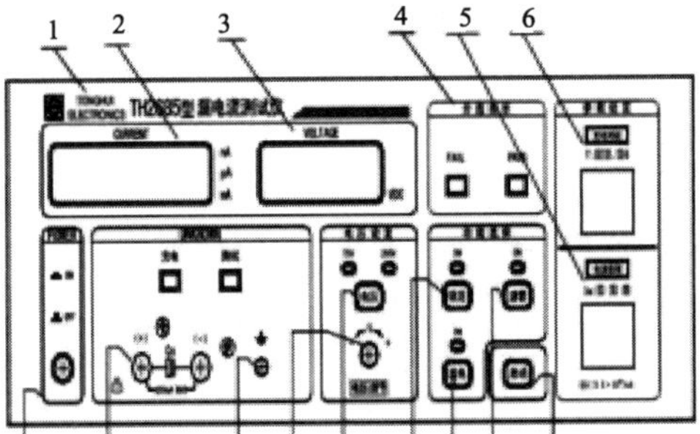

图7-6　漏电流测试仪表盘示意图

表7-3为漏电流测试仪表盘功能介绍。

表7-3　漏电流测试仪表盘功能介绍

按键说明:		
标号	按键名称	按键功能
1	商标与型号	
2	漏电流显示窗口	显示当前测试的漏电流值,三位半数显,单位:nA,μA,mA

续表

标号	按键名称	按键功能
3	测试电压显示窗口	显示当前测试电压值，三位半数显
4	分选指示	合格指示(PASS)灯亮，不合格(FAIL)灯亮，并蜂鸣器报警
5	漏电流设置开关	格式：AB×10^nnA，如设置324，则表示320 μA
6	充电时间设置开关	格式：ABC×0.1 s，如设置324，则表示32.4 s
7	电压转换按键	200 V或者500 V两挡
8	“清零”按键	“清零”状态：“清零”指示灯亮，对仪器进行开路校正(“清零”)。按启动键，进行五档开路校正，完毕后再按“清零”键，仪器回测量状态
9	锁定按键	锁定时：锁定状态灯亮，显示为充电结束时电容器漏电流的最大值。开锁时：显示数据为当前状态下电容器漏电流的实测值
10	放电按键	充电状态：对测试电容进行放电； 测试状态：对测试电容进行放电； 放电状态：对被测电容器进行充电
11	启动按键	“清零”状态：对仪器进行开路校正(“清零”)； 放电状态：对被测件进行充电； 充电状态：对被测件进行测量
12	电压调节旋钮	在放电状态可以调节测试电压，其他状态不要调节此旋钮
13	测试端	黑色接线柱为负电压输出，红色接线柱为正电压输出
14	接地端	用于外接被测电容器之屏蔽地线
15	电源开关	接通仪器工作电源

第三节　故障判断与排除

学习目标：掌握常见整机产品故障及排除方法。

一、常见整机产品的故障

1. * * 照射器

(1) 安装及操作时的注意事项：

该仪器为剂量仪器，开箱后应轻搬、轻放，上盖避免重压。

1) 仪器通电前，必须卸掉照射盘上的两个固定用螺钉；运输和长距离搬动时，应将此两个螺钉装上，拧紧过程中应保持照射盘原有水平度。否则会破坏仪器的原有精度。

2) 仪器使用前，应用无水乙醇清洗样品盘、擦洗照射盘及专用镊子；并用净水擦拭仪器外表各部分。在使用中要保持环境及仪器的清洁。

3) 仪器出厂后，在使用过程中各部位不得随意调动。

4) 本仪器带有放射源，应遵从相关法律、法规的要求。

(2) 可能出现的故障及排除方法(见表7-4)

表 7-4　常见故障及排除方法

故　障	现象及原因	排除方法
启动后照射盘抖动	照射盘前、后抖动着转动。开机时有强干扰进入仪器或照射盘没有完全静止就再次启动，启动后由于惯性造成	临时用手指轻缓摩擦照射盘侧边，至其抖动消失即可
照射过程中失控	可能在仪器周围有较强干扰源进入仪器，显示不正常，出现只有一位数字或两位数字的固定显示	按复位键，重新进入照射
仪器使用一段时间后，易受干扰或经常失控	仪器抗干扰能力变差，对弱干扰也失控，工作过程中很不稳定，如数据未输入完，就已失控或显示不正常	可检查仪器＋5 V 电源是否偏低，若超过 5 V±5%的范围时，应通过调节印制板上电源部分的电位器加以修正

2. ＊＊热释光读出器

(1) 安全事项

仪器与外部设备的连接均应在总电源开关断开的情况下进行。仪器工作时，底板上的“高压电源”模块有可高达 1 kV 的直流高压；变压器、电源滤波器、保险丝、低压电源模块和电源开关等处也都带有 220 V 交流电火线，在操作和检修时应注意绝对不能与人体直接接触，以确保人身安全。

(2) 仪器及计算机的连接

仪器开箱后，应打开上盖检查，如发现因运输震动出现电路板从插座中脱出、连接电缆接触不良等现象，应予修复。仪器电源插头座采用国家标准单相三芯插头座，插座的上脚为地线，应接大地；左脚为电网零线；右脚为电网火线。在交流电网不稳的地区，如使用交流稳压器或 UPS 电源，应注意电压正弦波形不得有畸变，否则将影响仪器正常工作。使用计算机时，将信号电缆一端接仪器后面板 RS-232 插座，另一端接计算机的 RS-232 插座。计算机和打印机的连接方法，请参看计算机和打印机的连接说明。计算机和打印机程序的安装方法请参看计算机和打印机软件安装使用说明书。

(3) 仪器的维修方法

1) 拆卸旧加热盘时要观察热偶丝原来连接的方式，两根热偶丝颜色有差别，一根发亮，一根发黄。将新加热盘按原来的连接方式装上即可。如果方向反了，升温时可看到显示屏上温度值向 0 ℃处变化。此时必须立即关机将两根热偶丝反方向连接。

2) 换好加热盘后，要空盘运行升温程序至退火温度 400 ℃ 3～5 次将加热盘退火干净后再进行正常测量。

3. ＊＊便携式 X-γ 剂量率仪

(1) 注意事项

1) 本仪器检定周期为一年一次。

2) 日常维护、保养。

仪器工作条件尽量保证在说明书要求的环境范围内使用。

电池充电，绿灯应常亮，黄灯均匀闪亮表示正在充电，常亮表示充电完毕，不亮表示没有连接电池或电池异常。

仪器与各探测器件应定期进行检查以确保仪器正常工作，检查周期建议为一星期，或根据有关规定执行，同时仪器应定期进行标定。

(2) 故障排除与维修(见表 7-5)

表 7-5　便携式 X-γ 剂量率仪常见故障及排除方法

故　障	现象及原因	排除方法
开机屏幕无显示	电池没电	用充电器给仪器充电
开始测量没有计数	探头与主机之间连接不到位，插头/座缺口方向不对应	重新插接 5 芯电缆线对应插头/座缺口
按键失灵	未按规定步骤设置/操作 按键未按到位	重新设置/操作 掌握合适的力度

第四节　培训与指导

学习目标：掌握培训教学的基本方法和教学大纲的编写。

一、培训教学的基本方法

核辐射探测仪器制造高级技师应能培训和指导高级工的操作，因此掌握培训教学的基本方法和教学大纲的编写是很有必要的。

1. 培训教学的特点

培训教学具有如下几个特点：

(1) 具有较强的针对性和实用性。职业培训目标、专业设置、教学内容等均根据职业技能标准、劳动力市场需求和用人单位的实际要求确定。经过职业培训的毕(结)业生可上岗作业。

(2) 具有较强的灵活性。在培训形式上可采取联合办学、委托培训、定向培训等方式；在培训期限上采取长短结合的方式，可以脱产也可以半脱产；在培养对象上依据岗位的实际需要灵活确定；在教学形式上不受某种固定模式的限制，根据职业标准的要求采取多种形式教学手段。

(3) 教学与生产相结合。主要体现在一方面教学要紧紧围绕生产实际进行，另一方面要贯彻勤工俭学、自立更生和艰苦奋斗的原则，通过教学与生产经营相结合，既培养了人才，又创造了物质财富，获得社会、经济的双重效益。

(4) 培训方法上强调理论知识教育与实际操作训练相结合，突出技能操作训练。

2. 培训教学的模式

(1) 讲授法：传统的培训方式。优点：运用起来方便，便于培训者控制整个过程。缺点：单向信息传输，反馈效果差，教师和学员的互动少。用于一些理念性知识的培训。对核辐射仪器制造人员高级工的理论知识的培训适用此模式。

(2) 视听技术法：通过现代视听技术，对学员进行培训。优点：直观鲜明。缺点：学员的反馈与实践较差，且制作和购买的成本高，内容易过时。

(3) 讨论法：一般可分成小组讨论和研讨会两种方式。小组讨论的特点是信息交流时方式为多向传递，学员的参与性高，费用较低。多用于巩固知识，训练学员分析、解决问题的能力与人际交往的能力，但运用时对培训教师的要求较高。研讨会以主题演讲为主，中途或会后允许学员与演讲者进行交流沟通。优点是信息可以多向传递,缺点是费用较高。

(4) 案例研讨法:这一方式使用费用低,反馈效果好,可以有效训练学员分析解决问题的能力。另外案例、讨论的方式也可用于知识类的培训,且效果更佳。

(5) 角色扮演法:学员在培训教师设计的工作情况中扮演其中角色,其他学员与培训教师在学员表演后作适当的点评。由于信息传递多向化,反馈效果好、实践性强、费用低,因而多用于人际关系能力的训练。

(6) 互动小组法:也成敏感训练法。此法主要适用于管理人员的人际关系与沟通训练。让学员在培训活动中亲身体验来提高他们处理人际关系的能力。其优点是可明显提高人际关系与沟通的能力,但其效果在很大程度上依赖于培训教师的水平。

(7) 网络培训法:是一种新型的计算机网络信息培训方式,投入较大。但由于使用灵活,符合分散式学习的新趋势,节省学员集中培训的时间和费用。这种方式信息量大,新知识、新观念传递优势明显,更适合成人学习。因此,特别为实力雄厚的企业所青睐,也是培训发展的一个必然趋势。

(8) 项目教学法:教师的指导下亲自处理一个项目的全过程,在这一过程中学习掌握教学计划内的教学内容。学生全部或部分独立组织、安排学习行为,解决在处理项目中遇到的困难,提高了学生的兴趣,自然能调动学习的积极性。因此"项目教学法"是一种典型的以学生为中心的教学方法。对核辐射探测仪器制造高级工的实操的指导适合此方法。

3. 培训的效果评价

培训效果评价一般用培训效果评价表来表示,表中一般要注明课题名称、培训教师、培训时间、培训课时、培训地点、培训人员、考核方式、培训内容、培训效果评价等内容。

培训效果评价表的模板如表 7-6 表示。

表 7-6 培训效果评价表

课题名称		培训时间	
培训地点		培训教师	
培训课时		考核方式	
培训人员			
培训内容			
培训效果评价			

二、培训计划和培训大纲的编写

1. 培训计划和培训大纲的概念

(1) 培训计划:根据一定的培训目的和培养目标制定的教学和培育工作的指导文件。

它决定着培训内容总的方向和总的结构，并对有关培训的教学、培育活动、生产劳动和课外活动等方面作出全面安排，具体规定培训项目的学科设置、各门学科的教学顺序、教学时数以及各种活动等。

（2）培训大纲：是根据培训计划中规定的各门学科（课程）的目的、任务而编写的指导性文件。它以纲要的形式，具体规定每门学科知识、技能的范围、深度以及体系、结构，同时规定教学的一般进度和对教学法的基本要求。其一般分为“说明”“正文”两部分。

（3）培训计划和培训大纲的关系

培训大纲是按照项目培训计划要求，各培训课程在项目培训计划中的地位、作用、性质、目的和任务而规定的培训内容、结构体系、知识范围、教学要求等的基本纲要。培训大纲是实施培训计划的基本保证，也是编写培训教材、组织培训教学、进行教学质量考核的指导性文件。

2. 培训计划编写的依据

（1）培训需求调查分析

培训需求可分三个层面：组织层面的需求、职务层面的需求和个人层面的需求。

组织层面的需求包括企业经营策略方针，企业使命、战略目标、策略和文化分析以及企业生命周期所处阶段，这时培训的最大前提，为了企业战略及策略目标的达成，培训必须依据企业经营的策略方针来进行。组织层面的分析就是要解决公司高层管理者这样的问题：培训对实现我们的经营目标重要吗？培训将会怎样支持我们战略目标的实现？哪些职能部门和经营单位需要培训？从一个发展阶段来看，企业所处生命周期不同，其相应的组织培训需求就有所不同。

职务层面的需求是按照企业岗位职务能力标准，对担当工作的员工的工作能力、工作态度和工作业绩进行比较分析，以确定员工能否胜任，进而确定企业培训需求。职务层面的培训需求主要通过职务分析、问卷调查以及与部门主管面谈的方式进行。

个人层面的需求是通过对员工个人工作要求、工作结果、素质条件、工作态度以及发展要求进行评估，以确定培训对象和内容。其中对关键岗位的人员情况要进行重点分析。个人层面的需求主要通过与员工的个人面谈结合需求调查表进行。

在进行培训需求分析过程中，对于出现的工作差异，要首先确定改变这些差异的重要性，判断改变这种差异是当前需求还是未来需求？管理层是否支持这种改变？应该按什么顺序进行改变？有没有资源和政策上的保证等，最重要的是判断培训是否是解决这种差异最有效的方法。否则，盲目培训不但效果不好，而且劳民伤财。

（2）依据国家职业标准要求

国家标准是制定培训计划和培训大纲的基础。培训计划和培训大纲应该涵盖职业标准的全部内容，但也不能超出职业标准的内容。

（3）根据公司生产工艺及技术装备

编写培训计划和培训大纲要考虑公司现有的生产工艺、技术水平和技术装备等，否则培训计划和培训大纲就不现实、不能够具体实施的。

培训是为了满足管理者的需要和工作任务的需要，而不是单纯为满足员工需要。

3. 培训计划的内容

培训计划要解决 5W1H 问题，即

Why(为什么要培训?):培训的目的;

Who(谁?):培训的负责人、培训的对象;

What(培训的内容是什么?):培训的内容;

When(什么时候、时间?):培训的时间、期限;

Where(在哪里?):培训的场地;

How(如何进行?):培训的方法。

4. 培训大纲编写的原则

(1) 符合教学计划要求

1) 明确本门课程在教学计划中的地位和作用;

2) 通过本门课程的学习需达到什么目的和要求;

3) 体现各技能等级层次在培养规格、要求等方面上的差别;

4) 重视应用技术与实践创新能力的培养。

(2) 结合开放教育的特点,贯彻“少而精,求实效”的原则。

1) 结合开放教育特点,考虑教学对象,教学内容难易要适中,教学总量要合理控制;

2) 公共基础课和专业基础课的教学内容根据专业课的要求以必需、够用为标准,突出重点;

3) 教学内容的精简标准以学生所学知识在量上符合专业培养目标和在一定时间内能吸收消化为限度;

4) 要求反应学科的新成果,体现理论知识与实践应用能力的结合;

5) 在文字表述上要力求精炼、准确。

(3) 对操作技能类的课程要突出其指导与训练的特点,要针对其各教学环节有明确、具体的要求,且有较强的可操作性。

(4) 同工种、同等级的相同课程(主要是基础课和专业基础课)原则上使用统一大纲、统一教材。

5. 培训大纲编写的内容和基本结构

培训大纲编写应包括大纲说明和大纲内容。

(1) 大纲说明

这是培训大纲编写中必须强调的一部分,主要包括六点内容:

1) 本课程的性质与地位、目的与任务;

2) 本课程适用的主要专业及其他说明;

3) 本课程与相关课程的前后衔接关系;

4) 本课程的基本教学(包括实践性环节方面)要求;

5) 本课程的教学方法和教学形式建议;

6) 本课程内容的教学要求层次。

(2) 大纲正文

1) 教学要求:在教学要求中目的与要求应予以明确、具体、层次清楚,进一步增强和培养学员的逻辑思维能力与创造能力。教学要求层次的术语通常有:知道、了解、理解、明确、能、学会、掌握、熟练掌握等。对有关定义、定理、性质、特征等概念的内容可按“知道、了解、理解”三个层次要求；有关计算、解法、公式、法则等方法的内容，可按“会、掌握、熟练掌握”三个层次要求；技能（实践环节）可按：指认、学会、能、测定（测绘）、掌握、应用等几个层次要求来把握。在编写时，应根据课程的性质与要求采用相应的定性词汇，并注明不同教学层次所对应的考核要求。

2）教学内容及课时：明确教学的内容和课时。

3）教学建议：明确教学内容中重点与难点的教学要求，建议教师采用的教学方法和教学手段等。

第五节　管　理

学习目标：熟悉组织管理基础知识和质量管理基础知识。

一、组织管理基础知识

1．组织的概述

（1）组织的定义：人们为了实现一定的目标，相互结合、确定职位、明确责任与义务、分工合作、协调行动的人工系统及其运转过程。

（2）组织的特征

1）组织必须有一个共同的目标。

2）组织要有不同层次的权利和责任制度。

3）组织包括不同层次的分工和合作。

4）组织的功能在于协调人们的活动去实现共同的目标。

（3）组织的四层次

1）决策层：领导对近期与远期的计划与决策项目选择。

2）控制层：高层管理者（领导班子）对各部门建立有效的控制体系。

3）管理层：（从高层到各中层干部）知道自己的职责与权力是什么，发挥其管理作用。

4）经营层：经营层（各部门）执行决策，动员全体人员完成组织的总体目标。

2．组织管理原则

任何社会活动都应是有组织的活动，任何组织都有一个与其功能与目标相适应的组织机构及其设置原则。尽管由于客观条件和所承受的任务不同，不同层次的企业其具体的社会职能有所侧重和差异，但组织设置的科学合理与否，直接关系着组织的功能能否有效发挥，组织管理一般应遵循以下原则：

（1）任务目标原则

任何组织都有特定的任务和目标，每个组织及其组成部分，都应当与这一目标相关联；组织的调整、增加、合并或取消，都应该以能否实现目标为标准。做到分工合理，协作明确。每个部门及员工的工作范围、相互关系、协作方法、权利责任等，都应有明确规定。

（2）因人设岗与因事设岗辩证使用的原则

从管理学的角度讲，因事设岗是正确的，而因人设岗是不科学的。但事实上，中国很多企业都采用因人设岗的原则并且取得了成功。

1）对于高层岗位要采用因人设岗的原则。因为高层管理人员属于职业经理人阶层，目前还比较稀缺，因人设岗还是必要的。

2）为了留住核心竞争力的人才（一般是高级技术人才或高级专业人才），可以采用因人设岗原则。

3）一旦组织的高层人员老化，为了及时培养接班人可以采用因人设岗原则。

4）对于普通岗位来说，可选择的余地很多，采取因事设岗或因岗位择人，问题不大。

（3）集权和分权相结合的原则

集权与分权的关系是辩证统一，一般表现为统一领导、分级管理。集权到什么程度，应该以不妨碍下级积极性为限；分权到什么程度，应该以上级不失去对下级的有效控制为限。分权要使结果可控，必须有控制系统辅助，可以使授权的上级放心分权，做到“用人不疑”，也可以防止受权者不滥用权力，保证分权能达到预期效果。

（4）命令统一原则

从管理的常识来看，一定要避免多头领导，做到统一指挥。实质也就是要进行统一领导，消除多头领导和无人负责现象。

（5）管理幅度与管理层级适度原则

管理幅度指平均每位干部下属员工的数量配备，管理层级指最高管理者到最基层员工之间设了几层机构。

管理幅度与管理层级是对应的关系：管理幅度越大，管理层级就越少；管理幅度越小，管理层级就越多。管理者由于精力有限，有效管理幅度就受到一定限制。管理幅度过小，造成越级指挥、多头指挥、越权指挥；管理幅度越宽，对干部素质要求越高，虽可降低管理中间层次，但管理幅度超过一定范围，势必导致管理人员负担过重，无法对下属人员施加必要的监督和有效的指导，从而影响工作效率。

二、质量管理基础知识

1. 质量管理概述

质量管理是在质量方面指挥和控制组织的协调的活动。质量管理涉及组织的各个方面，它要求围绕产品质量形成的全过程，通过制定质量方针和实现质量目标，向市场提供符合顾客和其他相关方要求的产品。因此，质量首先是一个满足客户需要和要求的问题。这意味着质量管理的焦点必须放在为客户服务并使之满意上。

质量管理的主要活动通常包括：制定质量方针和质量目标；进行质量策划、质量控制、质量保证和质量改进。在这些活动中，质量策划、质量控制、质量保证和质量改进都是为制定质量方针和实现质量目标而进行的。当质量方针、质量目标实现后应重新进行质量策划、质量控制、质量保证和质量改进。

质量管理的三大目标包括：提高顾客满意度、缩短流程和减少缺陷。

影响质量的因素包括 4M1E，即材料、机器、人、方法和环境。

2. 质量管理原则

（1）五不放过原则

在质量管理中需做到：

1）原因找不到，不放过——追查原因；

2）责任分不清，不放过——选择对策；

3）纠正措施不落实，不放过——草拟行动；

4）纠正措施不验证，不放过——成果比较；

5）有效措施不纳入，不放过——标准化。

（2）员工的工作质量具体要求

1）熟悉检验标准、了解操作规范的内容要求。

2）树立“质量是生产出来的，不是检验出来的”的思想。

3）严格遵守品质保证的三不政策和三不放过原则。

三不政策包括不接受不良品（互检）、不制造不良品（自检）以及不流出不良品（自检和互检）。

三不放过原则指事件原因分析不清不放过；事件责任者与群体未受到教育不放过；事件没有防范措施不放过。

（3）不合格品的控制

1）不合格品指未满足明示的、习惯上隐含的或必须履行的需求和期望的产品。

2）不合格品的控制要求包括标识、记录、评审、隔离和处置。

3）不合格品评审和处置的方法有返工、让步接收、降级、拒收或报废。

（4）质量意识

所谓质量意识：首先要保证我们的产品是合格的。符合产品的规格要求，另外整个生产流程要严格遵照企业生产流程的管理规定。

作为员工，不仅仅是被动的接受，更要不断的提出改善意见，促进质量的提高。所以生产现场人员应注意以下事项：

1）不要踩踏产品（原材料、半成品和成品）；

2）不要让不合格品流到下一工序；

3）不要抛扔产品；

4）不要把产品直接放在地上；

5）不要不按操作规范作业；

6）不要无首检作业；

7）不要乱摆放产品；

8）不要一味追求速度；

9）不要机器带病作业；

10）不要“知情不报”。

思考题

1. 放射源的分类原则是什么？

2. 整机检验项目及分组内容？

3. 放射性测量中的标准误差如何计算？

参考文献

[1] 核仪器和核辐射探测器质量检验规则:GB/T 10257—2001[S]. 北京:中国标准出版社,2001.
[2] 汲长松. 核辐射探测器及其实验技术手册[M]. 北京:原子能出版社,2010.
[3] 汤婕,孙学耕等. 电子测量与产品检验[M]. 2 版. 北京:机械工业出版社,2017.

第二部分　核辐射探测仪器生产工高级技师技能

第八章　高级技师核辐射探测器装架

第一节　生产准备

学习目标：熟悉核辐射探测器基础知识

一、核辐射探测器基础知识

1. α辐射探测器

由于α粒子在物质上的射程极短，因此对于α粒子探测不得不使用薄窗探测器，或者将待测样品置入探测器的工作容积之内（内计数器）。最适于α粒子探测的探测器是脉冲电离室、正比计数器、硫化锌闪烁体、玻璃闪烁体、塑料闪烁体、PIPS型半导体探测器等。

α粒子探测不适于使用电流型探测器，因为：

（1）电离电流与α粒子能量及待测样品的厚度有关；

（2）α粒子引起的电离，与β粒子、γ量子或宇宙线引起的电离没有差别，无法辨识；

（3）无法测定极弱放射性（弱电流测量技术所限）。

而脉冲型α探测器在很宽的α粒子能量范围内，对于一个α粒子可以给出一个脉冲信号。可以使待测样品的自吸收、探测器窗的吸收不起重要作用，因为α粒子脉冲较容易与β粒子、γ量子或宇宙线脉冲，用较简单的脉冲幅度甄别法甄别开来。这样，无需特殊措施便可使α粒子计数探测器的本底降得很低（如每小时几个计数）。低本底α粒子探测器与特殊的电子学线路联用，可把本底降至每昼夜几个计数，因而可以很精确地进行低水平α放射性测定。

表8-1列出了部分典型的α粒子探测器。

表 8-1 典型的 α 粒子探测器

类型	α 探测器	主要特点、用途
气体电离探测器	电离室 正比计数管	(1) 微秒级脉冲衰减时间 (2) 对电压稳定性要求不高,高压稳定性一般为 1%~0.5% (3) 价格低、操作方便、温度性能好,宜与通用性 α 粒子计数仪器配用 (4) 能量分辨性能较差
半导体探测器	PIPS 探测器	^{241}Am5.486 MeV,半高宽 13 keV(室温);<10 keV(−40 ℃)
		能量分辨率高,工艺简单,易受环境条件的影响
	高纯锗探测器	^{241}Am5.486 MeV,半高宽 16 keV(77 K)
		需在 77 K 低温下工作
	砷化镓面垒探测器	^{241}Am5.486 MeV,半高宽 15.5 keV(室温);40 keV(120 ℃)
		能量分辨率高,可在 60 ℃以上温度下工作
闪烁探测器	ZnS(Ag) 塑料探测器 对联三苯闪烁体蒽 玻璃闪烁体	(1) 发光衰减时间短(纳秒与亚纳秒级),可用于高计数率 α 粒子计数 (2) 对高压电源稳定性要求较高,一般为 0.1% (3) 可制成大面积探测器 (4) 能量分辨率适中 (5) 可用于各种 α 粒子计数场合
热释光探测器	LiF 热释光探测器	注量测定,不能用于单个 α 粒子计数。不能在线获得数据,测量后信息不再保存,故不能复测。适合大量应用。主要用于环境监测
径迹探测器	核乳胶 径迹蚀刻探测器	径迹显示,无电源,不能在线获得数据。处理工艺过程复杂,信息可长期保留。主要用于基本粒子物理与环境监测

2. β 辐射探测器

β 放射源的 β 辐射活度测量的特点包括:

(1) β 粒子的能谱是连续的,从零到 $E_{\beta max}$ 有一定的分布。低能的 β 粒子被甄别掉;

(2) β 粒子质量小,易被原子、原子核散射。因此,β 粒子测量结果必须进行各种修正。

作为 β 探测器常用盖革-弥勒计数管、流气式正比计数管、塑料闪烁体、液体闪烁体等。表 8-2 列出了各种常用的 β 辐射探测器。

表 8-2 β 辐射探测器

类型	β 探测器	主要特点、用途
气体电离探测器	β 电离室 流气正比计数管 多丝正比室 β 盖革-弥勒计数管	时间分辨:10^{-2}~10^{-5} s;最大计数率:10^2~10^5脉冲/s。粒子计数 时间分辨:10^{-2}~10^{-5} s;最大计数率:10^2~10^5脉冲/s。粒子计数 时间分辨:10^{-2}~10^{-5} s;最大计数率:10^2~10^5脉冲/s。粒子计数
半导体探测器	PIPS 探测器	低能 β 能谱 75 keV,半高宽 7.5 keV,室温,可构成低噪声器件 ^{137}Cs650 keV 内转换电子,半高宽:2.1 keV(135 K);13 keV(室温) ^{207}Bi1 MeV 内转换电子,半高宽 3.1 keV(77 K) 漏电流低,噪声低,薄窗、可清洗,耐温 100 ℃

续表

类型	β探测器	主要特点、用途
闪烁探测器	塑料探测器 对联三苯闪烁体 蒽	(1) 灵敏体积可制作得很薄,具有较高的β/γ效率比 (2) 闪烁光衰减快,$10^{-8}\sim10^{-9}$ s,宜作快时间、高计数率测量
	玻璃闪烁体 液体闪烁体	
热释光探测器	热释光β剂量计	β剂量测量,易于大批量使用。无源剂量计 存在衰退现象,积分测量,不能在线提供测量结果

3. γ辐射探测器

(1) γ辐射探测原理

X射线与γ辐射皆为不带电的核辐射,因此它不能被核辐射探测器直接探测。光电效应、康普顿散射与电子对产生,是γ辐射与物质相互作用的主要过程。这三种作用过程中皆有电子产生。所有的X射线探测器与γ辐射探测器对X射线与γ辐射的探测,皆基于对这种次级电子的探测。

(2) γ辐射探测器分类

测量X射线和γ辐射的探测器可分为气体电离探测器、半导体探测器和闪烁探测器。

1) 气体电离探测器

探测γ辐射时,其效率要比探测X射线的低。原因如下:随γ辐射能量的增高,光电效应和康普顿效应的吸收截面减小,并且在计数管壁内能产生次级电子,进而导致探测时间发生的那部分γ辐射所占的比例很快减小。在这种情况下,很难计算γ辐射探测器效率,因为次级电子的方向和能量是变化的,而且它们在计数管壁中的路径是弯曲的。

对于较高能量的光子吸收来说,计数管填充气体的作用已经微不足道,为了提高探测器效率必须借助γ辐射与计数管管壁的相互作用。只有射程大于次级电子产生地点——计数管壁内表面的距离的那一部分次级电子,才能进入计数器的灵敏体积,导致放电(盖革-弥勒计数管)而被探测。

2) 半导体探测器

高纯锗(HPGe)半导体探测器以及化合物半导体探测器都是有效的γ辐射探测器。半导体探测器对X射线与γ辐射的探测,基于对它们与探测器物质相互作用产生次级电子的探测。X射线与γ辐射与探测器物质的相互作用主要是光电效应、康普顿散射与电子对产生。次级电子可以由上述单一的过程产生,也可由这三种过程的混合过程产生。

3) 闪烁探测器

γ射线在闪烁体内也由于光电效应、康普顿散射与电子对产生而产生次级电子。这些电子闪烁体分子激发。退激时闪烁体产生闪烁。

有一部分闪烁体的闪烁光强与入射粒子的能量不存在正比关系。这一部分闪烁体构成的闪烁探测器只能用于粒子计数,如玻璃闪烁体。另有一部分闪烁体,其闪烁光强与入射γ量子的能量成正比关系。它们除了可以用于γ量子计数之外,还可以用于入射γ量子的能量分布测量,即能谱测量。这类闪烁体有NaI(Tl),LiI(Eu),BGO及CsI(Tl)等,它们也成为线性闪烁体。

入射窗材料与尺寸的选择与被探测 γ 射线的能量密切相关。特别是低于 100 keV 的 γ 射线,实际的探测器效率与探测器入射窗的吸收密切相关。对于 X 射线与能量低于 5 keV 的 γ 射线的探测,用铍做入射窗最佳。

4. 中子探测和中子探测器

(1) 中子探测原理

中子不带电,因此它在物质中不能直接引起电离而被探测。中子探测必须借助其与原子核发生的相互作用产生的次级带电粒子来实现。通常用于中子探测的基本方法有四种:核反应法、核反冲法、核裂变法与核激活法。

核反应法:通过记录中子引起的核反应产物,来探测中子的方法。

核反冲法:通过记录中子引起的反冲核来探测中子的方法。核反冲法只用于探测快中子。

核裂变法:通过记录中子俘获导致重核裂变所产生的裂变碎片来探测中子的方法。核裂变法可用于探测任意能量的中子。

核激活法:部分稳定核素经中子照射后具有放射性。由其放射性活度可以求出中子的注量率,达到中子探测的目的。基于核激活法的中子探测器主要用于高中子注量率、并伴有强 γ 辐射的场合进行中子探测,如反应堆堆芯中子注量率的测定。

(2) 中子探测器分类

中子探测器可分为慢中子探测器、快中子探测器和特殊中子探测器。

常见的慢中子探测器有硼电离室、^{235}U 裂变室、BF_3 正比计数管、^{3}He 正比计数管、衬硼正比计数管等。

常见的快中子探测器有含氢正比计数管、^{238}U 裂变室、ZnS 快中子屏、塑料闪烁体、液体闪烁体等。

第二节 工艺操作

学习目标:掌握气体电离探测器工艺改进的相关知识和电镀涂覆相关知识。

一、气体电离探测器

(1) 气体的电离和激发

带电粒子通过气体时,同气体原子的轨道电子发生库仑作用,本身会损失部分能量,而使气体原子电离或激发。电离时,核外电子所获得的一部分能量足以克服原子的束缚而成为自由电子,从而生成离子对——电子和正离子。

入射粒子能够产生的最小动能 $E_{\min}$

$$E_{\min}=\frac{(m_e+M)^2}{4m_e}I_0$$

式中:M 为入射粒子质量;

m_e 为电子质量;

I_0 为电离电位。

入射粒子和气体分子直接作用产生的电离离子对数目，成为初电离。电离后产生的次级粒子再和气体分子作用而产生的电离离子对数目，成为次电离。初电离和次电离的总和称为总电离。入射粒子在单位路径上产生的离子对数目，称为比电离。同样，比电离也相应的有初比电离、次比电离和总比电离。

初电离产生的电子中，那些具有较大能量能够引起次级电离的电子称为 δ 电子。

入射粒子损失于气体内的能量 E 分为三个部分：a）消耗于电离，产生 N_0 个离子对；b）使气体的原子激发；c）转换为气体原子和离子对的动能。

产生一对电离离子所需要的平均能量 ε_0，称为平均电离功。

$$\varepsilon_0=\frac{E}{N_0}$$

入射粒子在气体中产生总电离数 $N_0=\frac{E}{\varepsilon_0}$ 的电离过程是随机的。电离的统计涨落由方差 σ^2 表示：

$$\sigma^2=F\cdot\frac{E}{\varepsilon_0}$$

式中：F 为法诺因子。

电离碰撞中受激的原子，以三种可能的方式退激：

A. 辐射光子　受激原子从激发态退回基态时，发射波长为近紫外光的光子。这些光子又可能在周围介质中打出光电子，或被某些气体分子吸收而使分子离解。

B. 俄歇效应　受激原子退激时，激发能直接转移给自身的内层电子，使电子脱出，即发射俄歇电子。同时，失去了内层电子后所形成的空穴立刻（在 10^{-13} s 内）被外层电子所填充，伴随特征 X 射线发射，也称为 X 荧光。

C. 亚稳原子　某些受激原子处于禁戒的激发态，不能自发地退回基态，其寿命一般为 $(10^{-2}\sim10^{-4})$s，称为亚稳原子。它们与其他粒子非弹性碰撞后才能退激。

（2）电子和离子的运动

扩散：电子和正离子从密度大的区域向密度小的区域扩散。在惰性气体中加入多原子分子气体，可使扩散的影响大大减小。

漂移：电子和正离子在外电场中被加速，但同时又和气体分子碰撞，损失能量而减速。宏观上表现为它们沿（或反）外加电场方向上具有一定的平均速度，称为漂移速度。

复合：可分为电子复合和离子复合两种情形。电子与正离子碰撞时可发生与电离相反的过程，即复合形成中性分子。这个过程称之为电子复合。

电子与气体分子碰撞时，可能被吸附而形成负离子，即产生电子吸附效应。负离子与正离子碰撞时也要复合成中性分子。这个过程称之为离子复合。通常把吸附电子概率大的气体，称为负电性气体，如氧、水蒸汽和卤素等。电子被吸附形成负离子后，漂移速度大大减慢，复合概率增加几个数量级。

复合过程将导致收集到的电离数 N 减少。对于计数用的某些探测器，为了达到放电猝灭，专门选用负电性气体，如卤素气体。复合概率与正、负离子的密度 n^+、n^- 成正比。单位时间、单位体积内，正负离子复合数目为

$$-\frac{\mathrm{d}n^+}{\mathrm{d}t}=-\frac{\mathrm{d}n^-}{\mathrm{d}t}=\alpha n^+n^-$$

式中，α 为复合系数，它与气体性质、压力、温度、正负离子相对速度等因素有关。

(3) 外加电场与电离粒子的收集

假定在探测器气体空间形成 N_0 个离子对，在外加电压 V 的作用下，这些电子和正离子分别向正、负电极漂移而被电极所收集。按照收集到的离子对数与外加电压的关系，可分为：

1) 复合区：外加电压 V 很小，离子漂移速度很小，扩散和复合效应起主要作用。由于复合，电极上收集到的离子对数小于初总电离数 N_0。

2) 饱和区：外加电压达到某一定值时，复合效应基本消失。这时初总电离数 N_0 全部被收集，达到饱和。此区域内被收集的电荷数基本上保持不变。电离室工作于此区间。

3) 正比区：外加电压超过饱和区后，被收集到的离子对数 N 大于初总电离数 N_0，气体内出现气体放大过程。由于外电场很强，初电离电子被加速而获得的能量已经能使气体分子电离，产生次级离子对。次级电子在漂移过程中又可能被加速到足以再产生次级离子对。如此不断地继续下去，使电离的离子对数目增长很快。这一过程称为雪崩过程。

气体放大倍数

$$M=\frac{N}{N_0}$$

外加电压 V 越高，M 越大。但对于某一确定的探测器来说，当 V 在此区间取一定值时，M 是定值。因此电极上收集到的总电离(电荷)数 N，正比于初总电离数 N_0。正比计数器、多丝正比室和漂移室工作在此区。

4) 有限正比区：当外加电压继续增加时，气体的放大倍数继续增大时，由于产生的大量离子对中的正离子漂移速度很慢，滞留在气体空间而形成空间电荷。他们所产生的电场部分抵消了外加电场，限制了次级电离的增长。这就是所谓的空间电荷效应。该效应使气体放大倍数不再恒定，而与初总电离数有关。收集到的电离数不再与初总电离数严格成正比。

5) 盖革-弥勒区：外加电压继续增高，至某个值后，电流开始急增而形成自激放电。此时，电极收集到的电离不再与原电离有关。盖革-弥勒计数管工作在此区间。

6) 自持放电区：外加电压继续增高，电极收集的电离数再次急剧增长。这就是气体自持放电区。在这一电压区间中，有光产生。电晕管、流光室等工作于这一区间。

综上所述，不同工作区域的探测器，电离粒子与气体分子作用机制不同，输出信号的性质也不同，可将他们分为电离室、正比计数器、盖革-弥勒计数管及自持放电型探测器等四类不同的气体电离探测器。

(4) 坪、坪长和坪斜

探测器计数率-工作电压特性曲线(图 8-1)中，计数率值与工作电压值实际上无关的那一区段，称为高压坪。坪区的电压范围 $V_1 \sim V_2$ 称为坪长，所加电压每改变 100 V，计数率 N 的改变，称为坪斜 K。K 以计数率 N 改变的百分比给出，单位为%/(100 V)即

$$K=\frac{N_2-N_1}{\frac{1}{2}(N_2+N_1)}\times 100\%\times\frac{100}{V_2-V_1}$$

对应定标器开始计数的电压值 V_s，称为初始电压。图 8-1 所示之 V_0，是探测器正常工作时应选取的工作电压值。V_0 一般应选在坪区接近 V_1 的那一部分。

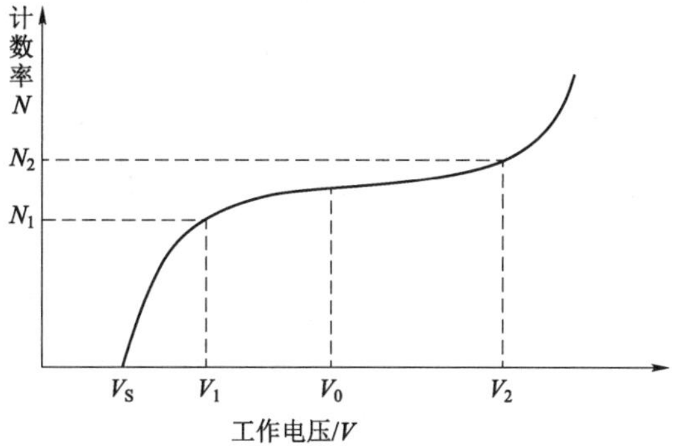

图 8-1　探测器计数率-工作电压特性曲线

二、电镀涂覆基础知识

1. 影响电镀质量的因素

影响电镀质量的因素很多,包括镀液的各种成分以及各种电镀工艺参数。下面就其中某些主要因素进行讨论。

(1) pH 的影响

镀液中的 pH 可以影响氢的放电电位,碱性夹杂物的沉淀,还可以影响络合物或水化物的组成以及添加剂的吸附程度。但是,对各种因素的影响程度一般不可预见。最佳的 pH 往往要通过试验决定。在含有络合剂离子的镀液中,pH 可能影响存在的各种络合物的平衡,因而必须根据浓度来考虑。电镀过程中,若 pH 增大,则阴极效率比阳极效率高,pH 减少则反之。通过加入缓冲剂可以将 pH 稳定在一定范围。

(2) 添加剂的影响

镀液中的光亮剂,整平剂,润湿剂等添加剂能明显改善镀层组织。对此添加剂有无机和有机之分。无机添加剂起作用的原因是由于它们在电解液中形成高分散度的氢氧化物或硫化物胶体,吸附在阴极表面阻碍金属析出,提高阴极极化作用。有机添加剂起作用的原因是这类添加剂多为表面活性物质,它们会吸附在阴极表面形成一层附膜,阻碍金属析出,因而提高阴极极化作用。另外,某些有机添加剂在电解液中形成胶体,会与金属离子络合形成胶体-金属离子型络合物,阻碍金属离子放电而提高阴极极化作用。

(3) 电流密度的影响

任何电镀都必须有一个能产生正常镀层的电流密度范围。当电流密度过低时,阴极极化作用较小,镀层结晶粗大,甚至没有镀层。随着电流密度的增加,阴极极化作用随着增加,镀层晶粒越来越细。当电流密度过高,超过极限电流密度时,镀层质量开始恶化,甚至出现海绵体、枝晶状、烧焦及发黑等。电流密度的变化的上限和下限是由电镀液的本性、浓度、温度和搅拌等因素决定的。一般情况下,主盐浓度增大,镀层温度升高,以及有搅拌的条件下,可以允许采用较大的电流密度。

(4) 电流波形的影响

电流波形的影响是通过阴极电位和电流密度的变化来影响阴极沉积过程的,它进而影响镀层的组织结构,甚至成分,使镀层性能和外观发生变化。实践证明,三相全波整流和稳压直流相当,对镀层组织几乎没有什么影响,而其他波形则影响较大。

(5) 温度的影响

镀液温度的升高能扩散加快,降低浓差极化,此外,升温还能使离子的脱水过程加快。离子和阴极表面活性增强,也降低了电化学极化,导致结晶变粗。另一方面,温度升高能增加盐类的溶解度,从而增加导电和分散能力;还可以提高电流密度上限,从而提高生产效率。

(6) 搅拌的影响

搅拌可降低阴极极化,使晶粒变粗,但可提高电流密度,从而提高生产率。此外搅拌还可增强整平剂的效果。

2. 电镀工艺

电镀工艺过程一般包括电镀前预处理,电镀及镀后处理三个阶段。

(1) 镀前预处理

镀前预处理的目的是为了得到干净新鲜的金属表面,为最后获得高质量镀层作准备。主要进行脱脂、去锈蚀、去灰尘等工作。步骤如下:第一步使表面粗糙度达到一定要求,可通过表面磨光,抛光等工艺方法来实现。第二步去油脂,可采用溶剂溶解以及化学,电化学等方法来实现。第三步除锈,可用机械,酸洗以及电化学方法除锈。第四步活化处理,一般在弱酸中侵蚀一定时间进行镀前活化处理。

(2) 镀后处理

1) 钝化处理。所谓钝化处理是指在一定的溶液中进行化学处理,在镀层上形成一层坚实致密的、稳定性高的薄膜的表面处理方法。钝化使镀层耐蚀性大大提高并能增加表面光泽和抗污染能力。这种方法用途很广,镀 Zn,Cu 等后,都可进行钝化处理。

2) 除氢处理

有些金属如锌,在电沉积过程中,除自身沉积出来外,还会析出一部分氢,这部分氢渗入镀层中,使镀件产生脆性,甚至断裂,称为氢脆。为了消除氢脆,往往在电镀后,使镀件在一定的温度下热处理数小时,称为除氢处理。

第三节 故障判断与排除

学习目标:了解电镀过程中常见问题的原因及解决办法。

电镀过程中常见问题的原因及解决办法

电泳涂装是大量操作变量的动态平衡,操作人员不时地对电泳涂装工艺的控制参数进行监控和调整,就可以获得良好的外观、膜厚和物理特性。因此,当检测出漆膜缺陷时,就应对它进行一系列准确、可靠的分析,然后及时提出解决办法(见表 8-3)。

表 8-3　电镀过程中常见问题的原因及解决对策

问题	原因	解决对策
膜厚不足	固体份低	提高固体份
	电压低	提高电压
	温度低	提高温度
漆膜过厚	工作周围循环不好	通常因泵，过滤器及喷嘴阻塞所致
	固体份高	降低固体份
	温度高	降低温度
	电导率高	提高超滤液排放量
	电压高	降低电压
水迹	纯水不干净	换纯水
	温度过高	降低湿度
	固体份过低	加漆
起泡	工作表所不洁净	充分水洗
漆膜外观不丰满	颜色基比过高	减少颜料补加，增加树脂含量
槽液有泡沫	进气漏气	检查管道和泵是否泄漏
	溢流槽液体过低	提出高液体高度
涂膜粗糙	颜料份高	减少色浆，增加树脂
	电导率高	超滤，降低电导率
针孔	槽液温度低	升高槽液温度
	电导率过高	超滤降低电导率
漆膜不均匀，破裂	槽液温度高	降低温度
	电压高	降低电压
	电导率高	超滤降低电导率
斑纹地图斑痕	底材表面污染	检查金属表面
漆迹	清洗不够	增加清洗
凹孔，缩孔	杂质污染	清除工件上杂质
	颜料份低	补加色浆
硬度	烘烤时间	延长，严格按工艺操作
	烘烤温度	升温
	不够流平	加溶剂
麻点	液温低	升温
	溶剂少	加溶剂
	浓度低	加漆
条纹	表面外观不佳	电压升高快
	溶剂含量低	槽液固含量低

第四节 培训与指导

学习目标：掌握培训教学的基本方法和教学大纲的编写。

一、培训教学的基本方法

核辐射探测仪器制造高级技师应能培训和指导高级工的操作，因此掌握培训教学的基本方法和教学大纲的编写是很有必要的。

1. 培训教学的特点

培训教学具有如下几个特点：

(1) 具有较强的针对性和实用性。职业培训目标、专业设置、教学内容等均根据职业技能标准、劳动力市场需求和用人单位的实际要求确定。经过职业培训的毕(结)业生可上岗作业。

(2) 具有较强的灵活性。在培训形式上可采取联合办学、委托培训、定向培训等方式；在培训期限上采取长短结合的方式，可以脱产也可以半脱产；在培养对象上依据岗位的实际需要灵活确定；在教学形式上不受某种固定模式的限制，根据职业标准的要求采取多种形式教学手段。

(3) 教学与生产相结合。主要体现在一方面教学要紧紧围绕生产实际进行，另一方面要贯彻勤工俭学、自立更生和艰苦奋斗的原则，通过教学与生产经营相结合，既培养了人才，又创造了物质财富，获得社会、经济的双重效益。

(4) 培训方法上强调理论知识教育与实际操作训练相结合，突出技能操作训练。

2. 培训教学的模式

(1) 讲授法：传统的培训方式。优点：运用起来方便，便于培训者控制整个过程。缺点：单向信息传输，反馈效果差，教师和学员的互动少。用于一些理念性知识的培训。对核辐射仪器制造人员高级工的理论知识的培训适用此模式。

(2) 视听技术法：通过现代视听技术，对学员进行培训。优点：直观鲜明。缺点：学员的反馈与实践较差，且制作和购买的成本高，内容易过时。

(3) 讨论法：一般可分成小组讨论和研讨会两种方式。小组讨论的特点是信息交流时方式为多向传递，学员的参与性高，费用较低。多用于巩固知识，训练学员分析、解决问题的能力与人际交往的能力，但运用时对培训教师的要求较高。研讨会以主题演讲为主，中途或会后允许学员与演讲者进行交流沟通。优点是信息可以多向传递，缺点是费用较高。

(4) 案例研讨法：这一方式使用费用低，反馈效果好，可以有效训练学员分析解决问题的能力。另外案例、讨论的方式也可用于知识类的培训，且效果更佳。

(5) 角色扮演法：学员在培训教师设计的工作情况中扮演其中角色，其他学员与培训教师在学员表演后作适当的点评。由于信息传递多向化，反馈效果好、实践性强、费用低，因而多用于人际关系能力的训练。

(6) 互动小组法：也成敏感训练法。此法主要适用于管理人员的人际关系与沟通训练。让学员在培训活动中亲身体验来提高他们处理人际关系的能力。其优点是可明显提高人际关系与沟通的能力，但其效果在很大程度上依赖于培训教师的水平。

（7）网络培训法：是一种新型的计算机网络信息培训方式，投入较大。但由于使用灵活，符合分散式学习的新趋势，节省学员集中培训的时间和费用。这种方式信息量大，新知识、新观念传递优势明显，更适合成人学习。因此，特别为实力雄厚的企业所青睐，也是培训发展的一个必然趋势。

（8）项目教学法：教师的指导下亲自处理一个项目的全过程，在这一过程中学习掌握教学计划内的教学内容。学生全部或部分独立组织、安排学习行为，解决在处理项目中遇到的困难，提高了学生的兴趣，自然能调动学习的积极性。因此“项目教学法”是一种典型的以学生为中心的教学方法。对核辐射探测仪器制造高级工的实操的指导适合此方法。

3. 培训的效果评价

培训效果评价一般用培训效果评价表来表示，表中一般要注明课题名称、培训教师、培训时间、培训课时、培训地点、培训人员、考核方式、培训内容、培训效果评价等内容。

培训效果评价表的模板如表 8-4 表示。

表 8-4　培训效果评价表

课题名称		培训时间	
培训地点		培训教师	
培训课时		考核方式	
培训人员			
培训内容			
培训效果评价			

二、培训计划和培训大纲的编写

1. 培训计划和培训大纲的概念

（1）培训计划：根据一定的培训目的和培养目标制定的教学和培育工作的指导文件。它决定着培训内容总的方向和总的结构，并对有关培训的教学、培育活动、生产劳动和课外活动等方面作出全面安排，具体规定培训项目的学科设置、各门学科的教学顺序、教学时数以及各种活动等。

（2）培训大纲：是根据培训计划中规定的各门学科（课程）的目的、任务而编写的指导性文件。它以纲要的形式，具体规定每门学科知识、技能的范围、深度以及体系、结构，同时规定教学的一般进度和对教学法的基本要求。其一般分为“说明”“正文”两部分。培训计划和培训大纲的关系。

(3) 培训大纲是按照项目培训计划要求,各培训课程在项目培训计划中的地位、作用、性质、目的和任务而规定的培训内容、结构体系、知识范围、教学要求等的基本纲要。培训大纲是实施培训计划的基本保证,也是编写培训教材、组织培训教学、进行教学质量考核的指导性文件。

2. 培训计划编写的依据

(1) 培训需求调查分析

培训需求可分三个层面:组织层面的需求、职务层面的需求和个人层面的需求。

组织层面的需求包括企业经营策略方针,企业使命、战略目标、策略和文化分析以及企业生命周期所处阶段,这时培训的最大前提,为了企业战略及策略目标的达成,培训必须依据企业经营的策略方针来进行。组织层面的分析就是要解决公司高层管理者这样的问题:培训对实现我们的经营目标重要吗?培训将会怎样支持我们战略目标的实现?哪些职能部门和经营单位需要培训?从一个发展阶段来看,企业所处生命周期不同,其相应的组织培训需求就有所不同。

职务层面的需求是按照企业岗位职务能力标准,对担当工作的员工的工作能力、工作态度和工作业绩进行比较分析,以确定员工能否胜任,进而确定企业培训需求。职务层面的培训需求主要通过职务分析、问卷调查以及与部门主管面谈的方式进行。

个人层面的需求是通过对员工个人工作要求、工作结果、素质条件、工作态度以及发展要求进行评估,以确定培训对象和内容。其中对关键岗位的人员情况要进行重点分析。个人层面的需求主要通过与员工的个人面谈结合需求调查表进行。

在进行培训需求分析过程中,对于出现的工作差异,要首先确定改变这些差异的重要性,判断改变这种差异是当前需求还是未来需求?管理层是否支持这种改变?应该按什么顺序进行改变?有没有资源和政策上的保证等,最重要的是判断培训是否是解决这种差异最有效的方法。否则,盲目培训不但效果不好,而且劳民伤财。

(2) 依据国家职业标准要求

国家标准是制定培训计划和培训大纲的基础。培训计划和培训大纲应该涵盖职业标准的全部内容,但也不能超出职业标准的内容。

(3) 根据公司生产工艺及技术装备

编写培训计划和培训大纲要考虑公司现有的生产工艺、技术水平和技术装备等,否则培训计划和培训大纲就不现实、不能够具体实施的。

培训是为了满足管理者的需要和工作任务的需要,而不是单纯为满足员工需要。

3. 培训计划的内容

培训计划要解决 5W1H 问题,即

Why(为什么要培训?):培训的目的;

Who(谁?):培训的负责人、培训的对象;

What(培训的内容是什么?):培训的内容;

When(什么时候、时间?):培训的时间、期限;

Where(在哪里?):培训的场地;

How(如何进行?):培训的方法。

4. 培训大纲编写的原则

(1) 符合教学计划要求

1) 明确本门课程在教学计划中的地位和作用；

2) 通过本门课程的学习需达到什么目的和要求；

3) 体现各技能等级层次在培养规格、要求等方面上的差别；

4) 重视应用技术与实践创新能力的培养。

(2) 结合开放教育的特点，贯彻“少而精，求实效”的原则。

1) 结合开放教育特点，考虑教学对象，教学内容难易要适中，教学总量要合理控制；

2) 公共基础课和专业基础课的教学内容根据专业课的要求以必需、够用为标准，突出重点；

3) 教学内容的精简标准以学生所学知识在量上符合专业培养目标和在一定时间内能吸收消化为限度；

4) 要求反应学科的新成果，体现理论知识与实践应用能力的结合；

5) 在文字表述上要力求精炼、准确。

(3) 对操作技能类的课程要突出其指导与训练的特点，要针对其各教学环节有明确、具体的要求，且有较强的可操作性。

(4) 同工种、同等级的相同课程(主要是基础课和专业基础课)原则上使用统一大纲、统一教材。

5. 培训大纲编写的内容和基本结构

培训大纲编写应包括大纲说明和大纲内容。

(1) 大纲说明

这是培训大纲编写中必须强调的一部分，主要包括六点内容：

1) 本课程的性质与地位、目的与任务；

2) 本课程适用的主要专业及其他说明；

3) 本课程与相关课程的前后衔接关系；

4) 本课程的基本教学(包括实践性环节方面)要求；

5) 本课程的教学方法和教学形式建议；

6) 本课程内容的教学要求层次。

(2) 大纲正文

1) 教学要求：在教学要求中目的与要求应予以明确、具体、层次清楚，进一步增强和培养学员的逻辑思维能力与创造能力。

教学要求层次的术语通常有：知道、了解、理解、明确、能、学会、掌握、熟练掌握等。对有关定义、定理、性质、特征等概念的内容可按“知道、了解、理解”三个层次要求；有关计算、解法、公式、法则等方法的内容，可按“会、掌握、熟练掌握”三个层次要求；技能(实践环节)可按：指认、学会、能、测定(测绘)、掌握、应用等几个层次要求来把握。在编写时，应根据课程的性质与要求采用相应的定性词汇，并注明不同教学层次所对应的考核要求。教学内容及课时：明确教学的内容和课时。

2) 教学建议：明确教学内容中重点与难点的教学要求，建议教师采用的教学方法和教学手段等。

第五节 管 理

学习目标:熟悉组织管理基础知识和质量管理基础知识。

一、组织管理基础知识

1. 组织的概述

(1) 组织的定义:人们为了实现一定的目标,相互结合、确定职位、明确责任与义务、分工合作、协调行动的人工系统及其运转过程。

(2) 组织的特征

1) 组织必须有一个共同的目标。

2) 组织要有不同层次的权利和责任制度。

3) 组织包括不同层次的分工和合作。

4) 组织的功能在于协调人们的活动去实现共同的目标。

(3) 组织的四层次

1) 决策层:领导对近期与远期的计划与决策项目选择。

2) 控制层:高层管理者(领导班子)对各部门建立有效的控制体系。

3) 管理层:(从高层到各中层干部)知道自己的职责与权力是什么,发挥其管理作用。

4) 经营层:经营层(各部门)执行决策,动员全体人员完成组织的总体目标。

2. 组织管理原则

任何社会活动都应是有组织的活动,任何组织都有一个与其功能与目标相适应的组织机构及其设置原则。尽管由于客观条件和所承受的任务不同,不同层次的企业其具体的社会职能有所侧重和差异,但组织设置的科学合理与否,直接关系着组织的功能能否有效发挥,组织管理一般应遵循以下原则:

(1) 任务目标原则

任何组织都有特定的任务和目标,每个组织及其组成部分,都应当与这一目标相关联;组织的调整、增加、合并或取消,都应该以能否实现目标为标准。做到分工合理,协作明确。每个部门及员工的工作范围、相互关系、协作方法、权利责任等,都应有明确规定。

(2) 因人设岗与因事设岗辩证使用的原则

从管理学的角度讲,因事设岗是正确的,而因人设岗是不科学的。但事实上,中国很多企业都采用因人设岗的原则并且取得了成功。

1) 对于高层岗位要采用因人设岗的原则。因为高层管理人员属于职业经理人阶层,目前还比较稀缺,因人设岗还是必要的。

2) 为了留住核心竞争力的人才(一般是高级技术人才或高级专业人才),可以采用因人设岗原则。

3) 一旦组织的高层人员老化,为了及时培养接班人可以采用因人设岗原则。

4) 对于普通岗位来说,可选择的余地很多,采取因事设岗或因岗位择人,问题不大。

(3) 集权和分权相结合的原则

集权与分权的关系是辩证统一，一般表现为统一领导、分级管理。集权到什么程度，应该以不妨碍下级积极性为限；分权到什么程度，应该以上级不失去对下级的有效控制为限。分权要使结果可控，必须有控制系统辅助，可以使授权的上级放心分权，做到“用人不疑”，也可以防止受权者不滥用权力，保证分权能达到预期效果。

(4) 命令统一原则

从管理的常识来看，一定要避免多头领导，做到统一指挥。实质也就是要进行统一领导，消除多头领导和无人负责现象。

(5) 管理幅度与管理层级适度原则

管理幅度指平均每位干部下属员工的数量配备，管理层级指最高管理者到最基层员工之间设了几层机构。

管理幅度与管理层级是对应的关系：管理幅度越大，管理层级就越少；管理幅度越小，管理层级就越多。管理者由于精力有限，有效管理幅度就受到一定限制。管理幅度过小，造成越级指挥、多头指挥、越权指挥；管理幅度越宽，对干部素质要求越高，虽可降低管理中间层次，但管理幅度超过一定范围，势必导致管理人员负担过重，无法对下属人员施加必要的监督和有效的指导，从而影响工作效率。

二、质量管理基础知识

1. 质量管理概述

质量管理是在质量方面指挥和控制组织的协调的活动。质量管理涉及组织的各个方面，它要求围绕产品质量形成的全过程，通过制定质量方针和实现质量目标，向市场提供符合顾客和其他相关方要求的产品。因此，质量首先是一个满足客户需要和要求的问题。这意味着质量管理的焦点必须放在为客户服务并使之满意上。

质量管理的主要活动通常包括：制定质量方针和质量目标；进行质量策划、质量控制、质量保证和质量改进。在这些活动中，质量策划、质量控制、质量保证和质量改进都是为制定质量方针和实现质量目标而进行的。当质量方针、质量目标实现后应重新进行质量策划、质量控制、质量保证和质量改进。

质量管理的三大目标包括：提高顾客满意度、缩短流程和减少缺陷。

影响质量的因素包括 4M1E，即材料、机器、人、方法和环境。

2. 质量管理原则

(1) 五不放过原则

在质量管理中需做到：

1) 原因找不到，不放过——追查原因；

2) 责任分不清，不放过——选择对策；

3) 纠正措施不落实，不放过——草拟行动；

4) 纠正措施不验证，不放过——成果比较；

5) 有效措施不纳入，不放过——标准化。

(2) 员工的工作质量具体要求

1) 熟悉检验标准、了解操作规范的内容要求。

2) 树立“质量是生产出来的,不是检验出来的”的思想。

3) 严格遵守品质保证的三不政策和三不放过原则。

三不政策包括不接受不良品(互检)、不制造不良品(自检)以及不流出不良品(自检和互检)。

三不放过原则指事件原因分析不清不放过;事件责任者与群体未受到教育不放过;事件没有防范措施不放过。

(3) 不合格品的控制

1) 不合格品指未满足明示的、习惯上隐含的或必须履行的需求和期望的产品。

2) 不合格品的控制要求包括标识、记录、评审、隔离和处置。

3) 不合格品评审和处置的方法有返工、让步接收、降级、拒收或报废。

(4) 质量意识

所谓质量意识:首先要保证我们的产品是合格的。符合产品的规格要求,另外整个生产流程要严格遵照企业生产流程的管理规定。

作为员工,不仅仅是被动的接受,更要不断的提出改善意见,促进质量的提高。所以生产现场人员应注意以下事项:

1) 不要踩踏产品(原材料、半成品和成品);

2) 不要让不合格品流到下一工序;

3) 不要抛扔产品;

4) 不要把产品直接放在地上;

5) 不要不按操作规范作业;

6) 不要无首检作业;

7) 不要乱摆放产品;

8) 不要一味追求速度;

9) 不要机器带病作业;

10) 不要“知情不报”。

思考题

1. 有哪些探测器可以探测 γ 粒子?

2. 电极涂覆有哪些注意事项?

3. 如何做好管理工作?

参考文献

[1] 胡汉泉,王迁. 真空物理与技术及其在电子器件中的应用[M].北京:国防工业出版社,1982.

[2] 黄运添. 电子材料与工艺学(材料部分)[M].西安:西安交通大学出版社,1983.

[3] 汲长松. 核辐射探测器及其实验技术手册[M].北京:原子能出版社,2010.

第九章　高级技师核探测元件排气

第一节　生产准备

学习目标： 熟悉核物理基础知识，掌握排气、镀膜、活化所用仪器设备的相关知识。

一、核物理基础知识

1. α 辐射探测器

由于 α 粒子在物质上的射程极短，因此对于 α 粒子探测不得不使用薄窗探测器，或者将待测样品置入探测器的工作容积之内（内计数器）。最适于 α 粒子探测的探测器是脉冲电离室、正比计数器、硫化锌闪烁体、玻璃闪烁体、塑料闪烁体、PIPS 型半导体探测器等。

α 粒子探测不适于使用电流型探测器，因为：

（1）电离电流与 α 粒子能量及待测样品的厚度有关；

（2）α 粒子引起的电离，与 β 粒子、γ 量子或宇宙线引起的电离没有差别，无法辨识；

（3）无法测定极弱放射性（弱电流测量技术所限）。

而脉冲型 α 探测器在很宽的 α 粒子能量范围内，对于一个 α 粒子可以给出一个脉冲信号。可以使待测样品的自吸收、探测器窗的吸收不起重要作用，因为 α 粒子脉冲较容易与 β 粒子、γ 量子或宇宙线脉冲，用较简单的脉冲幅度甄别法甄别开来。这样，无需特殊措施便可使 α 粒子计数探测器的本底降得很低（如每小时几个计数）。低本底 α 粒子探测器与特殊的电子学线路联用，可把本底降至每昼夜几个计数，因而可以很精确地进行低水平 α 放射性测定。

表 9-1 列出了部分典型的 α 粒子探测器。

表 9-1　典型的 α 粒子探测器

类型	α 探测器	主要特点、用途
气体电离探测器	电离室 正比计数管	（1）微秒级脉冲衰减时间 （2）对电压稳定性要求不高，高压稳定性一般为 1%～0.5% （3）价格低、操作方便、温度性能好，宜与通用性 α 粒子计数仪器配用 （4）能量分辨性能较差
半导体探测器	PIPS 探测器	^{241}Am5.486 MeV，半高宽 13 keV（室温）；<10 keV（−40 ℃）
		能量分辨率高，工艺简单，易受环境条件的影响
	高纯锗探测器	^{241}Am5.486 MeV，半高宽 16 keV（77 K）
		需在 77 K 低温下工作
	砷化镓面垒探测器	^{241}Am5.486 MeV，半高宽 15.5 keV（室温）；40 keV（120 ℃）
		能量分辨率高，可在 60 ℃以上温度下工作

续表

类型	α 探测器	主要特点、用途
闪烁探测器	ZnS(Ag) 塑料探测器 对联三苯闪烁体蒽 玻璃闪烁体	(1) 发光衰减时间短(纳秒与亚纳秒级),可用于高计数率 α 粒子计数 (2) 对高压电源稳定性要求较高,一般为 0.1% (3) 可制成大面积探测器 (4) 能量分辨率适中 (5) 可用于各种 α 粒子计数场合
热释光探测器	LiF 热释光探测器	注量测定,不能用于单个 α 粒子计数。不能在线获得数据,测量后信息不再保存,故不能复测。适合大量应用。主要用于环境监测
径迹探测器	核乳胶 径迹蚀刻探测器	径迹显示,无电源,不能在线获得数据。处理工艺过程复杂,信息可长期保留。主要用于基本粒子物理与环境监测

2. β 辐射探测器

β 放射源的 β 辐射活度测量的特点包括:

(1) β 粒子的能谱是连续的,从零到 $E_{\beta max}$ 有一定的分布。低能的 β 粒子被甄别掉;

(2) β 粒子质量小,易被原子、原子核散射。因此,β 粒子测量结果必须进行各种修正。

作为 β 探测器常用盖革-弥勒计数管、流气式正比计数管、塑料闪烁体、液体闪烁体等。表 9-2 列出了各种常用的 β 辐射探测器。

表 9-2 β 辐射探测器

类型	β 探测器	主要特点、用途
气体电离探测器	β 电离室 流气正比计数管 多丝正比室 β 盖革-弥勒计数管	时间分辨:10^{-2}~10^{-5} s;最大计数率:10^2~10^5 脉冲/s。粒子计数 时间分辨:10^{-2}~10^{-5} s;最大计数率:10^2~10^5 脉冲/s。粒子计数 时间分辨:10^{-2}~10^{-5} s;最大计数率:10^2~10^5 脉冲/s。粒子计数
半导体探测器	PIPS 探测器	低能 β 能谱 75 keV,半高宽 7.5 keV,室温,可构成低噪声器件 ^{137}Cs650 keV 内转换电子,半高宽:2.1 keV(135 K);13 keV(室温) ^{207}Bi1 MeV 内转换电子,半高宽 3.1 keV(77 K) 漏电流低,噪声低,薄窗、可清洗,耐温 100 ℃
闪烁探测器	塑料探测器 对联三苯闪烁体 蒽	1. 灵敏体积可制作得很薄,具有较高的 β/γ 效率比 2. 闪烁光衰减快,10^{-8}~10^{-9} s,宜作快时间、高计数率测量
	玻璃闪烁体 液体闪烁体	
热释光探测器	热释光 β 剂量计	β 剂量测量,易于大批量使用。无源剂量计 存在衰退现象,积分测量,不能在线提供测量结果

3. γ 辐射探测器

(1) γ 辐射探测原理

X 射线与 γ 辐射皆为不带电的核辐射,因此它不能被核辐射探测器直接探测。光电效应、康普顿散射与电子对产生,是 γ 辐射与物质相互作用的主要过程。这三种作用过程中皆有电子产生。所有的 X 射线探测器与 γ 辐射探测器对 X 射线与 γ 辐射的探测，皆基于对这种次级电子的探测。

(2) γ 辐射探测器分类

测量 X 射线和 γ 辐射的探测器可分为气体电离探测器、半导体探测器和闪烁探测器。

1) 气体电离探测器探测 γ 辐射时，其效率要比探测 X 射线的低。原因如下：随 γ 辐射能量的增高，光电效应和康普顿效应的吸收截面减小，并且在计数管壁内能产生次级电子，进而导致探测时间发生的那部分 γ 辐射所占的比例很快减小。在这种情况下，很难计算 γ 辐射探测器效率，因为次级电子的方向和能量是变化的，而且它们在计数管壁中的路径是弯曲的。

对于较高能量的光子吸收来说，计数管填充气体的作用已经微不足道，为了提高探测器效率必须借助 γ 辐射与计数管管壁的相互作用。只有射程大于次级电子产生地点～计数管壁内表面的距离的那一部分次级电子，才能进入计数器的的灵敏体积，导致放电（盖革-弥勒计数管）而被探测。

2) 半导体探测器

高纯锗（HPGe）半导体探测器以及化合物半导体探测器都是有效的 γ 辐射探测器。半导体探测器对 X 射线与 γ 辐射的探测，基于对它们与探测器物质相互作用产生次级电子的探测。X 射线与 γ 辐射与探测器物质的相互作用主要是光电效应、康普顿散射与电子对产生。次级电子可以由上述单一的过程产生，也可由这三种过程的混合过程产生。

3) 闪烁探测器

γ 射线在闪烁体内也由于光电效应、康普顿散射与电子对产生而产生次级电子。这些电子闪烁体分子激发。退激时闪烁体产生闪烁。

有一部分闪烁体的闪烁光强与入射粒子的能量不存在正比关系。这一部分闪烁体构成的闪烁探测器只能用于粒子计数，如玻璃闪烁体。另有一部分闪烁体，其闪烁光强与入射 γ 量子的能量成正比关系。它们除了可以用于 γ 量子计数之外，还可以用于入射 γ 量子的能量分布测量，即能谱测量。这类闪烁体有 NaI(Tl)，LiI(Eu)，BGO 及 CsI(Tl)等，它们也成为线性闪烁体。

入射窗材料与尺寸的选择与被探测 γ 射线的能量密切相关。特别是低于 100 keV 的 γ 射线，实际的探测器效率与探测器入射窗的吸收密切相关。对于 X 射线与能量低于 5 keV 的 γ 射线的探测，用铍做入射窗最佳。

4. 中子探测和中子探测器

(1) 中子探测原理

中子不带电，因此它在物质中不能直接引起电离而被探测。中子探测必须借助其与原子核发生的相互作用产生的次级带电粒子来实现。通常用于中子探测的基本方法有四种：核反应法、核反冲法、核裂变法与核激活法。

核反应法：通过记录中子引起的核反应产物，来探测中子的方法。

核反冲法：通过记录中子引起的反冲核来探测中子的方法。核反冲法只用于探测快中子。

核裂变法：通过记录中子俘获导致重核裂变所产生的裂变碎片来探测中子的方法。核裂变法可用于探测任意能量的中子。

核激活法：部分稳定核素经中子照射后具有放射性。由其放射性活度可以求出中子的注量率，达到中子探测的目的。基于核激活法的中子探测器主要用于高中子注量率、并伴有强 γ 辐射的场合进行中子探测，如反应堆堆芯中子注量率的测定。

(2) 中子探测器分类

中子探测器可分为慢中子探测器、快中子探测器和特殊中子探测器。

常见的慢中子探测器有硼电离室、^{235}U 裂变室、BF_3 正比计数管、^{3}He 正比计数管、衬硼正比计数管等。

常见的快中子探测器有含氢正比计数管、^{238}U 裂变室、ZnS 快中子屏、塑料闪烁体、液体闪烁体等。

二、涡轮分子泵的相关知识

1. 分子泵的分类

分子泵主要用来抽取系统高真空度。分子泵可分为拖引型分子泵和涡轮分子泵，我们平常所说的分子泵指的是涡轮分子泵。分子泵通常都需要一个前置真空泵。

拖引型分子泵的原理是利用高速旋转物体对气体分子的拖引作用，在泵的出入口产生一个压强差，而在被抽容器处建立降低的压强。转速愈高，压强差愈大。

涡轮分子泵可分为立式分子泵和卧式分子泵。立式分子泵的真空系统结构简单，在改装旧有扩散泵系统时可直接替代扩散泵而无需改动真空系统结构，其次是泵内只有一组涡轮叶片，因而价格较低廉。但是立式分子泵的泵口垂直向上，易落入杂物损坏泵体，且泵体内的压强突然上升至大气压强时，泵体轴向会受到很大冲力。卧式分子泵可以克服上述缺点，但卧式分子泵有两组涡轮叶片，体积大，外壳形状复杂，造价较高。

2. 涡轮分子泵的使用

立式涡轮分子泵的优点是：真空系统的结构简单，在改装旧有扩散泵系统时可直接替代扩散泵而无须改动真空系统结构，其次是泵内只有一组涡轮叶片，因而价格较低廉。

(1) 与前级泵的关系

当气体分子在涡轮叶片间的平均自由程减小到叶片间距的十分之一时，分子间的碰撞过多，使气体的传输受到影响，一般来说，高真空入口处的涡轮叶片由于工作在较低的压强，不会遇到这种情况；但是靠近出口端的叶片就经常处于这种过渡流的范围内。为了改善涡轮分子泵的使用，出口端须配置一个工作压强能到达 10^{-4} 托抽速较大的前级泵。

(2) 防止返油

为了防止分子泵的返油，在使用时要先打开前级泵将系统抽到一定真空度后，再启动涡轮分子泵。停机时，先关闭涡轮分子泵，待分子泵停止运转后再关闭出口阀门和机械泵，同时令涡轮分子泵内的压强上升至大气压以减少轴承润滑油的反扩散。或者是涡轮分子泵与前级泵同时停机，关闭它们中间的阀门，待涡轮分子泵停止运转后，从高真空端(或从泵的中部)漏入空气至大气压。

在涡轮分子泵运行中，不要在关闭它的出口阀的情况下漏入气体使泵内压强突然上升，否则气体将被压至出口端，因没有出路而反射，一部分进入轴承润滑部分把油卷出带到泵内并进入高真空端造成严重返油。

(3) 烘烤去气

由于涡轮分子泵的转子是铝合金制的，只能承受 140 ℃的温度，其中的润滑油不到 80 ℃时就开始分解，因此规定涡轮分子泵的烘烤温度不得超过 120 ℃. 在外壳和定子的温度达到 120 ℃时，转子被流动的润滑剂冷却，实际的温升较小。若要继续升高转子的烘烤温度，可停止冷却的流动或使用其他方法加热，但是要密切监视转子的温度。

第二节 工艺操作

学习目标： 掌握核辐射探测器工艺改进的相关知识。

一、气体电离探测器

(1) 气体的电离和激发

带电粒子通过气体时，同气体原子的轨道电子发生库仑作用，本身会损失部分能量，而使气体原子电离或激发。电离时，核外电子所获得的一部分能量足以克服原子的束缚而成为自由电子，从而生成离子对-电子和正离子。

入射粒子能够产生的最小动能 E_{min}

$$E_{min}=\frac{(m_e+M)^2}{4m_e}I_0$$

式中：M 为入射粒子质量；

m_e 为电子质量；

I_0 为电离电位。

入射粒子和气体分子直接作用产生的电离离子对数目，成为初电离。电离后产生的次级粒子再和气体分子作用而产生的电离离子对数目，成为次电离。初电离和次电离的总和称为总电离。入射粒子在单位路径上产生的离子对数目，称为比电离。同样，比电离也相应的有初比电离、次比电离和总比电离。

初电离产生的电子中，那些具有较大能量能够引起次级电离的电子称为 δ 电子。

入射粒子损失于气体内的能量 E 分为三个部分：a) 消耗于电离，产生 N_0 个离子对；b) 使气体的原子激发；c) 转换为气体原子和离子对的动能。

产生一对电离离子所需要的平均能量 ε_0，称为平均电离功。

$$\varepsilon_0=\frac{E}{N_0}$$

入射粒子在气体中产生总电离数 $N_0=\frac{E}{\varepsilon_0}$ 的电离过程是随机的。电离的统计涨落由方差 σ^2 表示：

$$\sigma^2=F\cdot\frac{E}{\varepsilon_0}$$

式中：F 为法诺因子。

电离碰撞中受激的原子，以三种可能的方式退激：

D. 辐射光子 受激原子从激发态退回基态时，发射波长为近紫外光的光子。这些光子又可能在周围介质中打出光电子，或被某些气体分子吸收而使分子离解。

E. 俄歇效应　受激原子退激时，激发能直接转移给自身的内层电子，使电子脱出，即发射俄歇电子。同时，失去了内层电子后所形成的空穴立刻(在 10^{-13} s 内)被外层电子所填充，伴随特征 X 射线发射，也称为 X 荧光。

F. 亚稳原子　某些受激原子处于禁戒的激发态，不能自发的退回基态，其寿命一般为$(10^{-2}\sim10^{-4})$s，称为亚稳原子。它们与其他粒子非弹性碰撞后才能退激。

(2) 电子和离子的运动

扩散：电子和正离子从密度大的区域向密度小的区域扩散。在惰性气体中加入多原子分子气体，可使扩散的影响大大减小。

漂移：电子和正离子在外电场中被加速，但同时又和气体分子碰撞，损失能量而减速。宏观上表现为它们沿(或反)外加电场方向上具有一定的平均速度，称为漂移速度。

复合：可分为电子复合和离子复合两种情形。

电子与正离子碰撞时可发生与电离相反的过程，即复合形成中性分子。这个过程称之为电子复合。

电子与气体分子碰撞时，可能被吸附而形成负离子，即产生电子吸附效应。负离子与正离子碰撞时也要复合成中性分子。这个过程称之为离子复合。通常把吸附电子概率大的气体，称为负电性气体，如氧、水蒸汽和卤素等。电子被吸附形成负离子后，漂移速度大大减慢，复合概率增加几个数量级。

复合过程将导致收集到的电离数 N 减少。对于计数用的某些探测器，为了达到放电猝灭，专门选用负电性气体，如卤素气体。复合概率与正、负离子的密度 n^+、n^- 成正比。单位时间、单位体积内，正负离子复合数目为

$$-\frac{dn^+}{dt}=-\frac{dn^-}{dt}=\alpha n^+ n^-$$

式中，α 为复合系数，它与气体性质、压力、温度、正负离子相对速度等因素有关。

(3) 外加电场与电离粒子的收集

假定在探测器气体空间形成 N_0 个离子对，在外加电压 V 的作用下，这些电子和正离子分别向正、负电极漂移而被电极所收集。按照收集到的离子对数与外加电压的关系，可分为：

1) 复合区：外加电压 V 很小，离子漂移速度很小，扩散和复合效应起主要作用。由于复合，电极上收集到的离子对数小于初总电离数 N_0。

2) 饱和区：外加电压达到某一定值时，复合效应基本消失。这时初总电离数 N_0 全部被收集，达到饱和。此区域内被收集的电荷数基本上保持不变。电离室工作于此区间。

3) 正比区　外加电压超过饱和区后，被收集到的离子对数 N 大于初总电离数 N_0，气体内出现气体放大过程。由于外电场很强，初电离电子被加速而获得的能量已经能使气体分子电离，产生次级离子对。次级电子在漂移过程中又可能被加速到足以再产生次级离子对。如此不断的继续下去，使电离的离子对数目增长很快。这一过程称为雪崩过程。

气体放大倍数

$$M=\frac{N}{N_0}$$

外加电压V越高，M越大。但对于某一确定的探测器来说，当V在此区间取一定值时，M是定值。因此电极上收集到的总电离(电荷)数N，正比于初总电离数N_0。正比计数器、多丝正比室和漂移室工作在此区。

4) 有限正比区：当外加电压继续增加时，气体的放大倍数继续增大时，由于产生的大量离子对中的正离子漂移速度很慢，滞留在气体空间而形成空间电荷。他们所产生的电场部分抵消了外加电场，限制了次级电离的增长。这就是所谓的空间电荷效应。该效应使气体放大倍数不再恒定，而与初总电离数有关。收集到的电离数不再与初总电离数严格成正比。

5) 盖革-弥勒区：外加电压继续增高，至某个值后，电流开始急增而形成自激放电。此时，电极收集到的电离不再与原电离有关。盖革-弥勒计数管工作在此区间。

6) 自持放电区　外加电压继续增高，电极收集的电离数再次急剧增长。这就是气体自持放电区。在这一电压区间中，有光产生。电晕管、流光室等工作于这一区间。

综上所述，不同工作区域的探测器，电离粒子与气体分子作用机制不同，输出信号的性质也不同，可将他们分为电离室、正比计数器、盖革-弥勒计数管及自持放电型探测器等四类不同的气体电离探测器。

(4) 坪、坪长和坪斜

探测器计数率-工作电压特性曲线(图 9-1)中，计数率值与工作电压值实际上无关的那一区段，称为高压坪。坪区的电压范围$V_1 \sim V_2$称为坪长，所加电压每改变 100 V，计数率 N 的改变，称为坪斜K。K以计数率N改变的百分比给出，单位为%/(100 V)即

$$K=\frac{N_2-N_1}{\frac{1}{2}(N_2+N_1)}\times 100\% \times \frac{100}{V_2-V_1}$$

对应定标器开始计数的电压值V_s，称为初始电压。图 9-1 所示之V_0，是探测器正常工作时应选取的工作电压值。V_0一般应选在坪区接近V_1的那一部分。

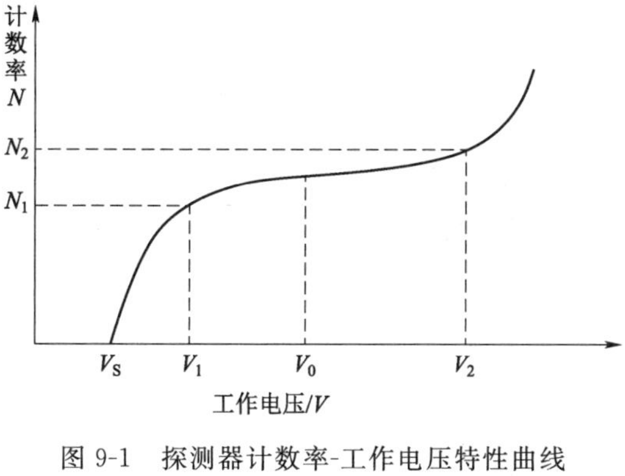

图 9-1　探测器计数率-工作电压特性曲线

二、核辐射探测器

1. 光电阴极

能够产生光电发射效应的物体称为光电发射体，光电发射体在光电器件中常与阴极相连，故称为光电阴极。在光电管、光电倍增管等光电器件中，使不同波长的辐射信号转变为

电信号,均依靠光电阴极。

常用的光电阴极材料有银氧铯、单碱锑化物、多碱锑化物、负电子亲和势光电阴极,前三种属于正电子亲和势光电阴极。

电子亲和势指的是半导体导带底部到真空能级间的能量值,它表征材料在发生光电效应时,电子逸出材料的难易程度。电子亲和势越小,就越容易逸出。如果亲和势为零或负值,则意味着电子处于随时可以脱离的状态,用电子亲和势为负值的材料制作的光电阴极,由光子激发出的电子只要能扩散到表面就能逸出,因此灵敏度极高。

(1) 银氧铯光电阴极具有良好的可见和近红外响应。透射型光谱响应为 300～1 200 nm,反射型光谱响应为 300～1 100 nm。此光电阴极在可见光区域灵敏度较低,近红外区的长波段比较高,主要应用于近红外探测。

(2) 单碱锑化物指锑(Sb)和碱金属(Li,Na,K,Ru,Cs)中的一种形成的化合物。其中 CsSb 化合物最为常用,在紫外和可见光区的灵敏度最高。单碱锑化物的电阻较小,适合测量较强的入射光,这时阴极可以通过较强大的电流。

(3) 多碱锑化物指锑(Sb)和几种碱金属形成的化合物,双碱锑材料有 Sb-Na-K,Sb-K-Cs,三碱锑材料有 Sb-Na-K-Cs。三碱锑材料具有高灵敏度和宽光谱响应,红外端可达 930 nm,适用于宽带光谱测量仪。

(4) 负电子亲和势光电阴极(NEA)是指体内的有效电子亲和势,而不是指表面电子亲和势。NEA 材料一般采用特殊工艺制成,例如在重掺杂 p 型硅表面涂一薄层 CsO_2 等。NEA 发射体和常规光电发射体的表面,电子状态是类似的,导带底上的电子能量都低于真空能级,其差值为 Ea。但是,两者体内电子能量则不同。NEA 发射体导带底的电子能量高于真空能级,而常规发射体电子亲和势仍是正的。

负电子亲和势光电阴极(NEA)具有量子效率高、光谱响应率均匀且光谱响应延伸到红外、热电子发射小、光电子能量集中等特点。

2. 光电倍增管

(1) 光电倍增管的选择

对光电倍增管的选择,首先要根据应用范围进行光电倍增管类型选择。据应用范围,光电倍增管在核辐射探测方面可分为五种类型:

1) 粒子闪烁计数类:用于粒子注量(率)或 γ 量子闪烁计数的光电倍增管。选择条件:

能全部吸收闪烁体发光的光阴极;

放大倍数在 10^6 左右;

固有噪声小;

达到稳定状态的时间短;

时间分辨率高。

2) 能谱分析类:用于确定粒子或 γ 量子能量的闪烁脉冲幅度分析的光电倍增管。选择条件:

脉冲幅度分辨率好;

长时间工作稳定性能好;

光阴极积分灵敏度尽可能大一些;

光阴极各部位灵敏度相同;

光电子应尽可能全部收集于第一倍增极；

第一倍增极放大倍数应大一些；

光电倍增管的放大倍数对于时间应当稳定。

3）时间测量类：用于研究核事件过程中的时间关系时，探测短时间间隔的光电倍增管。选择条件：

时间分辨本领高；

输出脉冲幅度大一些。

4）高温应用类：用于 150 ℃以上环境中，进行闪烁探测核粒子的光电倍增管。选择条件：

高温时脉冲幅度下降较小；

高温时噪声增长不大。

5）低水平（放射性）测量类：用于弱放射性测量的光电倍增管。选择条件：

暗电流小，暗脉冲噪声低；

结构材料中^{40}K 含量少；

后脉冲效应小。

光电倍增管结构形式的特点也是选择光电倍增管类型的重要参考。确定了光电倍增管类型之后，再根据实验的具体条件，诸如直径、增益、分辨率等参数，进行光电倍增管型号的选择。

（2）光电阴极的稳定性

一般来说，光电阴极的稳定性及寿命，近似的与从光电阴极取出的光电流成反比。只要避免从光电阴极的一个小区域进行局部激发（照射），那么光电倍增管的工作就会更稳定和可靠。实际的正常应用中，光阴极的光电流都很小，光电倍增管的损坏多由几个末级倍增极的二次电子发射电流过大引起。

不使用时，光电倍增管应当贮存在暗盒内。蓝光和紫外光特别容易引起光阴极的光化学变化，而导致光电阴极灵敏度的改变。应当特别指出，即便是不加高压时，也应尽量避免光电倍增管受强光（如自然光）的照射。光电倍增管被辐射而使光阴极发热，将导致光电倍增管缓慢受损。光电倍增管不应在接近标称温度环境中长期保存，高温肯定会使光阴极的灵敏度下降。

多碱型光阴极（S-20 谱响应）长期暴露在较强的室内光环境中，灵敏度会逐渐下降，特别是红光区更明显。该变化是一种慢过程。

Ag-O-Cs 光阴极（S-1）受到光辐射能较高的辐照后，灵敏度下降显著。特别是处于工作状态下入射光较强时，光照水平对其他类型光阴极还不构成危害时，Ag-O-Cs 光阴极灵敏度已下降很多。这种现象在红外光谱区更明显。长时间贮存也会导致红外光灵敏度的损失。

GaAs(Cs)光阴极对于光谱响应性损失特别敏感。甚至 0.1 μA 量级的光阴极电流就已经能产生明显的效应。

过量的蓝光或紫外光，如室内日光灯会使光阴极暗电流在短时间内骤增。短时间的照射以后，暗电流的增长可达三个数量级。这种暗电流的增长并不需要对光电倍增管加电压，而且该现象在辐照后可持续 6～24 h。这是因为光电倍增管玻璃窗中的磷光效应以及光阴极自身的受激现象。

半透明型光阴极，如 Cs_3Sb，在黑暗中保存数小时后，特别是低温条件下，变得非常稳定。这一效应极为显著，甚至可能导致光电倍增管灵敏度损失。可见，作为正常使用的结果，电流穿过光敏层使光阴极的导电性复原。假若温度太低，为使光阴极的导电状态恢复正常，可能需要数分钟或数小时之久。

(3) 光电阴极的均匀性

光阴极响应沿平面的均匀性，在许多实验和应用中可能具有重要意义。

光阴极非均匀性产生的原因包括：

1) 光阴极加工过程中造成的非均匀性，造成此问题的原因包括：

① 光阴极蒸锑的不均匀性。在光阴极过程中，电加热锑环的方式蒸锑是常用的办法。如果锑环上的锑层过厚，为了保证锑的量适度，往往加热不完全，这会导致光阴极蒸锑不均匀，进而导致光阴极制作的不均匀性。

② 碱金属过量。在激活光阴极过程中，如果碱金属过量，特别是碱金属 K 的过量，会导致光阴极的不均匀性。

③ 光阴极表面不够洁净。光阴极表面不够洁净，会导致有污染物的地方锑层和碱金属附着有影响，进而影响光阴极的均匀性。

2) 使用技术造成的非均匀性，原因包括：

① 入射光射到光电倍增管管壳四周的弯角部分，反射光使光阴极外环部分灵敏度增高；

② 部分入射光透过光阴极，射到玻璃壳内表面镀铝的弯面部分，其中部分反射回到光阴极，使光阴极外环区灵敏度增高。

光阴极非均匀性的克服措施包括：

1) 制作过程中尽可能保证锑量和碱金属量适中，并保证阴极面足够洁净；

2) 选用光阴极均匀性好的光电倍增管；

3) 优先选用小面积光阴极光电倍增管；

4) 在可能导致光阴极局部激发的实验中，使用光导；

5) 选择合适的聚焦电压。大面积光电倍增管一般都有聚焦极，其电位直接影响光阴极灵敏度均匀性。聚焦极电位的选取，通常以获得最大阳极输出电流为准则。

(4) 增益与电压

通常，光电倍增管的增益随所加电压增大，以指数函数的关系急速增大。因此为了使光电倍增管的增益稳定，电源给出的高压要求非常稳定。一般光电倍增管电源高压的稳定性不低于 0.05%。

光电倍增管的放大倍数的动态范围相当宽，因此加在光电倍增管上面的高压一般都是可调的。通常，实际使用中光电倍增管单级电压高于最佳增益点电压。

(5) 环境温度的影响与耐温特性

为了减小光阴极的暗发射和改善测量的信噪比，通常采用降低光电倍增管环境温度的办法。随温度升高，增益减小。

但是，对各种光电倍增管皆存在一个最高和最低环境温度。

最高环境温度防止光电倍增管热损伤的可能性。如铯是一种易挥发材料。高温下会导致它在管内的重新分布，从而使二次发射增益损失，或光阴极灵敏度损失。

通常推荐在低于室温条件下使用光电倍增管，以便使暗电流效应最小。低温下应用光电倍增管应注意防止蒸气在光电倍增管窗上冷凝成小水滴；另外，还应防止温度太低引起相变。在某些金属内部，温度太低时这种相变可能产生，用可伐合金作金属玻璃密封时，这种相变产生的可能性更大。所以光电倍增管不能在低于液氮温度（－196 ℃）下使用。

多碱光电阴极在温度低于约-40 ℃时，实际发现其噪声不仅不减小，反而增大。当然其原因至今不详。

（6）窗材料的透过率

常用的光电倍增管窗材料有如下几种：

1）硅酸硼玻璃（硼硅）

常用材料。它对红外至 300 nm 光透明。不适用于紫外光探测，对于闪烁计数应用，可以用低噪声硅酸硼玻璃（所谓无钾玻璃）。它的^{40}K 含量极低。

2）紫外玻璃

透紫外性能好，直到 185 nm 左右。

3）熔凝石英

透紫外性能好，直到 160 nm。由于熔融硅的热膨胀系数与可伐合金不同，因此不能用作光电倍增管管体材料。一般用透资外玻璃作管体，然后用热膨胀系数渐变的多种玻璃逐渐过渡封接，直到与熔融硅窗封到一起。因此使用这种管子时应特别小心，因为这种过渡密封易碎裂。

4）MgF_2（氟化镁）

碱金属卤化物晶体在透紫外光方面具有优势，但是潮解是极大的缺点。它们当中，MgF_2 不易潮解，且透紫外光区可达 115 nm。MgF_2 通常用特殊的胶合剂与圆筒粘接在一起。

5）国产 5 号玻璃

这是国产通用型光电倍增管窗用材料。

（7）外磁场与外电场屏蔽

所有光电倍增管，在某种程度上皆对外磁场和外电场灵敏。外磁场与外电场可能使管内渡越电子偏离其极间正常轨道，从而致使增益损失。因为对于闪烁计数的光电倍增管内，从光阴极至第一倍增极之间的距离较长，所以对外电磁场特别灵敏。因此，这类光电倍增管通常都需要对外电磁场进行屏蔽。相对于无磁场的情况，外磁场可很容易的使阳极电流减少 50％，甚至更多。

通常用薄片状或直接成形的高导磁率材料做磁屏蔽。采用磁屏蔽时，必须使屏蔽层与光阴极等电位，否则起不到屏蔽作用。当使用负高压供电时，阳极接地，光阴极处于负高压带电状态，这给操作者带来触电的危险，使用时要特别注意。

在闪烁计数应用的场合中，建议将光阴极接地，在阳极上加上正高压。这样，屏蔽的电位也是低电位。

对于绝大多数的光电倍增管来说，最好加磁屏蔽。

常用的磁屏蔽材料有：

弱磁场采用退火坡莫合金或镍铁高导磁合金；

强磁场采用软钢;

极强磁场使用非磁化金属(铜、铝)相间的多层钢管。

屏蔽套筒的高度应高出光阴极平面。屏蔽套筒高出光阴极平面的高度,等于光阴极半径至两倍半径的范围内,磁屏蔽效果特别显著。屏蔽筒继续增高,效果改进不明显。因此,可以取磁屏蔽套筒高出光阴极平面的高度等于光阴极直径作为最佳化条件。对外电场的屏蔽,用导电性能好的金属制成壳体将光电倍增管围住即可。

(8) 核辐射探测器的分辨特性

核辐射探测器的分辨特性包括能量分辨、时间分辨和位置分辨。

1) 能量分辨

能量分辨指把相近能量的谱线区分开的能力。

能量分辨率指当核辐射探测器的输出脉冲幅度与入射辐射的能量之间有一定的对应关系时,探测器的脉冲幅度微分谱中,对应单能入射辐射峰的峰分辨率,称为探测器的能量分辨率。能量分辨率常用百分数表示,用以表征闪烁探测器和气体电离探测器的能量分辨本领。

影响核辐射探测器能量分辨的因素包括:

① 被测信号本身的离散特性引起的统计涨落,即探测器内产生电荷量的载流子数目的涨落。

② 探测器工作过程中,探测器特性的漂移。

③ 探测器和仪器系统的随机噪声。

输出脉冲幅度的相对偏差,随初始电子数增多而减小。由于第一倍增极收集的电子数最少,因而第一倍增极倍增系数的稳定,在减小整个光电倍增管倍增系数涨落过程中起主要作用。因此,适当选取光电倍增管聚焦极及第一倍增极电位,是改善闪烁探测器输出脉冲的幅度分辨率的关键步骤之一。

闪烁探测器幅度分辨率与能量分辨率的关系,取决于闪烁体自身的线性特性,并与光电倍增管工作参数的选取有关。

2) 时间分辨

核辐射探测器的时间分辨特性用分辨时间来表征。分辨时间是两个相继出现而仍能分辨开的脉冲或电离事件之间的最小时间间隔。

导致闪烁探测器输出脉冲时间离散的原因包括:

① 粒子入射至产生一定量光子数的时间间隔的离散;

② 光收集时间的离散;

③ 倍增电子渡越时间的离散。

3) 位置分辨

对入射粒子位置灵敏的核辐射探测器,称为位置灵敏探测器。位置分辨是在不同位置入射而以能被分辨开的两个粒子间的最小距离。对位置敏感的核辐射探测器有多丝正比计数器、位置灵敏半导体探测器以及部分径迹探测器。

(9) 核辐射探测器的坪特性

探测器的坪是指其特性曲线上,计数率基本上不随所加电压变化的那一部分。坪斜是指特性曲线的坪区,电压每改变 100 V 时计数率变化的百分数。

该"所加电压"，对气体电离探测器来说，是指加在中心丝阳极与外壳阴极之间的电压；对闪烁探测器来说，是指光电倍增管的工作电压。

1）气体电离探测器的坪

① 脉冲电离室：其坪特性是电离电荷收集与外加电压饱和特性的表现。坪区对应着电离电荷被完全收集，但还没有出现气体放大的工作电压区间。坪区的输出脉冲幅度基本上保持不变，因此坪特性属于探测器的固有属性。坪长、坪斜通常作为电离室参数给出。

② 盖革-弥勒计数管：不同种类和能量的入射粒子所产生的输出脉冲幅度均接近相同，因而盖革-弥勒计数管与被探测粒子种类和能量关系不大，仅起始电压有些影响。此外由于猝灭不完全，在入射粒子产生的脉冲过后所出现的假脉冲概率随工作电压增大而加大，因此盖革-弥勒计数管的坪长较短，坪斜较大。

③ 正比计数管：其电荷收集与外加电压成正比，即输出脉冲幅度与外加电压成线性关系。

2）闪烁探测器的坪特性

光电倍增管的输出脉冲幅度与其工作电压密切相关，因此闪烁探测器的输出信号幅度也是工作电压的函数。所以，与气体探测器不同，闪烁探测器本身并不具有坪特性。

利用闪烁计数器记录活度不变的放射源时，有时也可以得到一条形状类似于计数率随外加电压变化的"坪"曲线。但是闪烁探测器的"坪"曲线只有在一定的条件下才能出现，即只有在一定电压范围内，光电倍增管的输出脉冲幅度大于记录仪器的甄别阈，而噪声幅度又小于该甄别阈时，才能产生这种"坪"。这种"坪"显然是与射线能量、闪烁体种类、光电倍增管性能、仪器放大倍数和甄别阈等因素有关。对于一个闪烁探测器来说，一般皆以 NaI(Tl) 闪烁体与^{137}Cs 源的积分计数率-高压特性曲线为标准，来确定其坪特性。

核辐射探测器用于强度测量时，选择坪区工作点是非常重要的。多种因素会导致电子学仪器的放大倍数、高压和甄别阈的变化。如工作点选在坪区，则总计数的变化较小，仪器的工作稳定。

实验结果表明：为了得到相同的工作稳定性，锑铯倍增极光电倍增管的坪长，应当是银镁倍增极的一半。

如果坪长尽量长一些是对闪烁探测器的唯一要求，那么建议选用倍增极级数少一些的光电倍增管，极间电压选取的稍高一些，接近二次发射的极大电压值；或者，用比银镁倍增极倍增系数低一些的倍增极来制作光电倍增管。不过，这样一来，高压适中条件下的高增益优点将随之消失。

（10）核辐射探测器的本底

核辐射探测器的本底由辐射本底与噪声本底两部分组成。

1）辐射本底

本底核辐射被探测器记录形成的信号。本底核辐射来自：

① 探测器自身结构材料及探测器环绕物体的天然放射性最重要的成分是钾、钍、铀和镭。天然钾中含 0.012%的^{40}K。因为钾是混凝土和其他建筑材料的组成部分，它的高能 γ 射线及伴随的 Ar 特征 X 射线是本底辐射的重要成分。

② 空气的放射性；

③ 宇宙射线；

④ 探测器自身结构材料或杂质受被探测的核辐射照射而诱发出的放射性。

2) 噪声本底

噪声本底主要指电子仪器的噪声、电磁干扰、光电倍增管的暗电流与噪声、绝缘体的漏电与击穿、探测器的损伤以及探测器工作条件与参数的选取不当而产生的信号。

光电倍增管内渡越电子接近阳极时的速度很高,它能导致管内残余气体分子产生电离和激发,从而发射光子。这些光子在光阴极上打出新的光电子。这种现象称为“光反馈”。光反馈本身不但引起本管的本底升高,还可作用于其他光电倍增管的光阴极,使仪器产生符合计数。这种现象称为“串光”。

磷光和化学发光:受可见光或紫外光照射、不含放射性物质的多种闪烁体发射的磷光,在照射结束后可持续数小时。避光时间不够的条件下,磷光也会形成本底。

三、镀膜与活化

薄膜的性质和结构主要决定于薄膜的成核与生长过程,实际上受到许多沉积参数的影响,如沉积速率、粒子速度与角分布、粒子性质、衬底温度及真空度等。在气相沉积技术中为了监控薄膜的性能与生长过程,必须对沉积参数进行有效的测量与监控。在所有的沉积技术中,沉积速率和膜厚是最重要的薄膜沉积参数。显然,用于沉积速率测量的实时方法,对于时间的积分也能用于膜厚的测量,而非实时方法则只能测量膜厚。从原则上讲,与膜厚相关的任何物理量都能用来确定膜厚。但是,实际上并非如此,因为与膜厚有关的大部分物理性质,强烈的受到微观结构的影响,即受沉积参数的影响。

1. 膜厚的分类

薄膜是指在基板的垂直方向上所堆积的 $1\sim10^4$ 的原子层或分子层。在此方向上,薄膜具有微观结构。

理想的薄膜厚度是指基片表面和薄膜表面之间的距离。由于薄膜仅在厚度方向是微观的,其他的两维方向具有宏观大小。所以,表示薄膜的形状,一定要用宏观方法,即采用长、宽、厚的方法。因此,膜厚既是一个宏观概念,又是微观上的实体线度。

由于实际上存在的表面是不平整和连续的,而且薄膜内部还可能存在着针孔、杂质、晶格缺陷和表面吸附分子等,所以,要严格的定义和精确测量薄膜的厚度实际上是比较困难的。膜厚的定义应根据测量的方法和目的来决定。

膜厚可分为形状膜厚、质量膜厚以及物性膜厚。

形状膜厚 d_T 是最接近于直观形式的膜厚,通常以 μm 为单位。它只与表面原子(分子)有关,并且包含着薄膜内部结构的影响。

质量膜厚 d_M 反应了薄膜中包含物质的多少,通常以 $\mu g/cm^2$ 为单位,它消除了薄膜内部结构的影响(如缺陷、针孔、变形等)。

物性膜厚 d_P 在实际使用上较有用,而且比较容易测量,它与薄膜内部结构和外部结构无直接关系,主要取决于薄膜的性质(如电阻率、透射率等)。

三种定义的膜厚往往满足下列不等式:

$$d_T \geqslant d_M \geqslant d_P$$

2. 膜厚的测量方法

膜厚的测量方法见表 9-3。

表 9-3　膜厚的测量方法

膜厚定义	测试手段	测试方法
形状膜厚	机械方法	触针法，测微计法
	光学方法	多次反射干涉法，双光线干涉法
	其他方法	电子显微镜法
质量膜厚	质量测定法	化学天平法，微量天平法，扭力天平法，石英晶体振荡法
	原子数测定法	比色法，X 射线荧光法，离子探针法，放射性分析法
物性膜厚	电学方法	电阻法，电容法，涡流法，电压法
	光学方法	干涉色法，椭圆偏振法，光吸收法

本部分内容主要介绍称重法中的微量天平法测量质量膜厚和电学方法中的电阻法物性膜厚。

（1）微量天平法

原理：建立在直接测定蒸镀在基片上的薄膜质量基础之上。

它是将微量天平设置在真空室内，把蒸镀的基片吊在天平横梁的一端，测出随薄膜的沉积而产生的天平倾斜，进而求出薄膜的积分堆积量，然后换算成膜厚。

如果，积分堆积量（质量）为 m，蒸镀膜的密度为 ρ，基片上的蒸镀面积为 A，则膜厚可由下式确定

$$t=\frac{m}{\rho A}$$

微量天平法的优点是：灵敏度高，而且能测定沉积质量的绝对值；能在比较广的范围内选择基片材料；能在沉积过程中跟踪质量的变化等。

缺点是：

1）精确度受到限制：在称重时，需将薄膜从真空系统中取出，薄膜会吸收大气中的水气等；

2）不能在一个基片上测定膜厚的分布，所得到的膜厚是整个面积 A 上的平均厚度；

3）若薄膜的实际密度不等于块材的密度时，所算得的厚度不是真正的膜厚，由公式算得的膜厚值小于实际的厚度值。

（2）电阻法

原理：电阻值与电阻体的形状有关。

利用上述原理，来测量膜厚的方法称电阻法。它是测量金属薄膜厚度的最简单的一种方法。由于金属导电膜的阻值随薄膜厚度的增加而下降，所以用电阻法可对金属膜的沉积厚度进行监控，以制备性能符合要求的金属薄膜。

$$t=\frac{\rho}{R_s}$$

式中：ρ 为金属膜电阻率，t 为膜层厚度，R_s 为正方形平板电阻器沿其边方向的电阻值，它与正方形的尺寸无关，常称为方电阻或面电阻（前提是薄膜必须连续）。

采用电阻法测量的薄膜电阻值范围介于几分之一欧姆至几百兆欧之间。由于准确确定薄膜的 ρ 值有困难，所以用电阻法测得的膜厚仍有一定的误差。通常为≥±5%左右。

缺点:随着薄膜厚度的减小,电阻增大的速率比预料的要大;薄膜界面上的散射和薄膜的结构与大块材料的结构不同,以及附着和被吸附的残余气体对电阻会造成影响;超薄薄膜的电导率会发生变化,因为超薄薄膜是不连续的,以岛状结构形式存在。

尽管如此,在相当宽的膜厚范围内,尤其在较高沉积速率和低的残余气体压强条件下,用电阻测量法确定膜厚仍然是适用的。

第三节 故障判断与排除

学习目标:掌握真空技术、真空镀膜以及电真空玻璃的相关知识。

一、真空技术、真空镀膜相关知识

1. 质谱检漏仪

质谱检漏仪是唯一性的检漏仪器,灵敏度很高,是最常见的检漏仪。

质谱计是根据带电粒子不同的质荷比(M/Z)而对它们进行分离和检测的仪器。专门设计为检漏用的,称为质谱检漏仪。质谱计可分为静态质谱计和动态质谱计,两者都可用作检漏仪器,但以静态为主。本部分的质谱检漏仪都是指磁偏转型质谱计。

磁偏转质谱检漏仪,根据对带电粒子的偏转角度,可分为 60°、90°和 180°型的质谱检漏仪。目前最常用的是 180°型。

质谱仪的核心是质谱室,包括离子源、分析器和收集装置。

(1) 离子源

离子源的作用,是使气体电离形成一束具有一定能量的离子,可分为冷阴极离子源和热阴极离子源。尽管结构多样,但最主要的还是尼尔型离子源,由灯丝、离化室和离子加速极所组成。

当离子源中存在油蒸汽之类的碳氢化合物时,在电子、离子的作用下,就会分解出碳,沉积在电极表面上。分解出的碳有半导体性质,会产生和电极电位不同的悬浮电位,使离子源工作不稳定,甚至会使离子束完全不能通过,这种现象称为离子源的老化。因此,离子源的设计一定要便于拆洗。

(2) 分析器

分析器的作用是使不同质荷比的离子按不同的偏转半径运动,从而将它们彼此分开。分析器由垂直于离子束运动方向的均匀磁场和一个有缝隙的出口电极构成。分析器内是等电位空间,离子作偏转飞行时速度不变。对于 180°偏转质谱仪而言,离子偏转 180°即进入收集装置,一般采用一块圆形的磁铁即可。

(3) 收集装置

收集装置的作用是收集所期望的离子流,并数入到小电流放大器。目前所用的收集极装置一般采用三栅式结构,由出口电极、离子抑制栅和电子抑制栅构成。

2. 质谱检漏仪的结构

质谱检漏仪一般包括以下几个部分:

(1) 高真空系统;

（2）质谱室；

（3）真空计

（4）节流阀；

（5）液氮冷阱；

（6）电源；

（7）附件（如标准漏孔，接被检件的接头或法兰等）。

氦质谱检漏仪一般都是采用磁放电型真空计（即冷阴极电离计）来指示真空度，其原因是：

（1）结构牢固，不怕工作时暴露大气；

（2）放电电流较大，可以直接控制真空继电保护装置，使保护电路简化；

（3）对于180°磁偏转型质谱仪，真空计可和质谱室共用一个磁场，十分方便。

3．示漏气体的选择

绝大多数质谱检漏仪都是使用氦作检漏气体，故称为氦质谱检漏仪。选用氦的原因是：

（1）空气中氦的含量很少，在一般真空系统的残余气体中，氦的含量也很少，这样就可使检漏系统的氦成本很低，可得到高的检漏灵敏度；

（2）质量轻，在分子流的情况下，氦通过漏孔的速率是空气的2.7倍；

（3）氦是惰性气体，不污染环境；

（4）质量数与氦相近的气体都与氦相差较大，在分析器中容易被分离。

但是，氦也有缺点：有机材料（橡胶、塑料）常会吸收氦而后慢慢释出；所有的离子收集极对氦都有记忆效应而造成本底和噪声。

4．最小可检漏率及最小可检浓度

（1）最小可检漏率

所谓最小可检漏率，是指仪器处于最佳工作条件下，以一个标准大气压的纯氦作为示漏气体进行动态检漏时，所能检出的最小漏率（换算为空气的漏率），一般用$Q_{L\min}$表示。

所谓“最佳工作条件”，是指被检零件出气少，没有大的漏孔，即被检件连接到质谱仪后，不影响质谱仪的真空度，同时仪器本身的全部参量也调到最佳的工作状态。

所谓“动态检漏”，是指检漏时，仪器的真空系统连续抽气，而且仪器的反应时间不大于3 s。

所谓“最小可检”，是指输出仪表上可以分辨出来的微小的指示变化。

虽然仪表的指示正比于质谱室内的氦分压P，但是即使P不变，输出仪表指示也会有无规则的起伏变化，这就是噪声；外接电源、真空度、发射电流、加速电压等的波动以及外界电磁场的干扰，都会引起噪声。如果渗入的氦使输出仪表的指示小于这个噪声，那么就很难分辨是漏气或是噪声。

将仪器调到最佳工作条件，记录输出仪表所指示的本底读数I_0及噪声I_n，当标准漏孔通入纯氦气时，再测出输出仪表的指示I_1，则此时的最小可检漏率为

$$Q_{L\min}=\frac{2I_n}{I_1-I_0}Q_L$$

式中Q_L为标准漏孔对空气的标称漏率（托· 升/秒）。

（2）最小可检浓度

质谱室处于工作压强下，仪器可检出的大气中氦浓度的最小变化量成为最小可检浓度，

用 $\gamma_{\min}$ 表示。

当系统调到工作压强时，调好仪器处于最佳工作状态，记录仪表指示的本底读数 I_0 及噪声 I_n，然后通入氦，读数增大到 I_1，则此时的最小可检浓度为

$$\gamma_{\min}=\frac{2I_n}{I_1-I_0}\gamma_{He}$$

式中：γ_{He} 表示浓度的增量。

5. 提高质谱检漏仪检漏效果的方法

提高检漏效果的途径是提高质谱检漏仪本身的性能及改进检漏方法。

(1) 提高检漏仪性能的途径

提高质谱检漏仪性能的总原则是提高信噪比。

噪声的主要来源可分为电路噪声和本底噪声两种。随着电子电路和电子元件的改进，放大器的噪声可降得很低，因此电路噪声已经不是影响灵敏度的主要因素了。本底噪声是由于本底峰的不稳定造成的，为了改善仪器的性能，必须尽量消除本底噪声源，例如真空系统不用有机材料，不用磁放电规，提高检漏仪的工作真空度，使抽速稳定等措施。另外，检漏时切勿将大量的氦气通进仪器，以免本底太大，难以清除。

(2) 改进喷嘴提高喷吹效率

采用喷吹法检漏时，喷吹时间一般只有数秒钟，常常会出现漏检的现象，这是因为喷吹的效果与气流速度和喷吹角度有很大的关系。当漏孔与喷嘴呈锐角时，即使靠近漏孔，检漏器的响应也会很小甚至没有响应。示漏气体的气流速度不能太小，否则喷吹时周围的空气会一起漏入漏孔而使示漏气体的浓度降低。为了克服这些缺点，可采用罩式喷嘴。当被检件比较复杂时，喷嘴喷出的氦很难及时清除出去，使得被检区周围氦浓度很大，以致无法确定漏孔的位置。为了解决这个问题，可使用同轴型喷嘴。

(3) 利用净化气体提高检漏效果

用氦气进行检漏后，检漏区会存贮有一定的氦气，用氩气、氮气或空气等净化气体喷吹漏孔可使清除时间大为缩短(可从 4 min 缩短为半分钟)，而且可以提高检漏的灵敏度。这种方法对于凹槽、波纹管、法兰接头尤为有效。

6. 反流氦质谱检漏仪

反流检漏仪的原理是利用扩散泵或涡轮分子泵作为一个质量过滤器，将质谱室安装在真空泵的高真空侧，而将被检件安装在前置真空侧。当用氦气对被检件进行喷吹检漏时，氦气可以从前置侧通过真空泵，反扩散进入高真空区间而被质谱室检出。质量较重的空气或其他气体则几乎不能反扩散，所以不会影响质谱室的工作压强。

反流检漏仪具有如下优点(但应注意机械泵油返流对被检件的污染)：

(1) 被检件可在 0.2 托的压强下进行高灵敏度的质谱检漏；

(2) 检漏系统大为简化，不需要节流阀，也不需要泵口的抽速调节阀；

(3) 对被检件的真空卫生要求大为降低，所容许的出气率可比一般情况大 1 000 倍；

(4) 可直接对较大的漏孔进行检漏；

(5) 检大容器时，一般无需辅助真空系统；

(6) 不用液氮冷阱；

(7) 可制成携带式的小型仪器。

7. 氦质谱检漏仪的使用和维护

(1) 质谱检漏仪的使用

1) 检漏前必须对被检件的内外表面进行清洁处理，若用液体洗涤时，一定要烘干，以防漏孔堵塞；

2) 由于氦气比较轻，故检漏时应对被检件自上而下进行喷吹，而且应从靠近检漏仪的部位由近而远进行喷吹；

3) 对于难以喷吹的部位，必须增长喷吹时间或用塑料薄膜袋包住充入氦气；

4) 检漏开始时宜用较大的喷嘴和较大的氦气流进行喷吹，以便确定漏气区间，再改用小喷嘴找出漏孔的位置；

5) 检漏过程中，如发现大量氦气进入仪器，应立即关闭节流阀，防止仪器中氦气本底过大；

6) 检漏时，最好经常用标准漏孔校准仪器的灵敏度；

7) 检到的漏孔都应复检，以免造成以后错补；

8) 注意工艺卫生，不要用手抓摸被检区，以免漏孔堵塞；

9) 通常冷阱是不加液氮的，只有当被检件特别脏时（含水蒸气、油蒸汽或其他有机蒸气）才用液氮冷阱。检漏完毕之后，应该用压缩空气或热空气流将液氮吹出蒸发，待冷阱温度回升到室温时，才能关扩散泵。

(2) 仪器的维护

仪器出现故障时，除了真空系统和电气部分的原因之外，还必须考虑到质谱室的污染。以下简要介绍污染的处理方法。

1) 离子源的清洗：对于离化室上部缝隙处（正对阴极底部）的污染，可用刀片轻轻将脏物刮去，然后用蘸有丙酮或酒精的纱布擦洗，最后用吹风机热风吹干。

2) 质谱室的清洗：将质谱室从仪器上拆卸下来，然后取出真空规、屏盖、静电计管、高阻、阴极、收集极以及其他可拆卸的零件，然后放入四氯化碳或乙醚中用纱布擦洗，再用酒精冲刷一遍，最后用热风吹干。在装配时，必须注意使静电计管中阴极发射电子的方向与磁场方向相同。

3) 磁放电规的清洗：将磁放电规浸泡在弱碱性溶液中，并用纱布擦洗其内表面上的碳化油渣，然后用丙酮、酒精冲洗，用热风吹干。

8. 利用气体放电进行检漏

利用气体放电进行检漏是电真空器件中最常用的检漏方法，对于玻璃零部件十分有效。

利用火花检漏器的高压端在被检件外面进行探索，被检件内抽真空。当探索到漏孔时，高压端的火花就会在漏孔处收缩为亮白色的光点。同时可利用气体放电的颜色进行检漏，当被抽检漏气时，内部有空气，用火花检漏器激起的放电颜色是粉红色的，此时可用酒精涂擦被检件表面，如果此时气体放电的颜色变成无色或浅蓝色，即可找出漏孔的位置。

9. 利用显色检漏法确定漏孔的位置

为了分析电真空器件的工艺废品的原因，或为了补漏，经常需要准确的定出漏孔的位置，显色检漏法是能满足此要求的一种简便的方法。

显色检漏即是在被检件内充入示漏气体，在怀疑有漏气的地方贴上试纸或涂上试剂，当存在漏孔时，试纸或试剂就会出现特定颜色的斑点。

最常使用和最灵敏的示漏气体是氨气，采用溴酚蓝试纸，这种方法一般称为氨检法。这种方法的优点是：

(1) 结构简单、操作方便，氨廉价而且来源广；

(2) 可进行半定量检漏；

(3) 即使相距只有 1～2 mm 的引线，也能准确指示漏孔的位置；

(4) 被检件的所有漏孔可同时进行检漏；

(5) 不受被检容器大小的限制，对大容器检漏更有效。

但是这种检漏方法也存在缺点：

(1) 很难测出被检件的总漏量；

(2) 氨中经常含有磷、硫等杂质，对电子管阴极有害，所以不能进行整管检漏；

(3) 氨对银、铜零件有一定的腐蚀性；

(4) 氨有一定的毒性，对呼吸道及眼睛黏膜有强烈刺激性。

除了氨之外，还有其他许多示漏气体和试剂的配合可进行显色检漏，其中对电真空设备比较实用的是二氧化碳作为示漏气体，使用碘酸钾和淀粉作为试剂进行检漏，在漏孔处试剂会由白色变成紫色。

10. 利用电离规检漏

电真空器件的排气台，一般都装有电离规作为真空度的指示，电离规的位置一般都在排气管下。利用电离规检漏应注意以下事项：

(1) 示漏气体喷吹时间越长，电离规的响应越稳定。当示漏气体选定时，检漏的灵敏度取决于扩散泵的抽速，显然，降低抽速有利于灵敏度的提高；

(2) 电离规检漏反应的快慢取决于反应时间，即反比于排气管的通导。通导越小，检漏的反应速度越慢；

(3) 电离规检漏时存在最大的响应值。选用合适的示漏气体，不仅可提高灵敏度，还可以大大缩短检漏时间。

二、电真空玻璃相关知识

1. 玻璃的组成

通常的玻璃一般是由二氧化硅和其他各种氧化物按一定比例混合、熔制、加工而成的。但并不是任何氧化物都可以用来制造玻璃。玻璃的组成成分可分为主要成分和次要成分两类。

(1) 主要成分

主要成分为酸性氧化物，如 SiO_2，B_2O_3，P_2O_5 等。它们本身可单独形成玻璃，但大多数玻璃中，它们组成玻璃的主要成分，是构成玻璃结构的基本骨架。特别是 SiO_2 在玻璃的组成中约占玻璃组成重量的 50%～75%。

(2) 次要成分

次要成分为碱性氧化物(如 Na_2O，K_2O 等)、碱土金属氧化物(如 CaO、BaO 等)以及

Al_2O_3 和 PbO 等。玻璃成分中加入碱金属氧化物的目的，是为了降低玻璃的熔化温度，因而又有助熔剂之称，但却会降低玻璃的化学稳定性、热稳定性和机械强度等。而加入碱土金属氧化物等却有助于改善和提高玻璃的化学稳定性和机械强度等性能。

在熔制过程中，上述的次要成分会与 SiO_2 起化学反应生成硅酸盐，因此通常把玻璃看成为 SiO_2 和许多硅酸盐的熔合体。

2. 玻璃的一般分类

通常按组成玻璃的成分来进行分类，主要有：

(1) 硅酸盐玻璃：硅酸盐玻璃以 SiO_2 为主要成分，适当加入其他成分制造。这种玻璃的应用最广，使用价值最大，也有许多优点，其资源广泛、价格低廉，对常见的试剂和气体介质有优异的化学稳定性，硬度高。

(2) 硼酸盐玻璃：其主要成分是 B_2O_3 和 SiO_2，还有其他的次要成分，这类玻璃有某些也别的功能，有时使它变成不可替代的材料。

同位素 ^{10}B 对慢中子有特别高的吸收系数，天然元素硼中含有 18.4%同位素 ^{10}B。因此，B_2O_3 是用来制取有效吸收慢中子玻璃的氧化物。它与其他生成玻璃的氧化物相比，吸收慢中子最为有效，为了使快中子变慢，可在这类玻璃中加入某些轻元素氧化物，如 BeO、Li_2O 等。

硼酸盐玻璃由于其电性能比相应的硅酸盐玻璃优越，而且易熔，因此被广泛用作焊接各种结构材料的玻璃焊剂和玻璃粘接剂。

此外，某些硼酸盐玻璃还在光电技术中应用。如钠和铯放电灯一般均用它来制造。

(3) 磷酸盐玻璃：其主要成分是 B_2O_3 或 SiO_2 中加入多量的 P_2O_5，并适当加入其他成分制成。

这类玻璃的主要优点是耐 HF 及其蒸汽的腐蚀。与硅酸盐玻璃相比，它能强烈地吸收红外线并能更好地透过可见光，因此较好的隔热玻璃都含有 P_2O_5 组分。以磷酸盐成分为基可制得透紫外线的玻璃，也可用来制取折射率高、色散系统较高的光学玻璃。

这类玻璃的缺点是析晶倾向大，对常用试剂化学稳定性差，成本高，因而应用受到限制。

3. 电真空玻璃的分类

电真空玻璃根据玻璃的热膨胀系数可分为：

(1) 石英玻璃：它由含量不小于 99.8%的二氧化硅和微量的其他氧化物组成，其线膨胀系数为 $(5.3\sim5.8)\times10^{-7}/℃$，其电性能、热性能和机械性能最好。

(2) 钨组玻璃：其线膨胀系数为 $(36\sim40)\times10^{-7}/℃$，可用来与钨封接，其电性能等也比较好，可用于微波电子管中。

(3) 钼组玻璃：其线膨胀系数为 $(46\sim56)\times10^{-7}/℃$，能与钼和 4J29 可伐封接。这类玻璃能经得住高温烘烤，因此常用于中、大功率电子器件中作结构材料。

(4) 铂组玻璃：其线膨胀系数为 $(86\sim92)\times10^{-7}/℃$，可与铂封接，但如今总是与代铂丝封接，这类玻璃都含有较多的 PbO，所以接触到还原性火焰加工时很容易析出铅，使玻璃表面发暗，加工时应当注意。

(5) 钢组玻璃：其线膨胀系数多在 $100\times10^{-7}/℃$ 以上，一般与高铬钢(4J28)封接。

4. 电真空玻璃的命名

电真空玻璃的命名由四部分组成，第一部分用字母 D 表示，代表电真空玻璃；第二部分用字母 S、W、M、B 等表示，它们分别代表石英玻璃、钨组玻璃、钼组玻璃和铂组玻璃等；第三部分为间隔线，用“—”表示；第四部分用阿拉伯数字表示，代表序号。

例如，DM-305，表示电真空第 305 号玻璃，属钼组玻璃，俗称 5 号玻璃。

5. 玻璃的熔制

玻璃的熔制工艺过程是包括配料-熔制-成型和退火三大阶段。

配料是把主要原料(包括主要成分和次要成分)和辅助原料(如澄清剂等)配成混合体。配制前要将各种原料进行提纯、干燥、粉碎、过筛、称重、混合等。配料要求均匀、正确，保持成分的稳定。在配料中加入的辅助原料，虽然也会参加玻璃的形成过程，但并不起主要作用，而是用来使玻璃品质和性质发生某种变化。常用的辅助原料有澄清剂、氧化剂、脱色剂等。

熔制阶段是先将坩埚炉加热到 1 250～1 300 ℃，然后将配好的原料分批次放入坩埚内，然后将炉温慢慢加热到 1 400～1 450 ℃，使炉料充分熔化，并保持若干小时，以使气泡从玻璃浆中逸出，当玻璃浆变成纯净和透明时，根据玻璃品种的不同将炉温降到 1 100～1 200 ℃，这时玻璃浆就变得相当黏，就可用它成型制造玻璃产品了。

成型指把黏稠的玻璃浆制成有一定形状的玻璃制品，经成型所得的玻璃制品有较大的应力，为了消除应力，因此必须进行退火处理。

6. 玻璃的性质

玻璃的性质与金属材料有很大的差异，而且组成和含量对其性质也有很大影响。电真空玻璃和普通工业玻璃相比，其物理、化学和机械性能均有更高的要求。

(1) 玻璃的电性能

玻璃常作为绝缘体使用，当温度和电压很高时，其导电性就变得相当大，以至于不能再将其看作绝缘体了。

玻璃的电阻率有体积电阻率和表面电阻率之分。通常用 TK-100 表示玻璃的体电阻率，电真空玻璃的 TK-100 值约为 140～400 ℃，而石英玻璃的约为 600 ℃。显然，TK-100 的值越高，其绝缘性能越好。

玻璃一般多少都含有 Na_2O 的成分，它在熔制中会与 SiO_2 作用生成硅酸钠。当玻璃处于高温、高压时，在电场的作用下硅酸钠会发生电解现象。电解现象会导致玻璃芯柱电击穿、漏气和炸裂等问题，生产上常采用加大电极间距离的方法来减少玻璃电解带来的危害。

(2) 玻璃的热性能

玻璃的热性能主要包括黏度、导热率、膨胀系数、和热稳定性等。

1) 黏度：黏度可理解为分子移动时相互间的内摩擦力。在研究玻璃的热加工过程中，黏度有很大的意义。常涉及到几个特征温度。

① 转换温度

指玻璃成塑性体与成弹性体之间的分界温度。玻璃的转换温度随玻璃的品种而异，一般在 300～400 ℃之间。

② 退火温度

把具有内应力的玻璃置于某一温度环境中，经 15 min 保温后，应力基本消除，这一温度就叫退火温度。不同的玻璃其退火温度不同，通常在 400～500 ℃。有些手册中给出玻璃的退火范围，上限代表退火温度，下限代表转换温度。

③ 软化温度

玻璃由塑性状态变为具有流动性能时的温度叫软化温度。软化温度也随玻璃的品种不同而不同，通常在 500～600 ℃之间。

2）热膨胀系数

玻璃的热膨胀系数主要取决于阳离子之间的健力，因为它直接影响温度升高后的离子间距。在玻璃相互熔封或与金属封接中，热膨胀系数常常是影响封接质量的重要前提，玻璃的热膨胀系数取决于它的成分。

3）导热率

玻璃的导热率很小，是很好的绝热材料。化学组成对玻璃的导热率有重大影响。通常硅酸盐的导热率最大，其中石英玻璃居首位。导热率随温度升高而增大。

4）热稳定性

玻璃经受剧烈的温度变化而不破坏的性能称为玻璃的热稳定性。它和玻璃的膨胀系数密切相关，膨胀系数大的玻璃，热稳定性就差。

（3）玻璃的化学性能

① 玻璃的化学稳定性与“风化”现象

玻璃表面抵抗周围介质（水、酸、碱）化学作用（浸蚀）的能力称为玻璃的化学稳定性。这种能力的大小与玻璃的化学成分和作用试剂的性质有关。石英玻璃对水和酸的作用最稳定，碱金属硅酸盐玻璃的稳定性最差，这时因为玻璃表面的碱金属硅酸盐与空气中的水汽作用形成苛性钠和硅酸，这个过程又称为玻璃的“水解”。水解后留在玻璃表面的碱又会与空气中的二氧化碳作用生成硅酸盐和水汽。产生的水汽又可与玻璃中的硅酸钠作用，使水解继续发生。同时，生成的碳酸钠为较松的微粒，使玻璃表面疏松并出现小斑点和发毛等现象，从而使玻璃失去透明性，这种过程又称为玻璃的“风化”。

② 玻璃的“失透”

玻璃不是晶体，但在一定情况下，在玻璃中会析出晶体，使玻璃丧失透明性，这种过程称为玻璃的“失透”或“析晶”。

但是，有时为了某种特殊目的而有意识的使玻璃“失透”，例如制造乳白色灯泡的泡壳时，人为的使玻璃产生大量的微小的晶体，从而达到产生柔和而不眩眼的照明光的目的。

第四节　培训与指导

学习目标：掌握培训教学的基本方法和教学大纲的编写。

一、培训教学的基本方法

核辐射探测仪器制造高级技师应能培训和指导高级工的操作，因此掌握培训教学的基本方法和教学大纲的编写是很有必要的。

1. 培训教学的特点

培训教学具有如下几个特点：

（1）具有较强的针对性和实用性。职业培训目标、专业设置、教学内容等均根据职业技能标准、劳动力市场需求和用人单位的实际要求确定。经过职业培训的毕(结)业生可上岗作业。

(2) 具有较强的灵活性。在培训形式上可采取联合办学、委托培训、定向培训等方式;在培训期限上采取长短结合的方式,可以脱产也可以半脱产;在培养对象上依据岗位的实际需要灵活确定;在教学形式上不受某种固定模式的限制,根据职业标准的要求采取多种形式的教学手段。

(3) 教学与生产相结合。主要体现在一方面教学要紧紧围绕生产实际进行,另一方面要贯彻勤工俭学、自立更生和艰苦奋斗的原则,通过教学与生产经营相结合,既培养了人才,又创造了物质财富,获得社会、经济的双重效益。

(4) 培训方法上强调理论知识教育与实际操作训练相结合,突出技能操作训练。

2. 培训教学的模式

(1) 讲授法:传统的培训方式。优点:运用起来方便,便于培训者控制整个过程。缺点:单向信息传输,反馈效果差,教师和学员的互动少。用于一些理念性知识的培训。对核辐射仪器制造人员高级工的理论知识的培训适用此模式。

(2) 视听技术法:通过现代视听技术,对学员进行培训。优点:直观鲜明。缺点:学员的反馈与实践较差,且制作和购买的成本高,内容易过时。

(3) 讨论法:一般可分成小组讨论和研讨会两种方式。小组讨论的特点是信息交流时方式为多向传递,学员的参与性高,费用较低。多用于巩固知识,训练学员分析、解决问题的能力与人际交往的能力,但运用时对培训教师的要求较高。研讨会以主题演讲为主,中途或会后允许学员与演讲者进行交流沟通。优点是信息可以多向传递,缺点是费用较高。

(4) 案例研讨法:这一方式使用费用低,反馈效果好,可以有效训练学员分析解决问题的能力。另外案例、讨论的方式也可用于知识类的培训,且效果更佳。

(5) 角色扮演法:学员在培训教师设计的工作情况中扮演其中角色,其他学员与培训教师在学员表演后作适当的点评。由于信息传递多向化,反馈效果好、实践性强、费用低,因而多用于人际关系能力的训练。

(6) 互动小组法:也成敏感训练法。此法主要适用于管理人员的人际关系与沟通训练。让学员在培训活动中亲身体验来提高他们处理人际关系的能力。其优点是可明显提高人际关系与沟通的能力,但其效果在很大程度上依赖于培训教师的水平。

(7) 网络培训法:是一种新型的计算机网络信息培训方式,投入较大。但由于使用灵活,符合分散式学习的新趋势,节省学员集中培训的时间和费用。这种方式信息量大,新知识、新观念传递优势明显,更适合成人学习。因此,特别为实力雄厚的企业所青睐,也是培训发展的一个必然趋势。

(8) 项目教学法:教师的指导下亲自处理一个项目的全过程,在这一过程中学习掌握教学计划内的教学内容。学生全部或部分独立组织、安排学习行为,解决在处理项目中遇到的困难,提高了学生的兴趣,自然能调动学习的积极性。因此"项目教学法"是一种典型的以学生为中心的教学方法。对核辐射探测仪器制造高级工的实操的指导适合此方法。

3. 培训的效果评价

培训效果评价一般用培训效果评价表来表示,表中一般要注明课题名称、培训教师、培训时间、培训课时、培训地点、培训人员、考核方式、培训内容、培训效果评价等内容。

培训效果评价表的模板如表 9-4 表示。

表 9-4　培训效果评价表

课题名称		培训时间	
培训地点		培训教师	
培训课时		考核方式	
培训人员			
培训内容			
培训效果评价			

二、培训计划和培训大纲的编写

1. 培训计划和培训大纲的概念

(1) 培训计划:根据一定的培训目的和培养目标制定的教学和培育工作的指导文件。它决定着培训内容总的方向和总的结构,并对有关培训的教学、培育活动、生产劳动和课外活动等方面作出全面安排,具体规定培训项目的学科设置、各门学科的教学顺序、教学时数以及各种活动等。

(2) 培训大纲:是根据培训计划中规定的各门学科(课程)的目的、任务而编写的指导性文件。它以纲要的形式,具体规定每门学科知识、技能的范围、深度以及体系、结构,同时规定教学的一般进度和对教学法的基本要求。其一般分为“说明”“正文”两部分。

(3) 培训计划和培训大纲的关系

培训大纲是按照项目培训计划要求,各培训课程在项目培训计划中的地位、作用、性质、目的和任务而规定的培训内容、结构体系、知识范围、教学要求等的基本纲要。培训大纲是实施培训计划的基本保证,也是编写培训教材、组织培训教学、进行教学质量考核的指导性文件。

2. 培训计划编写的依据

(1) 培训需求调查分析

培训需求可分三个层面:组织层面的需求、职务层面的需求和个人层面的需求。

组织层面的需求包括企业经营策略方针,企业使命、战略目标、策略和文化分析以及企业生命周期所处阶段,这是培训的最大前提,为了企业战略及策略目标的达成,培训必须依据企业经营的策略方针来进行。组织层面的分析就是要解决公司高层管理者这样的问题:培训对实现我们的经营目标重要吗?培训将会怎样支持我们战略目标的实现?哪些职能部门和经营单位需要培训？从一个发展阶段来看，企业所处生命周期不同，其相应的组织培训需求就有所不同。

职务层面的需求是按照企业岗位职务能力标准，对担当工作的员工的工作能力、工作态度和工作业绩进行比较分析，以确定员工能否胜任，进而确定企业培训需求。职务层面的培训需求主要通过职务分析、问卷调查以及与部门主管面谈的方式进行。

个人层面的需求是通过对员工个人工作要求、工作结果、素质条件、工作态度以及发展要求进行评估，以确定培训对象和内容。其中对关键岗位的人员情况要进行重点分析。个人层面的需求主要通过与员工的个人面谈结合需求调查表进行。

在进行培训需求分析过程中，对于出现的工作差异，要首先确定改变这些差异的重要性，判断改变这种差异是当前需求还是未来需求？管理层是否支持这种改变？应该按什么顺序进行改变？有没有资源和政策上的保证等，最重要的是判断培训是否是解决这种差异最有效的方法。否则，盲目培训不但效果不好，而且劳民伤财。

(2) 依据国家职业标准要求

国家标准是制定培训计划和培训大纲的基础。培训计划和培训大纲应该涵盖职业标准的全部内容，但也不能超出职业标准的内容。

(3) 根据公司生产工艺及技术装备

编写培训计划和培训大纲要考虑公司现有的生产工艺、技术水平和技术装备等，否则培训计划和培训大纲就不现实、不能够具体实施的。

培训是为了满足管理者的需要和工作任务的需要，而不是单纯为满足员工需要。

3. 培训计划的内容

培训计划要解决 5W1H 问题，即

Why(为什么要培训?)：培训的目的；

Who(谁?)：培训的负责人、培训的对象；

What(培训的内容是什么?)：培训的内容；

When(什么时候、时间?)：培训的时间、期限；

Where(在哪里?)：培训的场地；

How(如何进行?)：培训的方法。

4. 培训大纲编写的原则

(1) 符合教学计划要求。

1) 明确本门课程在教学计划中的地位和作用；

2) 通过本门课程的学习需达到什么目的和要求；

3) 体现各技能等级层次在培养规格、要求等方面上的差别；

4) 重视应用技术与实践创新能力的培养。

(2) 结合开放教育的特点，贯彻“少而精，求实效”的原则。

1) 结合开放教育特点，考虑教学对象，教学内容难易要适中，教学总量要合理控制；

2) 公共基础课和专业基础课的教学内容根据专业课的要求以必需、够用为标准，突出重点；

3) 教学内容的精简标准以学生所学知识在量上符合专业培养目标和在一定时间内能

吸收消化为限度；

4）要求反应学科的新成果，体现理论知识与实践应用能力的结合；

5）在文字表述上要力求精炼、准确。

(3) 对操作技能类的课程要突出其指导与训练的特点，要针对其各教学环节有明确、具体的要求，且有较强的可操作性。

(4) 同工种、同等级的相同课程（主要是基础课和专业基础课）原则上使用统一大纲、统一教材。

5. 培训大纲编写的内容和基本结构

培训大纲编写应包括大纲说明和大纲内容。

(1) 大纲说明

这是培训大纲编写中必须强调的一部分，主要包括六点内容：

1）本课程的性质与地位、目的与任务；

2）本课程适用的主要专业及其他说明；

3）本课程与相关课程的前后衔接关系；

4）本课程的基本教学（包括实践性环节方面）要求；

5）本课程的教学方法和教学形式建议；

6）本课程内容的教学要求层次。

(2) 大纲正文

1）教学要求：在教学要求中目的与要求应予以明确、具体、层次清楚，进一步增强和培养学员的逻辑思维能力与创造能力。

教学要求层次的术语通常有：知道、了解、理解、明确、能、学会、掌握、熟练掌握等。

对有关定义、定理、性质、特征等概念的内容可按“知道、了解、理解”三个层次要求；

有关计算、解法、公式、法则等方法的内容，可按“会、掌握、熟练掌握”三个层次要求；

技能（实践环节）可按：指认、学会、能、测定（测绘）、掌握、应用等几个层次要求来把握。

在编写时，应根据课程的性质与要求采用相应的定性词汇，并注明不同教学层次所对应的考核要求。

2）教学内容及课时：明确教学的内容和课时。

3）教学建议：明确教学内容中重点与难点的教学要求，建议教师采用的教学方法和教学手段等。

第五节　管　理

学习目标：熟悉组织管理基础知识和质量管理基础知识。

一、组织管理基础知识

1. 组织的概述

(1) 组织的定义：人们为了实现一定的目标，相互结合、确定职位、明确责任与义务、分工合作、协调行动的人工系统及其运转过程。

(2) 组织的特征

1) 组织必须有一个共同的目标。

2) 组织要有不同层次的权利和责任制度。

3) 组织包括不同层次的分工和合作。

4) 组织的功能在于协调人们的活动去实现共同的目标。

(3) 组织的四层次

1) 决策层:领导对近期与远期的计划与决策项目选择。

2) 控制层:高层管理者(领导班子)对各部门建立有效的控制体系。

3) 管理层:(从高层到各中层干部)知道自己的职责与权力是什么,发挥其管理作用。

4) 经营层:经营层(各部门)执行决策,动员全体人员完成组织的总体目标。

2. 组织管理原则

任何社会活动都应是有组织的活动,任何组织都有一个与其功能与目标相适应的组织机构及其设置原则。尽管由于客观条件和所承受的任务不同,不同层次的企业其具体的社会职能有所侧重和差异,但组织设置的科学合理与否,直接关系着组织的功能能否有效发挥,组织管理一般应遵循以下原则:

(1) 任务目标原则

任何组织都有特定的任务和目标,每个组织及其组成部分,都应当与这一目标相关联;组织的调整、增加、合并或取消,都应该以能否实现目标为标准。做到分工合理,协作明确。每个部门及员工的工作范围、相互关系、协作方法、权利责任等,都应有明确规定。

(2) 因人设岗与因事设岗辩证使用的原则

从管理学的角度讲,因事设岗是正确的,而因人设岗是不科学的。但事实上,中国很多企业都采用因人设岗的原则并且取得了成功。

1) 对于高层岗位要采用因人设岗的原则。因为高层管理人员属于职业经理人阶层,目前还比较稀缺,因人设岗还是必要的。

2) 为了留住核心竞争力的人才(一般是高级技术人才或高级专业人才),可以采用因人设岗原则。

3) 一旦组织的高层人员老化,为了及时培养接班人可以采用因人设岗原则。

4) 对于普通岗位来说,可选择的余地很多,采取因事设岗或因岗位择人,问题不大。

(3) 集权和分权相结合的原则

集权与分权的关系是辩证统一,一般表现为统一领导、分级管理。集权到什么程度,应该以不妨碍下级积极性为限;分权到什么程度,应该以上级不失去对下级的有效控制为限。分权要使结果可控,必须有控制系统辅助,可以使授权的上级放心分权,做到“用人不疑”,也可以防止受权者不滥用权力,保证分权能达到预期效果。

(4) 命令统一原则

从管理的常识来看,一定要避免多头领导,做到统一指挥。实质也就是要进行统一领导,消除多头领导和无人负责现象。

(5) 管理幅度与管理层级适度原则

管理幅度指平均每位干部下属员工的数量配备,管理层级指最高管理者到最基层员工之间设了几层机构。

管理幅度与管理层级是对应的关系：管理幅度越大，管理层级就越少；管理幅度越小，管理层级就越多。管理者由于精力有限，有效管理幅度就受到一定限制。管理幅度过小，造成越级指挥、多头指挥、越权指挥；管理幅度越宽，对干部素质要求越高，虽可降低管理中间层次，但管理幅度超过一定范围，势必导致管理人员负担过重，无法对下属人员施加必要的监督和有效的指导，从而影响工作效率。

二、质量管理基础知识

1. 质量管理概述

质量管理是在质量方面指挥和控制组织的协调的活动。质量管理涉及组织的各个方面，它要求围绕产品质量形成的全过程，通过制定质量方针和实现质量目标，向市场提供符合顾客和其他相关方要求的产品。因此，质量首先是一个满足客户需要和要求的问题。这意味着质量管理的焦点必须放在为客户服务并使之满意上。

质量管理的主要活动通常包括：制定质量方针和质量目标；进行质量策划、质量控制、质量保证和质量改进。在这些活动中，质量策划、质量控制、质量保证和质量改进都是为制定质量方针和实现质量目标而进行的。当质量方针、质量目标实现后应重新进行质量策划、质量控制、质量保证和质量改进。质量管理的三大目标包括：提高顾客满意度、缩短流程和减少缺陷。影响质量的因素包括 4M1E，即材料、机器、人、方法和环境。

2. 质量管理原则

(1) 五不放过原则

在质量管理中需做到：

1) 原因找不到，不放过——追查原因；

2) 责任分不清，不放过——选择对策；

3) 纠正措施不落实，不放过——草拟行动；

4) 纠正措施不验证，不放过——成果比较；

5) 有效措施不纳入，不放过——标准化。

(2) 员工的工作质量具体要求

1) 熟悉检验标准、了解操作规范的内容要求。

2) 树立“质量是生产出来的，不是检验出来的”的思想。

3) 严格遵守品质保证的三不政策和三不放过原则。

三不政策包括不接受不良品(互检)、不制造不良品(自检)以及不流出不良品(自检和互检)。三不放过原则指事件原因分析不清不放过；事件责任者与群体未受到教育不放过；事件没有防范措施不放过。

(3) 不合格品的控制

1) 不合格品指未满足明示的、习惯上隐含的或必须履行的需求和期望的产品。

2) 不合格品的控制要求包括标识、记录、评审、隔离和处置。

3) 不合格品评审和处置的方法有返工、让步接收、降级、拒收或报废。

(4) 质量意识

所谓质量意识：首先要保证我们的产品是合格的。符合产品的规格要求，另外整个生产流程要严格遵照企业生产流程的管理规定。作为员工,不仅仅是被动的接受,更要不断的提出改善意见,促进质量的提高。所以生产现场人员应注意以下事项:

1) 不要踩踏产品(原材料、半成品和成品);
2) 不要让不合格品流到下一工序;
3) 不要抛扔产品;
4) 不要把产品直接放在地上;
5) 不要不按操作规范作业;
6) 不要无首检作业;
7) 不要乱摆放产品;
8) 不要一味追求速度;
9) 不要机器带病作业;
10) 不要"知情不报"。

思考题

1. 怎样提高气体探测器的坪特性?
2. 怎样提高辐射探测器的能量分辨率?

参考文献

[1] 王君容,薛召南. 光电子器件[M]. 北京:国防工业出版社,1982.
[2] 胡汉泉,王迁. 真空物理与技术及其在电子器件中的应用[M]. 北京:国防工业出版社,1982.
[3] 黄运添. 电子材料与工艺学(材料部分)[M]. 西安:西安交通大学出版社,1983.
[4] 张爱堂,冯新三. 电光源材料与工艺[M]. 北京:中国轻工业出版社,1992.
[5] 汲长松. 核辐射探测器及其实验技术手册[M]. 北京:原子能出版社,2010.

第十章　高级技师半导体探测器制作

第一节　生产准备

学习目标：了解辐射探测的原理，半导体探测器的种类及探测原理，掌握辐射探测基础知识，掌握半导体基础知识及半导体探测器工作原理，掌握半导体探测器的主要性能参数。

一、辐射探测基础知识

1. 核辐射的基本特性

在各种核跃迁中，从原子核中释放出来的辐射，包括 γ 辐射、中子辐射、α 和 β 辐射等称为核辐射。

（1）几种主要粒子的性质

1）中子和质子

组成原子核的中子和质子统称为核子。质子（用符号 p 表示）是氢原子核，带一个正电荷，静止质量为 $1.672\,648\,5\times10^{-27}$ kg。用加速器可得到各种能量的质子。

中子是一种不带电荷、与质子一起组成除氢以外所有其他原子核的基本粒子，静止质量为 $1.674\,954\,3\times10^{-27}$ kg，在自由状态下是不稳定的，会衰变成质子、电子和反中微子，半衰期为 10.6 min。大量的中子由反应堆和加速器产生，实验室也常利用放射性同位素中子源的中子。

2）α 粒子

α 粒子是核衰变时放出的重粒子。它由两个中子和两个质子组成，带有两个正电荷，质量为电子的 7 296.03 倍。它与 He 的原子核相同，习惯上称之为 α 射线。其能量一般在 4～9 MeV 范围内。

3）电子和中微子

电子是一种稳定的亚原子粒子，其电荷量为 $\pm1.602\,189\,2\times10^{-19}$ C，静止质量为 $9.109\,534\times10^{-31}$ kg。不加说明，它通常指带负电荷的电子，也叫负电子。它的反粒子是带正电荷的电子，称为正电子。β 衰变放出的电子（β-）或正电子（β+）称为 β 粒子。β 衰变其实是中子和质子相互转化的过程，中子转变成质子放出 β-粒子，质子转化成中子则放出 β+粒子。β 射线的能量是连续的，一般小于 2 MeV，由于电子质量小，速度比 α 粒子快的多。

中微子（ν）是不带电荷的、在 β 衰变中释放出的质量极小的粒子。

4）X 辐射、γ 辐射

X 辐射和 γ 辐射都是电磁辐射。它们具有明显的粒子性，因此通常称为光子。静止质量为 0，不带电荷。其能量为 $E=h\nu$，h 为普朗克常数，ν 为振动频率。E 对应单位为 eV。

γ 辐射是核跃迁或粒子湮没过程中发出的电磁辐射。γ 辐射大多是母核进行 α 衰变或 β 衰变后，子核处于较高激发态，退激到较低激发态时发出的。其能量为两个能级之间的能量差，通常在几十 keV 到几 MeV 之间。

X 辐射是核外电子跃迁过程中产生的电磁辐射。原子内特定轨道的电子从高能态跃迁到低能态时发出的射线成为特征 X 射线。

5）重粒子

重粒子时原子序数等于或大于 2 的核素的带点原子或原子核，它们存在于宇宙射线中。核裂片(重核裂变的产物)也包括在重粒子中。

质子、离子和重粒子等统称重带电粒子，以与电子等质量小的带电粒子和不带电粒子相区别。

(2) 放射性衰变的基本规律

某些核素具有自发放出粒子或 γ 射线，或在发生轨道电子俘获后放出 X 射线或发生自发裂变的性质，这种性质称为放射性，具有放射性的核素称为放射性核素。

放射性核素的原子核自发放出 α、β 等粒子转变称为另一种核素的过程称为核衰变。对某一原子核，在何时衰变，完全是偶然的，但是大量这种原子核作为整体来说，在 t 到 $t+\mathrm{d}t$ 时间内衰变的原子核数 $\mathrm{d}N$ 应当和时间间隔 $\mathrm{d}t$ 及 t 时刻的放射性原子核数 N 成正比：

$$-\mathrm{d}N=\lambda N\mathrm{d}t$$

式中：λ 称为衰变常数，其量纲是时间量纲的倒数。表示某一种放射性核素的一个核在单位时间内进行衰变的概率。其大小决定衰变的快慢，每一种放射性核素都有一个特定的 λ 值，因此，它是放射性原子的特征量。

设 $t=0$ 时，放射性原子核数为 N_0，对上式积分得 t 时刻的放射性原子核数目为：

$$N=N_0\mathrm{e}^{-\lambda t}$$

在给定时刻 t，一定量的放射性核素在一个很短的时间间隔 $\mathrm{d}t$ 内发生的核衰变数-$\mathrm{d}N$ 除以 $\mathrm{d}t$ 的商，称为放射性活度，用 A 表示：

$$A=-\mathrm{d}N/\mathrm{d}t=\lambda N_0\mathrm{e}^{-\lambda t}=A_0\mathrm{e}^{-\lambda t}$$

式中 A_0 是 $t=0$ 时的放射性活度。上式表明放射性活度随时间成指数规律衰减。

放射性活度的国际制单位为“贝克勒尔”，符号“Bq”，1 Bq 为每秒钟衰变一次。以前习惯用“居里(Ci)”及其导出单位“毫居里(mCi)”“微居里(μCi)”作为放射性活度的单位。$1\ \mathrm{Ci}=3.7\times10^{10}\ \mathrm{Bq}$。

2. 带电粒子与物质的相互作用

核辐射探测主要是用各种类型和规格的核辐射探测器记录粒子数目，测定放射源的活度，确定粒子的质量、寿命、能量以及动量等。带电粒子与物质的相互作用是核辐射探测的物理基础。在核辐射探测原理中，最基本的是利用带电粒子在物质中对物质原子产生的电离和激发效应或快速轻带电粒子穿过物质时的电磁辐射效应。

带电粒子摄入物质后，与物质原子发生以下三种主要相互作用：

(1) 电离和激发。带电粒子与核外轨道电子之间存在库仑相互作用，发生非弹性碰撞，导致带电粒子损失能量，物质原子被电离或激发。这是带电粒子与物质相互作用的主要方式。绝大数探测器都是利用这种电离和激发效应来探测入射粒子的。

(2) 非弹性碰撞。带电粒子与物质原子核之间存在库仑相互作用，发生非弹性碰撞，使入射带电粒子的速度和运动方向发生改变时产生电磁辐射(韧致辐射)，或在特定条件下使物质产生定向极化而随之发出电磁辐射(切连科夫辐射)，通过这些电磁辐射可以探测轻带电粒子。

(3) 弹性碰撞。带电粒子与原子核之间存在库仑相互作用，发生弹性碰撞(即弹性散射)，致使入射带电粒子改变运动方向并损失能量，但不辐射光子，也不激发原子核，而是原子核受到反冲而获得能量，使晶格原子发生位移，形成缺陷，即造成物质辐射损伤。

一定能量的带电粒子进入物质后，通过许多次非弹性和弹性碰撞过程，其动能逐步减小，带电粒子被慢化。如果物质层较薄，粒子将穿出物质。如果物质层足够厚，粒子将损失其全部能量而被吸收。

3. X射线、γ射线探测原理

X射线、γ射线为电磁辐射，不带电，不能同原子核发生库仑相互作用，所以射入物质后，不能直接产生电离和激发效应，不能直接被探测到。可以利用它们在物质中的光电效应、康普顿散射和电子对产生效应等产生的次级电子再引起物质的电离和激发来进行辐射探测。以下为这三种效应：

(1) 光电效应

光子通过物质时和物质原子相互作用，光子被原子吸收后发射轨道电子的现象，称为光电效应，也称光电吸收。光电效应发射出来的电子叫光电子。

(2) 康普顿散射

入射γ光子的能量 $h\nu$ 接近或超过 mec^2 时的散射称为康普顿散射。散射时入射光子和轨道电子相碰撞，入射光子被电子所散射不仅改变其运动方向，而且损失能量。电子获得能量从原子中飞出，这个反冲电子称为康普顿电子。

(3) 电子对产生

当γ光子能量大于 1.02 MeV 时，γ光子经过与之相互作用物质的原子核附件时，与原子核发生电磁相互作用，γ光子消失而产生一个电子和一个正电子(简称电子对)，这就是电子对产生效应。电子对产生效应中产生的电子和正电子与物质原子相互作用，负电子最终被吸收，但正电子在其绝大部分动能损失而与周围物质达到热平衡时将与物质中的一个电子发生湮没，放出两个能量均为 0.51 MeV 的γ光子。

不同的情况下，γ射线与物质相互作用的三种效应的表现不同。粗略的说，光电效应在低能Z区占优势，康普顿在中能低Z区占优势，电子对产生效应在高能高Z区占优势。光电效应和电子对产生效应所产生的次级电子的能量与γ射线的能量有单一的对应关系，测定次级电子的能量就可得到γ射线的能量。

二、半导体探测器

1. 半导体的基本知识

(1) 半导体材料的电特性

根据导电能力，物质可分为导体、绝缘体和半导体。物质的导电能力可用电阻率 ρ 来表示，单位为 $\Omega \cdot cm$。导体的电阻率在 $10^{-5}\ \Omega \cdot cm$ 以下，绝缘体的电阻率在 $10^{14}\ \Omega \cdot cm$ 以上，半导体电阻率介于它们之间，一般在 $(10^{-2} \sim 10^{9})\ \Omega \cdot cm$ 范围内。除了熟知的半导体材料硅(Si)和锗(Ge)以外，砷化镓(GaAs)、碲化镉(CdTe)、碘化汞(HgI_2)等都属于半导体材料。

根据能带理论,导体、绝缘体和半导体之间差别在于禁带宽度不同。金属不存在禁带,价带与导带交织在一起,导电性能好。绝缘体的禁带最宽,约 5～10 eV,不导电。半导体的禁带较窄,约 0.1～2 eV,导带性能差。在室温下,硅的禁带宽度 E_g =1.12 eV,锗的禁带宽度 E_g =0.67 eV。

(2) 本征半导体

理想的不含杂质的半导体在无外界作用时,导带中的电子和价带中的“空穴”都应由热激发产生,而且电子数目严格等于“空穴”数目,这样的半导体称为本征半导体。在有外界作用时,如在光、热或核辐射的作用下,价带中的电子获得能量而被激发到导带(同时在价带留下“空穴”),这样的电子如同自由电子一样,能在晶体中运动,参与导电,这就是所谓的电子型导电。“空穴”也参与导电,这是因为价带中的“空穴”很容易被临近原子的电子占据,而这个失去电子的原子又产生一个新的“空穴”,从效果上看好像空穴移动了,这就是空穴型导电。电子和空穴统称为载流子。本征半导体中热激发产生的载流子称为本征载流子。

(3) p 型和 n 型半导体

本征半导体的导电性能较差,为了提高半导体的导电性能,常常利用半导体中存在两种导电机制,通过加入适量的杂质,以获得电子型半导体(n 型半导体)或空穴型半导体(p 型半导体)。通过掺杂技术,掺入极其微量的电活性杂质,其导电性能得到显著提高。如在硅中掺入亿分之一的硼,其电阻率就可降为原来的千分之一。这种掺杂的半导体就成为掺杂半导体。根据掺入的杂质提供多余的电子或空穴的不同,分为施主杂质或受主杂质。能提供多余电子的杂质称为施主杂质,能提供多余空穴的杂质称为受主杂质。掺入施主杂质的半导体以电子导电为主,称为 n 型半导体,掺入受主杂质的半导体以空穴导电为主,称为 p 型半导体。n 型半导体中的电子和 p 型半导体中的空穴称为多数载流子。n 型半导中的本征空穴和 p 型半导体中的本征电子也参与导电,它们本称为少数载流子。

当硅中掺入以施主杂质(Ⅴ族元素:磷 P、砷 As、锑 Sb 等)为主时,以电子导电为主,称为 n 型硅;当硅中掺入以受主杂质(Ⅲ族元素:硼 B、铝 Al、镓 Ga 等)为主时,以空穴导电为主,称为 p 型硅。

金硅面垒探测器所用的硅单晶为 n 型硅,Si(Li)探测器所用硅单晶的为 p 型硅。

(4) 载流子的产生和复合

在正常情况下,半导体内有一定数目的本征载流子,即热平衡状态下无外界因素作用时也有载流子,称这种载流子为热平衡载流子。如果有外界因素作用,如,核辐射粒子射入到半导体中,产生很多电子-空穴对,这种由入射粒子产生的载流子称为非平衡载流子。它们和本征载流子一样,在半导体内会自发迁移或在外加电场作用下漂移。直到它们被收集在电极上或发生电子和空穴复合,以及电子和空穴俘获。非平衡载流子的符复合或俘获对核辐射探测器来说是不希望的。

由于复合和俘获效应,入射粒子产生的非平衡载流子数目 N 随时间减少,这种减少按指数规律进行:

$$N=N_0e^{-t/\tau}$$

式中 N_0是 $t=0$ 时非平衡载流子数目,τ 称为载流子寿命,它表示这些非平衡载流子从产生到复合或俘获存在的时间,残留在材料中的杂质(非为改变材料性质而掺入的施主或受主杂质)含量越多时,俘获概率越大,τ 与半导体材料的种类、纯度和工艺有关。

载流子在外电场作用下做漂移运动，电子和空穴的漂移速度与电场强度 ε 的关系为：

$$W_{e、h}=\mu_{e、h}\varepsilon$$

$\mu_{e、h}$ 是电子/空穴的迁移率，表示单位电场强度作用下载流子的平均漂移速度，与温度、电场强度和杂质浓度有关。在电场较小时，迁移率可视为常数。

在半导体探测器中，和载流子寿命有关的重要参数是漂移长度。它表示非平衡载流子在等于平均寿命的时间内漂移的距离：

$$L_{漂}=W\tau=\mu\tau\varepsilon$$

$L_{漂}$ 必须大于探测器的灵敏区厚度才能保证由射线产生的非平衡载流子尽可能多地被收集而不至于因复合或俘获而损失掉。一般情况下，收集非平衡载流子的时间大约为 10^{-7} 至 10^{-8} s，因此载流子的平均寿命约在 10^{-5} s 以上就足够了。

(5) pn 结

在一块本征半导体中，掺以不同的杂质，使其一边成为 p 型，另一边成为 n 型，在 p 区和 n 区的交界面处就形成了一个 pn 结。

由于载流子浓度差的存在，p 型区的空穴（多子）向 n 型区扩散，并与 n 区的自由电子复合；n 型区的电子（多子）向 p 型区扩散，并与 P 区的空穴复合。扩散运动使 p 区失去空穴，留下负离子，n 区失去电子，留下正离子，形成一个很薄的空间电荷区（pn 结）。在这个区域内，多数载流子或已扩散到对方，或被对方扩散过来的多数载流子（到了本区域后即成为少数载流子了）复合掉了，即多数载流子被消耗尽了，所以又称此区域为耗尽层，它的电阻率很高，为高电阻区，又称阻挡层或势垒区。如图 10-1 所示：

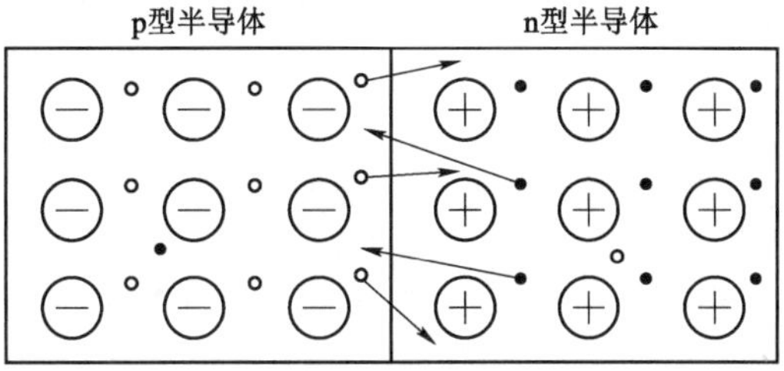

图 10-1　载流子的扩散

空间电荷区的正负离子间形成了一个内电场，从 n 区指向 p 区，对扩散运动起阻碍作用，同时，该电场使 p 区电子（少子）向 n 区漂移，n 区空穴（少子）向 p 区漂移，漂移运动使空间电荷减少，空间电荷区变窄。

扩散运动使空间电荷区变宽，内电场增强，扩散阻力增大，漂移运动增强，而漂移运动使空间电荷区变窄，内电场减弱，扩散运动增强，当达到动态平衡时，空间电荷区的宽度一定。pn 结的宽度一般为 0.5 μm。如图 10-2 所示。

pn 结没有外加电压时，空间电荷区只有电子和空穴扩散形成的比较弱的内建电场，载流子的扩散和漂移趋于平衡。

如果在 pn 结上加正向电压（正向偏置），即外加电压的正极接 p 区一侧，负极接 n 区一侧，外加电场和内建电场方向相反，空间电荷区变窄，内电场减弱，扩散运动加强，漂移运动减弱，p 区的空穴可以顺利通过 pn 结到达 n 区，流向电压的负极，形成空穴扩散电流，n 区的电子可以顺利通过 pn 结到达 p 区，流向电源正极，形成电子扩散电流，此时 pn 结阻挡层

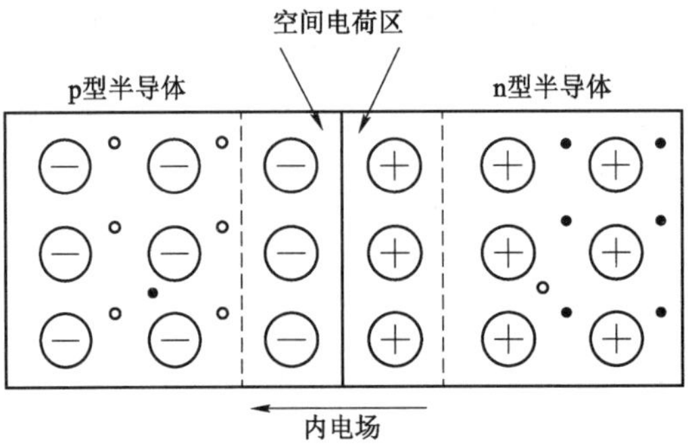

图 10-2　pn 结形成图

呈现低阻特性。当外加正向电压增加到一定数值后，正向电流将大大增加，此时，外加正向电压只要有微小的变化，便能使正向电流发生显著变化。因此，在正向偏置时，pn 结呈现一个很小的电阻。如图 10-3 所示。

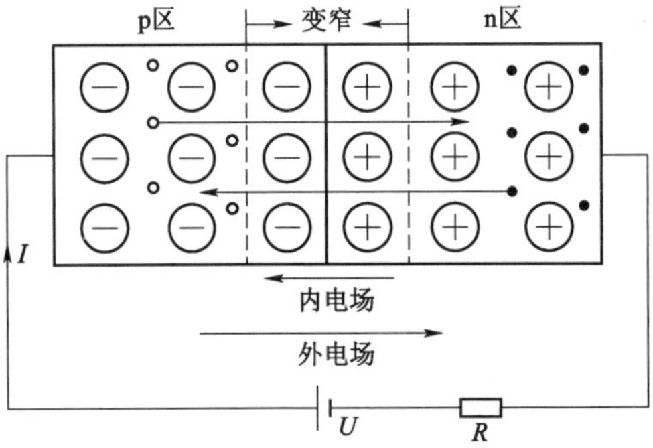

图 10-3　pn 结正向偏置

如果在 pn 结上加反向电压(反向偏置)，外加电压的正极接 n 区，负极接 p 区，称为反向偏置，外加电场与内电场方向一致，空间电荷区变宽，内电场增强，扩散运动减弱，漂移运动增强，形成很小的漂移电流。如图 10-4 所示。

因为少数载流子的浓度很低，所以反向电流很小，一般为 μA 数量级。同时，少数载流子由本征激发产生，温度一定时，少数载流子浓度将不变，因此反向电流几乎不随外加电压而变化，故又称为反向饱和电流。

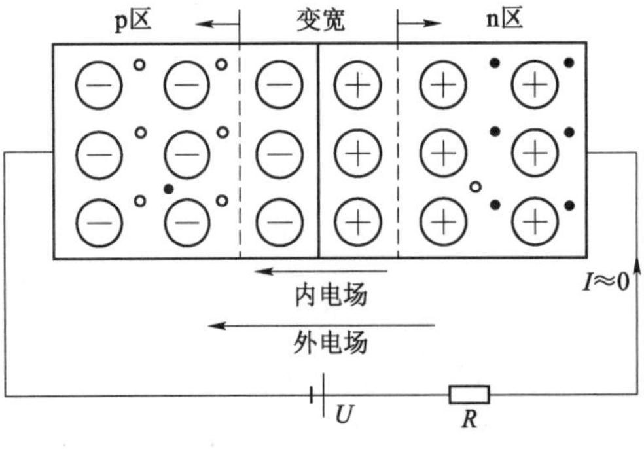

图 10-4　pn 结反向偏置

2. 半导体探测器的工作原理

半导体探测器的灵敏体积就是利用加反向偏压的 pn 结。在 pn 结区内，可移动的载流子基本被耗尽，只留下电离了的正负电中心，对导电率无贡献，具有很高的电阻率。当探测器加上反向电压后，电压几乎完全加在结区，在结区形成一个足够强的电场，但几乎无电流流过。当入射粒子射入结区后，通过与半导体的相互作用，损失能量产生电子-空穴对。在外加电场作用下，电子和空穴分别向两极漂移，于是在输出回路中形成信号。当电场足够强时，电子和空穴在结区的复合和俘获可以忽略。这时，输出信号的幅度与带电粒子在结区消耗的能量成正比。如果入射粒子的能量全部消耗在结区，则输出脉冲幅度与入射粒子的能量成正比。如图 10-5、图 10-6 所示。

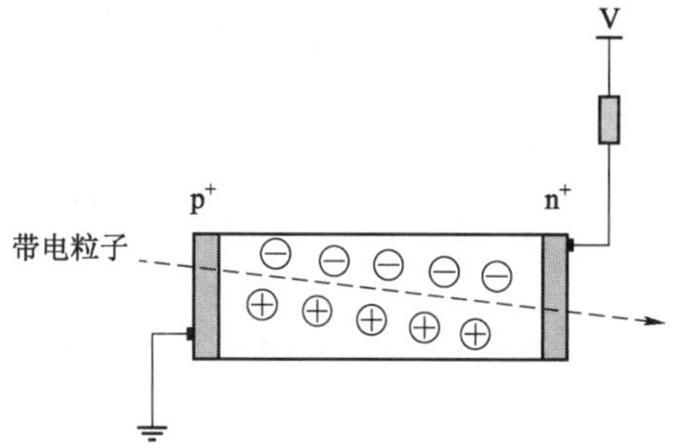

图 10-5　半导体探测器工作原理图

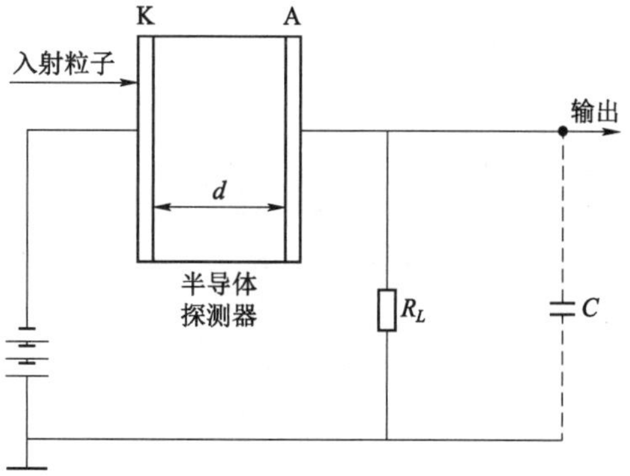

图 10-6　半导体探测器输出电路图

3. 半导体探测的种类

(1) pn 结型半导体探测器

pn 结型半导体探测器的灵敏区就是加反向偏压的 pn 结，它具有良好的能量线性、高的能量分辨率和时间分辨本领好等优点，在 α 及其他重带电粒子能谱测量方面有重要应用。一般用半导体硅材料制成，硅的禁带宽度为 1.12 eV，比锗大，室温下漏电流小，使用时不用低温冷却。根据 pn 结的制造方法不同，可以分为扩散型、面垒型和离子注入型探测器。

1) 扩散型

扩散型探测器是把一种类型的杂质扩散到另一种相反类型的半导体内而形成 pn 结的探测器。通常使用五价磷，在高温(800～1 000 ℃)下扩散到 p 型硅中，即扩散在 p 型硅上扩散一层施主杂质而形成 n 型薄层，它是粒子入射窗。扩散深度通常为 1～2 μm。扩散结探测器在加工工艺中，要经高温(800～1 000 ℃)处理，致使半导体载流子寿命缩短，影响其能量分辨率。同时扩散结死层较厚，不易获得大面积 pn 结，使其应用受到限制。

2) 面垒型

这是一种由表面反型层产生的结形成势垒的半导体探测器。在经过腐蚀处理的 n 型硅单晶表面蒸上一层金(约 40 $\mu g/cm^2$)或其他金属，氧化后形成反型层，从而在表面附近形成 pn 结区。这种探测器称为金硅面垒半导体探测器。

面垒探测器窗薄、噪声低、能量分辨率高、工艺简单、成品率高、易于制得大面积均匀探测器，因而比扩散结探测器用得广泛。我国目前生产的结型探测器主要是金硅面垒半导体探测器。

3) 离子注入型

这是一种利用加速器产生的具有一定能量的正离子束流，直接穿透半导体材料表面而形成 pn 结的半导体探测器。

通常用硼离子轰击 n 型硅，用磷离子轰击 p 型硅，能量在 5～100 eV，视所制造的探测器而定。

离子注入 pn 结半导体探测器对环境和真空更稳定，可以在高阻硅上得到薄窗。能量分辨率不及面垒型，但由于扩散型。离子注入型缺点是由于入射离子产生强的辐射损伤，形成大量俘获和复合中心。

(2) 锂漂移型半导体探测器

pn 结型探测器的灵敏区厚度一般不超过 1～1.5 mm，因此对探测能量较高的带电粒子和 X、γ 射线比较困难。锂漂移型探测器具有灵敏区厚度大的优点，适用于高能带电粒子和 X、γ 射线的测量。

锂漂移型探测器就是把锂从 p 型半导体(可以是硅或锗)的里面扩散进去，由于补偿原理，在 p 型半导体内部得到受主杂质浓度和施主杂质浓度平衡的高电阻率的补偿材料区，该区具有与本征材料相似的性质，通常用符号 I 表示，简称 I 区，又叫补偿区，它是探测器的灵敏区。可获得厚度大于 10 mm 的灵敏区。锂漂移探测器是 P-I-N 结构，习惯上称为 PIN 探测器。

硅和锗都可以用来做锂漂移型探测器，分别叫硅锂探测器 Si(Li) 和锗锂探测器 Ge(Li)。Si(Li) 可以在室温下工作，Ge(Li) 必须在液氮温度下工作，且要在低温下加反向偏压存储。

(3) 高纯锗半导体探测器

高纯锗半导体探测器(HPG)是 20 世纪 70 年代以后发展起来的新型探测器。材料的纯度以材料中所含经杂质浓度表示，通常的高纯材料的净杂质浓度在 $5 \times 10^{9} \sim 10^{10}$ 原子/cm^3。

高纯锗半导体探测器大多用 p 型材料，制作工艺类似 pn 结型探测器。在一块高纯 p 型材料的两边做 p+ 和 n+ 接触，在高纯材料中杂质及其微少，但仍是含有一定极性杂质的半导体，与 p+ 或 n+ 层组成 pn 结，因此本质上还是一种 pn 结型探测器。它内部的电场分布是线性分布，耗尽层随反向偏压的增加而加厚。当偏压很高时整块晶体都成为耗尽层。通常 n+ 扩散层较厚(几十微米以上)，而 p+ 很薄(仅几个微米)，所以一般采用 p+ 面入射。

高纯锗探测器的制造免去了锂漂移过程，大大缩短了制造周期。同时由于探测器内没有锂补偿，所以不需要低温下保存，性能稳定可靠。具有高的能量分辨率，对 γ 射线的探测也具有高的探测效率，只是工作时，为了降低热生反向漏电流，要低温冷却。

(4) 全耗尽型半导体探测器

全耗尽型半导体探测器是指“无死层”的半导体探测器。一般探测器大都有前后两个死层，如 n+ 扩散层、p+ 层和 p 型硅中的未耗尽层、面垒型中的金层、n+ 层和 n 型硅中的未耗尽层等都属于死层。它们对带电粒子不灵敏，在其中产生的电子-空穴对不被收集，即对输出信号没有贡献，给能量测量带来误差，而且由于非耗尽层电阻，导致时间性能变坏。所以在某些应用中希望尽量减小死层。

全耗尽型探测器是一种特殊的 pn 结型探测器，使 p+层和 n+层减至最小，使材料中不存在未耗尽部分。一般选用高阻材料和适当高的电压，以使耗尽层扩展到整个厚度。耗尽层厚度的均匀性要求在±0.5 μm。

全耗尽型半导体探测器主要用来鉴别粒子种类和进行能量测量。粒子穿过探测器时损失能量 ΔE（即 dE/dX）与粒子的能量和种类有关。如配合一个 E 探测器，通过测量 ΔE 即可确定粒子的种类。所以全耗尽薄探测器又称 ΔE 探测器或 dE/dX 探测器。这类探测器在空间带电粒子测量中应用十分广泛，是一种非常重要的探测器。

全耗尽型探测器有两个很显著的特点：

1）由于非耗尽层可以忽略，探测器的结电容是一个常数，从而可以使输出脉冲幅度是一个常数。同时对探测器后面的电子学线路要求也可以低一些。

2）由于非耗尽层可以忽略，其电阻可以看为零，这能够改善脉冲上升时间。一般情况下，全耗尽探测器的上升时间为几十 ns，好的可达到 2 ns。同时，可以减少探测器的噪声，从而能量分辨率变好。

（5）化合物半导体探测器

化合物半导体探测器是一种用化合物半导体材料制成的半导体探测器。它是在常温下工作的高原子序数 Z 的 γ 射线探测器。

常见的化合物半导体探测器有碲化镉（CdTe）探测器、碲锌镉（CdZnTe）探测器、砷化镓（GaAs）探测器、碘化汞（HgI_2）探测器等。

（6）特殊类型的半导体探测器

1）位置灵敏探测器

这种探测器的结构和工作原理如图 10-7 所示：

在半导体背面做一层高阻层（10～20 kΩ），在该层两端加上电压。若 A 端接地，B 端结电荷灵敏放大器，因放大器输入阻抗很低，则 B 端输出信号正比于入射粒子位置，称作“位置信号”。由 B 端输出的电流信号为：

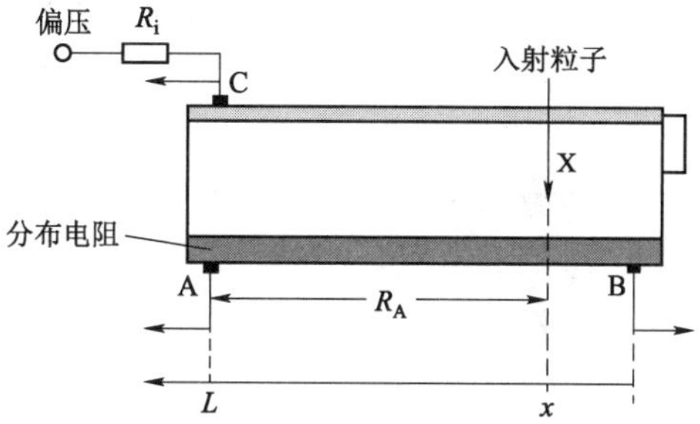

图 10-7　位置灵敏探测器原理图

$$I_B=\frac{R}{R_A+R_B}I_0$$

高阻层电阻与长度成正比：

$$\frac{R_A}{R_A+R_B}=\frac{L_A}{L_A+L_B}=\frac{X}{L}$$

则 B 端的输出电压信号为：

$$V_B\propto\frac{R_A}{R_A+R_B}E\propto\frac{X}{L}E$$

其中 E 为入射粒子的能量。C 端输出信号与位置无关，仅正比于能量 E，称作“能量信号”。

2）电流型探测器

类似电流脉冲电离室情况，电流型半导体探测用于探测器脉冲射线源（即快瞬时、高强

度的 γ、X、n)的强度和时间行为,所以具有线性响应好,输出电流大,响应快,上升时间小于 10 ns。

通常有以下三种类型:

① 金硅面垒电流探测器,将金硅面垒探测器工艺稍加改动,即可得到这种电流型探测器。在将硅片进行化学腐蚀前或后,加化学镀铜。镀铜后用硝酸去铜,然后像面垒探测器工艺一样处理,可得到薄窗金硅面垒电流探测器。缺点为线性输出电流较小,约为 1 A。

② 双扩散 P-I-N 电流型探测器,在高阻 p 型薄片相平行的两面,分别扩散磷和硼,构成 p+和 n+层,加几伏电压后,空间电荷区扩展到整个硅片(全耗尽)。这种结构的串联电阻非常低,因而收集时间很短,线性输出电流可达 10 A,但窗较厚。

③ 粒子注入 P-I-N 电流探测器,采用高阻硅材料,p 型或 n 型均可。在一面注入硼离子,另一面注入磷离子,能得到兼有以上两种探测器优点的薄窗大电流探测器。

3）内放大探测器

普通半导体探测器只收集入射辐射在灵敏体积内产生的电荷载流子,其输出脉冲信号幅度比较小,这限制了探测器对低能辐射的探测,为了解决这一问题,研制出了一种在探测器内部对信号比噪声优先放大的探测器,这种探测器称为内放大器。目前通用的半导体内放大探测器是类似于其他正比计数管的雪崩型探测器。

内放大半导体探测器的工作原理为:当一个能耐高的反向偏压的 pn 结探测器所加的偏压足够高时,在 pn 结的整个空间电荷区域得到一个适当强的电场,则入射核辐射粒子产生的载流子从电场获得的能量足以使这些载流子中的漂移电子在收集过程中又产生新的电离(即产生新的电子-空穴对)。这些次级载流子如果得到足够的能量就能再次产生电离,这样一个级联过程会使初始的信号有一个显著的放大。例如当电场强度大于 2×10^4 V/cm 时,在硅中就可以观察到次级倍增过程。

当反向偏压增大时,pn 结反向电流也会增加,从而使探测器噪声增大,影响内放大的效果。为了解决这个问题,从工艺和结构上采取措施,研制出了等斜面内放大探测器和双扩散内放大探测器,结构示意图如图 10-8 所示:

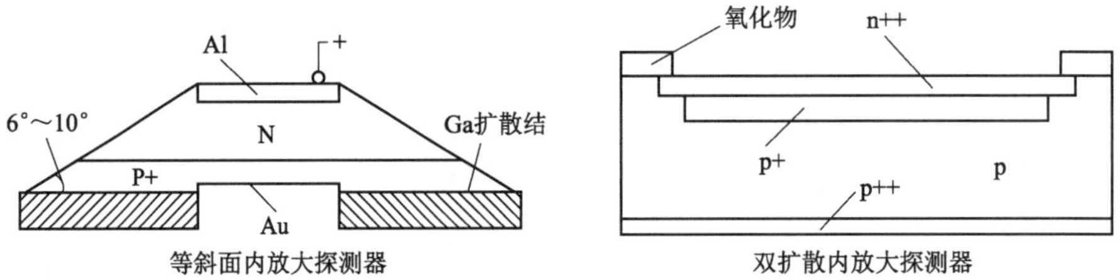

图 10-8　半导体内放大探测器结构示意图

由于内放大探测器内部具有放大功能,可以改善信噪比。很强的电场保证载流子通过倍增区的时间很短,使探测器输出脉冲上升时间很快(一般为 3 ns)。内放大探测器的这些性质使它具有广泛的用途。甚至用于探测非常软的辐射(如探测 1.5 keV 的射线)而能保持很低的本底水平。

内放大系数是该种探测器的一个重要指标,影响放大系数的因素主要有:

① 入射粒子的射程和在最大电场区中损失能量的总量。这种影响主要是探测器中沿

耗尽层厚度的电场变化，使倍增系数不是一个常数，短射程粒子比长射程粒子的放大倍数要大，因此，不同射程的粒子在不同倍增系数的区域产生不同数量的载流子，探测器对不同能量的粒子显示出非线性响应。

② 外加偏压。在较低外加偏压时，随着偏压的增加，倍增系数增加，而探测器内本征噪声的增加比信号的增加要小，因此随偏压的增加，在一定的偏压范围内噪声与增益之比减小。随着偏压进一步增大，探测器的反向电流增大，使得噪声和增益之比反而变大。

4. 半导体探测器的主要参数

半导体探测器的主要参数是衡量半导体探测器的工作性能和质量好坏的指标。主要有窗厚、灵敏区厚度、结电容、正反向电流、探测效率、能量分辨率和线性、脉冲波形和上升时间、辐射损伤效应等。

(1) 窗厚

窗厚是指半导体探测器的非灵敏区，即死层。粒子通过它时，只损失能量，但对输出脉冲没有贡献。因此窗厚导致入射粒子能量损失，并使探测器能量分辨率变坏。不同类型的探测器，因制作工艺、结构不同，其窗厚也不同。

金硅面垒探测器的窗为金层加硅的死层。一般金层厚度为 20～100 $\mu g/cm^2$，硅的死层 d 经验公式为：

$$d = A \times \ln \frac{B\rho}{V_0}$$

式中，ρ 为硅的电阻率，V_0为工作偏压，A、B 为常数。当工作偏压较高时，死层很薄，一般为 0.01～0.05 μm。

扩散型探测器的窗较厚，约为 0.5～2 μm。

离子注入型探测器的窗厚可以做的很薄，主要由注入的离子束能量有关。如对 10 kΩ 高阻硅，窗厚可以做到 0.04 μm。

锂漂移型探测器，从锂扩散面入射，窗很厚，常达 0.1～0.3 μm；但做成全耗尽型，从背面金层入射，窗厚可以做的很薄，约为 0.1 μm。

高纯锗探测器的窗厚可以做得很薄。

通常情况下，窗厚对粒子探测影响不大，只有在测量低能粒子、裂变碎片和高精度能量测量中才对窗厚提出严格要求。

(2) 灵敏区厚度

半导体探测器的灵敏区，就是结型探测器的耗尽区（势垒区），或锂漂移型的补偿区。在灵敏区内，载流子浓度极低，电阻率很高，外加电场基本上全加在其上，所以电场强度很大，使入射粒子进入灵敏区产生电子-空穴对能得到有效收集。因此灵敏区厚度确定了能测量到的入射粒子的最大能量，是半导体探测器的一个十分重要的参数。

对 pn 结型探测器，灵敏区厚度 d 即为耗尽层厚度。其灵敏区厚度公式为：

$$d = \left[\frac{\varepsilon\mu\rho}{9 \times 10^{11} \times 2\pi}(V_D + V_0)\right]^{\frac{1}{2}}$$

式中，ε 是半导体材料的介电常数，μ 为载流子的迁移率，ρ 为半导体材料的电阻率，V_D为势垒区内建电势差，V_0为外加偏压。由此可见，d 与材料的材料类型、电阻率及外加偏压有关，通常情况下 V_D远远小于 V_0，当材料选定后，d 仅与外加偏压和电阻率 ρ 有关。

对于硅材料，d 的计算公式如下：

对 n 型硅：　　　　$d=0.53\sqrt{\rho V_0}\ (\mu m)$

对 p 型硅：　　　　$d=0.32\sqrt{\rho V_0}\ (\mu m)$

对于普通的 pn 结探测器，其灵敏区厚度可以从几 μm 到 1 mm 之间。对于高纯锗探测器，由于很高的电阻率，可以加很高的偏压，其灵敏区厚度可达几 cm。

对于锂漂移型探测器，其灵敏区厚度由漂移工艺决定。一旦制成就与工作电压等外界因素无关，基本上为常数。平面型一般为 0.5～10 mm，同轴型可以做到 50～100 mm。

(3) 结电容

结电容是半导体探测器的重要参数之一。探测器的脉冲幅度为：

$$U=\frac{Q}{C_d}$$

一般要求结电容 C_d 小，同样的电荷量 Q，输出的脉冲幅度大，信噪比好。近似情况下，半导体探测器可看作是一个填充绝缘介质的电容器。平面型的相当于平板电容器，同轴型的相当于圆柱形电容器。设探测器面积为 S，绝缘介质的厚度为 d，介电常数为 ε，则平面型探测器的结电容为：

$$C_d=\frac{\varepsilon S}{4\pi d}$$

对于 pn 结型探测器，d 与 $(\rho V_0)^{1/2}$ 成正比，把 d 带入上式，其单位面积结电容为：

n 型硅　　　　$\frac{C_d}{S}=2.2\times10^4(\rho V_0)^{-1/2}\ (pF/cm^2)$

p 型硅　　　　$\frac{C_d}{S}=3.7\times10^4(\rho V_0)^{-1/2}\ (pF/cm^2)$

pn 结型探测器的结电容一般在数十到数百 pF 之间。

对于同轴型探测器，其结电容为：

$$C_d=\frac{\varepsilon l}{2\ln(r_2/r_1)}$$

式中，l 为本征区高度，r_2 为本征区外半径，r_1 为芯子半径。通常其结电容在十几到几十 pF。

由于锂漂移型探测器的灵敏区厚度与工作电压无关，结电容近似为常数，一般只有十几到几十 pF。

(4) 正反向电流

半导体探测器的正反向电流特性是判断探测器质量好坏的主要参数。pn 结型探测器的正反向电流特性就是二极管的伏安特性。

好的探测器要求正向电流上升越陡越好。如果正向电流上升很慢，表明电路中有一个较大的电阻存在，这样的探测器质量不好。对反向电流要求越小越好。因为信号是叠加在反向电流上的，反向电流直接影响信噪比和能量分辨率。反向电流的涨落是探测器噪声的主要来源。一般要求在工作电压下反向电流不超过 1 $\mu A/cm^2$。

造成反向电流的主要原因是探测器内存在的体电流、扩散电流和表面漏电流。其中体电流是灵敏体积内本征热激发产生的载流子在外电场作用下向两极漂移形成的，它是整个反向电流的主要组成部分。其与灵敏体积内本征载流子数目成正比，而本征载流子的数目等于本征载流子浓度 n_i 和灵敏体积的乘积。理论计算公式如下：

$$I_{体}=\frac{e\,n_i}{2\tau}d\cdot S$$

式中，τ 为载流子寿命，d 为灵敏厚度，S 为灵敏区面积，n_i 为本征载流子浓度，与温度有关。在室温(300 K)下硅的体电流密度为：

硅 $$J_{体}=\frac{I_{体}}{S}=1.2\times10^{-9}\frac{d}{\tau}(\mathrm{A/cm^2})$$

如对于灵敏区有效直径为 2 cm 的金硅面垒探测器，其 $d=170\ \mu\mathrm{m}$，$\tau=100\ \mu\mathrm{s}$，则其体电流为 0.63 μA。探测器面积越大，灵敏区越厚，体电流越大，并随温度的升高明显增大。为了减小体电流的影响，一般选用载流子寿命长的半导体材料，其次在低温下使用。

扩散电流时灵敏区外少数载流子扩散到灵敏区产生的电流。当外加反向偏压时，电场集中在 pn 结区(耗尽区)，在 p 区的少子(电子)和 n 区的少子(空穴)一旦扩散到 pn 结区边缘，在外电场作用下很快漂移过 pn 结区形成反向电流。由扩散方程可求出室温(300 K)下硅的扩散电流密度：

$$J_{扩}=\frac{16\times10^{-15}\cdot\rho}{\tau^{1/2}}(\mathrm{A/cm^2})$$

通常情况下，扩散电流很小，可以忽略。如为电阻率为 1 000 Ω·cm，载流子寿命为 100 μs，扩散电流密度为 1.6 $\mathrm{nA/cm^2}$

表面漏电流主要是由于表面沾污、环境条件，特别是湿度引起的，与制造时的工艺、表面处理有关，是造成探测器反向电流增大的原因之一，是十分有害的因素，将直接影响击穿电压。制造时可采用表面开保护环沟槽，用外圈作保护环，内圈做探测器，使漏电流明显减小。使用时注意干燥保存和表面清洁。

(5) 探测效率

探测效率分为源效率(绝对探测器效率)和本征探测效率。

源效率也称绝对探测效率，是指一定的探测条件下，探测到的粒子数与在同一时间间隔内放射源发射出的该种粒子数的比值。它不仅与探测器的性能有关，而且与探测器和放射源之间的几何条件(即探测器相对于源位置所张的立体角)有关。

本征探测效率也称固有探测效率，是指探测器探测到的粒子数与在同一时间间隔内入射到探测器中的该种粒子数的比值。其主要取决于探测器的材料、入射粒子的能量以及探测器本身在入射方向上的物理厚度。

相对探测效率泛指一个探测器相对于另外一个探测器的效率之比。

(6) 能量分辨

能量分辨率是指把相近能量的谱线分辨开的能力。它通常以半高宽或相对线宽来衡量。影响半导体探测器能量分辨率的主要因素有：电子-空穴对的统计涨落、电子空穴在探测器内的复合和俘获，探测器和电子学噪声、空气和窗厚等。

1) 电子-空穴对的统计涨落

假设入射粒子的能量 E_0 全部损失在探测器的灵敏体积内，半导体材料的平均电离能为 ε，则由于电子-空穴对的统计涨落造成的谱线展宽(即能领分辨)为：

$$\Delta E_s = 2.354\sqrt{F\varepsilon E_0}\ (\text{keV})$$

能量分辨率为：

$$\eta_s = \frac{\Delta E_s}{E_0} = 2.354\sqrt{F\varepsilon / E_0}$$

式中，F 为法诺因子，ε 为平均电离能，E_0入射粒子能量。

由于半导体探测器的 ε 比气体探测器小一个数量级，F 也小，所以半导体探测器的能量分辨率比较好。

2）核散射效应

低能带电粒子与原子核发生碰撞，产生散射时，使核反冲而损失的能量对探测器的输出无贡献，但能造成探测器的输出脉冲幅度减小，从而增加了小幅度脉冲计数，造成谱线低能端加宽，使能量分辨率变坏。由核散射造成的谱线展宽为：

$$\Delta E_C = 0.7\, Z^{1/2} A^{4/3}\ (\text{keV})$$

式中，Z 和 A 分别为入射粒子的核电荷数和原子量。显然，重带电粒子的核散射效应对谱线的能量分辨率影响较大。

3）探测器和电子学噪声

在无核辐射粒子作用时，测量系统的放大器输出端也有某一电压脉冲以随机方式在其平均值上下起伏，这种脉冲称为噪声。在能谱测量系统中主要是探测器和电子学的噪声。

探测器的噪声主要来源于反向电流。

探测器的输出脉冲总是由电子学仪器记录，所以在实际测量中还应考虑电子学仪器噪声。探测器和电子学噪声造成的谱线展宽与等效噪声电荷“ENC”有关。ENC 通常用电子电荷的数目来表示。用等效噪声电荷 ENC 表示噪声时，噪声造成的谱线展宽为：

$$\Delta E_e = 2.354(\text{ENC})\varepsilon\ (\text{keV})$$

4）电子空穴在探测器内的复合和俘获

由于俘获和复合造成载流子收集不完全影响能量分辨率。由于俘获和复合中心分布不均造成输出脉冲起伏，与俘获中心的类型、数量、空间分布有关，也与入射粒子的种类和能量有关。要求材料的俘获长度远大于灵敏区厚度。一般情况下，工作电压较高时，可以忽略复合和俘获的影响。

5）空气和窗吸收的影响

入射粒子从放射源发出到进入探测器的灵敏区之间要通过空气和探测器的窗，在其中损失一部分能量。将放射源置于离窗很近的位置，半导体探测器放在真空室中，空气的吸收可以忽略，这时主要是窗吸收的影响。入射粒子以不同的角度入射到探测器时，在窗中通过的实际路程不同，损失的能量也就不同，使输出脉冲幅度有大有小，从而影响能量分辨率。

(7) 能量线性

如果入射带电粒子的射程小于探测器灵敏区的厚度，假设所产生的电子-空穴对完全收集、探测器的窗厚可以忽略、符合和俘获现象被消除，则探测器输出的脉冲幅度正比于入射粒子的能量，即探测器输出脉冲与入射粒子的能量成线性关系。

实验证明，半导体探测器的能量线性很好，而且对各种类型的粒子，如 α、p、e、γ 等都有良好的线性。但对于重粒子(尤其是像核裂片这样的重粒子)和低能粒子，也可观测到非线性。这时输出脉冲幅度 V 和入射粒子能量 E_0之间的关系为：

$$E_0 = aV + \delta$$

式中，a 为比例常数，δ 叫做能量亏损。

造成能量亏损的原因为：

1）入射粒子的能量在探测器的入射窗和死层中的损失；

2）重粒子与原子核碰撞而损失能量，但对输出脉冲幅度无贡献。核碰撞对能量亏损的贡献随粒子的有效电荷的增大而增大；

3）工作电压低时，电子和空穴的复合与俘获，使电子-空穴不能完全被收集，使脉冲幅度减小。

（8）辐射损伤效应

半导体探测器受到强辐射照射一段时间后，性能会逐渐变坏，这种效应称为半导体探测器的辐射损伤效应，简称辐射损伤或辐照效应。

辐射损伤是由于入射粒子通过半导体材料撞击原子产生填隙-空位对引起的。以硅材料为例，入射粒子与硅原子相互作用，使硅原子离开原来晶格位置，在原来位置上产生一个空位，在晶格之间的某处多余一个硅原子，这就是填隙空位对。它在半导体材料中形成施主、受主、陷阱等可以作为俘获中心，从而降低载流子的寿命，影响载流子的收集，而且使电阻率发生变化，材料性能变坏从而导致探测器性能变坏。

这种辐射损伤与入射粒子的种类、剂量率以及辐照时间和条件有关。对面垒型和扩散型探测器在 α 粒子通量大于 $10^9 \sim 10^{11}$ 个/cm^2，快中子通量大于 $10^{11} \sim 10^{14}$ 个/cm^2 的照射后，探测器分辨率变坏，脉冲幅度变小，噪声变大；对于 γ 射线通量在 $10^{15} \sim 10^{16}$ 个/cm^2 以上才会导致探测器性能变坏。

一般来说，面垒型比扩散型对辐射损伤效应灵敏。部分耗尽探测器比全耗尽探测器灵敏，因为全耗尽探测器各处的平均电场较高，载流子寿命的缩短不太重要。

第二节　工艺操作

学习目的：了解室温辐射探测器的相关知识，了解膜的分类，掌握 MSM 型碲锌镉探测器的制作工艺流程，掌握半导体探测器的制作工艺流程，掌握封装的环境要求及封装胶的配制，掌握膜厚的估算方法，掌握半导体探测器性能测试方法。

一、室温辐射探测器

室温半导体导体辐射探测器自 20 世纪 60 年代开始使用以来，以其快速的时间响应，远优于气体介质对辐射的高阻止本领，以及电荷载体数小的统计涨落而得到最优能量分辨率而得到迅速蓬勃发展。常用的半导体探测器主要是 Si(Li)，Ge(Li)，HPG 探测器，这些探测器具有体积小，能量分辨率好多等优点，但由于原子序数低，对辐射的阻止本领低，从而导致较低的探测效率，并且需要在低温下工作和保存，从而大大限制了它们的应用范围。

室温半导体核辐射的探测器被认为是一种理想的探测器，它既具有低温半导体的能量分辨率好，又具有闪烁晶体探测器的探测效率高，同时还具有体积小、重量轻、携带方便等优点，在环境监测、核医学、空间飞行、采矿工业、科学研究等领域具有广泛的用途。

1. 各种室温半导体探测器

目前知道的室温半导体探测器主要有:砷化镓(GaAs)、碲化镉(CdTe)、碘化汞(HgI_2)、碲锌镉(CZT 或 CdZnTe)、硒化镉(CdSe)等。但是由于各种原因,这些探测器还没有得到广泛的应用。近几年来,由于在 CZT 材料生长方面有了较大的突破,带动 CZT 探测器得到迅猛的发展,经过世界各国研究人员的努力,其性能的到了很大的提高,对^{137}Cs662 keVγ 射线的能量分辨率可小于 1%。随着产品性能的进一步提高和产品价格的进一步下降,其应用得到越来越广泛的应用。

几种常用的室温半导体探测器材料的性能参数见表 10-1。

表 10-1 几种常用的室温半导体探测器材料的性能参数

材料	GaAs	CdTe	CZT	HgI_2	CdSe
原子序数	31、33	48、52	48、30、52	80、53	48、34
密度(g/cm)	5.36	6.06	5.9～5.95	6.40	5.74
Eg	1.43	1.47	1.57～1.64	2.13	1.73
εpair(eV)	4.51、4.2	4.43	5.0	4.2	5.8
$\mu_e\tau_e(cm^2/V)$	8.6×10^{-5}	1×10^{-3}	1×10^{-3}	1×10^{-4}	7.2×10^{-4}
$\mu_h\tau_h(cm^2/V)$	4×10^{-6}	5×10^{-5}	5×10^{-5}	1×10^{-5}	7.5×10^{-5}
$\rho(\Omega\cdot cm)$	1×10^{7}	1×10^{9}	$\sim10^{11}$	1×10^{13}	$\sim10^{10}$
μ_e	8 600	1 100	1 000	100	720
μ_h	400	100	50	4	75

(1) GaAs 探测器

它是最先研制成有应用价值的室温半导体核辐射探测器。具有较好的能量分辨率。通常由三种类型:

1) 半绝缘高阻 GaAs 面垒探测器。其灵敏体积在 1 cm 以下,测量能量低于 122 keV 的谱线时,FWHM 在 3～15 keV 范围内,分辨率不能令人满意。

2) 外延 GaAs 表面势垒型探测器。测量能量为 122 keV 时,FWHM 在 1～6 keV 内。

3) 具有 P-I-N 型机构的探测器。其性能介于以上两种探测器之间。

优点:材料制备技术和器件制作技术都比较成熟,探测器结构紧凑,便于与现有电子线路集成化。

缺点:平均原子序数较低,对高能射线的阻止本领低,探测效率低。因此迄今为止,GaAs 探测器还没有批量生产,这是其发展受到限制。

(2) CdTe 探测器

它在 20 世纪 60 年代初作为计数器而广泛应用。CdTe 核辐射探测器有两种类型:

1) 低阻 n 型 CdTe 制作的、Au 和 In 依次构成势垒和欧姆接触的探测器,厚度约 100 μm。具有较好的分辨率。

^{55}Fe	5.9 keV	X 射线	FWHM	1.1 keV
^{241}Am	59.5 keV	γ 射线	FWHM	1.7 keV

2）高阻 N 型或 P 型 CdTe 单晶体制备的，厚度为 5 cm 左右的高阻探测器。

^{137}Cs	662 keV	γ射线	FWHM	8.5 keV
^{60}Co	1.33 MeV	γ射线	FWHM	14 keV

优点：较大的平均原子序数，对射线有较高的阻止本领，探测效率较高，且材料制备比较成熟。

缺点：近代宽度较窄，热激发产生的漏电流较大，且易于极化。这就使发展与应用受到限制。

（3）HgI_2探测器

HgI_2是 20 世纪 70 年代发展起来的一种新型核辐射探测器材料，其具有以下几个突出优点：

1）禁带宽度 Eg 大（2.14 eV），室温下热激发产生的载流子数目少，可以制造出漏电流极小的室温核辐射探测器；

2）用 HgI_2制作的探测器是匀质体，具有均匀的电场分布，有利于载流子输运；

3）平均原子序数高，对射线有很高的阻止本领，探测效率高；

4）电离效率高，有利于制备出性能优良的探测器。

20 世纪 90 年代初期，HgI_2晶体和探测器制作技术已基本成熟。但它具有以下缺点：

1）HgI_2晶体化学稳定性较差，常温下容易挥发，制成探测器时必须进行严格的密封处理。

2）HgI_2晶体化学活性较强，对电极有腐蚀作用。目前能够成功应用的电极材料非常有限。

3）HgI_2晶体比较软，晶体加工困难。

4）HgI_2显示较严重的极化效应。

（4）闪烁晶体探测器

广泛应用于 γ 谱仪测量和核素分析的闪烁探测器 NaI 和 CsI，由于不需要冷却，通常作为便携式 γ 谱仪用于现场监测。但它们只能提供中等程度的能量分辨率，对 662 keV 的 γ 射线分辨率最好只能达到 6%左右。这是由于入射 γ 射线先被闪烁体转化为光，再通过光电倍增管或光电二极管转化为电信号，使得产生一对电荷载流子所需能量为 100 eV 或更多，远高于半导体的 5 eV 左右，所以产生的电荷载体数远少于半导体探测器，统计涨落较大，导致了差的能量分辨率。

而且闪烁体对周围环境条件；如温度变化，震动及湿度较敏感，而能量分辨率介于 HPGe 和 NaI 之间的 CdTe 或 CZT 则首先开发为可在室温下操作的具有高的探测效率，高的能量分辨率，便于携带的重量轻，体积小的 γ 谱仪。

（5）CZT 探测器

CZT 晶体是近年发展起来的一种性能优异的室温半导体核辐射探测器新材料，闪锌矿结构。CZT 晶体是由于 CdTe 晶体的电阻率较低，所制成的探测器漏电流较大，能量分辨率较低，于是人们就在 CdTe 中掺入 Zn，使其禁带宽度增加，而发展成了一种新材料。

CZT 晶体电阻率高（约 10^{11} Ω · cm），原子序数大（48，30，52），禁带宽度较大，且随 Zn 含量的不同，禁带宽度从 1.4 eV（近红外）至 2.26 eV（绿光）连续变化，所制成的探测器漏电流小,在室温下对 X 射线、γ 射线能量分辨率好,能量探测范围在 10 keV～6 MeV,且无极化现象,可以应用于天文、医学、工业、军事等领域的各种探测器和谱仪。

1) CZT 探测器的种类

目前国际上比较常见的 CZT 器件类型有:MSM 探测器、特殊电极探测器和像素阵列探测器。

① MSM 探测器

MSM 探测器是最简单的平板 CZT 探测器,如图 10-9 所示。目前一般采用 Au、In 和 Pt 等金属作为探测器的金属层。现已获得稳定性很好的探测器,结合脉冲整形电路可用作光谱仪。但由于未能很好地解决低能尾迹,目前还无法用于 γ 射线光谱探测。

图 10-9 MSM 型 CZT 探测器

② 特殊电极探测器

为了解决空穴收集特性较差带来的能量分辨率和电荷收集率差的问题,通常采用电学的方法和设计各种探测器结构来提高能量分辨率和电荷收集率。电学方法通过采用脉冲整形辨别和电荷补偿。

通过改变探测器电极形状来提高能量分辨率的各种方法都有一个共同点,即收集到的电荷主要依赖于阳极附近的电子运动,从而使收集到的感应电荷与空穴运动以及电子-空穴对产生的深度无关。这些器件被称为单极性器件。主要有以下几种电极结构:

a. 共面栅格电极

如图 10-10 所示,这种探测器具有三端电极,阴极面加负高压,两个阳极分别采用不同的电压值。电势高的阳极为收集极,低的为非收集极。两组阳极相互等间隔平行排列(如图 a)。产生的阳极信号分别输入两个前置放大器,再经过减法电路得到探测器的净输出(如图 b)。在这种结构中,入射粒子电离产生电子空穴对,电子在接近阳极前,两个阳极的输出信号接近,净输出为零;当电子靠近阳极时,由于两个阳极存在电压差,两个阳极的输出信号差别变大,收集极阳极的感应信号急剧增大,同时非收集极阳极上的感应信号急剧减小,因此净输出信号大小只与通过电荷感应区的电子数目有关,而与空穴的收集无关。从而有效地克服了空穴输运性能差的缺点。图 c 显示了采用共面栅格电极所测谱线与双面电极测得的谱线的比较。从图中看出采用共面栅格电极时,谱线的能量分辨率得到了明显改善。

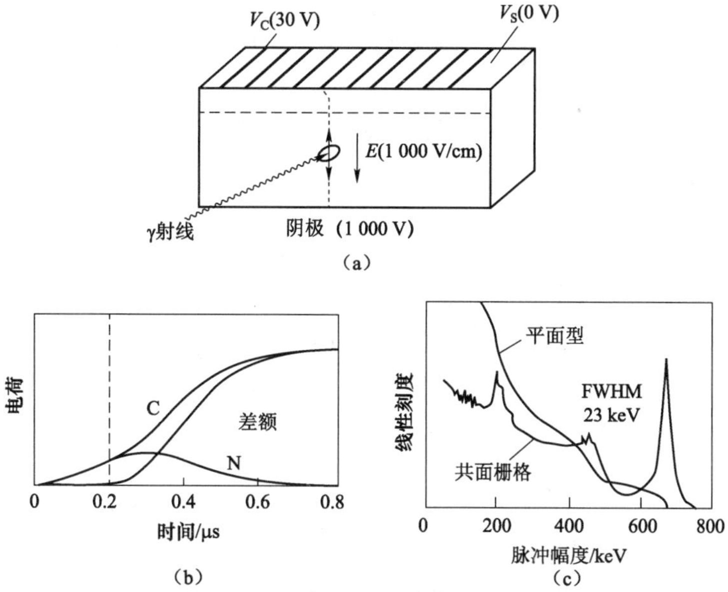

图 10-10　共面栅格电极原理图

b. 开普切电极

ev 公司生产的 CAPture 探测器，采用不对称电极结构，弱化了阴极附近的固有电场和感应电场，改善了阳极脉冲形式。如图 10-11 所示，阴极向晶体侧面进行了适当长度延伸。延伸太大会加大阴极附近死区，这种电极的探测器测量低能射线时性能优良，但不适于测量高能量，因为此时能量沉积在整个晶体内，其工作机制跟双面电极相当，低能尾巴效应严重。体积为 5×5×5 的 CAPture 探测器能量分辨率可小于 3 keV(对于 60 keV)。

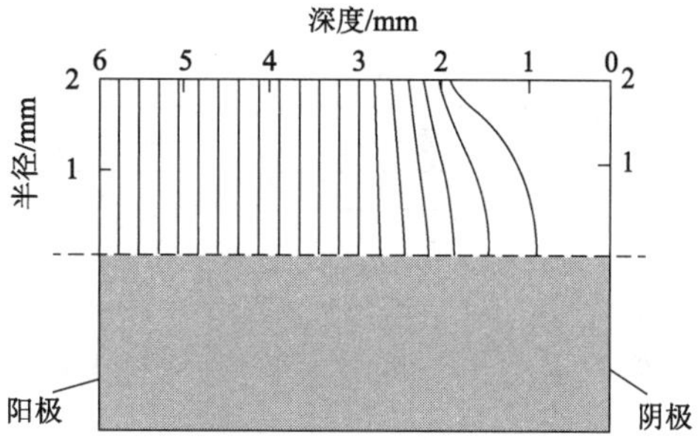

图 10-11　CAPture 探测器

c. 弗里希电容栅格结构电极

这类电极用于共面 CZT 探测器，采用两个标准的电极，侧面金属层与阴极相连，与晶体之间有薄绝缘层隔离。这种结构不改变晶体内固有电场，只影响感应电场，侧面的金属层可以延伸很长。实验测得采用这种电极的探测器空穴低能尾巴可以得到较好的改善。1 275 keV 的能量分辨率可达到 1.8%，比较适于厚度大的探测器，通过优化侧面金属层的几何尺寸 662 keV 的能量分辨率可达到 1%。其基本结构如图 10-12 所示。

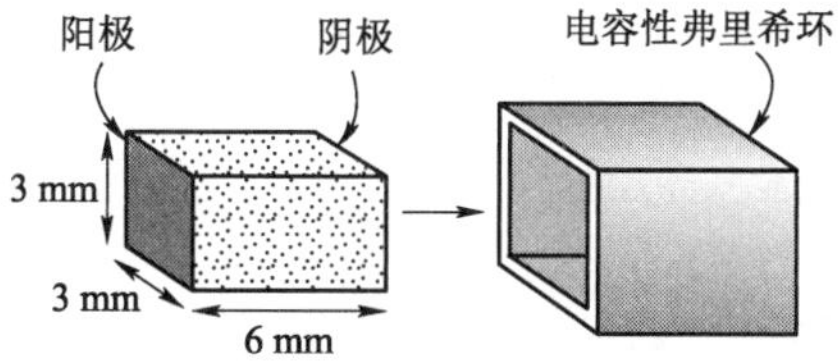

(a)

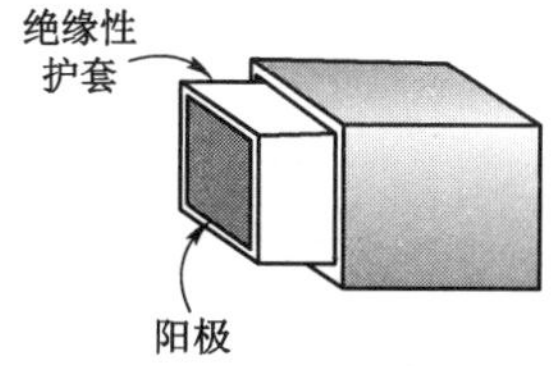

(b)

图 10-12　弗里希电容栅格结构

③ 像素阵列探测器

如图 10-13 所示，CZT 像素阵列探测器常用于成像系统，其阳极由一系列尺寸极小的方形金属电极构成，每个像素电极上收集的信号包含了与位置有关的信息，将所有像素的信号整合便可得到探测对象的图像。

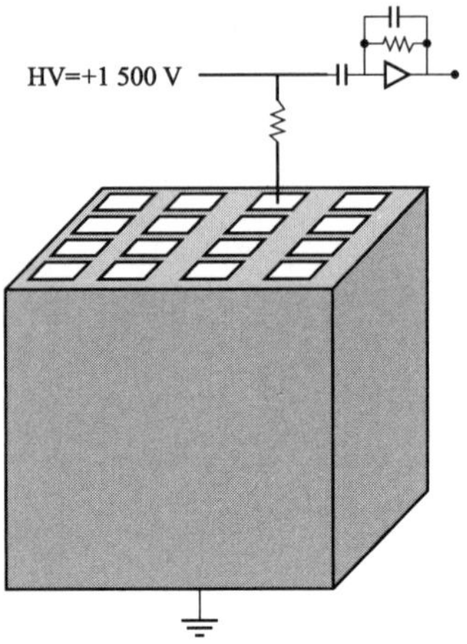

图 10-13 像素阵列探测器

2) MSM 型 CZT 探测器的基本制备方法。

MSM 探测器是最简单的平板 CZT 探测器。目前一般采用 Au、In 和 Pt 等金属作为探测器的金属层，现在已获得稳定性很好的探测器，结合脉冲整形电路可用作光谱仪。半导体探测器制作组进行了 MSM 型 CZT 探测器的试制，用西北工业大学材料学院提供的 CZT 材料制作成了四支探测器，这四支探测器对^{241}Am59.5 keVγ 射线的能量分辨率在 6%～7%。

具体工艺流程如图 10-14 所示：

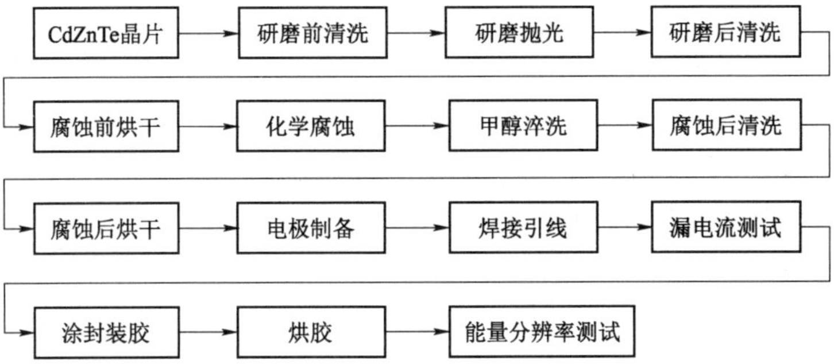

图 10-14 MSM 型 CZT 探测器制作工艺流程图

二、金硅面垒探测器制作工艺

本教程所说的半导体探测器制作特指金硅面垒探测器的制作，其基本的制作工艺初级至技师教材已经进行了详细的介绍，本节主要从整体上介绍一下工艺流程、各工艺的目的以及注意事项、封装胶、膜厚的估算、性能测试。

1. 制作工艺流程图

金硅面垒探测器制作工艺流程如图 10-15 所示：

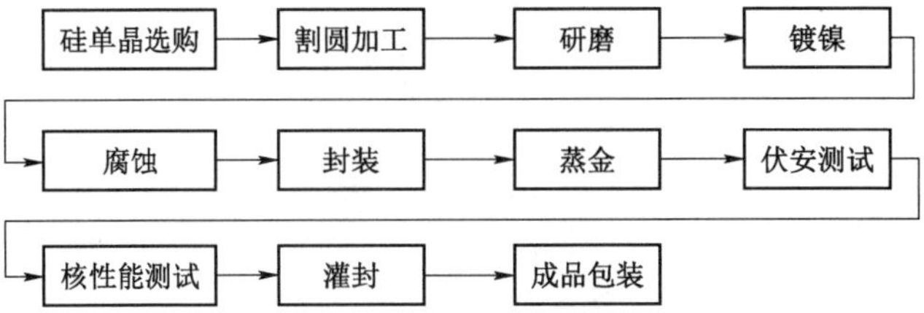

图 10-15 金硅面垒探测器制作工艺流程图

2. 硅单晶选购

制作半导体探测器所用的硅单晶材料的参数如下：

型号：N 型。

晶向：〈111〉。

电阻率：根据使用要求决定，一般采用几百欧姆厘米到几千欧姆厘米。

少子寿命：要求大于 1 000 μs。

位错：无位错。

直径：一般要求直径大于 80 mm。

对硅单晶的其他要求：

硅单晶纯度要高，含重金属杂质少，补偿小，特别是高阻单晶不能有 p、n 混型。断面电阻率不均匀性要求小于 20%。

3. 晶圆切割

制作半导体探测器的主要原材料硅单晶直接从生产厂家购买，要求厂家把购买的硅单晶按一定的晶向、厚度切割成硅单晶片，硅单晶片一般也不是正圆形，其形状、尺寸由所购买的单晶棒具体形状、尺寸来决定，一般要求单晶棒的直径要大于 80 mm。硅单晶片的厚度一般要求为 1.3 mm。购买来的硅单晶片直径尺寸一般都大于制作各种型号半导体探测器所用晶圆的尺寸，所以制作半导体探测器时，先要根据所制作探测器的灵敏区直径与所需晶圆直径的关系，把晶圆从购买的硅单晶片上切割下来。

表 10-2　晶圆直径和探测器灵敏区直径的关系表

探测器灵敏区直径(mm)		5	8	12	16	20	26	30	40	45	50
晶圆直径/mm	基本尺寸	8.5	11.5	15.5	20	25	32	36	46	51	56
	极限偏差	±0.3			±0.5						

4. 研磨

半导体探测器制作所用的原材料硅单晶片，由于具体的切割工艺，硅单晶片并不是一个厚度均匀、上下表面完全平行的理想晶面，而是有一定的厚度偏差和弯曲，特别对大的灵敏面积的探测器(晶圆直径比较大如有效直径 30 mm 以上的探测器)，厚度偏差、弯曲度、翘曲度的大小对探测器的性能会影响较大。

为了减小硅单晶片厚度偏差、弯曲度，消除或减小切割痕迹及其他表面缺陷，在完成晶圆切割后，要对晶圆进行研磨，使晶圆表面粗糙度一致，使其达到制作探测器的要求。镀镍后或晶圆再次利用时，也要通过研磨来去除到镍层或镀金层。

5. 镀镍

初次使用的晶圆制造探测器时，需要制作后电极，制作过程为先对双面研磨好的晶圆镀镍，然后把电极托盘焊接在晶圆的镍层上或者不需要电极托盘，直接把引线焊接在镍层上。

镀镍时注意控制好镀镍液的温度和 pH。

6. 腐蚀

半导体探测器的制作过程中,一般用 HF-HNO_3配比液来对晶圆进行腐蚀,氢氟酸与浓硝酸的配比为 HF∶HNO_3=1∶6。腐蚀的目的为去除研磨后的损伤层,使晶圆制作入射窗的一面光滑,无表面缺陷,易于和金结合,形成肖特基结,进而有了耗尽层,成为辐射探测器的灵敏区。也有人认为,其实腐蚀过程,一方面是去除研磨损伤层,更重要的是在腐蚀的过程中,在晶圆的腐蚀面形成了一层薄的 p 型层,与原来的 n 型晶圆基底形成了 p-n 结,从而形成腐蚀探测的灵敏区,而后面的镀金工艺只是提供电极连接的作用。

7. 封装

(1) 封装目的及要求

晶圆的封装是指把腐蚀好的晶圆用封装胶粘接在电极圈上,为后续的蒸金工作做准备。当晶圆放置用覆铜板制作的电极圈上后,晶圆表面和电极圈的覆铜面有一高度,高度由电极圈的结构决定,由于蒸发镀膜的局限性,电极圈内圈侧面(形成高度差的部分)有一部分不能蒸镀上金层,所以蒸金后,蒸镀的金层不能完全的把两者完全的电气连接甚至不能连接,进而导致,当给探测器加压时,晶圆边缘不处在同一电势上或者根本加不上电压,探测器性能受到极大的影响或失效。所以封装的另外一个目的是为晶圆和电极圈的电气连接"搭桥",即在晶圆表面和电极圈覆铜面直接涂上一层封装胶,要求封装胶要形成一定的坡度(如图 10-16 所示),晶圆和覆铜面形成一个整体面,这样,蒸镀的金层可以覆盖整个表面,形成完整电极。这对封装胶的要求很高,一方面要求具有强的粘结性能,防止晶圆和电极圈开裂,另一方面要求涂好胶后,在后续的固化过程中不能塌陷。

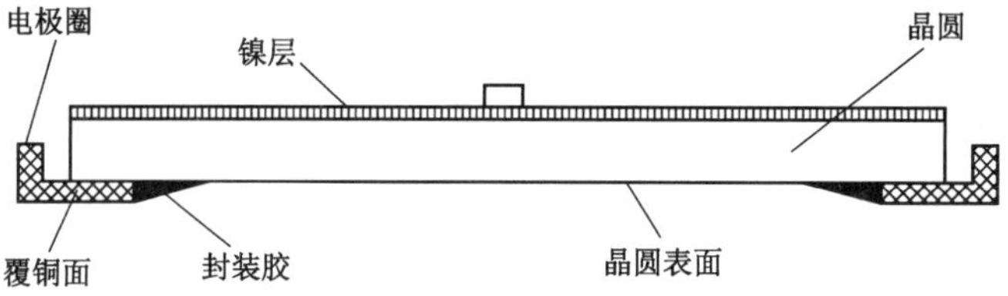

图 10-16　封装示意图

封装工艺对工作环境要求较高,整个封装过程都要在手套箱中进行,同时对湿度有较高的要求,一般要求手套箱内的相对湿度要小于 30%。通常通过除湿机和干燥剂(变色硅胶)来控制湿度,用除湿机来抽取封装间内的水分,用干燥剂来吸取手套箱内的水分,使湿度达到工作要求。

(2) 封装胶

1) 封装胶的作用及组成

封装工艺所用的封装胶为自制的半导体探测器封装专用胶,主要作用是防潮、绝缘及粘结。它是以合成的有机硅树脂为主体,加以其他辅助材料如固化剂、甲苯及环氧树脂,按一定比例配置而成。其固化后不塌陷,经 −42 ℃低温后胶圈不开裂。

封装胶的主要成分有机硅树脂为自制有机硅胶,名称为 GF1101 有机硅胶,外观为淡黄色半透明液体。由一甲基三氯硅烷、二甲基二氯硅烷、一苯基三氯硅经水解、水洗、浓缩和缩合等工艺制作而成。制作完成后，测试其固化组分，放入棕色瓶中保存，待使用时在进行配置。封装胶的保存期限为半年，一般放置在冰箱冷藏室保存。

固化剂为三乙酰丙酮铝，又称三(乙酰丙酮基)配位铝、2,4-戊二酮铝，为无色或浅黄色单斜晶系结晶。相对分子质量324.30，熔点194.6 ℃，沸点314～315.6 ℃。在0.133×10^3 Pa压力下100 ℃缓慢升华，而在156 ℃则迅速升华。难溶于石油醚。25 ℃时的溶解度：水1.00、甲醇1.8、甲苯14.6、苯35.4，也溶于氯仿、乙醇和乙醚。加入三乙酰丙酮铝的目的是为了加速固化，降低固化温度，减少干燥时间。

加入618环氧树脂的目的是为了进行改性，提高有机硅树脂的机械性能，增加它的黏结能力。

2）封装胶的配比

封装胶的配比要根据GF1101有机硅胶的性质来确定，当GF1101合成好后，要对其进行固化组分的测定，其他辅料与GF1101有机硅胶的比例由固化组分的数值来计算，由于具体的工艺工程不同，固化组分一般不同，当固化组分大于50%时，GF1101有机硅胶合格，一般情况下固化组分范围为50%～70%，但各不相同，所以每次合成完一次GF1101有机硅胶都要对其固化组分进行测试，记录下测量值，以便以后的配置。通常情况下，也可用以下比例来配置封装胶，只是封装胶性能稍差。

GF1101有机硅胶	20 g
A-1固化剂(三乙酰丙酮铝)	0.86 g
甲苯(分析醇)	1.5 g
618环氧树脂	1.5 g

3）配置步骤

① 根据所封装的晶圆数量和大小，估算所用封装胶的量，一般情况下封装一批次晶圆所用的GF1101有机硅胶的量为20 g左右，先用分析天平秤量GF1101有机硅胶的重量，一般保留到0.001 g；

② 根据GF1101有机硅胶的重量和配备，进行其他组分的计算，如GF1101有机硅胶为18.000 g，则所需的A-1固化剂重量为：

$$\frac{18.000\ \text{g}}{20\ \text{g}}\times0.86\ \text{g}=0.774\ \text{g}$$

③ 根据计算出的数量，用分析天平分别称出其他组分；

④ 先将A-1固化剂倒入干净的磨口玻璃瓶内，然后加入甲苯摇匀，使A-1固化剂基本溶解在甲苯中；

⑤ 加入GF1101有机硅胶和618环氧树脂，摇匀后盖紧瓶盖待用。

8. 蒸金

蒸金工艺就是通过真空镀膜的方法在管芯表面蒸镀一层金薄膜，形成金属-半导体(肖特基)接触，构成肖特基结，成为半导体探测器的灵敏区，用来进行带电粒子的辐射探测。同时金层还形成半导体探测器的入射电极，起到连通电路的作用。

(1) 膜厚的分类

薄膜是指在基板的垂直方向上所堆积的$1\sim10^4$的原子层或分子层。在此方向上，薄膜具有微观结构。

理想的薄膜厚度是指基片表面和薄膜表面之间的距离。由于薄膜仅在厚度方向是微观的,其他的两维方向具有宏观大小。所以,表示薄膜的形状,一定要用宏观方法,即采用长、宽、厚的方法。因此,膜厚既是一个宏观概念,又是微观上的实体线度。

由于实际上存在的表面是不平整和连续的,而且薄膜内部还可能存在着针孔、杂质、晶格缺陷和表面吸附分子等,所以,要严格的定义和精确测量薄膜的厚度实际上是比较困难的。膜厚的定义应根据测量的方法和目的来决定。

膜厚可分为形状膜厚、质量膜厚以及物性膜厚。

形状膜厚 d_T 是最接近于直观形式的膜厚,通常以 μm 为单位。它只与表面原子(分子)有关,并且包含着薄膜内部结构的影响。

质量膜厚 d_M 反应了薄膜中包含物质的多少,通常以 $\mu g/cm^2$ 为单位,它消除了薄膜内部结构的影响(如缺陷、针孔、变形等)。

物性膜厚 d_P 在实际使用上较有用,而且比较容易测量,它与薄膜内部结构和外部结构无直接关系,主要取决于薄膜的性质(如电阻率、透射率等)。

三种定义的膜厚往往满足下列不等式:

$$d_T \geqslant d_M \geqslant d_P$$

(2) 半导体探测器膜厚的估算

因为半导体探测器的镀金面用来作为带点粒子的入射窗,要求金层的厚度尽可能的薄,以免引起带点粒子的能量损失,但是如金层太薄,有可能难以形成连续的薄膜,不能形成肖特基结或者不能起到连通电路的作用。所以适宜的金层厚度对半导体探测器的性能有很大的影响。通过试验,目前半导体探测器金层的厚度大约为 20 nm。探测器制作完成后可通过核测量的方法推导出死层(金层)的厚度。通常情况下,可通过以下公式来估算金层的厚度:

$$t=\frac{M}{4\pi R^2\rho}$$

式中:t 为金层的厚度;M 为蒸镀用的金量;ρ 为金的密度;R 为管芯蒸镀表面任意点到蒸发源(钨丝坩埚)的距离;

假定 M 为 100 mg,R 为 15 cm;ρ 为 18.88 g/cm^3;则 t 为:

$$t=\frac{0.1}{4\times 3.14\times 15\times 15\times 18.88}\text{cm}=1.87\times 10^{-6}\text{cm}=18.7\ \text{nm}$$

9. 伏安特性测试

半导体探测器在制作完成后,要对其性能进行测试,以检验探测器的质量是否合格。半导体探测器的性能指标一般有正向漏电流、反向漏电流、不同偏压下的电容、能量分辨率、噪声等,其具体指标值及测量方法可参考《金硅面垒探测器》(GB/T 13178—2008)和《带电粒子半导体探测器测试方法》(GB/T 5201—2012)。通常情况下,为了快速的判断探测器质量是否合格,先进行电性能测试,即测量探测器的反向漏电流,淘汰不合格产品,然后在对探测器进行核性能进行测试,即测试其能量分辨率。表 10-3 为中核控制系统工程有限公司半导体探测器出厂性能指标。

表 10-3　中核控制系统工程有限公司半导体探测器出厂性能指标

型号	灵敏面直径/mm	反向电流(300 V)/μA	能量分辨率^{241}Am/keV	外型尺寸直径×高度/mm	探测效率			脉冲上升时间/ns
					对 α/%	对 β/%	对 γ/%	
GM-5	ϕ5	0.5	16	12×6	100	40～50	0.5	≤20
GM-8	ϕ8	0.6	17	15×6				
GM-12	ϕ12	0.8	18	19×6				
GM-16	ϕ16	1.0	21	24×6				
GM-20	ϕ20	1.2	22	29×6				
GM-26	ϕ26	1.3	25	37×7				
GM-30	ϕ30	1.5	26	42×7				
GM-40	ϕ40	1.8	42	53×7.5				
GM-50	ϕ50	2.0	55	66×8.5				

半导体探测器反向漏电流测量框图如图 10-17 所示：

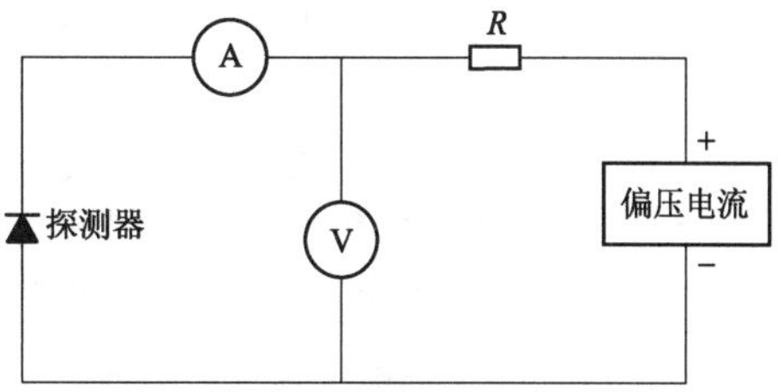

图 10-17　反向漏电流测量图

测量反向漏电时，一般由两人进行，一人测试，另一人记录，填写性能测试卡。半导体探测器性能测试需要在避光的环境下测量，测量步骤如下：

（1）记录人员在性能测试卡上先记下探测器的型号、电阻率、测量时的环境温度、测量时间、测试人员、记录人员等信息；

（2）测试人员接通漏电流测试仪电源，打开电源开关，电流档位调节到 10^{-6} A 档，输出电压调节到零；

（3）把待测试的探测器取下管帽，蒸金面朝下放置在测试架上，用测试夹夹住，然后用输出电压测试夹夹住探测器引线，然后盖上避光盖，开始测试；注意取下探测器管帽后，不能碰触探测器的镀金面；

（4）缓慢调节输出电压旋钮，逐渐增大输出电压，测试当电压为 50 V、100 V、200 V、300 V 时的漏电流，并读数，记录人员按读数记录；若反向漏电流超过合格标准（见表 10-3），则淘汰，要另行放置；

（5）电压在 300 V 时测量完毕后，缓慢减小输出电压至 0，打开遮光盖，取下探测器，测量完毕。

10. 核性能测试

（1）测试框图

半导体探测器能量分辨率测试框图如图 10-18 所示：

（2）测试要求

1）测量半导体探测器的能量分辨率规定用^{241}Am 源的 5.486 MeV 的射线。此源要求

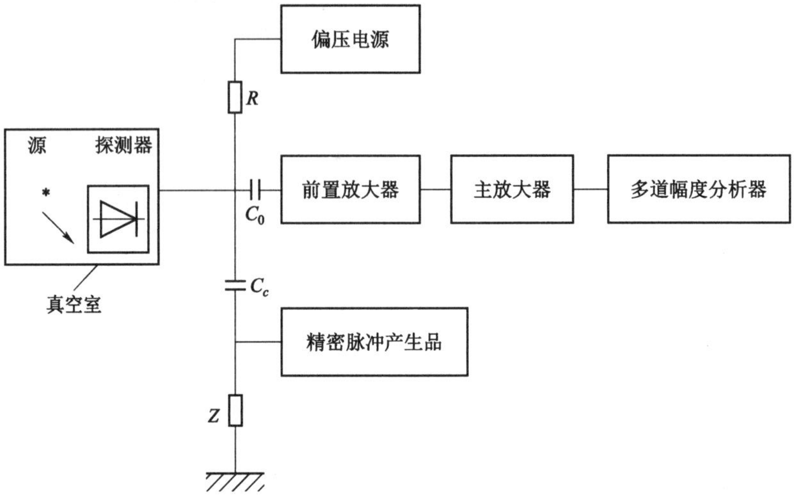

图 10-18 半导体探测器能量分辨率测试框图

注:R—负载电阻;C_0—隔直流电容;C_c—检验电容;Z—匹配阻抗

用电镀法制备,均匀、单色性好。自吸收对测量结果的影响可忽略。源活性面直径在 10~20 mm,活度为 $1\times10^3\sim2\times10^3$ Bq。

2) 放射源与被测探测器置于真空室内,其真空度好于 6.65 Pa。源与探测器之间的距离应不小于被测探测器灵敏面直径的 1.5 倍。

3) 供探测器用的偏压电源,输出电压应在 0~1 kV 范围内连续可调,稳定性要好于 0.1%,纹波≤15 mV(有效值)。

4) 所用前置放大器,零外接电容噪声不大于 3 keV(FWHM,Si),噪声斜率不大于 10 eV/pF。

5) 所用主放大器应具有准高斯成形器,时间常数为 0.5 μs。

6) 精密脉冲产生器,输出应是上升时间小于 0.1 μs 的指数衰减信号。衰减时间常数应保证在等于成形放大器微分时间的时间内,脉冲幅度下降小于 2%。

7) 检验电容 Cc 应小于前置放大器等效输入电容的百分之一。

8) 多道脉冲幅度分析器的道数不小于 4 096 道。

(3) 测量步骤

1) 将被测探测器装在真空室内的测量架上,^{241}Am 放射源置于离探测器距离为探测器灵敏面直径的一倍半处,启动机械泵,使真空室的真空度达到 6.65 Pa 以上。

2) 接好系统,开启仪器。精密脉冲产生器为关闭状态。

3) 调节探测器偏压,使之达到需用值。

4) 调节成形放大器的极零补偿,使输出信号波形达到最佳状态。

5) 调节成形放大器的增益,使能量为 5.486 MeV 的谱峰半高宽(FWHM)大于 6 道。

6) 累积谱,当 5.486 MeV 射线的峰值计数大于 4 000 时,停止累积,并记录整个谱的数据。

7) 记录测量时的室内温度。

第三节　故障判断与排除

学习目的： 掌握真空泵油蒸汽返流相关知识及采取的措施。

1. 旋转机械真空泵的油蒸汽返流

旋转机械真空泵(以下简称机械泵)广泛应用于电子工业,多数作为前级真空泵。早起生产的机械泵多为定片式和滑阀式,后期逐渐被旋片式替代。

对于机械泵和油扩散泵组成的真空系统,人们早起比较注意研究降低扩散泵油在室温下的饱和蒸气压和扩散泵油蒸汽返流以减少被抽容器的污染,但总不能得到较好的结果。而且泵愈大,转速愈高,油蒸汽的分裂也愈严重,亦即油蒸汽的返流愈严重。

为了解决机械泵的油蒸汽返流问题,出现了各种类型的挡油阱,例如活化氧化铝阱、13X分子筛阱、离子阱,或者利用气体黏滞性流动时的阻挡作用以减少机械泵油蒸汽进入高真空部分。通过冷阱及前级管道的设置,大大较少了机械泵的油蒸汽返流问题。

目前机械泵逐渐向小型化和仪器化方向发展,体积小、重量轻、噪声低、振动小并且带有自动防止返油装置。

2. 扩散泵的油蒸汽返流

扩散泵主要用于获得高真空和超高真空。它的指标主要有极限压强、抽速、临界前置压强和油蒸汽返流率。

扩散泵的油蒸汽返流是指油蒸汽分子从高真空第一级喷嘴及其蒸汽流中反向流过泵口的过程(包括蒸汽流在泵壁上碰撞后没有被冷凝而反射流过泵口的分子)返流油蒸汽在泵口处建立的压强要比泵壁温度对应的饱和油蒸汽压高得多。

减少油蒸汽返流的措施包括：

(1) 采用室温下蒸气压强较低、耐热性能和抗氧化性能较佳的工作液。

(2) 由于高真空第一级喷嘴外表面和边缘的返油量占整个泵总返油量的70%以上,因此,在它的上部加盖一个水冷挡油帽可把返油率降低到0.1%～1%。

(3) 扩散泵在加热初期和停止加热后不久,要出现比正常运用时大好几倍的返油率峰值。因此,这段时间最好把被抽容器隔断开。

(4) 扩散泵的加热功率要保持在最佳数值附近,过热和欠热都会增加返油率。在过热状态下,还会产生大量轻馏分沾污被抽容器。

(5) 被抽容器和高真空导管要经常烘烤清洁处理。

(6) 前级管道要加挡油阱,避免机械泵油蒸汽返流至高真空端。机械泵停止工作时,务必与低真空管道隔断。

(7) 扩散泵不工作时,切忌机械泵长时间的空抽真空系统。

(8) 一旦真空系统被油蒸汽沾污(由于机械泵、油扩散泵的返流或液氮阱恢复室温释出冷凝的油蒸汽和杂质),可以漏入干燥氮气冲刷干净。只要氮气的压强足够高(0.1～0.2 torr),在氮分子的连续轰击下,表面吸附的二氧化碳,水蒸汽,油蒸汽分子或其他沾污分子被置换放出由泵抽走。经一夜的连续冲刷后,真空系统可以恢复到清洁状态。

近年来,油扩散泵已逐渐被涡轮分子泵取代。

第四节 培训与指导

学习目标: 掌握培训教学的基本方法和教学大纲的编写。

一、培训教学的基本方法

核辐射探测仪器制造高级技师应能培训和指导高级工的操作,因此掌握培训教学的基本方法和教学大纲的编写是很有必要的。

1. 培训教学的特点

培训教学具有如下几个特点:

(1) 具有较强的针对性和实用性。职业培训目标、专业设置、教学内容等均根据职业技能标准、劳动力市场需求和用人单位的实际要求确定。经过职业培训的毕(结)业生可上岗作业。

(2) 具有较强的灵活性。在培训形式上可采取联合办学、委托培训、定向培训等方式;在培训期限上采取长短结合的方式,可以脱产也可以半脱产;在培养对象上依据岗位的实际需要灵活确定;在教学形式上不受某种固定模式的限制,根据职业标准的要求采取多种形式的教学手段。

(3) 教学与生产相结合。主要体现在一方面教学要紧紧围绕生产实际进行,另一方面要贯彻勤工俭学、自立更生和艰苦奋斗的原则,通过教学与生产经营相结合,既培养了人才,又创造了物质财富,获得社会、经济的双重效益。

(4) 培训方法上强调理论知识教育与实际操作训练相结合,突出技能操作训练。

2. 培训教学的模式

(1) 讲授法:传统的培训方式。优点:运用起来方便,便于培训者控制整个过程。缺点:单向信息传输,反馈效果差,教师和学员的互动少。用于一些理念性知识的培训。对核辐射仪器制造人员高级工的理论知识的培训适用此模式。

(2) 视听技术法:通过现代视听技术,对学员进行培训。优点:直观鲜明。缺点:学员的反馈与实践较差,且制作和购买的成本高,内容易过时。

(3) 讨论法:一般可分成小组讨论和研讨会两种方式。小组讨论的特点是信息交流时方式为多向传递,学员的参与性高,费用较低。多用于巩固知识,训练学员分析、解决问题的能力与人际交往的能力,但运用时对培训教师的要求较高。研讨会以主题演讲为主,中途或会后允许学员与演讲者进行交流沟通。优点是信息可以多向传递,缺点是费用较高。

(4) 案例研讨法:这一方式使用费用低,反馈效果好,可以有效训练学员分析解决问题的能力。另外案例、讨论的方式也可用于知识类的培训,且效果更佳。

(5) 角色扮演法:学员在培训教师设计的工作情况中扮演其中角色,其他学员与培训教师在学员表演后作适当的点评。由于信息传递多向化,反馈效果好、实践性强、费用低,因而多用于人际关系能力的训练。

(6) 互动小组法：也成敏感训练法。此法主要适用于管理人员的人际关系与沟通训练。让学员在培训活动中亲身体验来提高他们处理人际关系的能力。其优点是可明显提高人际关系与沟通的能力，但其效果在很大程度上依赖于培训教师的水平。

(7) 网络培训法：是一种新型的计算机网络信息培训方式，投入较大。但由于使用灵活，符合分散式学习的新趋势，节省学员集中培训的时间和费用。这种方式信息量大，新知识、新观念传递优势明显，更适合成人学习。因此，特别为实力雄厚的企业所青睐，也是培训发展的一个必然趋势。

(8) 项目教学法：教师的指导下亲自处理一个项目的全过程，在这一过程中学习掌握教学计划内的教学内容。学生全部或部分独立组织、安排学习行为，解决在处理项目中遇到的困难，提高了学生的兴趣，自然能调动学习的积极性。因此“项目教学法”是一种典型的以学生为中心的教学方法。对核辐射探测仪器制造高级工的实操的指导适合此方法。

3. 培训的效果评价

培训效果评价一般用培训效果评价表来表示，表中一般要注明课题名称、培训教师、培训时间、培训课时、培训地点、培训人员、考核方式、培训内容、培训效果评价等内容。

培训效果评价表的模板如表 10-4 表示。

表 10-4　培训效果评价表

课题名称		培训时间	
培训地点		培训教师	
培训课时		考核方式	
培训人员			
培训内容			
培训效果评价			

二、培训计划和培训大纲的编写

1. 培训计划和培训大纲的概念

(1) 培训计划：根据一定的培训目的和培养目标制定的教学和培育工作的指导文件。它决定着培训内容总的方向和总的结构，并对有关培训的教学、培育活动、生产劳动和课外活动等方面作出全面安排，具体规定培训项目的学科设置、各门学科的教学顺序、教学时数以及各种活动等。

(2) 培训大纲：是根据培训计划中规定的各门学科(课程)的目的、任务而编写的指导性文件。它以纲要的形式，具体规定每门学科知识、技能的范围、深度以及体系、结构，同时规定教学的一般进度和对教学法的基本要求。其一般分为“说明”“正文”两部分。

(3) 培训计划和培训大纲的关系

培训大纲是按照项目培训计划要求，各培训课程在项目培训计划中的地位、作用、性质、目的和任务而规定的培训内容、结构体系、知识范围、教学要求等的基本纲要。培训大纲是实施培训计划的基本保证,也是编写培训教材、组织培训教学、进行教学质量考核的指导性文件。

2. 培训计划编写的依据

(1) 培训需求调查分析

培训需求可分三个层面:组织层面的需求、职务层面的需求和个人层面的需求。

组织层面的需求包括企业经营策略方针,企业使命、战略目标、策略和文化分析以及企业生命周期所处阶段,这时培训的最大前提,为了企业战略及策略目标的达成,培训必须依据企业经营的策略方针来进行。组织层面的分析就是要解决公司高层管理者这样的问题:培训对实现我们的经营目标重要吗?培训将会怎样支持我们战略目标的实现?哪些职能部门和经营单位需要培训?从一个发展阶段来看,企业所处生命周期不同,其相应的组织培训需求就有所不同。

职务层面的需求是按照企业岗位职务能力标准,对担当工作的员工的工作能力、工作态度和工作业绩进行比较分析,以确定员工能否胜任,进而确定企业培训需求。职务层面的培训需求主要通过职务分析、问卷调查以及与部门主管面谈的方式进行。

个人层面的需求是通过对员工个人工作要求、工作结果、素质条件、工作态度以及发展要求进行评估,以确定培训对象和内容。其中对关键岗位的人员情况要进行重点分析。个人层面的需求主要通过与员工的个人面谈结合需求调查表进行。

在进行培训需求分析过程中,对于出现的工作差异,要首先确定改变这些差异的重要性,判断改变这种差异是当前需求还是未来需求?管理层是否支持这种改变?应该按什么顺序进行改变?有没有资源和政策上的保证等,最重要的是判断培训是否是解决这种差异最有效的方法。否则,盲目培训不但效果不好,而且劳民伤财。

(2) 依据国家职业标准要求

国家标准是制定培训计划和培训大纲的基础。培训计划和培训大纲应该涵盖职业标准的全部内容,但也不能超出职业标准的内容。

(3) 根据公司生产工艺及技术装备

编写培训计划和培训大纲要考虑公司现有的生产工艺、技术水平和技术装备等,否则培训计划和培训大纲就不现实、不能够具体实施的。

培训是为了满足管理者的需要和工作任务的需要,而不是单纯为满足员工需要。

3. 培训计划的内容

培训计划要解决 5W1H 问题,即

Why(为什么要培训?):培训的目的;

Who(谁?):培训的负责人、培训的对象;

What(培训的内容是什么?):培训的内容;

When(什么时候、时间?):培训的时间、期限;

Where(在哪里?):培训的场地;

How(如何进行?):培训的方法。

4. 培训大纲编写的原则

(1) 符合教学计划要求

1）明确本门课程在教学计划中的地位和作用；

2）通过本门课程的学习需达到什么目的和要求；

3）体现各技能等级层次在培养规格、要求等方面上的差别；

4）重视应用技术与实践创新能力的培养。

（2）结合开放教育的特点，贯彻“少而精，求实效”的原则。

1）结合开放教育特点，考虑教学对象，教学内容难易要适中，教学总量要合理控制；

2）公共基础课和专业基础课的教学内容根据专业课的要求以必需、够用为标准，突出重点；

3）教学内容的精简标准以学生所学知识在量上符合专业培养目标和在一定时间内能吸收消化为限度；

4）要求反应学科的新成果，体现理论知识与实践应用能力的结合；

5）在文字表述上要力求精炼、准确。

（3）要加强实践能力的培养和实践环节的教学

1）对操作技能类的课程要突出其指导与训练的特点，要针对其各教学环节有明确、具体的要求，且有较强的可操作性。

2）同工种、同等级的相同课程（主要是基础课和专业基础课）原则上使用统一大纲、统一教材。

5．培训大纲编写的内容和基本结构

培训大纲编写应包括大纲说明和大纲内容。

（1）大纲说明

这是培训大纲编写中必须强调的一部分，主要包括六点内容：

1）本课程的性质与地位、目的与任务；

2）本课程适用的主要专业及其他说明；

3）本课程与相关课程的前后衔接关系；

4）本课程的基本教学（包括实践性环节方面）要求；

5）本课程的教学方法和教学形式建议；

6）本课程内容的教学要求层次。

（2）大纲正文

1）教学要求：在教学要求中目的与要求应予以明确、具体、层次清楚，进一步增强和培养学员的逻辑思维能力与创造能力。教学要求层次的术语通常有：知道、了解、理解、明确、能、学会、掌握、熟练掌握等。对有关定义、定理、性质、特征等概念的内容可按“知道、了解、理解”三个层次要求；有关计算、解法、公式、法则等方法的内容，可按“会、掌握、熟练掌握”三个层次要求；技能（实践环节）可按：指认、学会、能、测定（测绘）、掌握、应用等几个层次要求来把握。在编写时，应根据课程的性质与要求采用相应的定性词汇，并注明不同教学层次所对应的考核要求。

2）教学内容及课时：明确教学的内容和课时。

3）教学建议：明确教学内容中重点与难点的教学要求，建议教师采用的教学方法和教学手段等。

第五节 管 理

学习目标：熟悉组织管理基础知识和质量管理基础知识。

一、组织管理基础知识

1. 组织的概述

(1) 组织的定义：人们为了实现一定的目标，相互结合、确定职位、明确责任与义务、分工合作、协调行动的人工系统及其运转过程。

(2) 组织的特征

1) 组织必须有一个共同的目标。

2) 组织要有不同层次的权利和责任制度。

3) 组织包括不同层次的分工和合作。

4) 组织的功能在于协调人们的活动去实现共同的目标。

(3) 组织的四层次

1) 决策层：领导对近期与远期的计划与决策项目选择。

2) 控制层：高层管理者(领导班子)对各部门建立有效的控制体系。

3) 管理层：(从高层到各中层干部)知道自己的职责与权力是什么，发挥其管理作用。

4) 经营层：经营层(各部门)执行决策，动员全体人员完成组织的总体目标。

2. 组织管理原则

任何社会活动都应是有组织的活动，任何组织都有一个与其功能与目标相适应的组织机构及其设置原则。尽管由于客观条件和所承受的任务不同，不同层次的企业其具体的社会职能有所侧重和差异，但组织设置的科学合理与否，直接关系着组织的功能能否有效发挥，组织管理一般应遵循以下原则：

(1) 任务目标原则

任何组织都有特定的任务和目标，每个组织及其组成部分，都应当与这一目标相关联；组织的调整、增加、合并或取消，都应该以能否实现目标为标准。做到分工合理，协作明确。每个部门及员工的工作范围、相互关系、协作方法、权利责任等，都应有明确规定。

(2) 因人设岗与因事设岗辩证使用的原则

从管理学的角度讲，因事设岗是正确的，而因人设岗是不科学的。但事实上，中国很多企业都采用因人设岗的原则并且取得了成功。

1) 对于高层岗位要采用因人设岗的原则。因为高层管理人员属于职业经理人阶层，目前还比较稀缺，因人设岗还是必要的。

2) 为了留住核心竞争力的人才(一般是高级技术人才或高级专业人才)，可以采用因人设岗原则。

3) 一旦组织的高层人员老化，为了及时培养接班人可以采用因人设岗原则。

4) 对于普通岗位来说，可选择的余地很多，采取因事设岗或因岗位择人，问题不大。

(3) 集权和分权相结合的原则

集权与分权的关系是辩证统一，一般表现为统一领导、分级管理。集权到什么程度，应该以不妨碍下级积极性为限；分权到什么程度，应该以上级不失去对下级的有效控制为限。分权要使结果可控，必须有控制系统辅助，可以使授权的上级放心分权，做到"用人不疑"，也可以防止受权者不滥用权力，保证分权能达到预期效果。

(4) 命令统一原则

从管理的常识来看，一定要避免多头领导，做到统一指挥。实质也就是要进行统一领导，消除多头领导和无人负责现象。

(5) 管理幅度与管理层级适度原则

管理幅度指平均每位干部下属员工的数量配备，管理层级指最高管理者到最基层员工之间设了几层机构。

管理幅度与管理层级是对应的关系：管理幅度越大，管理层级就越少；管理幅度越小，管理层级就越多。管理者由于精力有限，有效管理幅度就受到一定限制。管理幅度过小，造成越级指挥、多头指挥、越权指挥；管理幅度越宽，对干部素质要求越高，虽可降低管理中间层次，但管理幅度超过一定范围，势必导致管理人员负担过重，无法对下属人员施加必要的监督和有效的指导，从而影响工作效率。

二、质量管理基础知识

1. 质量管理概述

质量管理是在质量方面指挥和控制组织的协调的活动。质量管理涉及组织的各个方面，它要求围绕产品质量形成的全过程，通过制定质量方针和实现质量目标，向市场提供符合顾客和其他相关方要求的产品。因此，质量首先是一个满足客户需要和要求的问题。这意味着质量管理的焦点必须放在为客户服务并使之满意上。

质量管理的主要活动通常包括：制定质量方针和质量目标；进行质量策划、质量控制、质量保证和质量改进。在这些活动中，质量策划、质量控制、质量保证和质量改进都是为制定质量方针和实现质量目标而进行的。当质量方针、质量目标实现后应重新进行质量策划、质量控制、质量保证和质量改进。

质量管理的三大目标包括：提高顾客满意度、缩短流程和减少缺陷。

影响质量的因素包括 4M1E，即材料、机器、人、方法和环境。

2. 质量管理原则

(1) 五不放过原则

在质量管理中需做到：

1) 原因找不到，不放过——追查原因；

2) 责任分不清，不放过——选择对策；

3) 纠正措施不落实，不放过——草拟行动；

4) 纠正措施不验证，不放过——成果比较；

5) 有效措施不纳入，不放过——标准化。

(2) 员工的工作质量具体要求

1）熟悉检验标准、了解操作规范的内容要求。

2）树立“质量是生产出来的，不是检验出来的”的思想。

3）严格遵守品质保证的三不政策和三不放过原则。

三不政策包括不接受不良品(互检)、不制造不良品(自检)以及不流出不良品(自检和互检)。三不放过原则指事件原因分析不清不放过；事件责任者与群体未受到教育不放过；事件没有防范措施不放过。

(3) 不合格品的控制

1）不合格品指未满足明示的、习惯上隐含的或必须履行的需求和期望的产品。

2）不合格品的控制要求包括标识、记录、评审、隔离和处置。

3）不合格品评审和处置的方法有返工、让步接收、降级、拒收或报废。

(4) 质量意识

所谓质量意识：首先要保证我们的产品是合格的。符合产品的规格要求，另外整个生产流程要严格遵照企业生产流程的管理规定。

作为员工，不仅仅是被动的接受，更要不断的提出改善意见，促进质量的提高。所以生产现场人员应注意以下事项：

1）不要踩踏产品(原材料、半成品和成品)；

2）不要让不合格品流到下一工序；

3）不要抛扔产品；

4）不要把产品直接放在地上；

5）不要不按操作规范作业；

6）不要无首检作业；

7）不要乱摆放产品；

8）不要一味追求速度；

9）不要机器带病作业；

10）不要“知情不报”。

思考题

1. 针对半导体探测器灵敏面易划伤的弱点，思考一下有何办法可使其变得比较耐划伤，同时对带电粒子的探测性能影响不大?

2. 对于使用条件比较潮湿的环境，我们可以采用哪些措施来增强半导体探测器的耐潮湿性能?

参考文献

[1] 凌球，郭兰英. 核辐射探测器(修订版)[M]. 北京：原子能出版社，2002.

[2] 汪晓莲，李澄，邵明，等. 粒子探测技术[M]. 合肥：中国科学技术大学出版社，2009.

[3] 格伦 F. 诺尔. 辐射探测与测量[M]. 李旭等(译). 北京：原子能出版社，1988.

[4] 汲长松. 核辐射探测器及其实验技术手册[M]. 北京：原子能出版社，2010.

［5］中华人民共和国国家质量监督检验检疫总局，中国国家标准化管理委员会．金硅面垒探测器：GB/T 13178—2008［S］．北京：中国标准出版社，2008．
［6］中华人民共和国国家质量监督检验检疫总局，中国国家标准化管理委员会．带电粒子半导体探测器测试方法：GB/T 5201—2012［S］．北京：中国标准出版社，2012．

第十一章　高级技师核探测元件测量与检验

第一节　生产准备

学习目标：了解放射性衰变规律；掌握放射性放射性防护及剂量限值要求；熟悉辐射中的基本物理量。

一、射线及射线测量基础知识

1. 放射性衰变

不稳定的原子核，能自发放出射线，转变成稳定的原子核，这一转变过程称为放射性衰变。自然界存在着稳定性核素和放射性核素，放射性衰变是原子核内部的物理现象。稳定的原子核中，中子和质子数目通常保持一定的比例，当中子数或质子数过多时，原子核便不稳定，形成放射性核素。放射性核素又分为天然放射性核素（自然界存在的，如^{238}U，^{232}Th，^{226}Ra和^{40}K等）和人工放射性核素（由人工核反应生产的，如^{137}Cs，^{60}Co，^{131}I等）。

(1) 核衰变方式，主要有以下几种：

1) α 衰变，放射性原子核放出 α 粒子（He 原子核）后生成另一个核的过程。

$$_{Z}X^{A} \rightarrow {}_{Z-2}Y^{A-4} + {}_{2}He^{4} + Q$$

它一般发生在原子序数较高的重原子核中，尤其为原子序数大于 82 的重金属原子核中，如

$$_{88}{}^{226}Ra \rightarrow {}_{86}{}^{222}Rn + {}_{2}He^{4} + 4.879\ \text{MeV}$$

$$_{92}{}^{238}U \rightarrow {}_{90}{}^{234}Th + {}_{2}He^{4} + 4.15\ \text{MeV}$$

2) β 衰变，分 β^- 衰变、β^+ 衰变和电子俘获三种情况。

β^- 衰变为放出负电子（e^-）的衰变，它是由于原子核中中子过多而造成，放出一个负电子后，核内一个中子转变为一个质子，原子序数增加 1，衰变式为：

$$_{Z}X^{A} \rightarrow {}_{Z+1}Y^{A} + \beta^- + \nu + Q$$

由于 β^- 衰变产生的能量在 β^- 粒子和反中微子 ν 之间分配，因此 β^- 粒子的能量是连续分布，最大为 Q，最小为 0，如：

$$_{55}{}^{137}Cs \rightarrow {}_{56}Ba^{137} + \beta^- + \nu + Q$$

$$_{27}{}^{60}Co \rightarrow {}_{28}Ba^{60} + \beta^- + \nu + Q$$

同理 β^+ 衰变是放出正电子（e^+）的衰变，它是由于原子核内质子过多而引起的，放出一个正电子后，核内一个质子转变为一个中子，原子序数减少 1，其衰变式为：

$$_{Z}X^{A} \longrightarrow {}_{Z-1}Y^{A} + \beta^+ + \nu + Q$$

自然界中找不到正电子衰变的核素。

电子俘获又称 K 俘获，它是原子核自核外层轨道上（通常在 K 层）俘获一个电子，使核里的一个质子转变成一个中子，并放出中微子，衰变式为：

$$_{Z}X^{A}+e^{+}\longrightarrow{}_{Z-1}Y^{A}+\nu+Q$$

很多放射性同位素会发生电子俘获衰变，如：

$$_{26}Fe^{55}+e^{-}\longrightarrow{}_{25}Mn^{55}+\nu+Q$$

$$_{53}I^{125}+e^{-}\longrightarrow{}_{52}Te^{125}+\nu+Q$$

电子俘获过程中会伴随发生标识χ射线，γ射线和俄歇电子（即外层电子跃迁至K层时，过剩能量传递给另一个壳层电子发出）。

3）γ衰变

在α衰变、β衰变和电子俘获过程中，原子核往往处于激发态（即较高的能级），处于激发态的原子核，通过发出γ光子回到基态（即核平常所处的最低能级），这一过程称为γ衰变。γ衰变对于核的原子序数Z和质量数A均无影响，仅能量状态发生变化，因此又称同质异能跃迁。由于处于激发态时间一般都十分短暂（10^{-13} s左右）。可以认为γ衰变是与α或β衰变同时发生的，前面提到的^{137}Cs，^{60}Co和^{125}I等β衰变同位素，均伴有γ辐射。

处于激发态的原子核，还可以以内转换电子方式将能量直接传给核外电子，把壳层电子（主要为K层）以单能电子束发射出去，该电子称为内转换电子，此时还会发出标识χ射线或俄歇电子等次级射线。

γ衰变中射线能量大小取决于激发态与基态之间的能量差，它们用千电子伏特（keV）和兆电子伏特（MeV）表示。它是发射γ线的放射性同位素的特征量，用于识别放射性核素种类的主要依据，也是γ能谱仪分析的主要依据和原理。

（2）射线的主要特性

α射线——电离能力强，射程短，穿透力弱，一张纸或皮肤死层（角质层）即可挡住，对人体的损伤仅为内照射。

β射线——电离能力、穿透能力及射程均为中等，对人体的损害主要为皮肤和内照射。

γ射线——是一种电磁辐射，间接电离粒子，电离能力最小，穿透能力最强，散射作用最强，可穿透上公里的空气和几米厚的人体组织，对人体的损害为全身照射。

中子射线——为间接电离粒子，具有较强的穿透力和间接电离能力，对人体的损伤为全身照射。

（3）放射性衰变规律

时间$t=0$时，共有原子核数No个，单位时间中衰变掉的原子核与未衰变的核数N成正比$\Delta N/\Delta t=-\lambda N$

经积分后得到：$N=\mathrm{No}e-\lambda t$

同理可得到$A=\mathrm{Ao}e-\lambda t$

不难可以计算$\lambda=0.693/T_{1/2}$

$T_{1/2}$为原子核数或活度减少一半所需时间，该值为放射性核素的特征量，也是区别放射性核素的重要物理量。

（4）天然放射性核素与感生放射性

自然界存在三个天然放射性系列，它们是钍系、铀—镭系和锕系，它们的母体为$_{90}{}^{232}Th$（$T_{1/2}=1.405\times10^{10}$年），$_{92}{}^{238}U$（$T_{1/2}=4.468\times10^{9}$年）和$_{92}{}^{235}U$（$T_{1/2}=7.038\times10^{8}$年）。说它们是系列是因为它们的母体放射性核素衰变后得到的子体仍为放射性核素，经多次衰变后，才达到稳定。在这之间形成了一个放射性核素的系列。这些系列的存在原因是由于其母体核素的半衰期与地球年龄(约30亿年)在同一数量级甚至更大。还有一个镎系,它母体核素为$_{94}{}^{241}Pu$,该系列中最长命的$_{93}{}^{237}Np$,$T_{1/2}=2.14\times10^{6}$年。在地球中已找不到它了。除了三个系列外,自然界中还有$_{19}{}^{40}K$($T_{1/2}=1.277\times10^{9}$年)。

用核粒子(n、p、α、γ等)轰击较轻的稳定性核素会产生放射性核素,这一过程为称为活化,由此产生的放射性为感生放射性。它是除裂变外生产同位素的又一个重要途径。

(5) 放射性单位

衡量某一个放射源或含放射性物质的物理量为放射性活度(Radioactivity)或简称活度(Activity)。活度也就是放射源的衰变率。最初放射性活度的单位一直采用居里(Curi)表示。

$$1\text{居里(Ci)}=1\ 000\ \text{mCi}=10^{6}\ \mu\text{Ci}=10^{12}\ \text{pci}=3.7\times10^{10}\text{衰变/秒}$$

20世纪80年代中期,推广国际制单位(SI),放射性活度的国际制单位为贝可(Becqurel)。

1贝可(Bq)=1衰变/s=2.7×10^{-11} Ci;

1千贝可(kBq)=10^{3}衰变/s=2.7×10^{-8} Ci;

1兆贝可(MBq)= 10^{6} s=2.7×10^{-5} Ci。

目前两种单位同时使用,但正式文件和出版物中,必须首先使用国际制单位。

2. 放射源

放射性是自然界存在的一种自然现象。世界上一切物质都是由一种叫“原子”的微小粒子构成的,每个原子的中心有一个“原子核”。大多数物质的原子核是稳定不变的,但有些物质的原子核不稳定,会自发地发生某些变化,这些不稳定原子核在发生变化的同时会发射各种各样的射线,这种现象就是人们常说的“放射性”。

有的放射性物质在地球诞生时就存在,如铀、钍、镭等,它们叫做天然放射性物质。另一方面,人类出于不同的目的制造了一些具有放射性的物质,这种物质叫人工放射性物质。

放射源是指用放射性物质制成的能产生辐射照射的物质或实体,放射源按其密封状况可分为密封源和非密封源。密封源是密封在包壳里的或紧密地固结在覆盖层里并呈固体形态的放射性物质,如钴-60、铯-137、铱-192等。非密封源是指没有包壳的放射性物质,医院里使用的放射性示踪剂属于非密封源,如碘-131、碘-125等。放射源按所释放射线的类型可分放射源为α放射源、β放射源、γ放射源和中子源等。

放射性同位素:同位素是同一元素的不同种原子,它们具有相同的质子数,但中子数却不同。例如原子序数为1的氢就有三种同位素,分别是氕(H)、氘(D)、氚(T),它们的原子内都只有一个质子,但分别有0、1、2个中子。

钾(K)在自然界也有3种同位素,它们是^{39}K,^{40}K,^{41}K,其中^{40}K具有放射性(占钾元素的0.01%,它是岩石和土壤中天然放射性本底的重要来源之一)。

铀(U)在自然界同样有3种同位素,它们是^{234}U(0.005%),^{235}U(0.720%),^{238}U(99.275%),它们都具有放射性。

放射性物质具有α和β衰变形式,分别释放出α射线和β射线,多余的能量通过γ射线释放。一般放射性物质衰变的时候,α、β、γ三种射线同时产生。

放射性元素的原子在释放α、β、γ射线的同时,会衰变成其他元素,这种衰变有一定的速率。当原子中有半数发生衰变时所需要的时间,叫半衰期。

二、放射性防护及环境保护

1. 辐射防护目的

辐射防护的出发点是要降低辐射对人类健康的危害。在制订适当防护措施之前，我们要了解辐射对人体健康造成的效应。辐射效应主要分为确定性效应和随机性效应两大类。前者存在着剂量阀值，当吸收剂量大于阀值时，辐射会对人体健康造成一定的危害。而后者没有剂量阀值，但效应出现的机会率与剂量有关。

跟据辐射效应的特点，辐射防护的主要目的在于防止有害的确定性效应，限制随机性效应的发生率并降低到可以接受的水平。保障从事放射工作的人员和公众以及他们的后代的健康与安全、保护环境，促进放射性同位素和核技术的应用和发展。

实现辐射防护目的的办法：其一，为了防止确定性效应的发生，把剂量当量限值定在足够定的水平上，以保证工作者在终生全部时间内受到的照射也不会达到产生有害效应的阈值；其二，使一切具有正当理由的照射保持在合理的可以达到的尽量低的水平。

2. 辐射防护中使用的基本物理量

人体受到电离辐射照射，所受照射大小用剂量描述，根据射线种类和所需评价，受照对象的不同详细分为：

(1) 吸收剂量

吸收剂量是单位质量上因辐射照射所沉积的能量，单位为 Gy。它是一个基本的物理学剂量量，是实际可测量的量。

(2) 当量剂量

由于不同质的辐射照射所产生的生物效能的差异，引入辐射权重因子(见表 11-1)，吸收剂量与对应辐射权重因子之积就是当量剂量，单位为 S_v。

$$当量剂量=\sum吸收剂量\times辐射权重因子$$

表 11-1　常见辐射的辐射权重因子

辐射种类	辐射权重因子
X 射线、γ 射线、β 粒子	1
α 粒子、裂变碎片	20
中子(<10 keV)	5
中子(10～100 keV)	10
中子(100 keV～2 MeV)	20

周围环境中的辐射无处不在，适当的辐射对人类是有益处的，它们的剂量水平如表 11-2 所示。

表 11-2　人类生活方式与辐射水平的关系

类型	剂量水平(mSv/a)
看电视每天 2 小时	<0.01
夜光表	0.02

续表

类型	剂量水平(mSv/a)
乘飞机 2 000 km	0.005
家用天然气(局部)	0.06～0.09
假牙(局部)	0.001
吸烟每天 20 支("钋弹")	0.5～1.0
诊断 X 射线人均年有效剂量	0.3
CT 人均单次年有效剂量	8.6
火力发电厂带来的照射	0.005
核电站附近	0.001～0.02
核设施附近	0.001～0.2

(3) 有效剂量

为了建立辐射剂量与辐射危害之间的关系,除了考虑不同种类的辐射照射所产生的生物效应的差异外,对同一种辐射还需要考虑器官和组织对辐射照射的敏感性不同。为此,引入组织权重因子(见表 11-3),用它和组织当量剂量加权求和来获得人体所受的有效剂量,单位为 Sv。

$$有效剂量=\sum 当量剂量\times 组织权重因子$$

表 11-3 组织权重因子

器官或组织	组织权重因子	器官或组织	组织权重因子
性腺	0.08	肝	0.04
骨髓	0.12	食道	0.04
结肠	0.12	甲状腺	0.04
肺	0.12	皮肤	0.01
胃	0.12	骨表面	0.01
膀胱	0.04	脑	0.01
乳腺	0.12	其余组织	0.12

3. 剂量限值要求

根据《电离辐射防护与辐射源安全基本标准 GB 18871—2002》,辐射防护剂量限值体系对职业照射和公众照射有明确的剂量限值要求,详细如下:

(1) 对于职业照射

1) 连续 5 年内的平均有效剂量为 20 mSv;

2) 连续 5 年中任何一个单一年份中的年有效剂量 50 mSv,但 5 年内有效剂量总合不超过 100 mSv;

3) 眼晶体的年当量剂量 150 mSv;

4) 四肢(手、足)或皮肤的年当量剂量 500 mSv。

(2) 对于公众照射

1）年有效剂量为 1 mSv；

2）特殊情况下，连续 5 年的年平均有效剂量不超过 1 mSv，其中某一个单一年份中的年有效剂量可为 5 mSv；

3）眼晶体的年当量剂量 15 mSv；

4）四肢（手、足）或皮肤的年当量剂量 50 mSv。

4. *放射源的防护*

放射源发射的射线有：α 射线、β 射线、γ 射线、中子（n）射线等，它们看不见，摸不着，必须使用专门的仪器才能探测得到。不同的射线在物体中穿透能力也各有不同。α 射线是氦原子核（两个质子，两个中子），带两个正电荷；β 射线的是电子，带一个负电荷；γ 射线是光子（电磁波），只是波长更短，能量更高。其中 α 射线的电离能力最强，对人体伤害最大，但其穿透力相当弱，几厘米的空气或纸张就能完全挡住 α 射线，更不用说穿透皮肤了；β 射线电离能力较弱，但具有较好的穿透力，可以被 3 mm 的铝板阻挡；γ 射线具有极强的穿透力，超过 X 射线，可以穿透几厘米厚的铅板，但由于它的电离能力最弱，所以对人体造成的伤害最小。

α 和 β 射线经过几英寸的空气或者普通玻璃就会被阻隔，γ 射线穿透力虽强，但对人体的伤害也最小，所以放射性物质在体外对人造成的危害是相当有限的。但如果放射性物质进入体内，危害就要大得多，α 射线的内照射是各种放射性危害中最大的，内照射是放射性核素进入生物体（常通过呼吸道和消化道），使生物受到来自内部的射线照射。对 γ 射线来说，因其射程长、穿透力强，内照射与外照射并无多大差别；而对于 α 和 β 射线，在体外大部分被阻挡，一旦进入体内，将会引起极高能量的局部吸收，导致特异的生物学效应，引起细胞损伤和癌变。有机玻璃、铝等材料可有效阻挡 β 射线；γ 射线穿透能力较强，可以用混凝土、铅等阻挡；中子（n）射线需用石蜡等轻质材料来阻挡。因此，放射源并不可怕，对放射源无端的恐惧是没有必要的，特别是那些已经采取了安全保护措施，正常使用的放射源，对人体是基本没有危害的。

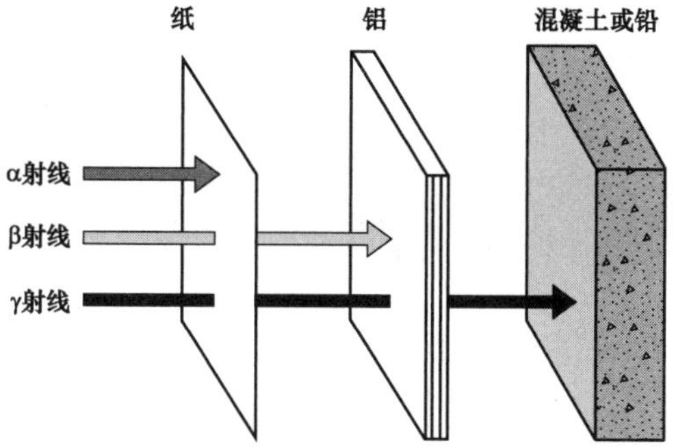

防止或减少放射源发出的射线对人体的伤害，主要有以下三种防护手段：

（1）距离防护：距离放射源越远，接触的射线就越少，受到的伤害也越小。

（2）屏蔽防护：选取适当的屏蔽材料（如混凝土、铁或铅等）做成屏蔽体遮挡放射源发出的射线。

（3）时间防护：尽可能减少与放射源的接触时间。在实际工作中，通常将上述三种防护手段组合应用。

5. 辐射安全与防护法律法规概述

中国核工业经历半个世纪的发展,形成了一套比较完整的核工业体系。改革开放以来,核工业转向为国民经济建设服务,核电、核燃料产业和核技术应用成为核工业的三大支柱产业。为了保证核事业的健康发展,国家高度重视核与辐射安全监管工作。自 20 世纪 80 年代以来,国家环保总局和国家核安全局开始对核安全与辐射安全进行监管。经过 20 多年的努力,已基本建立了一套与国际接轨的核安全与辐射安全监督管理体制和相关法规体系,基本形成了纵向上由法律、行政法规、部门规章、导则、技术文件等不同层次,横向上由通用系列、核动力厂系列、研究堆系列、核燃料循环设施系列、放射性废物管理系列、核材料管制系列、民用核承压设备监督管理系列、放射性物质运输管理系列、核技术应用系列等组成的核与辐射安全法规体系。

辐射安全与防护法律法规体系主要由国家法律、国务院条例、监管部门规章、监管部门相关文件和要求、国家标准/地方标准和工作导则组成。

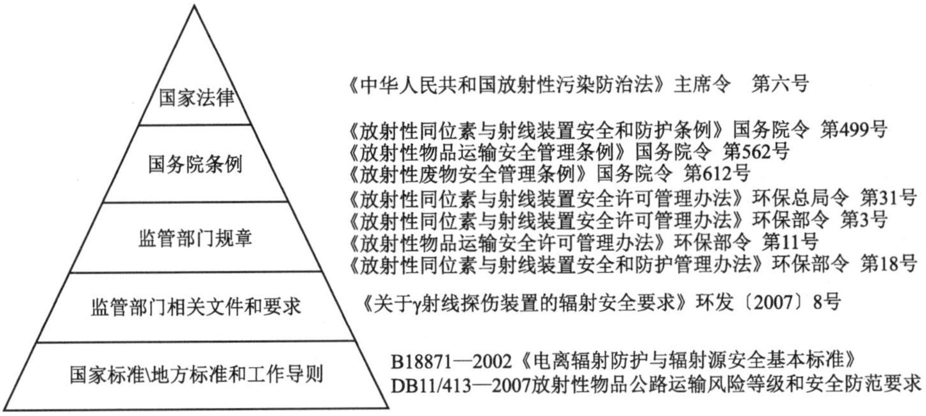

《中华人民共和国放射性污染防治法》:本法适用于中华人民共和国领域和管辖的其他海域在核设施选址、建造、运行、退役和核技术、铀(钍)矿、伴生放射性矿开发利用过程中发生的放射性污染的防治活动。

《放射性同位素与射线装置安全和防护条例》:在中华人民共和国境内生产、销售、使用放射性同位素和射线装置,以及转让、进出口放射性同位素的,应当遵守本条例。

《放射性物品运输安全管理条例》:放射性物品的运输和放射性物品运输容器的设计、制造等活动,适用本条例。

《放射性废物安全管理条例 》:放射性废物的处理、贮存和处置及其监督管理等活动,适用本条例。

《放射性同位素与射线装置安全许可管理办法 》:为实施《放射性同位素与射线装置安全和防护条例》规定的辐射安全许可制度,制定本办法。在中华人民共和国境内生产、销售、使用放射性同位素与射线装置的单位,应当依照本办法的规定,取得辐射安全许可证。进口、转让放射性同位素,进行放射性同位素野外示踪试验,应当依照本办法的规定报批。出口放射性同位素,应当依照本办法的规定办理有关手续。使用放射性同位素的单位将放射性同位素转移到外省、自治区、直辖市使用的,应当依照本办法的规定备案。

《放射性物品运输安全许可管理办法》:从事放射性物品运输和放射性物品运输容器设

计、制造等活动，应当按照本办法的规定，办理有关许可和备案手续。

《放射性同位素与射线装置安全和防护管理办法(2008 修订)》：适用于生产、销售、使用放射性同位素和射线装置的场所和人员的安全与防护，废旧放射源与被放射性污染的物品的管理以及豁免管理等相关活动。适用范围与《放射性同位素与射线装置安全许可管理办法 》相同

《关于 γ 射线探伤装置的辐射安全要求》：根据《放射性同位素与射线装置安全和防护条例》和《γ 射线探伤机》(GB/T 14058—93)等国家有关规定制定本要求。就三大类(放射源生产单位、探伤装置生产单位、探伤装置使用单位)31 小项的内容做出明确规定。

GB 18871—2002《电离辐射防护与辐射源安全基本标准》：采用了国际原子能机构的基本安全标准(BSS-115)，由国家环保总局、卫生部、国防科工委联合制定，取代原国家标准(GB 4792—84)《放射卫生防护基本标准》和(GB 8703—88)《辐射防护规定》。规定了对电离辐射防护和辐射源安全(以下简称“防护与安全”)的基本要求。适用于实践和干预中人员所受电离辐射照射的防护和实践中源的安全。

6. 核探测器元器件测量与检验作业人员适用条款

生产、销售、使用放射性同位素和射线装置的单位，应当按照国务院有关规定申请领取辐射安全许可证，许可证分为正本和副本，具有同等法律效力。

从事辐射工作的人员必须通过辐射安全和防护专业知识及相关法律法规的培训和考核。

从事辐射工作的人员必须进行职业健康检查包括上岗前、在岗期间、离岗时、受到应急照射或者事故照射时的健康检查，以及职业性放射性疾病患者和受到过量照射放射工作人员的医学随访观察。放射工作人员有权查阅、复印本人的职业健康监护档案。放射工作单位不得拒绝或者提供虚假档案材料。放射工作人员在离开放射工作单位时，有权向放射工作单位索取本人的职业健康监护档案的复印件，放射工作单位应当如实、无偿提供，并在所提供的复印件上签章。

配备与辐射类型和辐射水平相适应的防护用品和监测仪器，包括个人剂量测量报警、辐射监测等仪器。使用非密封放射性物质的单位还应当有表面污染监测仪。

第二节 工艺操作

学习目标：了解核探测器的应用知识；掌握探测器各性能指标的测试方法；熟悉探测器工作原理知识。

一、核探测器的应用

核探测技术属于核技术的一种，核探测主要是研究射线、荷能粒子束与物质之间的相互作用的技术，核探测技术如今在各个重要的领域都有着广泛的应用，如，地下资源的勘探、环境监测、爆炸物毒品的检测、水文工作、测井、无损探测、医学成像、治癌、地学研究等，在核物理实验研究方面核探测技术是其必不可少的基石，同时，在核技术方面是不可或缺的技术研究手段，也是高能物理研究的重要基础。涉及用核技术应用的场合，几乎都需要用到核探测器。

1. 矿产资源的勘探

人常说：“石油是工业的血液，煤炭是工业的粮食。”能源是现代社会主义经济发展的重

要支撑,随着社会主义经济的快速发展,我们也面临着日益严峻能源需求问题。尤其是像石油、天然气、铁、铜、煤等这些关乎国家经济命脉的矿产资源的勘探开发必须跟上国家发展的脚步。

矿产资源勘探方法很多,核法勘探属于其中地球物理勘探方法中的一种。以前的方法主要是利用岩石矿产中的天然放射性元素自发释放出的 α、β、γ 射线,通过测量分析可以确定放射性元素含量,估算矿体大小,对铀、钍、钾等矿床进行开采有指导性意义;现在核法勘探主要是利用检测不同的放射性异常或者利用射线源与地层岩石相互作用后的核反应,再通过研究射线场强度与能量变化的分布规律,来寻找相关的矿产资源。核法勘探的方法很多,其中 X 射线荧光法对寻找金矿、锑矿、锶矿、钨矿、铁矿、铜矿、锡矿效果非常理想;选择性 γ-γ 法,主要应用于勘查铅、钨、汞、锑、铜等矿床;γ 射线共振法,它是利用 γ 射线产生共振吸收现象(即穆斯堡尔效应)来勘查锡、锑、铁等矿产资源;此外,关于油气田勘探方法还有核测井技术(如自然 γ 测井、自然 γ 能谱测井、密度测井、中子测井、放射性同位素示踪测井)、瞬时测氡和累积测氡法、中子活化法、热释光法、^{210}Po 测量、^{218}Po 液闪法等核探测方法,不一一枚举。时至今日,资源的勘探不仅仅以单一的探测为主要手段,还要对地质进行调查研究分析,多学科综合,科学合理地开发资源,不断攻克难关,提高仪器设备,才能为国家的资源可持续发展战略服务。

2. 爆炸物毒品的检测

近年来,随着国际形式愈加的复杂化。恐怖犯罪渐有抬头之势,因此,为了保证人民生命财产的安全,必须将恐怖事件扼杀于萌芽之中。比如,在大型公众场所、海关、物流站等地设置安全检测站检测爆炸物和毒品,对制止走私,偷运,恐怖犯邪起到很大的作用。

早期的探测手段,如,金属探测仪、X 射线成像、化学分析法等. 这些方法都有一定程度上的不足与局限性。现在的核探测技术较之以往效率型高,更加安全可靠。由于炸药和毒品主要都是由 C、H、O、N 等组成的,所以,检测的重点也就是检测这几种元素含量是否异常。核探测技术就是利用爆炸物的不同化学元素与探测辐射(比如中子、γ)产生的特定反应来检测是否存在违禁物品的。比如,中子技术、γ 射线技术、核磁共振检测等。目前中子检测爆炸物技术应用的相对比较广泛,其特点是穿透力强,容易探测判断目标元素的含量。中子质询技术主要有:热中子分析(TNA)法,可以检测 N、Cl、H 元素含量是否异常:快中子分析(FNA),可以检测 C、O、N 的含量是否异常;脉冲快/热中子分析(PF/TNA)则可以检测 N、C、H、C、O 元素含量是否异常;脉冲快中子分析(PFNA)还能测定 C、O、N 含量的空间信息等。γ 射线技术属于非本征型探测技术,一般适用于检查相对均匀物体的夹带情况,在伽马射线技术中,因为 γ 射线属于高能电磁波,当它射向被测物体上时会产生透射或散射或被吸收现象,根据这些信息可以探测被测物是否含有违禁物品。γ 射线技术的特点是穿透力很慢,强度大,成像容易,不但可以对几乎所有元素进行辨认,还可以借用共振 γ 技术分辨单一的同位素核;γ 射线对氢不灵敏,对氢核的吸收或者散射都很弱,不过正好可以利用这一点来探测含氢材质的货运箱,正好弥补中子探测的不足(因为中子容易被氢慢化吸收)。还有核磁共振和核四极矩共振法(NMR 和 NQR),其中核四极矩共振是新兴的一种探测手段,只要原子核电四极矩不为零,且周围电场梯度也不为零,这时对它施加合适频率的电磁场便可以探测到被测物的核电四极矩的本征超精细结构,可以说是能对相应的材料进行“分子结构指纹”辨认,进而达到检测的目的。目前,国外兴起了一种新的探测扫描技术——μ

介子断层扫描技术，它主要是应用在核材料的探测上；μ 介子是一种带负单位电荷的基本粒子，所以，它能更容易接近原子核。又因为它的质最大(是电子的 206.6 倍)，速度快，因此，它的能量大，具有很高的穿透力。该技术具有很多的优点。如，检测速度快、还能三维成像，而且还不会造成任何的辐射污染等。虽然目前该技术还大都处在研制阶段，但是相信随着理论技术的进一步提高，该技术将会在更多领域发挥更大的作用。

3. 工程地质的勘探

勘查有无隐伏的断裂构造，对水坝选址、港口等大型地质工程的建设都具有极其重要的意义。由于断裂带天然镭的含量比其围岩相对较高。而镭经过 α 裂变后会释放出大量的氡气，这时候检测氡气浓度情况，配合相关的核探测分析方法，比如^{218}Po 法测量、射气探测技术等，则可以探测出有无隐伏的断裂构造。

4. 煤质分析

煤炭是工业的粮食，煤的用途十分广泛，比如，燃烧煤(能源方面)；炼焦煤，它是农药、医药、合成橡胶、塑料、香料、合成纤维、油漆、染料的主要来源。煤的不同用途对它的煤质也要求各异，所以，化验分析煤炭性质成分对煤炭的综合利用有很大的意义。传统的化学分析手段不但成本高，耗时很长，而且误差较大，精度也不尽人意；而采用核探测技术，比如，中子技术，则有着传统方法无可比拟的优势。在 20 世纪 80 年代，基本只是对煤质的灰分和含硫量进行分析，主要的技术手段是利用热中子的[n,γ]反应，该方法很难测量煤中的 C,O 元素。而脉冲快中子活化分析可以直接测量煤炭的组成元素，当然也包括可以测量 C,O 元素，脉冲快中子活化分析可以降低测量成本，速度快，而这两项指标对煤炭工业来说有十分重要的意义。

5. 核医学领域的应用

一种核探测技术手段不仅仅局限于应用在某一方面，在其他领域同样有建树，比如，前面在检测爆炸物的应用中提到过的核磁共振法，其实该方法很早便已经在医学成像上得到了应用，其实应用在医学成像上核探测技术手段还有很多，除了上述的核磁共振成像之外，还有单光子发射断层成像(SPECT)和正电子湮灭发射型 CT 系统(PECT 或 PET)等。单光子发射断层成像的原理类似于放射性示踪，即利用人体吸(注)入放射性同位素后观测其释放出的 γ 射线，再辅以计算机设备便可获得人体医学扫描图像。正电子湮灭发射型 CT 系统是利用核探测技术中的符合测量法与飞行时间测量法再借助计算机处理获得断层扫描图像，这两种方法的优点是早期诊断效果好、速度快、成像质量较高，但是成本偏高而且难以定位病理与周围组织的相互关系。此外，还有同步辐射成像技术，主要的两大特点是能谱范围广、辐射光强度大，因此，更适用于医学成像。

6. 在科学研究领域的应用

在物理实验研究以及高能核物理方面，核探测技术是其必不可少的基石。说起核探测技术就不得不提起核探测器，其实核探测器本质上就是将物理量进行转换的仪器，将射线，荷能粒子束转换成电信号再经由相关辅助电子设备仪器进行记录并加以分析。主要分为“径迹型”探测器和“信号型”探测器两大类，也可分为气体探测器、闪烁体探测器和半导体探测器等。它们除了主要应用在高能牲子物理研究领域之外，还应用于工业，核医学等领域。此外由诺贝尔物理奖获得者华裔科学家丁肇中教授领导的大型国际合作项目——α 磁谱仪(AMS)以及后来总投入高达 20 亿美元 α 磁谱仪-2，它是一种高灵敏度的核探测仪器，它的科学使命,就是寻找宇宙中的反物质和暗物质以及记录分析各种宇宙粒子借以揭开更多的宇宙之谜。

7. 其他方面的应用

核探测技术在其他领域方面,如,环境监测(包括环境中放射性污染物的辐射监测以及非放射性污染的监测);加速器质谱测年技术;放射性示踪技术,比如,应用在海洋科学中,可以了解各大洋的洋流循环模式,在生物学中,则可以了解体目标化合物在体内代谢的情况等。

二、核探测器核电性能指标

核探测器核电性能指标包括电性能指标与核性能指标两大类。

1. 电性能指标

电性能指标主要包括:

(1) 绝缘电阻:探测器电极相对阴极或电极之间的电阻。

(2) 分布电容:探测器电极相对阴极或电极之间的电容。

(3) 耐压:探测器电极相对阴极或电极之间的耐压。

2. 核性能指标

核性能指标主要包括:

(1) 坪特性曲线:在其他参数不变的条件下,计数管的计数率与所加电压之间的关系曲线。

(2) 坪区:在计数管坪特性曲线上,计数率基本上不随所加电压变化的那一部分。坪区的范围称为坪长。

(3) 坪斜:在计数管坪特性曲线的坪区,电压每改变 100 V 时,计数率变化的百分数。

(4) 中子灵敏度:单位中子注量率下所产生的计数率。

(5) γ 感应度:在规定的 γ 照射量率下所产生的计数率。

(6) 幅度分辨率:用能谱分析器测得的计数管脉冲幅度分布曲线中峰的半高宽除以峰位所对应值的百分数。

(7) 本底:在规定条件下,待检测的辐射(中子)不存在时,计数管的计数率。

(8) 最高计数率:在其他参数不变的条件下,计数率随中子注量率的增长而成同一比例增长的上限。

(9) 使用寿命:在规定范围内的辐射和环境条件下工作,计数管特性指标超过规定的容差时的寿命。使用寿命可用入射粒子的注量、产生的脉冲数等来表示。

三、核探测器的工作原理

1. 带电粒子在物质中的能量损失

重带电粒子的碰撞电离能量损失率,是重带电粒子在通过单位长度路径时的电离能量损失。α 粒子在空气中每形成一个离子对所消耗的平均能量,约等于 35.5 eV。

带电粒子在单位路径上所产生的离子对总数,称为比电离。

2. 带电粒子在物质中的射程

带电粒子在物质中运动时,不断损失能量,待能量耗尽,就停留在物质中,粒子束在平均射程附近有明显的吸收。沿原来入射方向所穿过的最大距离，称为入射粒子在该物质中的射程，以 R 表示。应当指出，“射程”和“路程”是两个不同的概念。射程(投影射程)是指入射粒子在吸收物质中，沿入射方向从入射点到它的终止点(速度等于零)之间的直线距离，亦即沿入射方向穿透的深度。而路程则是入射粒子在吸收体中所经过的实际轨迹的长度。一般路程大于射程，路程在入射方向上的投影就是射程。射程采用质量厚度为单位，可以避免直接测量薄吸收体线性厚度所带来的较大的误差。

第三节　故障判断与排除

学习目标：了解测试故障分类；掌握常见的探测器测试过程中遇到的故障现象及相应的排除方法及判定方法；熟悉残次品基础知识。

一、测试故障与排除

1. 测试故障

测试故障包括：

(1) 电容测试故障：电容测试过程中，可能出现电容显示偏离指导值的情况。

(2) 耐压测试故障：耐压击穿电压中，可能出现耐压性能不能达到指标要求的情况。

(3) 绝缘电阻测试故障：绝缘电子测试过程中，可能出现绝缘电阻达不到指标要求的情况。

(4) 计数管测量故障：计数管测量过程中，可能出现本底计数高、工作电压偏高、无计数、坪特性差等情况。

(5) 电离室测量故障：电离室测量过程中，可能出现本底电流大、坪特性差、输出电流偏小、输出电流异常等情况。

2. 故障排除

(1) 电容显示偏离指导值时，应检查测量线是否正常，是否有错接、反接或短路，若排除后证明测试线路没问题，则再判定探测器的故障。对有疑问的测量数据，应复测，以保证其可靠性。

(2) 耐压测试时，若出现性能不达标，检查线路无误后，则可更换更低电压耐压测试表进行测试。对有疑问的测量数据，应复测，以保证其可靠性。

(3) 绝缘电阻测试时，若出现绝缘电阻不能满足要求时，检查绝缘测试线是否有接触，应保持测试线相对独立；可用电热吹风机对测量部件进行空气加热，减少湿度对绝缘电阻测量的影响；检查绝缘陶瓷表面是否有沾污；若排除外部因素干扰后，才能判定真实的绝缘电阻值。对有疑问的测量数据，应复测，以保证其可靠性。

(4) 计数管测量时若出现本底计数较高的现象，则通过示波器观察输出波形是否正常，经过调理后的脉冲应该是高斯波形，若偏离高斯波形，则可检查信号接地是否正常；再检查单道甄别阈值是否正常；若工作电压偏高时，检查放大倍数是否合理，可适当增加放大倍数；当无计数率时，检查线路是否正常，放射源位置是否正常，探测器电容是否正常；当坪特性较差时，检查甄别电压是否正常，高压电源输出是否正常。对有疑问的测量数据，应复测，以保证其可靠性。

(5) 电离室测量时,若出现本底电流大,应先检查线路是否正常,是否出现接地现象,环境湿度是否正常,可用电热吹风进行处理;输出电流偏小时,就检查放射源位置是否处于工作位置,线路是否断路;输出电流异常时,也应检查线路是否正常,高压电源是否正常工作;坪特性差时,则应检查其环境湿度及绝缘电阻,绝缘陶瓷表面是否有沾污。对有疑问的测量数据,应复测,以保证其可靠性。

二、本工艺残次品知识

下列现象的产品可列为残次品:

(1) 计数管判定为漏气,无信号输出。

(2) 计数管坪特性超出指标要求。

(3) 电离室信号极对地常温下绝缘电阻小于 100 GΩ。

(4) 电离室某电极对地短路。

(5) 电离室某电极断路。

(6) 探测器结构损坏。

第四节 培训与指导

学习目标: 了解培训教学的基本方法;掌握教学大纲的编写方法;熟悉教学培训计划的编写方法。

一、培训教学的基本方法

核辐射探测仪器制造高级技师应能培训和指导高级工的操作,因此掌握培训教学的基本方法和教学大纲的编写是很有必要的。

1. 培训教学的特点

培训教学具有如下几个特点:

(1) 具有较强的针对性和实用性。职业培训目标、专业设置、教学内容等均根据职业技能标准、劳动力市场需求和用人单位的实际要求确定。经过职业培训的毕(结)业生可上岗作业。

(2) 具有较强的灵活性。在培训形式上可采取联合办学、委托培训、定向培训等方式;在培训期限上采取长短结合的方式,可以脱产也可以半脱产;在培养对象上依据岗位的实际需要灵活确定;在教学形式上不受某种固定模式的限制,根据职业标准的要求采取多种形式的教学手段。

(3) 教学与生产相结合。主要体现在一方面教学要紧紧围绕生产实际进行,另一方面要贯彻勤工俭学、自立更生和艰苦奋斗的原则,通过教学与生产经营相结合,既培养了人才,又创造了物质财富,获得社会、经济的双重效益。

(4) 培训方法上强调理论知识教育与实际操作训练相结合,突出技能操作训练。

2. 培训教学的模式

(1) 讲授法:传统的培训方式。优点:运用起来方便,便于培训者控制整个过程。缺点:单向信息传输,反馈效果差,教师和学员的互动少。用于一些理念性知识的培训。对核辐射仪器制造人员高级工的理论知识的培训适用此模式。

(2) 视听技术法:通过现代视听技术,对学员进行培训。优点:直观鲜明。缺点:学员的反馈与实践较差,且制作和购买的成本高,内容易过时。

(3) 讨论法:一般可分成小组讨论和研讨会两种方式。小组讨论的特点是信息交流时方式为多向传递,学员的参与性高,费用较低。多用于巩固知识,训练学员分析、解决问题的能力与人际交往的能力,但运用时对培训教师的要求较高。研讨会以主题演讲为主,中途或会后允许学员与演讲者进行交流沟通。优点是信息可以多向传递,缺点是费用较高。

(4) 案例研讨法:这一方式使用费用低,反馈效果好,可以有效训练学员分析解决问题的能力。另外案例、讨论的方式也可用于知识类的培训,且效果更佳。

(5) 角色扮演法:学员在培训教师设计的工作情况中扮演其中角色,其他学员与培训教师在学员表演后作适当的点评。由于信息传递多向化,反馈效果好、实践性强、费用低,因而多用于人际关系能力的训练。

(6) 互动小组法:也成敏感训练法。此法主要适用于管理人员的人际关系与沟通训练。让学员在培训活动中亲身体验来提高他们处理人际关系的能力。其优点是可明显提高人际关系与沟通的能力,但其效果在很大程度上依赖于培训教师的水平。

(7) 网络培训法:是一种新型的计算机网络信息培训方式,投入较大。但由于使用灵活,符合分散式学习的新趋势,节省学员集中培训的时间和费用。这种方式信息量大,新知识、新观念传递优势明显,更适合成人学习。因此,特别为实力雄厚的企业所青睐,也是培训发展的一个必然趋势。

(8) 项目教学法:教师的指导下亲自处理一个项目的全过程,在这一过程中学习掌握教学计划内的教学内容。学生全部或部分独立组织、安排学习行为,解决在处理项目中遇到的困难,提高了学生的兴趣,自然能调动学习的积极性。因此"项目教学法"是一种典型的以学生为中心的教学方法。对核辐射探测仪器制造高级工的实操的指导适合此方法。

3. 培训的效果评价

培训效果评价一般用培训效果评价表来表示,表中一般要注明课题名称、培训教师、培训时间、培训课时、培训地点、培训人员、考核方式、培训内容、培训效果评价等内容。

培训效果评价表的模板如表 11-4 表示。

表 11-4 培训效果评价表

课题名称		培训时间	
培训地点		培训教师	
培训课时		考核方式	
培训人员			
培训内容			
培训效果评价			

二、培训计划和培训大纲的编写

1. 培训计划和培训大纲的概念

(1) 培训计划:根据一定的培训目的和培养目标制定的教学和培育工作的指导文件。它决定着培训内容总的方向和总的结构,并对有关培训的教学、培育活动、生产劳动和课外活动等方面作出全面安排,具体规定培训项目的学科设置、各门学科的教学顺序、教学时数以及各种活动等。

(2) 培训大纲:是根据培训计划中规定的各门学科(课程)的目的、任务而编写的指导性文件。它以纲要的形式,具体规定每门学科知识、技能的范围、深度以及体系、结构,同时规定教学的一般进度和对教学法的基本要求。其一般分为“说明”、“正文”两部分。

(3) 培训计划和培训大纲的关系

培训大纲是按照项目培训计划要求,各培训课程在项目培训计划中的地位、作用、性质、目的和任务而规定的培训内容、结构体系、知识范围、教学要求等的基本纲要。培训大纲是实施培训计划的基本保证,也是编写培训教材、组织培训教学、进行教学质量考核的指导性文件。

2. 培训计划编写的依据

(1) 培训需求调查分析

培训需求可分三个层面:组织层面的需求、职务层面的需求和个人层面的需求。

组织层面的需求包括企业经营策略方针,企业使命、战略目标、策略和文化分析以及企业生命周期所处阶段,这时培训的最大前提,为了企业战略及策略目标的达成,培训必须依据企业经营的策略方针来进行。组织层面的分析就是要解决公司高层管理者这样的问题:培训对实现我们的经营目标重要吗?培训将会怎样支持我们战略目标的实现?哪些职能部门和经营单位需要培训?从一个发展阶段来看,企业所处生命周期不同,其相应的组织培训需求就有所不同。

职务层面的需求是按照企业岗位职务能力标准,对担当工作的员工的工作能力、工作态度和工作业绩进行比较分析,以确定员工能否胜任,进而确定企业培训需求。职务层面的培训需求主要通过职务分析、问卷调查以及与部门主管面谈的方式进行。

个人层面的需求是通过对员工个人工作要求、工作结果、素质条件、工作态度以及发展要求进行评估,以确定培训对象和内容。其中对关键岗位的人员情况要进行重点分析。个人层面的需求主要通过与员工的个人面谈结合需求调查表进行。

在进行培训需求分析过程中,对于出现的工作差异,要首先确定改变这些差异的重要性,判断改变这种差异是当前需求还是未来需求?管理层是否支持这种改变?应该按什么顺序进行改变?有没有资源和政策上的保证等,最重要的是判断培训是否是解决这种差异最有效的方法。否则,盲目培训不但效果不好,而且劳民伤财。

(2) 依据国家职业标准要求

国家标准是制定培训计划和培训大纲的基础。培训计划和培训大纲应该涵盖职业标准的全部内容,但也不能超出职业标准的内容。

根据公司生产工艺及技术装备

编写培训计划和培训大纲要考虑公司现有的生产工艺、技术水平和技术装备等，否则培训计划和培训大纲就不现实、不能够具体实施的。

培训是为了满足管理者的需要和工作任务的需要，而不是单纯为满足员工需要。

（3）培训计划的内容

培训计划要解决 5W1H 问题，即

Why（为什么要培训?）：培训的目的；

Who（谁?）：培训的负责人、培训的对象；

What（培训的内容是什么?）：培训的内容；

When（什么时候、时间?）：培训的时间、期限；

Where（在哪里?）：培训的场地；

How（如何进行?）：培训的方法。

3. 培训大纲编写的原则

（1）符合教学计划要求

1）明确本门课程在教学计划中的地位和作用；

2）通过本门课程的学习需达到什么目的和要求；

3）体现各技能等级层次在培养规格、要求等方面上的差别；

4）重视应用技术与实践创新能力的培养。

（2）结合开放教育的特点，贯彻“少而精，求实效”的原则。

1）结合开放教育特点，考虑教学对象，教学内容难易要适中，教学总量要合理控制；

2）公共基础课和专业基础课的教学内容根据专业课的要求以必需、够用为标准，突出重点；

3）教学内容的精简标准以学生所学知识在量上符合专业培养目标和在一定时间内能吸收消化为限度；

4）要求反应学科的新成果，体现理论知识与实践应用能力的结合；

5）在文字表述上要力求精炼、准确。

（3）对操作技能类的课程要突出其指导与训练的特点，要针对其各教学环节有明确、具体的要求，且有较强的可操作性。

（4）同工种、同等级的相同课程（主要是基础课和专业基础课）原则上使用统一大纲、统一教材。

4. 培训大纲编写的内容和基本结构

培训大纲编写应包括大纲说明和大纲内容。

（1）大纲说明

这是培训大纲编写中必须强调的一部分，主要包括六点内容：

1）本课程的性质与地位、目的与任务；

2）本课程适用的主要专业及其他说明；

3）本课程与相关课程的前后衔接关系；

4）本课程的基本教学（包括实践性环节方面）要求；

5）本课程的教学方法和教学形式建议；

6）本课程内容的教学要求层次。

（2）大纲正文

教学要求：在教学要求中目的与要求应予以明确、具体、层次清楚，进一步增强和培养学员的逻辑思维能力与创造能力。

教学要求层次的术语通常有：知道、了解、理解、明确、能、学会、掌握、熟练掌握等。

对有关定义、定理、性质、特征等概念的内容可按“知道、了解、理解”三个层次要求；

有关计算、解法、公式、法则等方法的内容，可按“会、掌握、熟练掌握”三个层次要求；

技能（实践环节）可按：指认、学会、能、测定（测绘）、掌握、应用等几个层次要求来把握。

在编写时，应根据课程的性质与要求采用相应的定性词汇，并注明不同教学层次所对应的考核要求。

教学内容及课时：明确教学的内容和课时。

教学建议：明确教学内容中重点与难点的教学要求，建议教师采用的教学方法和教学手段等。

第五节 管 理

学习目标：了解生产管理的基础知识；掌握探测器测试生产质量管理方法；熟悉探测器测试相关技术管理知识。

一、管理基础

1. 组织管理基础

（1）总则

组织管理的工作内容，概括地讲，包括四个方面：

1）确定实现组织目标所需要的活动，并按专业化分工的原则进行分类，按类别设立相应的工作岗位；

2）根据组织的特点、外部环境和目标需要划分工作部门，设计组织机构和结构；

3）规定组织结构中的各种职务或职位，明确各自的责任，并授予相应的权力；

4）制订规章制度，建立和健全组织结构中纵横各方面的相互关系。

（2）管理目标

组织管理，应该使人们明确组织中有些什么工作，谁去做什么，工作者承担什么责任，具有什么权力，与组织结构中上下左右的关系如何。只有这样，才能避免由于职责不清造成的执行中的障碍，保证组织目标的实现。

（3）特点

1）它是围绕组织目标来进行的。组织目标是组织存在和发展的基础，组织管理就是为了有效地协调组织内的各种信息和资源，提高组织的工作效率，以期顺利地达到组织目标。

2）它是一个动态的协调过程。既要协调组织内部人与人的关系，又要协调组织内部人与物的关系。

3）组织管理是一种有意识有计划的自觉活动。

（4）原则

1）除非特殊状况，交待事项只对下一级的直接部属，而绝不跨级指挥。否则今后受害受累的一定是你自己。

2）除非事先已协调有共识或遇紧急状况，否则绝不指挥其他平行单位的员工。

3）接受上级跨级指挥时，必定要及时汇报自己的直接上司，让其第一时间了解状况。

4）交办员工工作或任务分配时，能多花点时间沟通，了解他对工作的想法同时让他了解工作的重要性与意义，想办法唤起他内心执行的愿意。否则可能不会有你想得到的结果。

5）交待部属工作时，应该尽量思考如何给予他更多的空间发挥。要让下属告诉你他是怎样做的，而绝不要做下属的保姆，也最好不要直接告诉他怎么做。

6）下达指示时，着重要求目标的完成，对过程不需要太多的限制。

7）当有人向你打小报告时，一定不要过于在意，也不要喜形于色，否则，你的组织文化就会烂成一锅粥。

8）考核评估下属时，不要只看事情的结果，一定要了解他的过程是怎么样的。否则，你的下属一定会投机取巧。

9）奖励下属时，绝对不要只会用现金，精神激励永远比物质激励更重要。否则，你的团队将会随时面临危机。

10）提拔下属时，绝对不要一步到位，因为爬得快的人一定会跌的很惨。否则，你就是害了他，也害了你自己。

（5）形式

从历史上看，社会组织的管理经历了两种形式：

1）家长制

它是产生和存在于传统农业社会的一种管理方式。由于传统社会生产分工不发达，生产规模相对狭小，人们把生产管理的一切指挥权集中于一人身上。

2）科层制

它产生于工业革命后现代化大生产时代，它把企业管理的权力分散于各个科层，分科执掌、分层负责。

（6）管理层次

1）行为层次管理实务

行为层次管理实务是指领导者在日常工作中的行为举止，对部属产生的影响，这是最直接有效的方法。作为高层主管不但要在工作管理中给员工以模范，还应采用不同的方式去关心过问部属的工作进展、生活情况、困难、解决的方法等。应记住，平时点点滴滴的积累，都会变成高层主管的影响力资产。帮助部属成功是最有效的激励办法。

2）管理层次管理实务

虽然行为层次的领导力是极为有效的，但随着企业组织规模的扩大，人数的增多，高层主管或老总是难以完全使用此法进行领导，这种行为层次的领导只使用于资本、组织规模小的企业或家族性企业。此时需要管理层次的方法来搭配，有几条基本原则应该掌握：

① 让部属知道公司对他的期望：使用职位说明书、工作说明书、管理制度、培训指导来实现此项目标。

② 让部属知道公司对他的看法：采用定期绩效评估、成果面谈、配合合理的奖惩办法，将会更有效。

③ 让部属对组织有归属感：让其认识重要的人，与不同部门的员工交流，知道公司相关

的信息,到陌生的部门时有人热情接待,到其他部门办事受到礼貌亲切的对待,这些会加强他的归属感。

④ 让部属得到启发,当部属感觉到自己进步了,会有高度的满意感。在工作上为人处事上、业绩上、管理知识技能上能得到高层主管的帮助指导与启发,是非常重要的无形软激励、软管理。

⑤ 让部属的努力得到应有的回报:可以是物质的、心理的、名誉的、或是培训学习机会、升迁等。

什么样的环境塑造什么样的人,这就是环境塑造人的真谛。一个领导管理者,必须有能力建立以上的环境与机制,才能使部属在大环境中得到滋润,以增进其向心力与工作能力。

3) 战略层次管理实务

战略领导是企业管理中的最高层次,这个层次对高层决策者的综合素质、理论指导水平、能力要求相当高。这样需要掌握几个要点:

① 创造良好的企业文化,企业文化对部属的感染力是长期的、深远的。良好的企业文化是杰出领导者最重要的一环。

② 战略规划,将帅无能累死三军。有效可行的战略,可以使部属产生高度的信赖,进而产生乐意跟随的意愿。

③ 设计合理高效的组织结构,部属对于不合理的组织结构与制度,是深恶痛绝但又无能为力,所以企业高层决策者不能忽视这项工作,才能确保部属的士气。

(7) 组织管理工具

组织管理工具主要是对整个组织内成员的权责关系进行管理的在线管理工具。它既可对人员的任务进行分派,又可进行组织内的业务管理,还可进行部门间的协作管理,保证整个组织运行的顺利进行。

针对组织管理的在线软件中,以 TeamOffice 为例,可在线完全共享小组内所有信息,帮助组内成员之间的实质性的协作、系统的记录业务的成果和过程。

其功能板块如下:

任务板块:对工作进行设定、分派和确认,判断和显示任务进行状态(进行、完成、延迟),可以显示每个人的业务量。

项目板块:可同时管理多个项目,生成项目目录。每个项目均可进行项目分级生成下级子项目,自动计算项目进度。

报告书:可按照日、周、月的设定做定期报告书,有各种企业、非企业各种类型的报告书模块。还可自定义不定期报告书。

资料室:各个模块上传的附件,都可在资料室中统一查看。可设定他人(上传/下载)权限。

留言板:可用于组织内/外的信息共享或作为备忘录等形式使用。有新增加的公告时,系统将自动发送邮件到用户邮箱,同时系统也会将用户发送的留言邮件转发到留言板,实现邮件与留言双向互动。

通讯录:不仅可以录入基本信息,还可附加简单的说明和文件材料,组员之间可共享。

日历:设定日程,还可与 Outlook 日程同步。重要日程还可设定"邮件发送提醒"和"纸条提醒"功能。

在线考勤簿：可用于组织内的上下班（出勤、退勤、外勤、出差、休假）的考勤管理。系统将自动按照周、月来进行统计。

2. 质量管理基础

质量管理是指确定质量方针、目标和职责，并通过质量体系中的质量策划、控制、保证和改进来使其实现的全部活动。

质量管理的发展与工业生产技术和管理科学的发展密切相关。现代关于质量的概念包括对社会性、经济性和系统性三方面的认识。

（1）质量社会性

质量的好坏不仅从直接的用户，而是从整个社会的角度来评价，尤其关系到生产安全、环境污染、生态平衡等问题时更是如此。

1）坚持按标准组织生产

标准化工作是质量管理的重要前提，是实现管理规范化的需要，“不讲规矩不成方圆”。企业的标准分为技术标准和管理标准。工作标准实际上是从管理标准中分离出来的，是管理标准的一部分。技术标准主要分为原材料辅助材料标准、工艺工装标准、半成品标准、产成品标准、包装标准、检验标准等。它是沿着产品形成这根线环环控制投入各工序物料的质量，层层把关设卡，使生产过程处于受控状态。在技术标准体系中，各个标准都是以产品标准为核心而展开的，都是为了达到产成品标准服务的。

管理标准是规范人的行为、规范人与人的关系、规范人与物的关系，是为提高工作质量、保证产品质量服务的。它包括产品工艺规程、操作规程和经济责任制等。企业标准化的程度，反映企业管理水平的高低。企业要保证产品质量，首先要建立健全各种技术标准和管理标准，力求配套。二是要严格执行标准，把生产过程中物料的质量、人的工作质量给予规范，严格考核，奖罚兑现。三是要不断修订改善标准，贯彻实现新标准，保证标准的先进性。

2）强化质量检验机制

质量检验在生产过程中发挥以下职能：一是保证的职能，也就是把关的职能。通过对原材料、半成品的检验，鉴别、分选、剔除不合格品，并决定该产品或该批产品是否接收。保证不合格的原材料不投产，不合格的半成品不转入下道工序，不合格的产品不出厂；二是预防的职能。通过质量检验获得的信息和数据，为控制提供依据，发现质量问题，找出原因及时排除，预防或减少不合格产品的产生；三是报告的职能。质量检验部门将质量信息、质量问题及时向厂长或上级有关部门报告，为提高质量，加强管理提供必要的质量信息。

要提高质量检验工作，一是需要建立健全质量检验机构，配备能满足生产需要的质量检验人员和设备、设施；二是要建立健全质量检验制度，从原材料进厂到产成品出厂都要实行层层把关，做原始记录，生产工人和检验人员责任分明，实行质量追踪。同时要把生产工人和检验人员职能紧密结合起来，检验人员不但要负责质检，还有指导生产工人的职能。生产工人不能只管生产，自己生产出来的产品自己要先进行检验，要实行自检、互检、专检三者相结合；三是要树立质量检验机构的权威。质量检验机构必须在厂长的直接领导下，任何部门和人员都不能干预，经过质量检验部门确认的不合格的原材料不准进厂，不合格的半成品不能流到下一道工序，不合格的产品不许出厂。

3）实行质量否决权

产品质量靠工作质量来保证，工作质量的好坏主要是人的问题。因此，如何挖掘人的积极因素，健全质量管理机制和约束机制，是质量工作中的一个重要环节。

质量责任制或以质量为核心的经济责任制是提高人的工作质量的重要手段。质量管理在企业各项管理在占有重要地位，这是因为企业的重要任务就是生产产品，为社会提供使用价值，同时获得自己经济效益。质量责任制的核心就是企业管理人员、技术人员、生产人员在质量问题上实行责、权、利相结合。作为生产过程质量管理，首先要对各个岗位及人员分析质量职能，即明确在质量问题上各自负什么责任，工作的标准是什么。其次，要把岗位人员的产品质量与经济利益紧密挂钩，兑现奖罚。对长期优胜者给予重奖，对玩忽职守造成质量损失的除不计工资外，还处以赔偿或其他处分。

此外，为突出质量管理工作的重要性，还要实行质量否决。就是把质量指标作为考核干部职工的一项硬指标，其他工作不管做得如何好，只要在质量问题上出了问题，在评选先进、晋升、晋级等荣誉项目时实行一票否决。

4）抓住影响产品质量的关键因素，设置质量管理点或质量控制点。

质量管理点(控制点)的含义是生产制造现场在一定时期、一定的条件下对需要重点控制的质量特性、关键部位、薄弱环节以及主要因素等采取的特殊管理措施和办法，实行强化管理，使工厂处于很好的控制状态，保证规定的质量要求。加强这方面的管理，需要专业管理人员对企业整体作出系统分析，找出重点部位和薄弱环节并加以控制。

质量是企业的生命，是一个企业整体素质的展示，也是一个企业综合实力的体现。伴随人类社会的进步和人们生活水平的提高，顾客对产品质量要求越来越高。因此，企业要想长期稳定发展，必须围绕质量这个核心开展生产，加强产品质量管理，借以生产出高品质的产品，让企业领导放心，让我们的客户称心。

（2）质量经济性

质量不仅从某些技术指标来考虑，还从制造成本、价格、使用价值和消耗等几方面来综合评价。在确定质量水平或目标时，不能脱离社会的条件和需要，不能单纯追求技术上的先进性，还应考虑使用上的经济合理性，使质量和价格达到合理的平衡。

（3）质量系统性

质量是一个受到设计、制造、安装、使用、维护等因素影响的复杂系统。例如，汽车是一个复杂的机械系统，同时又是涉及道路、司机、乘客、货物、交通制度等特点的使用系统。产品的质量应该达到多维评价的目标。费根堡姆认为，质量系统是指具有确定质量标准的产品和为交付使用所必须的管理上和技术上的步骤的网络。

质量管理发展到全面质量管理，是质量管理工作的又一个大的进步，统计质量管理着重于应用统计方法控制生产过程质量，发挥预防性管理作用，从而保证产品质量。然而，产品质量的形成过程不仅与生产过程有关，还与其他许多过程、许多环节和因素相关联，这不是单纯依靠统计质量管理所能解决的。全面质量管理相对更加适应现代化大生产对质量管理整体性、综合性的客观要求，从过去限于局部性的管理进一步走向全面性、系统性的管理。

（4）质量保证

质量保证活动涉及企业内部各个部门和各个环节。从产品设计开始到销售服务后的质量信息反馈为止，企业内形成一个以保证产品质量为目标的职责和方法的管理体系，称为质量保证体系，是现代质量管理的一个发展。建立这种体系的目的在于确保用户对质量的要求和消费者的利益，保证产品本身性能的可靠性、耐用性、可维修性和外观式样等。

“质量保证”一词在 GB/T 19000—2008/ISO 9000:2005 已经定义为“质量管理”的一部分,其定义为:“质量管理(3.2.8)的一部分,致力于提供质量要求会得到满足的信任”。因此,质量保证的活动,更应该是以 3.5.3 可信性为核心。可信性的定义为:“用于表述可用性及其影响因素(可靠性、维修性和保障性)的集合术语。注解:可信性仅用于非定量术语的总体表述。所以,质量保证,更多的应该模拟最终顾客使用的环境、寿命以及产品的相关标准要求进行严格的试验来满足顾客信任。

(5) 质量控制

为保证产品的生产过程和出厂质量达到质量标准而采取的一系列作业技术检查和有关活动,是质量保证的基础。美国 J. M. 朱兰认为,质量控制是将测量的实际质量结果与标准进行对比,并对其差异采取措施的调节管理过程。这个调节管理过程由以下一系列步骤组成:选择控制对象;选择计量单位;确定评定标准;创造一种能用度量单位来测量质量特性的仪器仪表;进行实际的测量;分析并说明实际与标准差异的原因;根据这种差异作出改进的决定并加以落实。

质量控制更应该对活动过程加以控制。

(6) 质量管理工具

1) 控制图

控制图是用图形显示某项重要产品或过程参数的测量数据。在制造业可用轴承滚珠的直径作为例子。在服务行业测量值可以是保险索赔单上有没有列出某项要求提供的信息。

依照统计抽样步骤,在不同时间测量。控制图显示随时间而变化的测量结果,该图按正态分布,即经典的钟形曲线设计。用控制图很容易看出实际测量值是否落在这种分布的统计界线之内。

上限叫“控制上限”,下限叫“控制下限”。如果图上的测量值高于控制上限或低于控制下限,说明过程失控。这样就得仔细调查研究以查明问题所在,找出并非随机方式变动的因素。

2) 帕累托图

帕累托图又叫排列图,是一种简单的图表工具,用于统计和显示一定时间内各种类型缺陷或问题的数目。其结果在图上用不同长度的条形表示。所根据的原理是 19 世纪意大利经济学家维尔弗雷德 . 帕雷托(Vilfred Pareto)的研究,即各种可能原因中的 20%造成 80%左右的问题;其余 80%的原因只造成 20%的问题和缺陷。

为了使改进措施最有效,必须首先抓住造成大部分质量问题的少数关键原因。帕雷托图有助于确定造成大多数问题的小数关键原因。该图也可以用于查明生产过程中最可能产生某些缺陷的部位。

3) 鱼骨图

鱼骨图也称为因果分析图或石川图(根据最先提出这一工具的石川熏(Kaoru Ishikawa 译名)的名字命名)。它看上去有些象鱼骨,问题或缺陷(即后果)标在“鱼头”外。在鱼骨上长出鱼刺,上面按出现机会多寡列出产生生产问题的可能原因。鱼骨图有助于说明各个原因之间如何相互影响。它也能表现出各个可能的原因是如何随时间而依次出现的。这有助于着手解决问题。

4）走向图

走向图有时也叫趋势图。它用来显示一定时间间隔(例如一天、一周或一个月)内所得到的测量结果。以测得的数量为纵轴，以时间为横轴绘成图形。

走向图就像不断改变的记分牌。它的主要用处是确定各种类型问题是否存在重要的时间模式。这样就可以调查其中的原因。例如，按小时或按天画出次品出现的分布图，就可能发现只要使用某个供货商提供的材料就一定会出问题。这表示该供货商的材料可能是原因所在。或者发现某台机器开动时一定会出现某种问题，这就说明问题可能出在这台机器上。

5）直方图

直方图也称线条图。在直方图上，第一控制类别(对应于一系列相互独立的测量值中的一个值)中的产品数量用条线长度表示。第一类别均加有标记，条线按水平或垂直依次排列。直方图可以表明哪些类别代表测量中的大多数。同时也表示出第一类别的相对大小。直方图给出的是测量结果的实际分布图。图形可以表现分布是否正常，即形状是否近似为钟形。

6）分布图

分布图提供了表示一个变量与另一个变量如何相互关联的的标准方法。例如要想知道金属线的拉伸强度与线的直径的关系，一般是将线拉伸到断裂，记下使线断裂时所用的力的准确数值。以直径为横轴，以力为纵轴将结果绘成图形。这样就可以看到拉伸强度和线径之间的关系。这类信息对产品设计有用。

7）流程图

流程图有时也称作输入-输出图。该图直观地描述一个工作过程的具体步骤。流程图对准确了解事情是如何进行的，以及决定应如何改进过程极有帮助。这一方法可以用于整个企业，以便直观地跟踪和图解企业的运作方式。

流程图使用一些标准符号代表某些类型的动作，如决策用菱形框表示，具体活动用方框表示。但比这些符号规定更重要的，是必须清楚地描述工作过程的顺序。流程图也可用于设计改进工作过程，具体做法是先画出事情应该怎么做，再将其与实际情况进行比较。

(7) 全面管理

第一，全面的质量，包括产品质量、服务质量、成本质量；

第二，全过程的质量，指质量贯穿于生产的全过程，用工作质量来保证产品质量；

第三，全员参与的质量，对员工进行质量教育，强调全员把关，组成质量管理小组；

第四，全企业的质量，目的是建立企业质量保证体系。

全面质量管理常用七种工具，就是在开展全面质量管理活动中，用于收集和分析质量数据，分析和确定质量问题，控制和改进质量水平的常用七种方法。这些方法不仅科学，而且实用，作为班组长应该首先学习和掌握它们，并带领工人应用到生产实际中。

1）统计分析表法和措施计划表法

质量管理讲究科学性，一切凭数据说话。因此对生产过程中的原始质量数据的统计分析十分重要，为此必须根据本班组，本岗位的工作特点设计出相应的表格。

2）排列图法

排列图法是找出影响产品质量主要因素的一种有效方法。

制作排列图的步骤：

① 收集数据，即在一定时期里收集有关产品质量问题的数据。如，可收集1个月或3个月或半年等时期里的废品或不合格品的数据。

② 进行分层，列成数据表，即将收集到的数据资料，按不同的问题进行分层处理，每一层也可称为一个项目；然后统计一下各类问题（或每一项目）反复出现的次数（即频数）；按频数的大小次序，从大到小依次列成数据表，作为计算和作图时的基本依据。

③ 进行计算，即根据第(3)栏的数据，相应地计算出每类问题在总问题中的百分比，计入第(4)栏，然后计算出累计百分数，计入第(5)栏。

④ 作排列图。即根据上表数据进行作图。需要注意的是累计百分率应标在每一项目的右侧，然后从原点开始，点与点之间以直线连接，从而作出帕累托曲线。

3）因果分析图法

因果分析图又叫特性要因图。按其形状，有人又叫它为树枝图或鱼刺图。它是寻找质量问题产生原因的一种有效工具。

画因果分析图的注意事项：

① 影响产品质量的大原因，通常从五个大方面去分析，即人、机器、原材料、加工方法和工作环境。每个大原因再具体化成若干个中原因，中原因再具体化为小原因，越细越好，直到可以采取措施为止。

② 讨论时要充分发挥技术民主，集思广益。别人发言时，不准打断，不开展争论。各种意见都要记录下来。

4）分层法

分层法又叫分类，是分析影响质量（或其他问题）原因的方法。我们知道，如果把很多性质不同的原因搅在一起，那是很难理出头绪来的。其办法是把收集来的数据按照不同的目的加以分类，把性质相同，在同一生产条件下收集的数据归在一起。这样，可使数据反映的事实更明显、更突出，便于找出问题，对症下药。

企业中处理数据常按以下原则分类：

① 按不同时间分：如按不同的班次、不同的日期进行分类；

② 按操作人员分：如按新、老工人、男工、女工、不同工龄分类；

③ 按使用设备分：如按不同的机床型号，不同的工夹具等进行分类

④ 按操作方法分：如按不同的切削用量、温度、压力等工作条件进行分类；

⑤ 按原材料分：如按不同的供料单位不同的进料时间，不同的材料成份等进行分类。

⑥ 按不同的检测手段分类。

⑦ 其他分类：如按不同的工厂、使用单位、使用条件、气候条件等进行分类。

总之，因为我们的目的是把不同质的问题分清楚。便于分析问题找出原因。所以，分类方法多种多样，并无任何硬性规定。

5）直方图法

直方图（Histogram）是频数直方图的简称。它是用一系列宽度相等、高度不等的长方形表示数据的图。长方形的宽度表示数据范围的间隔，长方形的高度表示在给定间隔内的数据数。

6）控制图法

控制图法是以控制图的形式，判断和预报生产过程中质量状况是否发生波动的一种常

用的质量控制统计方法。它能直接监视生产过程中的过程质量动态,具有稳定生产,保证质量、积极预防的作用。

7) 散布图法

散布图法,是指通过分析研究两种因素的数据之间的关系,来控制影响产品质量的相关因素的一种有效方法。

在生产实际中,往往是一些变量共处于一个统一体中,它们相互联系、相互制约,在一定条件下又相互转化。有些变量之间存在着确定性的关系,它们之间的关系,可以用函数关系来表达,如园的面积和它的半径关系:$S=\pi r^2$;有些变量之间却存在着相关关系,即这些变量之间既有关系,但又不能由一个变量的数值精确地求出另一个变量的数值。将这两种有关的数据列出,用点子打在坐标图上,然后观察这两种因素之间的关系。这种图就称为散布图或相关图。

(8) 质量改善意义

所谓全面质量管理,就是企业全体人员及各个部门同心协力,把经营管理、专业技术、数量统计方法和思想教育结合起来,建立起产品的研究与开发、设计、生产作业、服务等全过程的质量体系,从而有效地利用人力、物力、财力、信息等资源,提供符合规定要求和用户期望的产品和服务。美国著名质量管理专家戴明曾提出:在生产过程中,造成质量问题的原因只有10%～15%来自工人,而85%～90%是企业内部在管理上有问题。由此可见,质量不仅仅取决于加工这一环节,也不只是局限于加工产品的工人,而是涉及企业各个部门、各类人员。

质量——企业的生命。

抓好产品质量,首先就要提高质量意识,不重视产品质量的职工是不可能生产出好的产品的。

质量管理:治标更要治本。

关于企业如何抓好产品的质量管理,谈的人够多了,但是,不少听起来头头是道的理论运用到实际当中,收到的效果却不佳。

从"扁鹊自责"看质量管理。

质量管理如同医生看病,治标不能忘固本。许多企业悬挂着质量是企业的生命的标语,而现实中存在头疼医头、脚疼医脚的质量管理误区。

3. 技术管理基础

技术管理通常是指在技术行业当中所作的管理工作,管理者一般具有较高的技术水平,同时带领着自己所管理的团队完成某项技术任务。技术管理的实际操作当中,强调的是管理者对所领导的团队的技术分配,技术指向和技术监察。管理者用自己所掌握的技术知识和能力来提高整个团队的效率,继而完成技术任务。技术管理是技术和管理的融合,是较高知识容量的高深行业。

(1) 概念

技术通常指根据生产实践经验和自然科学原理总结发展起来的各种工艺操作方法与技能。现代企业技术管理就是依据科学技术工作规律,对企业的科学研究和全部技术活动进行的计划、协调、控制和激励等方面的管理工作。

企业技术管理是整个企业管理系统的一个子系统,是对企业的技术开发、产品开发、技术改造、技术合作以及技术转让等进行计划、组织、指挥、协调和控制等一系列管理活动的总称。企业技术管理的目的，是按照科学技术工作的规律性，建立科学的工作程序，有计划地、合理地利用企业技术力量和资源，把最新的科技成果尽快地转化为现实的生产力，以推动企业技术进步和经济效益的实现。

企业技术管理系统的建立，是根据技术管理的基本理论，以促进企业技术进步为目的，对企业的技术开发、产品开发、技术改造、技术合作和技术转让等工作进行分析和评价，提出改善方案并指导实施的一种智力服务活动。

通过技术管理系统的建立，能够对技术管理的成效进行评价，帮助企业分析技术管理不善的原因，制定改进措施，提高企业技术管理水平，促进企业进步，增强企业的竞争能力。

(2) 技术内容

企业技术管理的内容主要有：

1) 进行科学技术预测，制定规划并组织实施；

2) 改进产品设计，试制新产品；

3) 制订和执行技术标准，进行产品质量的监督检验；

4) 组织信息交流；

5) 建立健全技术操作规程；

6) 技术改造、技术引进和设备更新；

7) 做好生产技术准备和日常技术管理；

8) 做好技术经济的论证工作。

(3) 技术管理概念

1) 工艺规程

工艺规程是企业根据原料质量情况和产品质量标准，在国家技术政策指导下，根据自身的生产技术条件所制定的工艺性技术文件。企业工艺规程主要包括：

① 工艺流程，就是将一系列的机器、设备和工序组合起来，对原、辅材料按一定的产品质量标准进行加工、处理的生产工艺过程。

② 各种作业机械的生产技术数据，是指各种不同性能的作业机械，在加工不同原、辅材料品质的情况下，为达到预定的产品质量标准而规定的生产技术参数。

2) 技术测定

企业的技术测定就是对本企业产品生产过程中各个作业机的处理（加工）量与其质量以及它们的相互关系进行系统地检查、检测和分析研究。

测定内容主要有物料流量测定、成品与半成品的质量测定、机械设备的工作参数测定三个方面。

3) 科学研究

科学研究一般是指利用科学手段与装备对客观的自然现象的奥秘进行探索以获取对自然现象的科学知识，并揭示它们之间的内在联系，为创造发明新的技术提供理论依据。科学研究通常分为基础研究、应用研究和发展研究三类。

4) 技术革新

技术革新通常是指生产技术上的局部改进，如设备结构的改进，生产工艺和操作方法的改进、原材料的节约等。技术革新一般仅是局部工艺、个别设备的改进。

5）技术引进

技术引进是一个国家为了发展本国的经济科学技术水平，通过各种方式，从国外取得先进的技术成果，包括各种工艺、设备制造的技术资料、关键设备或成套设备。

6）技术改造

技术改造是指在坚持技术进步前提下，把科学技术成果应用于企业生产的各个领域（产品，设备，工艺），用先进技术改造落后技术，用先进工艺和设备代替落后工艺和设备，达到提高产品质量、节约能耗，全面提高企业经济效益的目的。

7）技术档案管理

技术档案是企业在生产、建设和科学研究活动中所形成的具有保存价值的并保存起来以备查考的图纸（产品图纸、工艺图纸、基建图纸）、各类说明书、实验记录和专题、研究论文、有关的照片、影片录像、录音带等技术文件材料。技术档案管理指对技术档案的收集、整理、分类、保管、鉴定、统计和服务等一系列活动的管理过程。

（4）技术管理任务

企业技术管理的任务主要是推动科学技术进步，不断提高企业的劳动生产力和经济效益。

1）正确贯彻执行国家的技术政策

技术政策是国家根据现代企业生产的发展和客观需要，根据科学技术原理制定的，是指导企业各种技术工作的方针政策。企业许多技术问题和经济问题的解决都离不开国家的有关技术政策。我国现代企业的技术政策很多，主要包括产品质量标准、工艺规程、技术操作规程、检验制度等，其中，产品的质量标准是最重要的。

2）建立良好的生产技术秩序，保证企业生产的顺利进行

良好的生产技术秩序，是保证企业生产顺利进行的必要前提。企业要通过技术管理，使各种机器设备和工具经常保持良好的技术状况，为生产提供先进合理的工艺规程，并要严格执行生产技术责任制和质量检验制度，及时解决生产中的技术问题，从而保证企业的生产顺利进行。

3）提高企业的技术水平

现代企业要通过各种方式和手段，提高工人和技术人员的技术素质，对生产设备、工艺流程、操作方法等不断进行挖潜、革新和改造，推广行之有效的生产技术经验；努力学习和采用新工艺、新技术，充分发挥技术人员和工人的作用，全面提高所有生产人员的科学文化水平和技术水平，以加速企业的现代化进程。

4）保证安全生产

操作工人和机器设备的安全是现代企业生产顺利进行的基本保证，也是社会主义制度的一个基本要求。如果企业不能确保生产的安全，工人的人身安全和健康就不能得到保证，国家的财产就会遭受损失，企业的生产经营活动也会受到极大影响，所以说，安全就是效益。企业生产的安全应靠企业上下各方面的共同力，从技术上采取有力措施，制定和贯彻安全技术操作规程，从而保证生产安全。

5）广泛开展科研活动，努力开发新产品

在市场经济中，现代企业必须及时生产出符合社会需求的产品，才能取得相应的经济效

益。这就要求企业必须发动广大技术人员和工人，广泛开展科学研究活动，努力专研技术，积极开发新产品，不断满足需求，开拓新市场。

思考题

1. 请思考堆用探测器的线性度指标的用途及测量方法？
2. 请思考 A、B、C、D 四组检验项目中哪组检验项目可以归为产品质量鉴定试验？

参考文献

[1] 用于核反应堆的辐射探测器特性及其测试方法：GB/T 7164－2004.[S].
[2] 汲长松．核辐射探测器及其实验技术手册[M].北京：原子能出版社，2010.

第十二章　高级技师整机调试安装

第一节　生产准备

学习目标：熟悉生产文件知识，辐射防护文件编制方法。

一、生产准备专业知识

1. 工艺文件编写要求

工艺文件是指将组织生产实现工艺过程（使各种原材料、半成品加工成产品的方法和过程）的程序、方法、手段及标准用文字及图表的形式来表示，用来指导产品制造过程的一切生产活动实现为最终产品的操作文件，使之纳入规范有序的轨道。

企业是否具备先进、科学、合理、齐全的工艺工件是企业能否安全、优质、齐全的工艺文件是企业能否安全、优质、高产低消耗的制造产品的决定条件。工艺文件是带强制性的纪律性文件。不允许用口头的形式来表达，必须采用规范的书面形式，任何人不得随意修改，违反工艺文件属违纪行为。

(1) 工艺文件编制原则

编制工艺文件应在保证产品质量和有利于稳定生产的条件下，用最经济、最合理的工艺手段并坚持少而精的原则。为此，要做到以下几点。

1) 既要具有经济上的合理性和技术上的先进性，又要考虑企业的实际情况，具有适应性。

2) 必须严格与设计文件的内容相符合，应尽量体现设计的意图，最大限度地保证设计质量的实现。

3) 要力求文件内容完整正确，表达简洁明了，条理清楚，用词规范严谨。并尽量采用视图加以表达。要做到不需要口头解释，根据工艺规程，就可以进行一切工艺活动。

4) 要体现品质观念，对质量的关键部位及薄弱环节应重点加以说明。

5) 尽量提高工艺规程的通用性，对一些通用的工艺应上升为通用工艺。

6) 表达形式应具有较大的灵活性及适应性，当发生变化时，文件需要重新编制的比例压缩到最小程度。

(2) 文件工艺编写注意事项

1) 工艺文件要有统一的格式、统一的幅面，其格式、幅面的大小应符合有关规定，并要装订成册和装配齐全。

2) 工艺文件的填写内容要明确，通俗易懂、字迹清楚、幅面整洁。尽量采用计算机编制。

3) 工艺文件所用的文件的名称、编号、符合和元器件代号等，应与设计文件一致。

4) 工艺安装图可不完全照实样绘制，但基本轮廓要相似，安装层次应表示清楚。

5）装配接线图中的接线部位要清楚，连接线的接点要明确。

6）编写工艺文件要执行审核、批准手续。

（3）核辐射探测器组装工艺要求

“装”——组装、联结，“配”——仔细修配、精心调整。按规定的技术要求，将零件或部件进行配合和联接，使之成为半成品或产品的工艺过程为装配。也就是：把已经加工好，并检验合格的单个零件，通过各种形式，依次将零部件联接或固定在一起，使之成为部件或产品的过程。

零件＜合件＜组件＜部件＜机器总成。

装配工作的基本要求：

1）保持作业台面清洁无杂物以免造成线路板、加工件等刮伤、沾油、落灰。

2）使用手套（手指套）时要经常更换，以防手套（手指套）上污垢对探测器晶体等灵敏器件造成污染。

3）凡接触 PCB、IC、LCD 的人员要佩戴静电手腕作业。

4）电子组件不可堆叠，避免会导致机械性损伤，需使用搁架隔离。

5）拿取电路板时手拿板边缘部分，不宜直接接触元件。放置电路板时，轻拿轻放，严禁扔板。

6）装配时，应检查零件有无变形、损坏等，并注意零件上的各种标记，放置错装。

7）固定连接的零部件，不允许有间隙。活动的零件，能在正常的间隙下，灵活均匀地按规定方向运动，不应有跳动。

8）各运动部件（或零件）的接触表面，必须保证有足够的润滑。

9）各密封部位，装配后不得有渗漏现象。

10）组装顺序原则：先下后上，先内后外，先难后易，先重后轻，先精密后一般。

（4）调试大纲编制要求

调试大纲是相关系统调试的纲领性文件，不是具体试验的执行文件。它包括了系统的组成和运行、安全功能，对整个系统调试的目的，该系统调试所有的试验项目（单独试验项目的具体实施由调试程序给出），还包括了试验计划、试验用器材设备、监察设点、人员要求、安全要求等。

试验方法需依据试验导则、试验程序、系统安全准则及调试经验编制。

试验导则是起草试验程序（试验规程）的基础性文件，它们为某种给定类型的部件或某种给定类型的试验介绍了通用的试验规程和方法，用来指导编写具体的调试规程。

试验程序（又称试验规程）是进行每项试验的执行性文件，它规定了每项试验的具体实施方法，包括试验目的、方法、条件步骤和记录等，同时也是试验总结的一本原始记录。

系统安全准则也是起草调试规程的基础性文件之一，给出了某些重要系统的安全准则。安全准则定义为某种参数的某些条件，在调试过程中，即在试验程序执行过程中必须被验证的。系统安全准则不是执行文件，必须附在相关调试大纲的附录中。

2. 放射源的防护及分类

（1）放射源的分类

放射源按所释放射线的类型可分为 α 放射源、β 放射源、γ 放射源和中子源等；按照放射源的封装方式可分为密封放射源（放射性物质密封在符合一定要求的包壳中）和非密封放射源(没有包壳的放射性物质)绝大多数工、农和医用放射源是密封放射源，某些供实验室用的、强度较低的放射源是非密封的。

根据国务院第449号令《放射性同位素与射线装置安全和防护条例》规定，制定本放射源分类办法。参照国际原子能机构的有关规定，按照放射源对人体健康和环境的潜在危害程度，从高到低将放射源分为Ⅰ、Ⅱ、Ⅲ、Ⅳ、Ⅴ类，Ⅴ类源的下限活度值为该种核素的豁免活度。

Ⅰ类放射源为极高危险源。没有防护情况下，接触这类源几分钟到1小时就可致人死亡；

Ⅱ类放射源为高危险源。没有防护情况下，接触这类源几小时至几天可致人死亡；

Ⅲ类放射源为危险源。没有防护情况下，接触这类源几小时就可对人造成永久性损伤，接触几天至几周也可致人死亡；

Ⅳ类放射源为低危险源。基本不会对人造成永久性损伤，但对长时间、近距离接触这些放射源的人可能造成可恢复的临时性损伤；

Ⅴ类放射源为极低危险源。不会对人造成永久性损伤。

(2) 放射源的防护注意事项

内照射防护的基本原则是制定各种规章制度，采取各种有效措施，阻断放射性物质进入人体的各种途径，在最优化原则的范围内，使摄入量减少到尽可能低的水平。

放射性物质进入人体内的途径有三种，即放射性核素经由食入、吸入、皮肤(完好的或伤口)进入体内，从而造成放射性核素的体内污染。放射性核素进入人体内的途径及其在体内的代谢过程。

内照射防护的一般方法是“包容、隔离”和“净化、稀释”，以及“遵守规章制度、做好个人防护”。

在开放型放射操作中，“包容、隔离”和“净化、稀释”往往是联合使用。如在高毒性放射操作中，要在密闭手套箱中进行，把放射性物质包容在一定范围内，以限制可能被污染的体积和表面。同时要在操作的场所进行通风，把工作场所中可能被污染的空气通过过滤净化经烟囱排放到大气中得到稀释，从而使工作场所空气中放射性浓度控制在一定水平以下。这两种方法配合使用，可以得到良好的效果。

(3) 辐射防护方案的编制方法

方案一：时间防护案例。

控制放射性工作人员接触放射性物质的时间，剂量较大的场所需取多人限时轮流方式工作。

方案二：距离防护案例。

使用放射源时用相关工具(如镊子、铁锹等)移动转业放射性物质，增加放射性物质与人体距离，减少照射量。

方案三：屏蔽防护——放射源铅罐。

在实际工作中，由于条件所限，往往单靠缩短接触时间和增大距离并不能达到安全操作的目的。例如室内安装一大型^{60}Co辐照源，离工作人员的最大距离也只有几米。在工作人员处的剂量当量可能达1 Sv/s以上，这时即使在那里停留一秒钟也是很危险的。因此上述两种方法都不适用，而必须采用屏蔽防护。此外，任何电离辐射与空气相互作用，会产生某些有害的气体，例如臭氧、氮氧化物。同时，受到高能带电粒子束、中子束或高能光子束照射的物质（包括空气和灰尘）还可能被诱发感生放射性。因此，在应用外部电离辐射源的时候，除了注意外照射的辐射防护，还须采取相应的其他措施（如通风），用以防止内照射、有害气体及其他有害因素对人体的损害。

铅罐是一种通常用铅做的厚屏蔽容器，供运送或贮存放射性同位素或其他放射性物质之用。放射性物质在衰变反应中可以释放出多种射线，它们往往会对人体产生不良影响。因此，要寻找能够“遮挡”这些射线的物质作为容器。而铅罐就是最常用的一种储源容器。

二、实践与操作

1）根据测量设备使用说明书，熟练使用调试用仪器仪表。

2）对于进口调试设备，熟练使用，熟知基础专业英语。

3）根据组装图，对调试系统进行搭建。

4）把各个功能单元进行组装连接，可做到整机调试前准备工作。看到连接图，我们应该把所需要的功能单元准备好，接下来按照连接图进行输入输出连接。

第二节　工艺操作

学习目标：熟悉组织调试基础知识，解决问题要有独到的方法，熟悉样机试制内容。

一、调试基础知识

1. 运算放大器

将电路的元器件和连线制作在同一硅片上，制成了集成电路。随着集成电路制造工艺的日益完善，目前已能将数以千万计的元器件集成在一片面积只有几十平方毫米的硅片上。按照集成度（每一片硅片中所含元器件数）的高低，将集成电路分为小规模集成电路（简称SSI），中规模集成电路（简称 MSI），大规模集成电路（简称 LSI）和超大规模集成电路（VLSI）。

运算放大器实质上是高增益的直接耦合放大电路，集成运算放大器是集成电路的一种，简称集成运放，它常用于各种模拟信号的运算，例如比例运算、微分运算、积分运算等，由于它的高性能、低价位，在模拟信号处理和发生电路中几乎完全取代了分立元件放大电路。

集成运放的应用是重点要掌握的内容，此外，本章也介绍集成运放的主要技术指标，性能特点与选择方法。

集成运放的主要技术指标，大体上可以分为输入误差特性、开环差模特性、共模特性、输出瞬态特性和电源特性。

2. 集成运放的主要技术指标

集成运放的主要技术指标，大体上可以分为输入误差特性、开环差模特性、共模特性、输出瞬态特性和电源特性。

（1）输入误差特性

输入误差特性参数用来表示集成运放的失调特性，描述这类特性的主要是以下几个参数：

1）输入失调电压 V_{OS}

对于理想运放，当输入电压为零时，输出也应为零。实际上，由于差动输入级很难作到完全对称，零输入时，输出并不为零。在室温及标准电压下，输入为零时，为了使输出电压为零，输入端所加的补偿电压称为输入失调电压 V_{OS}。V_{OS}大小反映了运放的对称程度。V_{OS}越大，说明对称程度越差。一般 V_{OS} 的值为 1 μV～20 mV，F007 的 V_{OS} 为 1～5 mV。

2）输入失调电压的温漂 $\frac{dV_{OS}}{dT}$

$\frac{dV_{OS}}{dT}$是指在指定的温度范围内，V_{OS}随温度的平均变化率，是衡量温漂的重要指标。$\frac{dV_{OS}}{dT}$不能通过外接调零装置进行补偿，对于低漂移运放，$\frac{dV_{OS}}{dT}<1$ μV/℃，普通运放为(10～20)μV/℃。

3）输入偏置电流 I_B

输入偏置电流是衡量差动管输入电流绝对值大小的标志，指运放零输入时，两个输入端静态电流 I_{B1}、I_{B2}的平均值，即

$$I_B=\frac{1}{2}(I_{B1}+I_{B2})$$

差动输入级集电极电流一定时，输入偏置电流反映了差动管β值的大小。I_B越小，表明运放的输入阻抗越高。I_B太大，不仅在不同信号源内阻时，对静态工作点有较大的影响，而且也影响温漂和运算精度。

4）输入失调电流 I_{OS}

零输入时，两输入偏置电流 I_{B1}、I_{B2}之差称为输入失调电流 I_{OS}，即 $I_{OS}=|I_{B1}-I_{B2}|$，I_{OS}反映了输入级差动管输入电流的对称性，一般希望 I_{OS}越小越好。普通运放的 I_{OS}约为 1 nA～0.1 μA，F007 的 I_{OS}约为 50～100 nA。

5）输入失调电流温漂 $\frac{dI_{OS}}{dT}$

输入失调电流温漂 $\frac{dI_{OS}}{dT}$指在规定的温度范围内，I_{OS}的温度系数，是对放大器电流温漂的量度。它同样不能用外接调零装置进行补偿。典型值为几个 nA/℃。

(2) 开环差模特性参数

开环差模特性参数用来表示集成运放在差模输入作用下的传输特性。描述这类特性的参数有开环电压增益、最大差模输入电压、差模输入阻抗、开环频率相应及其 3 dB 带宽。

1）开环差模电压增益 A_{od}

开环差模电压增益 A_{od}指在无外加反馈情况下的直流差模增益，它是决定运算精度的重要指标，通常用分贝表示，即，

$$A_{od}=20\lg\frac{\Delta V_o}{\Delta(V_{i1}-V_{i2})}$$

不同功能的运放，A_{od}相差悬殊，F007 的 A_{od}为 100～106 dB，高质量的运放可达 140 dB。

2）最大差模输入电压 V_{idmax}

V_{idmax}指集成运放反相和同相输入端所能承受的最大电压值，超过这个值输入级差动管中的管子将会出现反相击穿，甚至损坏。利用平面工艺制成的硅 NPN 管的 V_{idmax}为±5 V 左右，而横向 PNP 管的 V_{idmax}可达±30 V 以上。

3）3 dB 带宽

输入正弦小信号时，A_{od}是频率的函数，随着频率的增加，A_{od}下降。当 A_{od}下降 3 dB 时所对应的信号频率称为 3 dB 带宽。一般运放的 3 dB 带宽为几赫兹至几千赫兹，宽带运放可达到几兆赫兹。

4）差模输入电阻 R_{id}

$R_{id}=\dfrac{\Delta V_{id}}{\Delta I_i}$，是衡量差动管向输入信号源索取电流大小的标志，F007 的 R_{id}约为 2 MΩ，用场效应管作差动输入级的运放，R_{id}可达 10^6 MΩ。

（3）共模特性参数

共模特性参数用来表示集成运放在共模信号作用下的传输特性，这类参数有共模抑制比、共模输入电压等。

1）共模抑制比 K_{CMRR}

共模抑制比的定义与差动电路中介绍的相同，F007 的 K_{CMRR}为 80～86 dB，高质量的可达 180 dB。

2）最大共模输入电压 V_{icmax}

V_{icmax}指运放所能承受的最大共模输入电压，共模电压超过一定值时，将会使输入级工作不正常，因此要加以限制。F007 的 V_{icmax}为±13 V。

（4）输出瞬态特性参数

输出瞬态特性参数用来表示集成运放输出信号的瞬态特性，描述这类特性的参数主要是转换速率。

转换速率 $S_R=\left|\dfrac{dv_o}{dt}\right|_{max}$是指运放在闭环状态下，输入为大信号（如阶跃信号）时，放大器输出电压对时间的最大变化速率。转换速率的大小与很多因素有关，其中主要与运放所加的补偿电容、运放本身各级三极管的极间电容、杂散电容，以及放大器的充电电流等因素有关。只有信号变化斜率的绝对值小 S_R 时，输出才能按照线性的规律变化。

S_R 是在大信号和高频工作时的一项重要指标，一般运放的 S_R 在 1 V/μs，高速运放可达到 65 V/μs。

（5）电源特性参数

电源特性参数主要有静态功耗等。静态功耗指运放零输入情况下的功耗。F007 的静态功耗为 120 mW。

3. 运放的特点及分类

（1）通用型这类运放无特殊要求，常在普通电路中使用，价格也很低廉，比如 μA741、LM324 等。

(2) 微偏流(高阻)型这类运放的输入阻抗极高,常以

(3) 场效应管作为输入级,其输入偏流低到 pA(10-12 pA)级,比如 AD549、OPAl28 等。

(4) 低功耗型这类运放自身功耗极低,常以电池供电,其静态耗电有的仅为 20 μA,比如 OP90G、LP324 等。

(5) 高精度型这类运放的失调电压及温漂极小,具有很高的稳定性。对频率特性要求不高,主要用于电子仪器中,比如 OP07、OP177 等。

(6) 低噪声型这类运放的特点是噪声电压密度极低,已低至 0.85 nV/1 kHz。主要用于高级音响的前置级,比如 AD829、LT1028 就属这类运放。

(7) 高速型这类运放主要用在高频高带宽的电子设备中,通常采用

(8) 电流负反馈方式,它的转换速率很高,可达 2 000 V/μs 以上。比如 LM318、EL2030C、AD8001A 就属这一类运放。

(9) 电流型这类运放输出电流大,常用在音频功放及电机驱动电路中,比如 TDA2007、LMl875、OPA541 等。就 OPA541 来说,它输出的最大电流可达 10 A,输出功率达 125 W。除此以外还有高压型、程控型、跨导型等等,在此不一一介绍。

(10) 无论哪种运放都有两个输入端,即同相输入端 V+,反相输入端 V-,一个输出端 Uo。它的基本特性:当从同相端输入信号时,其输出与输入端信号同相位,即同相放大;当从反相端输入信号时,其输出与输入端信号相位相反,即反相放大。当从同相输入端和反相输入端同时注入不同信号时,输出端输出的信号是它们的代数和,即差动放大。当同相输入端和反相输入端同时输入同一信号时,输出端无信号,这是因为正、反相放大器放大后的信号由于相位相反,刚好抵消。

(11) 运放是一种通用电子器件,它的应用很广,比如在放大、振荡、电压比较,模拟运算、阻抗变换,有源滤波等电路中。但不管在哪种电路中应用,均是基于运放的三种基本放大电路:即同相放大器、反相放大器、差动放大器。

4. 反相放大器

图 12-1 是反相放大器电路,图中,输入电压 V_i 通过 R_1 加到反相输入端 A,同相输入端 B 接地。输出电压 V_o 又通过反馈电阻 R_f 反馈到反相输入端 A。通过计算得到:输出电压为:$V_o=-\frac{R_f}{R_1}V_i$。可见,反相放大器的输出电压 V_o 与输入电压 V_i 存在着比例关系且相位相反,故称反相输入比例运算放大器,简称反相放大器。

5. 同相放大器

图 12-2 是同相放大器电路,信号电压 V_i 从同相输入端 B 输入,而输出电压 V_o 通过电阻 R_f 反馈到反相输入端 A 处。通过计算得到:$V_o=1+\left(\frac{R_f}{R_1}\right)V_i$。可见,同相放大器的放大倍数取决于电阻 R_f 与 R_1 的比值。输出电压 V_o 与输入电压同相且有比例关系,比例常数是 $\left(1+\frac{R_f}{R_1}\right)$。故称同相输入比例运算电路,简称同相放大器。

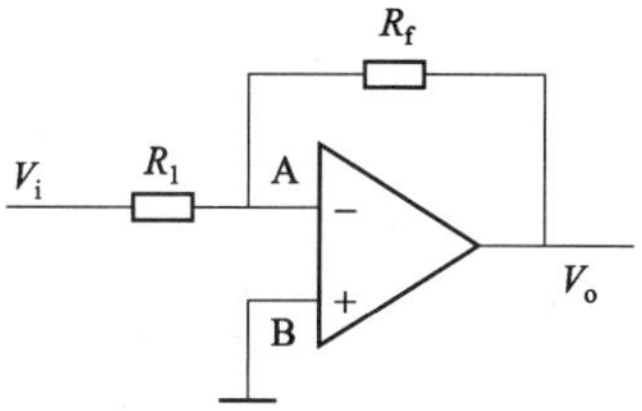

图 12-1　反向放大器

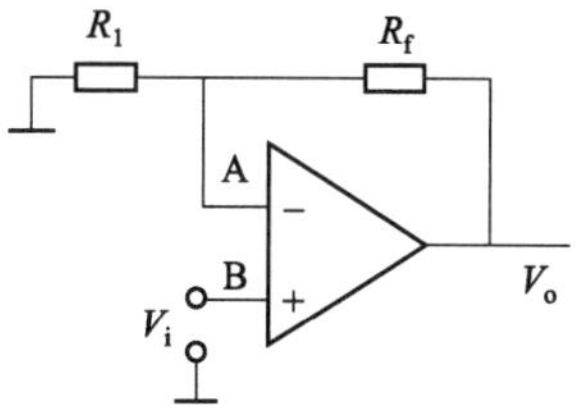

图 12-2　同向放大器

6. 减法器电路

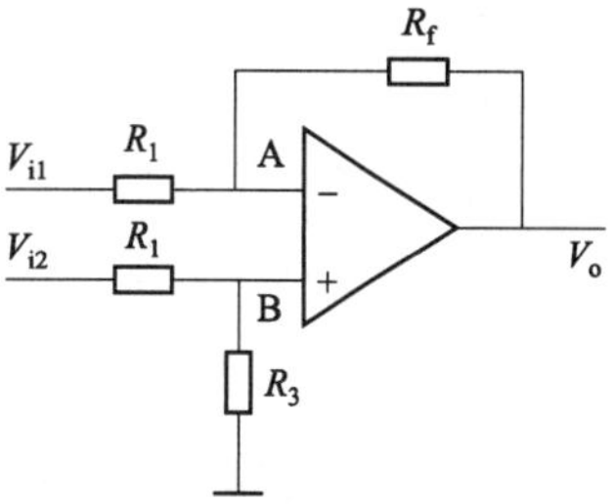

图 12-3　减法器

图 12-3 是运放构成的减法器电路，输入信号 V_{i1} 通过电阻 R_1 加到反相输入端；输入信号 V_{i2} 通过电阻 R_2 加到同相输入端，反馈电压则由输出端通过反馈电阻 R_f 反馈到反相输入端。在同相输入端与“地”之间接有电阻 R_3，为了使集成运放两输入端的输入电阻对称，通常使 $R_1=R_2$，$R_3=R_f$。通过运算可得：

$V_o=\frac{R_f}{R_1}(V_{i1}-V_{i2})$，可见输出电压正比于两个输入电压之差。如果取 $R_f=R_1$，则　$V_o=V_{i1}-V_{i2}$。这时，电路就成为减法器。

7. 核探测器的指标

(1) 线性和稳定性

线性是指产生的离子对的平均值 $\overline{N}$ 和所消耗的入射粒子能量的吻合程度。

上面三种探测器中半导体探测器的线性最好，对电子学系统的线性要求相对要高些，通常应达到 0.01%的量级；电离室和正比计数器的线性约 0.1%，相对的电子学系统的线性达到 0.1%也就够了；闪烁探测器的线性差，对电子学设备的要求不高。

稳定性分为瞬时稳定度和长期稳定度，瞬时稳定度是指 $\overline{W}$、$\overline{\theta}$ 因电压和负载变化而产生的不稳定性；长期稳定度是长时间工作因环境温度和电源电压变化而使 $\overline{W}$、$\overline{\theta}$ 产生变化，常用$\frac{xx}{h}$、$\frac{xx}{D}$表示。

半导体探测器中载流子的迁移率随温度变化，会使输出波形发生变化。

工作在饱和电压下的 PIN 探测器和全耗尽状态下的半导体探测器的 C_D 随外加电压变化的关系为 $C_D\propto\left(\frac{1}{V}\right)^{1/2}$，对电压的稳定性要好于 0.1%。

电离室和正比计数器因能量分辨率在 1%量级，温度的影响较小，正比计数器要求店员的稳定度要好于 0.1%。

闪烁探测器不稳定因素主要是光电倍增管的倍增系数 $\overline{M}$。

$\overline{M}$ 的温度系数为$\frac{\frac{\Delta\overline{M}}{\overline{M}}}{\Delta T}=\pm(0.1\sim0.5)\%/℃$

$\overline{M}$ 随工作电压 V 的相对变化$\frac{\frac{\Delta\overline{M}}{\overline{M}}}{\Delta T}\approx(6\sim7)\frac{\Delta\overline{V}}{V}$

(2) 能量分辨率

由于探测器中的电离、激发、光电转换及倍增过程都是随机的,所产生的粒子对数 N 总是围绕平均值 $\overline{N}$ 涨落的,因此 N 的概率密度函数 f(N)呈高斯分布。

当 $N=\overline{N}$ 时,$f(N)=f(N)_{max}$。σ_N 是 N 的标准偏差,若 $N-\overline{N}=\pm\sigma_N$

则 $\dfrac{f(N)}{f(N)_{max}}=e^{-1/2}=0.609\approx0.61$

定义:峰高一半处的全宽度与峰位的比值称为探测器的固有能量分辨率。用 R_D 表示。

$$FWHM=2.355\sigma_N$$

$$FWHM=4.292\sigma_N$$

用标准偏差表示能量分辨率 $R_D=2.355\sigma_N/\overline{N}$

用幅度表示分辨率 $R=FWHM_A/\overline{A}\times100\%$

$$R=2.355\times\sigma_A/\overline{A}$$

用能量表示分辨率 $R=FWHM_E/\overline{E}\times100\%$

$$R=2.355\times\sigma_E/\overline{E}$$

系统的噪声将使能量分辨率变坏,因此核电子学的任务就是要尽可能克服电子学系统的噪声对能量分辨率的影响,使 R 更接近 R_D,但始终有 $R>R_D$。

按照泊松分布 N 的标准偏差为 $\sqrt{N}$,但实际测定 $\sigma_N<\sqrt{N}$,因此引入法诺因子 F 加以修正,即 $\sigma_N=\sqrt{N}$。对气体电离室 $F\approx1/3$,半导体探测器 $F\approx0.05\sim0.2$。

8. 探测效率

$$\eta=\text{探测器输出脉冲计数率/被测核辐射强度}$$

(1) 计数曲线和坪特性

计数管在注量率不变的核辐射照射下,计数率随外加电压变化的曲线称为计数曲线。同正比计数管类似,当工作电压超过起始电压 V_S 时,开始有计数。在外加电压 $V_S\sim V_1$ 间,随着工作电压的增加,计数率上升很快,此时工作尚未进入 G-M 区。当外加电压超过 V_1 时,随着电压的增加,计数管增加不显著,出现坪区,(V_2-V_1)称为坪长。在坪区以坪斜来表示计数率变化同电压变化的关系,G-M 计数管的坪斜一般大于正比计数管的坪斜。引起坪斜的主要原因是:在 $V_1<V<V_2$ 范围内,V 越大,正离子鞘中离子数越多,猝灭气体离子从阴极上打出次级电子的可能性以及工作气体离子不与猝灭气体分子碰撞而直接到达阴极的可能性越大,即入射一个粒子引起假计数的可能性增大了,总计数率随外加电压的增高而稍有增加。同正比计数管一样,阳极丝粗细不均匀性等导致电场不均匀性也是引起坪斜的一个原因。G-M 计数管的工作电压一般选在坪区的 1/2~1/3 范围内。

外加电压超过 V_2 后,计数管进入多次或连续放电区,计数率急剧增加。此时猝灭气体大量消耗,计数管极易损坏。使用时应尽量防止出现这种情况。

坪长和坪斜是衡量计数管质量的重要标志,坪长越长,坪斜越小,计数管质量越好。

(2) 死时间、恢复时间和分辨时间

G-M 计数管的时间特性可用示波器观察到,在 G-M 计数管中,一个入射粒子引起放电后,在阳极周围形成正离子鞘,这些正离子空间电荷使阳极周围形成的电场削弱,较低的电场使气体放大受阻。这时再有入射粒子进入就不能引起气体放电。只有当正离子鞘向阴极方向漂移一定距离，中央阳极附近的电场恢复到一定程度后，才能再次引起电子雪崩。从脉冲的开始形成到计数管内电场恢复到能维持放电的电场，这一段时间称为计数管的死时间或失效时间，用 t_d表示。在 t_d以后，虽然入射粒子又能产生脉冲信号，但是由于电场尚未恢复到初始的强度，故脉冲幅度较小。随着电场的逐渐恢复，脉冲幅度也逐渐增大，直至正离子到达阴极时，电场完全恢复，脉冲幅度才恢复到正常值。从 t_d至电场恢复到能产生正常脉冲幅度所需的时间称为恢复时间，用 t_r表示。实际上，计数系统的甄别阀总是比正常脉冲幅度低，只要脉冲幅度恢复到相当于甄别阀水平就能被记录下来。计数管的分辨时间是计数管一次计数后恢复到再次计数的时间间隔，分辨时间与计数系统的甄别阀 V_d有关。G-M计数管的死时间与工作电压、工作气体的成分和压力、管子的几何形状等因素有关，它决定于正离子鞘运动速度和输出电路时间常数。

9. 核辐射探测器的工作原理

(1) 闪烁体

当闪烁体中原子的轨道电子从入射粒子接受大于其禁带宽度的能量时，便被激发跃迁至导带。然后，再经过一系列物理过程回到基态，根据退激的机制不同而发射出衰落时间很短的荧光(约 10 ns)或是较长的磷光(约 1 μs 或更长)。

固态的无机闪烁体一般是指含有少量混合物(激活剂)的无机盐晶体。最常用的无机晶体是用铊激活的碘化钠晶体，即 NaI(Tl)。

有机闪烁体大多属于苯环结构的芳香族碳氢化合物。有机闪烁体又可分为有机晶体闪烁体液体闪烁体和塑料闪烁体。有机晶体主要有蒽、芪、萘等，具有比较高的荧光效率，但体积不易做得很大。

1) 闪烁体主要特性。

2) 闪烁体应该有较大的阻止本领，这样才能使入射粒子在闪烁体中损耗较多的能量，使其更多地转换为光能，发出较亮的闪光。为此，闪烁体的密度及原子序数大一些对测量 γ 射线是合适的。

3) 闪烁体应有较大的发光效率(也称转换效率)。

4) 闪烁体对自己发出的光应该是透明的，这样，闪烁体射出的光子可以大部分(或全部)穿过闪烁体，到达其后的光电倍增管的阴极上，产生更多的光电子。

5) 闪烁体的发光时间应该尽可能短。闪烁体的发光时间越短，它的时间分辨能力也就越强，在一定时间间隔内，能够观测的现象也就更多，可以避免信号的重叠。

6) 闪烁体发射的光谱应该与光电倍增管的光阴极光谱响匹配，这样才能使产生的光子被充分利用起来，使光电倍增管的光阴极产生较多的光电子。将因为光电倍增管对闪烁体发射的光子光谱不敏感，而不能产生良好的响应，得不到大的输出信号。

7) 闪烁体要有很高的能量分辨本领

除此以外，其他条件，例如：要求闪烁体易于加工；闪烁体具有适当的折射率和光耦合能力，尽可能避免全反射，使大部分光线都能射到光电倍增管的光阴极上；闪烁体能够长期工作于辐射条件下，闪烁体性能稳定等等，也是人们所期望的。

(2) 光电倍增管

光电倍增管是将微弱光信号转换成电信号的真空电子器件。光电倍增管用在光学测量

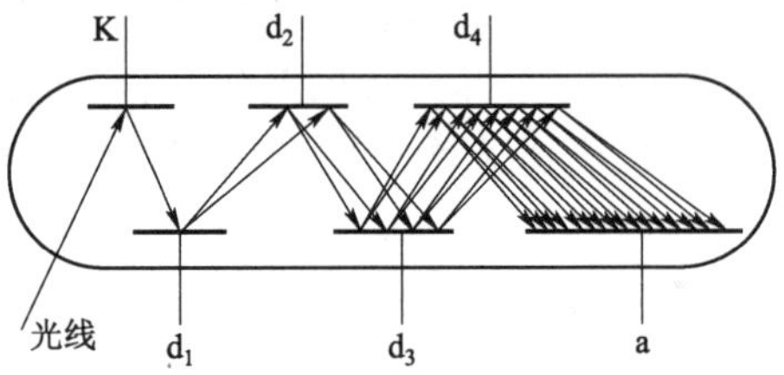

图 12-4 光电倍增管的基本工作原理图

仪器和光谱分析仪器中。它能在低能级光度学和光谱学方面测量波长 200～1 200 nm 的极微弱辐射功率。闪烁体的出现,扩大了光电倍增管的应用范围。工作时,各电极上依次加有递增的电压,当光阴极上打出的光电子经电场加速,打到第一个倍增电极上时,每个光电子能够从这个倍增电极上打出 3～6 个电子,这些电子又被电场加速,又会在下一级倍增电极上打出 3～6 倍的电子来,这样不断地增殖,阳极上就可以收集到一大群电子,形成一幅度足够大的电脉冲,由阳极输出。

光电倍增管各倍增极上的电压可以通过分压电阻得到,在进行一般强度测量时,各极电压没有特殊要求,用做能谱测量时,分压电阻不宜太大光电倍增管内有电流脉冲通过时,各极电压波动可以较小。

将闪烁体和光电倍增管按实际需要加以组合,就可以构成闪烁计数器。为了减少闪光在闪烁体和光阴极耦合界面上发生全反射,使大部分光能够射到光阴极上,需要在闪烁体与光电倍增管之间加上一定的光耦合物质,称为光导。可以将光导做成长的光导管,使闪烁体的闪光能传输一定距离。

二、仪器样机试制

1. 需要具备文件准备及有效性判断

生产调试过程中不能缺少工艺文件,因此调试工需要了解产品调试工艺文件的格式及其填写规则,按要求填写。工艺文件必须发放到使用场所或相应的工作岗位,以保证操作人员在不间断的工作方式下能后的到。确认工艺文件的适用性有效性,符合公司相关规章制度,如产品标准、图纸、元件表等的确认签字及有效日期。如发现工艺文件有问题需要修改时,应按照修改流程办理,任何人不得擅自更改。

2. 了解辐射防护基础知识及目的

辐射防护的出发点是要降低辐射对人类健康的危害。在制订适当防护措施之前,我们要了解辐射对人体健康造成的效应。辐射效应主要分为确定性效应和随机性效应两大类。前者存在着剂量阀值,当吸收剂量大于阀值时,辐射会对人体健康造成一定的危害。而后者没有剂量阀值,但效应出现的机会率与剂量有关。

跟据辐射效应的特点,辐射防护的主要目的在于防止有害的确定性效应,限制随机性效应的发生率并降低到可以接受的水平。保障从事放射工作的人员和公众以及他们的后代的健康与安全、保护环境,促进放射性同位素和核技术的应用和发展。

实现辐射防护目的的办法:其一,为了防止确定性效应的发生,把剂量当量限值定在足够定的水平上,以保证工作者在终生全部时间内收到的照射也不会达到产生有害效应的阈值;其二,使一切具有正当理由的照射保持在合理的可以达到的尽量低的水平。

3. 调试工具的识别和使用

(1) 计量器具的分类

计量器具是指能用以直接或间接测出被测对象量值的装置、仪器仪表、量具和用于统一量值的标准物质。计量器具广泛应用于生产、科研领域和人民生活等各方面，在整个计量立法中处于相当重要的地位。因为全国量值的统一，首先反映在计量器具的准确一致上，计量器具不仅是监督管理的主要对象，而且是计量部门提供计量保证的技术基础。计量器具根据其重要性按 A、B、C 三个等级分类，进行严格管理和统一编号建账，安排周期检定和巡校，确保计量器具始终处于合格受控状态。

(2) 计量器具使用前检查

正确使用测量仪器，当测量仪器校验周期快到时，通知部门主管。如使用前发现计量器具校验已过期，不允许继续使用。在检验中期内的计量器具，使用前应对计量器具进行功能行检验，如仪器仪表的自检功能及其他基本功能是否正确。检验没有问题，可以在生产调试过程中使用，如发现问题及时保修。

(3) 工具的使用

常用工具包括：螺丝刀、万用表、电烙铁、绝缘电阻测试仪，耐压测试仪，脉冲信号发生器，示波器等。操作人员需要了解各种测试工具的操作规程文件，使用方法，以及相关注意事项。

4. 电气安全防护

随着工业生产的发展越来越多的电气设备应用于生产劳动，为减轻人们的劳动强度，提高工效增加收入作出了很大的贡献。但是要是对这些电气设备使用不当或管理不善往往也会发生电击、电伤或火灾、爆炸等电气灾害事故造成人、财、物的损失。安全高效地使用好电气设备是企业安全生产管理的重要环节。

电气安全以安全为目标，以电气为领域的应用科学。包括用电安全和电器安全。电气安全的特点包括：抽象性、广泛性、综合性。

(1) 电气设备安全使用

要安全使用好电气设备离不开安全装置的保护。电气设备的安全装置是安全使用电气设备、防止电气事故发生的安全保护装置。具体安全保护装置如下：

熔断器：熔断器一般安装在电网和电气线路上是一种最基本的安全装置。

断路器：断路器又称过载保护开关当电路过载超过允许极限或短路时能自动断开电流回路的安全装置。

漏电保护器：漏电保护器是防止电气设备或线路因意外漏电所设置的一种保护开关装置。

安全电压：安全电压是为防止触电事故而采用的特定电源供电的电压系列。我国规定安全电压的额定值等级为 42 V、36 V、12 V、6 V，一般采用的安全电压为 36 V 和 12 V 如手提照明灯、携带式电动工具等。

屏护：屏护是防止触电、电孤短路以及电孤灼伤的有效保护措施。

绝缘：采用不导电的气体、液体和固体将带电体隔离或包屏起来称为绝缘。绝缘是保证电气设备线路安全运行防止触电事故发生的重要措施。

保护接地与接零：保护接地与接零是防止电气设备漏电或意外带电发生触电事故的重要防范措施。

(2) 电气设备使用的基本要求

调试人员必须严格按照安全操作规程操作。每次使用电气设备前先试运行一下，检查是否有“电火花”等异常情况。发现问题,一定要找专职维修人员检修,排除故障后才能操作。不要触摸挂有“禁止合闸”“维修中”等标牌的电气设备。这些设备很有可能带电或者有人检修,直接触摸对自己和他人都有可能带来危险。使用电气设备或在电源周围工作时,必须使用个体防护用品,如戴绝缘手套、穿保护性或绝缘性的围裙及鞋。

5. 标准的区别

国际标准是指国际标准化组织(ISO)、国际电工委员会(IEC)和国际电信联盟(ITU)制定的标准,以及国际标准化组织确认并公布的其他国际组织制定的标准。国际标准在世界范围内统一使用。

对需要在全国范围内统一的技术要求,应当制定国家标准。国家标准由国务院标准化行政主管部门制定。国家标准与国际标准一致性的程度原则是:与国际标准在技术内容和文本结构上相同,或者与国际标准在技术内容上相同,只存在少量编辑性修改。

对没有国家标准而又需要在全国某个行业范围内统一的技术要求,可以制定行业标准。

行业标准由国务院有关行政主管部门制定,并报国务院标准化行政主管部门备案,在公布国家标准之后,该项行业标准即行废止。

对没有国家标准和行业标准而又需要在省、自治区、直辖市范围内统一的工业产品的安全、卫生要求,可以制定地方标准。地方标准由省、自治区、直辖市标准化行政主管部门制定,并报国务院标准化行政主管部门和国务院有关行政主管部门备案,在公布国家标准或者行业标准之后,该项地方标准即行废止。

企业生产的产品没有国家标准和行业标准的,应当制定企业标准,作为组织生产的依据。

企业的产品标准须报当地政府标准化行政主管部门和有关行政主管部门备案。已有国家标准或者行业标准的,国家鼓励企业制定严于国家标准或者行业标准的企业标准,在企业内部适用。

6. 整体检验调试方案拟定

(1) 拟定需要检测的部分

依据产品的设计文件及工艺文件,首先拟定征集需要进行哪些项目检测,然后将整机分解,拟定有哪些部件需要检测,拟定哪些单板需要检测。

(2) 调试设备的选择

根据产品工艺文件及根据上一条所拟定的检测部分,拟定应配置的检测设备,配备检测设备应做到正确、合理。配备检测设备性能功能得到检测要求参数即可,不要选择性能过高、功能过多的设备,否则会造成设备利用率低,增加了检测过程中的操作难度。

(3) 检测步骤的拟定

检测步骤拟定对产品部来说是至关重要的,步骤的合理与否直接影响样机的性能,一般是“先单板后整机,先部件后整件,先机械后电气”。检测步骤拟定依据产品的设计文件和工艺文件,最终还要结合产品装配流程而定,做到科学合理,从而保证检测的准确可靠。

(4) 调试前检验方案注意事项

1) 文件准备

检验方案要求在检验工作开展前,通过任务计划要求,到文档管理部门申请相应的文件，这些文件包含受控工艺文件和调试文件。

工艺文件包括元件表、印制板图、布线工艺图、原理图、调试大纲、以及标准或检验大纲。调试文件包括调试记录表、检验记录表等。

拿到文件后，首先判断文件的有效性。受控必须有受控章，编辑、校对、审核、批准必须有相应人员签字及受控章。并且将有效文件列入检验方案中。

2）现场准备

（5）检验工具选择

1）根据检验方案要求，准备相应的检验工具：计量器具及机械工具。

2）计量器具包括：万用表、示波器、脉冲信号发生器、稳压电源等工具。这些工具都会在检验方案中注明。如调试中接触放射源还要准备个人剂量计或热释光剂量计。

3）常用工具：螺丝刀、电烙铁、套筒等，这些常用工具检验方案不会注明，根据调试内容，自己选取。

（6）检验场地选择

根据检验方案要求，选择合适的检验场地及检验工具。检验场地主要分两大类，带放射源检验及无检验源检验。检验带有较强源强的放射源我们应该选择有屏蔽的房间，并选择铅衣、铅眼睛等防护措施，注意电离防护，严格按照检验场地要求及规范进行操作。检验源强较弱的放射源如 α、β 等放射源，用相应的工具方法去使用放射源，如必须带手套用镊子移动放射源，严防内照射。

（7）电子线路板焊接检测要求

1）产品焊点焊接要求

产品的调试、维修中不可避免地还会用到手工焊接。焊接质量的好坏也直接影响到维修效果。焊点应呈正弦波峰形状，表面应光亮圆滑，无锡刺，锡量适中。焊接完成后，要用酒精把线路板上残余的助焊剂清洗干净，以防炭化后的助焊剂影响电路正常工作。焊接时间不宜过长，否则容易烫坏元件，必要时可用镊子夹住管脚帮助散热。集成电路应最后焊接，电烙铁要可靠接地，或断电后利用余热焊接。或者使用集成电路专用插座，焊好插座后再把集成电路插上去。

2）元器件在电路板插装的工艺要求

元器件在电路板插装的顺序是先低后高，先小后大，先轻后重，先易后难，先一般元器件后特殊元器件，且上道工序安装后不能影响下道工序的安装。元件其标志应向着易于认读的方向，并尽可能从左到右的顺序读出。对于有极性的元器件极性应严格按照图纸上的要求安装，不能错装。元器件在电路板上的插装应分布均匀，排列整齐美观，不允许斜排、立体交叉和重叠排列；不允许一边高、一边低，也不允许引脚一边长、一边短。

3）贴装元器件焊接要求

要求元器件与焊盘对齐，要保证芯片摆放在正中央，摆放方向正确，要注意与 PCB 板上标号一一对应，有极性的贴片元件的摆放应注意极性方向。在焊接之前先在焊盘上涂上助焊剂，用烙铁处理一遍，以免焊盘镀锡不良或被氧化，造成不好焊，芯片则一般不需处理。上锡要适中，锡丝不能碰撞元件的引脚，烙铁头要保持光滑，不能有毛刺。在焊接时要保持烙铁尖与被焊引脚并行，防止因焊锡过量发生搭接。在焊完所有的引脚后要对电路板上的焊点质量的检查，焊点应光滑、饱满、发亮，不要虚焊、漏焊。

三、实践与操作

下面简单介绍退火炉的的调试过程。

1. 准备调试工具

(1) 示波器　40 MHz　　1 台

(2) 数字三用表　41/2 位　　1 台

(3) 调压器　　0～250 V　　1 kVA　　1 台

(4) 三用表　　1 台

2. 调试前的准备

(1) 仪器通电前,依照工艺图检查印制板的元器件组装及整机布线是否正确,发现问题及时更正。

(2) 将“温度调节”旋钮设置在 0 ℃的位置,且“加热Ⅰ”“加热Ⅱ”打到关断位置(注:开关按下时为“接通”)。

(3) 在完成上述准备工作后,将 5 A 保险管安装到保险座内,并将“电源开关”置于关断位置。

(4) 把仪器用电源线连接到 220 V 电网电源,准备通电。

(5) 清理炉腔内杂物及灰尘,避免加热后产生意外。

3. 调整内容

(1) 温度控制范围:室温～450 ℃连续可调。且能保持恒定。

(2) 温度测量误差:仪器显示温度与玻璃温度计值在 100 ℃和 400 ℃应符合产品标准。

(3) 温度上冲误差:升温过程中仪器温度超过设定温度的最大误差应符合产品标准。

(4) 温度稳定性:仪器进入恒温(450 ℃)状态后,8 小时温度漂移应符合产品标准 5.3.3 条。

4. 调整步骤

(1) 用数字三用表 DC 档分别测试 WV1-3 脚和 WV2-3 脚对 CZ1—P1 的电压值应分别为+12 V±1 V,−12 V±1 V。表示仪器低压电源工作正常。

(2) 使用数字三用表直流 20 mV 以上量程测量 R4 两端的电压 UR4,通过调节 W1 电位器改变 R4 两端电压值 UR4,使其达到公式 1 的要求:

$$UR4=17.8+(t-20)\times 0.069\ 5(\mathrm{mV})$$

式中:UR4——电阻 R_4 两端电压值;

t——环境温度值。

(3) 将数字三用表接至 IC1—6 脚与地之间,调节 W4 电位器使其电压值 U01 满足公式 2 的要求:

$$U01=t\times 10\ \ \mathrm{mV/℃}$$

式中:U01——第一级运算放大器的输出电压值;

t——环境温度值。

(4) 将数字三用表移至 IC2—6 脚与地之间,调节 W3 电位器使其电压值 U02 满足公式 3 的要求:

$$U02=-(t\times 10\ mV/℃)$$

式中：U02——第二级运算放大器的输出电压值(因本级是反相放大器，其值应为负)；

t——环境温度值。

(5)调节 W4 电位器至 300 ℃(50 ℃/圈)的位置后，用示波器检测下列各点波形。

第三节　故障判断与排除

学习目标：熟悉核仪器及探测器故障判断方法。

一、文件工具准备

调校方案要求在调试工作开展前，通过产品调试要求，到文档管理部门申请相应的文件，文件需要受控管理。调校方案包括调试方法，调试记录表、检验记录表等。拿到文件后，首先判断文件的有效性。受控必须有受控章，编辑、校对、审核、批准必须有相应人员签字及受控章。据电源调试需要，准备相应使用设备。包括：三用表、调压器、毫伏表、数字电压表以及自制实验台。注意检查设备的有效期，超期不能使用，使用自制调试设备，应检查自制设备的可靠性。

二、实践与操作

1. 通电前检查

首先根据工艺图纸进行目测，检查仪器连接线是否有误、器件型号是否有误、芯片方向是否插反、电子元件有无虚焊、漏焊、错焊。每批产品在调试之前至少抽检 3 台，发现错误予以纠正，检查无误则进行下一步。

2. 通电后检查

(1) 单板粗调

1) 对照原理图、工艺图检查单板元件组装是否正确(三极管、二极管极性；电解电容极性、容量；电阻、电位器阻值)。若有错误，则改正。

2) 用样机或借用成品，粗调各组电压至额定值，并分别试验 24 V、12 V、6 V 相应各组电源过流性能。

3) 如果发现单板电压不可调或调整范围偏向某一侧，则应检查焊接是否有误，或元件有无损坏，排除故障。

(2) 整机调试

1) 按照工艺图检查连线是否正确，检查无误和安装保险丝通电进一步检查。

2) 检查六组交流空满载电压是否正常，±24 V—～29－30 V；±12 V—～17－18 V；±6 V—～11－12 V。各组交流电压正常后断电插整流板、过流保护板，检查整流滤波各组直流电压，如果发现烧保险丝，则是相应的整流桥或滤波电容问题，作认真检查后排除故障。

3) 当整流滤波各组电压正常后，可插板各组电压正常后，可插板检查调整各组支流电压。插板顺序为 24 V、12 V、6 V。调整顺序为＋24 V、＋12 V、－12 V、＋6 V、－6 V、－24 V。有某一组或两组电压不对应按原理图及工艺图检查相应的连线及组装是否有错，一般可能发生相邻两组，调整管 e、b、c 相互连线错焊，调整管腿根部有焊锡珠或细金属丝线头及焊油粘连，及插排连线错误。当六组直流电压正常后在作仔细电压校正及过流、过压的性能检查。各组电压应调整到 10 mV 误差之内，±6 V 一般以负偏差为宜。

4）按照标准测量各组电压的调整性，纹波，检查过流，过压的性能作详细记录备查，指标应在标准规定范围。

5）按照标准加负载作长稳测试并作详细记录，指标应符合厂标规定。

3. 探测器调教方案注意事项

（1）文件准备

在调试工作开展前，到文档管理部门申请相应的文件，这些文件包含受控工艺文件和调试文件。操作规程尤其重要。

（2）工具准备

根据需要，准备相应的调试工具。这些工具都会在操作规程中注明。如调试中接触放射源还要准备个人剂量计或热释光剂量计。计量工具需要注意计量鉴定有效期。

（3）检验场地选择

根据调试要求，选择合适的调试场地。调试场地主要分两大类，带放射源检验及无检验源检验。调试场地带有较强源强的放射源时我们应该注意个人防护。

（4）探测器部件的调校

1）碘化钠闪烁体

碘化钠闪烁体在安装，测试过程中需要小心操作，观察表面玻璃是否有裂纹，颜色发黄，密封胶脱落等现象，密封效果不好会导致空气进入造成潮解。闪烁体的自身裂纹损坏，闪烁体里面有气泡，内反射层脱落或损坏等，都会造成计数率降低。

2）塑料闪烁体

塑料闪烁体在安装，测试过程中需要观察表面是否有发毛，有裂纹，破损或发黄等问题，这些都会导致透光性不好，应用时计数率降低。

3）光电倍增管

光电倍增管在安装过程中需要注意，表面玻璃有无破损，炸裂，是否有气泡、气线的存在；管内是否有残渣；阴极有无颜色变透明；内部零件是否松动。

在探测器刚完成组装后需要避光 24 小时后才能开始上电调试。在调试过程中需要注意光电倍增管的极限工作电压，极限工作电压是指管子所允许施加的电压上限。高于此电压，管子产生放电甚至击穿，造成永久损坏。

4. 环境本底的计数范围

天然本底一般是指天然本底辐射，包括宇宙射线和自然界中天然放射性核素发出的射线。主要包括宇宙射线和天然放射性核素。宇宙射线的强度随海拔高度的增加而增大。因此，高原地区的环境宇宙射线照射剂量比平原地区高。天然放射性核素影响也有地区区别，由于地表层含有高浓度的铀、钍，从而使地表 γ 射线剂量高于一般地区。依照北京地区为例，环境本底计数一般为 0.1 μGy/h。某些高本底地区的陆地外照射大于正常本底地区几十倍，因此在使用核仪器测量较低计数时，需要测量当地环境本地。

第四节　培训与指导

学习目标：掌握培训教学的基本方法和教学大纲的编写。

一、培训教学的基本方法

核辐射探测仪器制造高级技师应能培训和指导高级工的操作，因此掌握培训教学的基本方法和教学大纲的编写是很有必要的。

1. 培训教学的特点

培训教学具有如下几个特点：

（1）具有较强的针对性和实用性。职业培训目标、专业设置、教学内容等均根据职业技能标准、劳动力市场需求和用人单位的实际要求确定。经过职业培训的毕（结）业生可上岗作业。

（2）具有较强的灵活性。在培训形式上可采取联合办学、委托培训、定向培训等方式；在培训期限上采取长短结合的方式，可以脱产也可以半脱产；在培养对象上依据岗位的实际需要灵活确定；在教学形式上不受某种固定模式的限制，根据职业标准的要求采取多种形式的教学手段。

（3）教学与生产相结合。主要体现在一方面教学要紧紧围绕生产实际进行，另一方面要贯彻勤工俭学、自立更生和艰苦奋斗的原则，通过教学与生产经营相结合，既培养了人才，又创造了物质财富，获得社会、经济的双重效益。

（4）培训方法上强调理论知识教育与实际操作训练相结合，突出技能操作训练。

2. 培训教学的模式

（1）讲授法：传统的培训方式。优点：运用起来方便，便于培训者控制整个过程。缺点：单向信息传输，反馈效果差，教师和学员的互动少。用于一些理念性知识的培训。对核辐射仪器制造人员高级工的理论知识的培训适用此模式。

（2）视听技术法：通过现代视听技术，对学员进行培训。优点：直观鲜明。缺点：学员的反馈与实践较差，且制作和购买的成本高，内容易过时。

（3）讨论法：一般可分成小组讨论和研讨会两种方式。小组讨论的特点是信息交流时方式为多向传递，学员的参与性高，费用较低。多用于巩固知识，训练学员分析、解决问题的能力与人际交往的能力，但运用时对培训教师的要求较高。研讨会以主题演讲为主，中途或会后允许学员与演讲者进行交流沟通。优点是信息可以多向传递，缺点是费用较高。

（4）案例研讨法：这一方式使用费用低，反馈效果好，可以有效训练学员分析解决问题的能力。另外案例、讨论的方式也可用于知识类的培训，且效果更佳。

（5）角色扮演法：学员在培训教师设计的工作情况中扮演其中角色，其他学员与培训教师在学员表演后作适当的点评。由于信息传递多向化，反馈效果好、实践性强、费用低，因而多用于人际关系能力的训练。

（6）互动小组法：也称敏感训练法。此法主要适用于管理人员的人际关系与沟通训练。让学员在培训活动中亲身体验来提高他们处理人际关系的能力。其优点是可明显提高人际关系与沟通的能力,但其效果在很大程度上依赖于培训教师的水平。

(7) 网络培训法:是一种新型的计算机网络信息培训方式,投入较大。但由于使用灵活,符合分散式学习的新趋势,节省学员集中培训的时间和费用。这种方式信息量大,新知识、新观念传递优势明显,更适合成人学习。因此,特别为实力雄厚的企业所青睐,也是培训发展的一个必然趋势。

(8) 项目教学法:教师的指导下亲自处理一个项目的全过程,在这一过程中学习掌握教学计划内的教学内容。学生全部或部分独立组织、安排学习行为,解决在处理项目中遇到的困难,提高了学生的兴趣,自然能调动学习的积极性。因此“项目教学法”是一种典型的以学生为中心的教学方法。对核辐射探测仪器制造高级工的实操的指导适合此方法。

3. 培训的效果评价

培训效果评价一般用培训效果评价表来表示,表中一般要注明课题名称、培训教师、培训时间、培训课时、培训地点、培训人员、考核方式、培训内容、培训效果评价等内容。

培训效果评价表的模板如表 12-1 表示。

表 12-1 培训效果评价表

课题名称		培训时间	
培训地点		培训教师	
培训课时		考核方式	
培训人员			
培训内容			
培训效果评价			

二、培训计划和培训大纲的编写

1. 培训计划和培训大纲的概念

(1) 培训计划

根据一定的培训目的和培养目标制定的教学和培育工作的指导文件。它决定着培训内容总的方向和总的结构,并对有关培训的教学、培育活动、生产劳动和课外活动等方面作出全面安排,具体规定培训项目的学科设置、各门学科的教学顺序、教学时数以及各种活动等。

(2) 培训大纲

是根据培训计划中规定的各门学科(课程)的目的、任务而编写的指导性文件。它以纲要的形式,具体规定每门学科知识、技能的范围、深度以及体系、结构,同时规定教学的一般进度和对教学法的基本要求。其一般分为“说明”“正文”两部分。

(3) 培训计划和培训大纲的关系

培训大纲是按照项目培训计划要求,各培训课程在项目培训计划中的地位、作用、性质、目的和任务而规定的培训内容、结构体系、知识范围、教学要求等的基本纲要。培训大纲是实施培训计划的基本保证,也是编写培训教材、组织培训教学、进行教学质量考核的指导性文件。

2. 培训计划编写的依据

(1) 培训需求调查分析

培训需求可分三个层面：组织层面的需求、职务层面的需求和个人层面的需求。

组织层面的需求包括企业经营策略方针，企业使命、战略目标、策略和文化分析以及企业生命周期所处阶段，这时培训的最大前提，为了企业战略及策略目标的达成，培训必须依据企业经营的策略方针来进行。组织层面的分析就是要解决公司高层管理者这样的问题：培训对实现我们的经营目标重要吗？培训将会怎样支持我们战略目标的实现？哪些职能部门和经营单位需要培训？从一个发展阶段来看，企业所处生命周期不同，其相应的组织培训需求就有所不同。

职务层面的需求是按照企业岗位职务能力标准，对担当工作的员工的工作能力、工作态度和工作业绩进行比较分析，以确定员工能否胜任，进而确定企业培训需求。职务层面的培训需求主要通过职务分析、问卷调查以及与部门主管面谈的方式进行。

个人层面的需求是通过对员工个人工作要求、工作结果、素质条件、工作态度以及发展要求进行评估，以确定培训对象和内容。其中对关键岗位的人员情况要进行重点分析。个人层面的需求主要通过与员工的个人面谈结合需求调查表进行。

在进行培训需求分析过程中，对于出现的工作差异，要首先确定改变这些差异的重要性，判断改变这种差异是当前需求还是未来需求？管理层是否支持这种改变？应该按什么顺序进行改变？有没有资源和政策上的保证等，最重要的是判断培训是否是解决这种差异最有效的方法。否则，盲目培训不但效果不好，而且劳民伤财。

(2) 依据国家职业标准要求

国家标准是制定培训计划和培训大纲的基础。培训计划和培训大纲应该涵盖职业标准的全部内容，但也不能超出职业标准的内容。

(3) 根据公司生产工艺及技术装备

编写培训计划和培训大纲要考虑公司现有的生产工艺、技术水平和技术装备等，否则培训计划和培训大纲就不现实、不能够具体实施的。

培训是为了满足管理者的需要和工作任务的需要，而不是单纯为满足员工需要。

3. 培训计划的内容

培训计划要解决 5W1H 问题，即

Why(为什么要培训?)：培训的目的；

Who(谁?)：培训的负责人、培训的对象；

What(培训的内容是什么?)：培训的内容；

When(什么时候、时间?)：培训的时间、期限；

Where(在哪里?)：培训的场地；

How(如何进行?)：培训的方法。

4. 培训大纲编写的原则

(1) 符合教学计划要求

1) 明确本门课程在教学计划中的地位和作用；

2) 通过本门课程的学习需达到什么目的和要求；

3）体现各技能等级层次在培养规格、要求等方面上的差别；

4）重视应用技术与实践创新能力的培养。

(2) 结合开放教育的特点，贯彻“少而精，求实效”的原则。

1）结合开放教育特点，考虑教学对象，教学内容难易要适中，教学总量要合理控制；

2）公共基础课和专业基础课的教学内容根据专业课的要求以必需、够用为标准，突出重点；

3）教学内容的精简标准以学生所学知识在量上符合专业培养目标和在一定时间内能吸收消化为限度；

4）要求反应学科的新成果，体现理论知识与实践应用能力的结合；

5）在文字表述上要力求精炼、准确。

(3) 对操作技能类的课程要突出其指导与训练的特点，要针对其各教学环节有明确、具体的要求，且有较强的可操作性。

(4) 同工种、同等级的相同课程(主要是基础课和专业基础课)原则上使用统一大纲、统一教材。

5. 培训大纲编写的内容和基本结构

培训大纲编写应包括大纲说明和大纲内容。

(1) 大纲说明

这是培训大纲编写中必须强调的一部分，主要包括六点内容：

1）本课程的性质与地位、目的与任务；

2）本课程适用的主要专业及其他说明；

3）本课程与相关课程的前后衔接关系；

4）本课程的基本教学(包括实践性环节方面)要求；

5）本课程的教学方法和教学形式建议；

6）本课程内容的教学要求层次。

(2) 大纲正文

1）教学要求：在教学要求中目的与要求应予以明确、具体、层次清楚，进一步增强和培养学员的逻辑思维能力与创造能力。教学要求层次的术语通常有：知道、了解、理解、明确、能、学会、掌握、熟练掌握等。对有关定义、定理、性质、特征等概念的内容可按“知道、了解、理解”三个层次要求；有关计算、解法、公式、法则等方法的内容，可按“会、掌握、熟练掌握”三个层次要求；技能(实践环节)可按：指认、学会、能、测定(测绘)、掌握、应用等几个层次要求来把握。在编写时，应根据课程的性质与要求采用相应的定性词汇，并注明不同教学层次所对应的考核要求。

2）教学内容及课时：明确教学的内容和课时。

3）教学建议：明确教学内容中重点与难点的教学要求，建议教师采用的教学方法和教学手段等。

第五节　管　理

学习目标： 熟悉组织管理基础知识和质量管理基础知识。

一、组织管理基础知识

1. 组织的概述

(1) 组织的定义：人们为了实现一定的目标，相互结合、确定职位、明确责任与义务、分工合作、协调行动的人工系统及其运转过程。

(2) 组织的特征

1) 组织必须有一个共同的目标。

2) 组织要有不同层次的权利和责任制度。

3) 组织包括不同层次的分工和合作。

4) 组织的功能在于协调人们的活动去实现共同的目标。

(3) 组织的四层次

1) 决策层：领导对近期与远期的计划与决策项目选择。

2) 控制层：高层管理者(领导班子)对各部门建立有效的控制体系。

3) 管理层：(从高层到各中层干部)知道自己的职责与权力是什么，发挥其管理作用。

4) 经营层：经营层(各部门)执行决策，动员全体人员完成组织的总体目标。

2. 组织管理原则

任何社会活动都应是有组织的活动，任何组织都有一个与其功能与目标相适应的组织机构及其设置原则。尽管由于客观条件和所承受的任务不同，不同层次的企业其具体的社会职能有所侧重和差异，但组织设置的科学合理与否，直接关系着组织的功能能否有效发挥，组织管理一般应遵循以下原则：

(1) 任务目标原则

任何组织都有特定的任务和目标，每个组织及其组成部分，都应当与这一目标相关联；组织的调整、增加、合并或取消，都应该以能否实现目标为标准。做到分工合理，协作明确。每个部门及员工的工作范围、相互关系、协作方法、权利责任等，都应有明确规定。

(2) 因人设岗与因事设岗辩证使用的原则

从管理学的角度讲，因事设岗是正确的，而因人设岗是不科学的。但事实上，中国很多企业都采用因人设岗的原则并且取得了成功。

1) 对于高层岗位要采用因人设岗的原则。因为高层管理人员属于职业经理人阶层，目前还比较稀缺，因人设岗还是必要的。

2) 为了留住核心竞争力的人才(一般是高级技术人才或高级专业人才)，可以采用因人设岗原则。

3) 一旦组织的高层人员老化，为了及时培养接班人可以采用因人设岗原则。

4) 对于普通岗位来说，可选择的余地很多，采取因事设岗或因岗位择人，问题不大。

(3) 集权和分权相结合的原则

集权与分权的关系是辩证统一，一般表现为统一领导、分级管理。集权到什么程度，应该以不妨碍下级积极性为限；分权到什么程度，应该以上级不失去对下级的有效控制为限。分权要使结果可控，必须有控制系统辅助，可以使授权的上级放心分权，做到“用人不疑”，也可以防止受权者不滥用权力，保证分权能达到预期效果。

(4) 命令统一原则

从管理的常识来看,一定要避免多头领导,做到统一指挥。实质也就是要进行统一领导,消除多头领导和无人负责现象。

(5) 管理幅度与管理层级适度原则

管理幅度指平均每位干部下属员工的数量配备,管理层级指最高管理者到最基层员工之间设了几层机构。

管理幅度与管理层级是对应的关系:管理幅度越大,管理层级就越少;管理幅度越小,管理层级就越多。管理者由于精力有限,有效管理幅度就受到一定限制。管理幅度过小,造成越级指挥、多头指挥、越权指挥;管理幅度越宽,对干部素质要求越高,虽可降低管理中间层次,但管理幅度超过一定范围,势必导致管理人员负担过重,无法对下属人员施加必要的监督和有效的指导,从而影响工作效率。

二、质量管理基础知识

1. 质量管理概述

质量管理是在质量方面指挥和控制组织的协调的活动。质量管理涉及组织的各个方面,它要求围绕产品质量形成的全过程,通过制定质量方针和实现质量目标,向市场提供符合顾客和其他相关方要求的产品。因此,质量首先是一个满足客户需要和要求的问题。这意味着质量管理的焦点必须放在为客户服务并使之满意上。

质量管理的主要活动通常包括:制定质量方针和质量目标;进行质量策划、质量控制、质量保证和质量改进。在这些活动中,质量策划、质量控制、质量保证和质量改进都是为制定质量方针和实现质量目标而进行的。当质量方针、质量目标实现后应重新进行质量策划、质量控制、质量保证和质量改进。

质量管理的三大目标包括:提高顾客满意度、缩短流程和减少缺陷。

影响质量的因素包括 4M1E,即材料、机器、人、方法和环境。

2. 质量管理原则

(1) 五不放过原则

在质量管理中需做到:

1) 原因找不到,不放过——追查原因;

2) 责任分不清,不放过——选择对策;

3) 纠正措施不落实,不放过——草拟行动;

4) 纠正措施不验证,不放过——成果比较;

5) 有效措施不纳入,不放过——标准化。

(2) 员工的工作质量具体要求

1) 熟悉检验标准、了解操作规范的内容要求。

2) 树立“质量是生产出来的,不是检验出来的”的思想。

3) 严格遵守品质保证的三不政策和三不放过原则。

三不政策包括不接受不良品(互检)、不制造不良品(自检)以及不流出不良品(自检和互检)。三不放过原则指事件原因分析不清不放过;事件责任者与群体未受到教育不放过;事件没有防范措施不放过。

（3）不合格品的控制

1）不合格品指未满足明示的、习惯上隐含的或必须履行的需求和期望的产品。

2）不合格品的控制要求包括标识、记录、评审、隔离和处置。

3）不合格品评审和处置的方法有返工、让步接收、降级、拒收或报废。

（4）质量意识

所谓质量意识：首先要保证我们的产品是合格的。符合产品的规格要求，另外整个生产流程要严格遵照企业生产流程的管理规定。作为员工，不仅仅是被动的接受，更要不断提出改善意见，促进质量的提高。所以生产现场人员应注意以下事项：

1）不要踩踏产品（原材料、半成品和成品）；

2）不要让不合格品流到下一工序；

3）不要抛扔产品；

4）不要把产品直接放在地上；

5）不要不按操作规范作业；

6）不要无首检作业；

7）不要乱摆放产品；

8）不要一味追求速度；

9）不要机器带病作业；

10）不要“知情不报”。

思考题

1. 如何编制调试文件、编制文件注意事项。

2. 编制系统/样机的安装、连接和焊接的质量要求。

参考文献

[1] 康华光，电子技术基础数字部分[M].5 版．北京：高等教育出版社，2006.

[2] 汲长松．核辐射探测器及其实验技术手册[M].北京：原子能出版社，2010.

[3] 李杰．杨宗强．电子电路设计、安装与调试完全知道[M].北京：化学工业出版社，2013.

[4] 吴明．工厂现场精细化管理手册[M].2 版．北京：人民邮电出版社，2014.

第十三章　高级技师整机检验

第一节　生产准备

学习目标：了解常用的英语专业词汇，熟悉常用工具和使用知识，掌握核电子学和核仪器基础知识。

一、英语专业词汇

核仪器及系统：nuclear instrumentations and systems
核辐射探测器：nuclear radiation detectors
核工业（又称原子能工业）：nuclear industry
核科技：nuclear science and technology
电离辐射：ionizing radiation
核装置：nuclear facility
乏燃料：spent fuel
放射性废物：radioactive waste
核材料：nuclear material
核保障：safeguards
核电厂：nuclear power plant 又称核电站
核岛：nuclear island（NI）
核裂变：nuclear fission
中子源：neutron source
链式反应：chain reaction
核反应堆：nuclear reactor
核武器：nuclear weapon
受控核聚变：controlled nuclear fusion
粒子加速器：particle accelerator
串列加速器：tandem accelerator
放射源：radioactive source
放射性示踪技术：radioactive tracer technology
辐照装置：irradiation facilities
外照射：extemal exposure
内照射：internal exposure
辐射屏蔽：radiation shielding
辐射监测：radiation monitoring

辐射损伤：radiation injuries
铀矿床：uranium deposit
富集铀：enriched uranium
同位素分离：isotope separation
γ测井：γlogging(log)
原子弹：atomic bomb
氢弹：hydrogen bomb
中子弹：neutron bomb

二、工具的识别和使用

1. 螺丝刀

螺丝刀是用来旋紧或松开头部带沟槽的螺丝钉的专用工具。按结构分为一字(负号)和十字(正号)两种。常见的还有六角螺丝刀,包括内六角和外六角两种。按用途可分为普通螺丝刀、组合型螺丝刀、电动螺丝刀、钟表起子、小金刚螺丝起子。

(1) 螺丝刀的使用方法如下:

1) 以右手握持螺丝刀,手心抵住柄端。

2) 让螺丝刀口端与螺栓端或螺钉的槽口处于垂直吻合状态。

3) 用力将螺丝刀压紧后再用手腕力扭转螺丝刀。

4) 当螺栓松动后,即可使手心轻压螺丝刀柄,用拇指、中指和食指快速转动螺丝刀。

(2) 螺丝刀的使用注意事项如下:

1) 在使用前应线擦净螺丝刀柄和口端的油污,以免工作时滑脱而发生意外。

2) 应根据旋紧或松开的螺丝钉头部的槽宽和槽形选用适当的螺丝刀。

3) 不能用较小的螺丝刀去旋拧较大的螺丝钉。

4) 使用时不可用螺丝刀当撬棒或凿子使用。

2. 电烙铁

电烙铁是电子制作和电器维修必备工具,主要用途是焊接元件及导线。种类按结构可分为内热式和外热式,按功能可分为焊接用、吸锡用。

(1) 电烙铁的使用方法

1) 检查烙铁头是否松动,电源插头是否损坏。

2) 接通电源,打开电烙铁加热开关,预热老铁。

3) 预热一段时间后,烙铁头蘸上松香和焊锡进行焊接。

(2) 电烙铁使用注意事项

1) 电烙铁使用前应检查使用电压是否与电烙铁标称电压相符。

2) 电烙铁使用前要上锡。

3) 电烙铁通电后不能任意敲击。

4) 长时间不用时要切断电源。

焊接时烙铁不要对着有人的地方以免伤人。

三、核电子学基础知识

1. 核电子学特点

核电子学处理的是非周期性信号。由于核事件是随机的,将使相邻的两个事件间隔时大时小,小时可达 ns 量级,对应的信号频率可达 1 GHz。因此用常规电子学的方法处理和探测器的输出信号达不到预期的目的,解决这个问题的一系列方法和手段,就是核电子学的内容。由于随机信号具有统计分布的特性,因此要用统计的方法来处理问题。

2. 核电子学的内容

核电子学的内容可用下面四个测量系统来概括:

(1) 能谱分析系统

放射性元素辐射的粒子按能量的分布关系。A∝E,用途:识别混合源中含有哪些元素;发现新元素。

用到的仪器包括探测器、前置放大器、主放大器、谱仪模数变换器和多道脉冲幅度分析器(或数据处理部件)等。

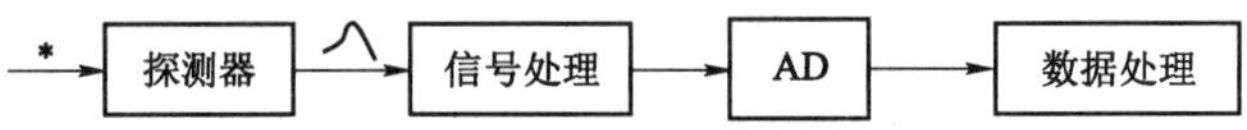

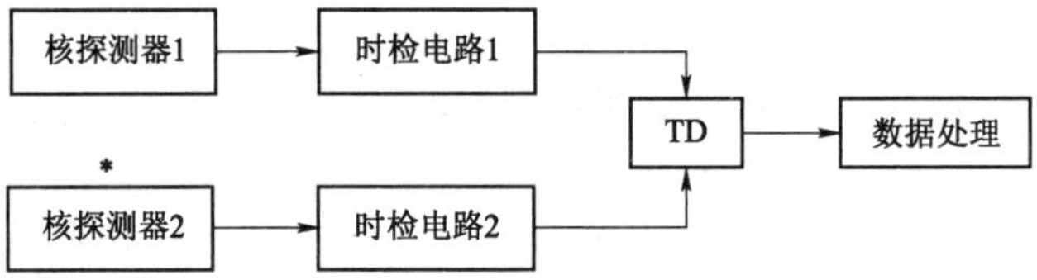

(2) 时间分析系统测量

相关事件的时间关系时间分析系统所用到的仪器包括探测器、定时电路、时间数码变换电路(或时间幅度变换电路和模数变换电路)及数据处理部件,用于测量快中子的能量。

(3) 活度测量

在 ΔT 时间内测得计数为 ΔN,放射性活度为 $\Delta N/\Delta T$。活度测量所用仪器包括探测器、放大器和定标器。

(4) 位置分析系统

主要用于高能物理上。能够确定核辐射发生的位置。

3. 核电子学信号及应用

射线与物质相互作用的下面两种形式可产生电信号。

1) 电离:产生电子离子对,收集电子离子对得到信号。

2) 激发:原子被激发后退激时发出光子,由光电作用使光子变为电子,收集光电子而得到电信号。平行板电离室：两极板中充有气体，粒子与气体分子碰撞引起电离，产生电子离子对，在电场作用下，电子、离子产生飘移运动，形成的总电流 $i=i_n+i_p$。其中 i_n是电子飘移形成的电流，i_p是离子飘移形成的电流。无电场时产生复合，没有电流产生。

4. 噪声的定义及分类

(1) 噪声的定义

在信号的产生，传输和测量过程中，噪声会迭加于有用信号上，使测量精度下降，作能谱测量时，使能量分辨率下降。噪声是电子器件本身固有的，或者是因为仪器部件振动而引起的。还有一种是来自外部的噪声，通常叫做干扰，仪器内部及仪器之间接地不良也会产生干扰。对于一般的能谱测量系统，在电路和工艺上采取适当的措施后，外部的干扰可减小到次要程度，因此影响精度的主要因素是仪器内部器件本身的固有噪声。

系统的噪声性能常用信号噪声比表示，简称信噪比。系统的信噪比越高，由噪声引起的测量误差越小。

电子器件的噪声通常由载流子的随机运动和载流子数量的涨落引起，如导体或电阻中的自由电子作不规则的热运动，电子管阴极的热电子发射，半导体内载流子的产生和复合过程，都会引起电流和电压的波动而产生噪声，器件本身也会产生噪声。噪声属于随机过程。要提高系统的信噪比，需要了解噪声的途径，从而将噪声对测量系统的影响减到最小。噪声的途径常从噪声源、对噪声敏感的接受电路、噪声源到接收电路之间存在的耦合通道三方面考虑。

(2) 噪声的分类

核电子学中遇到的噪声主要由三类：散粒噪声、热噪声和低频噪声。在幅度分析和时间分析中，散粒噪声和热噪声是主要的。

1) 散粒噪声

在电子器件中，载流子产生和消失的随机性，使得流动着的载流子数目发生波动，由此引起的电流瞬时涨落称为散粒噪声。因此只要有电流就存在散粒噪声。

2) 热噪声

处于绝对零度以上的任何导体或电阻中的自由电子都在不停地作热运动，与周围的正离子碰撞，使电子运动的速度频繁地随机地变化，在外电路中的感应的电流也起伏变化，这种变化的电流就是热噪声电流。

3) 低频噪声

由于器件表面处理不好而引起的噪声。出现的频率很低，$f\approx 6\times 10^{-5}$ Hz，甚至可能更低，以至长达几小时一次，因此难于画出时域的波形。

四、核物理基础知识

1. α与β的串道性能

(1) α射线对β道

α射线对β道的串道比为 $\eta\alpha\beta$，即β道的计数平均值与α道和β道的总计数之比。

(2) β射线对α道

β射线对α道的串道比为ηβα,即α道的计数平均值与β道和α道的总计数之比。

2. 微机多道谱仪

射线进行能谱分析的仪器。由探头、一体化多道分析器和微机组成。

3. 能量分辨率

探测器的能量分辨率是指探测器对于能量很接近的辐射粒子加以区别的能力。能量分辨率取决于系统能量的辐射所产生的脉冲幅度分布的展宽程度。能量分辨率 R 的定义如下:

$$R=\Delta V/V\times 100\%$$

其中,ΔV 代表某全能峰的半高宽;V 代表全能峰的峰位。R 越小,分辨能力越强。利用探测器的输出脉冲幅度与入射粒子能量成正比的规律,通过脉冲幅度与时间变换器,把不同幅度的脉冲信号记录在多道分析器不同的地址单元中,以测定入射粒子的能谱。影响闪烁体探测器能量分辨的主要因素有:闪烁体的包装、闪烁体与光电倍增管光阴极的耦合、电子学插件的性能、统计因素、本底噪声。

4. 仪器探测效率

在一定探测条件下,测到的粒子数与在同一时间间隔内放射源发出的该种粒子总数的比值。

第二节　工艺操作

学习目标: 了解计算机端口设置方法,熟悉系统设备的概述和基本原理,掌握科研样机检验工作程序和放射性测量数据处理方法。

一、科研样机检验工作程序

1. 科研样机检验程序

系统检验之前,需要调试人员提供该产品的《仪器装联焊随工单》、《调试记录》、《产品交验单》,并在《产品交验单》后附有有效图纸,文件齐全后,才能对该产品进行检验。系统检验不论采取何种方式或方法,都必须按照产品图样、工艺文件和技术标准操作,一般都要经过如下程序:

(1) 定标

定标即了解和掌握质量标准。检验人员必须首先学习和掌握相关的技术文件、技术标准和检验方法,熟悉产品技术原理,明确产品的技术性能,并在此基础上能够制定检验方法和检验操作规程。

科研样机产品标准中对检验规则、检验方案有明确规定,按照标准要求进行检验即可。整机检验分为型式检验,交收检验及出厂复验,可参考产品检验标准中的检验规则有关规定选择检验形式,进而确定检验项目及分组。

(2) 抽样和测定

抽样和测定即为具体进行检验。首先,检验人员需要确定全检或抽检项目,对于抽检项目需要按照抽样方案随机抽取样品；然后，按照检验方案或操作规程，运用检验设备、仪器、量具进行试验、测量、分析及感官检验，确定产品的质量特性。检验时，要认真负责做好检验工作和原始记录，建立技术档案，遇到重要问题时要及时报告。

(3) 比较和判断

比较和判断即将检测数据与标准进行对比。检验人员将检测数据与技术标准或工艺文件规定的质量指标进行对比，以得出合格与不合格的正确判断。对于判定为不合格的产品，还要进行适用或不适应、返修与报废的判断。

(4) 记录及检验报告填写

记录即记录数据及反馈信息。在检验记录中须清楚地表明产品各项指标是否已按规定通过了检测及是否达到了相关要求。通过检验掌握整机的质量数据和信息，并进行记录填写相应的质量证明文件，以反馈质量信息，评价产品，推动质量改进。检验报告一般分为环境试验报告和常规试验报告，需要按照固定的格式填写相应的产品名称、产品型号、交验数量、检验依据、检验设备、检验项目、结论和原始记录等内容。编写完毕后，还要经过审核和批准后生效存档。

2. 检验的规定检验项目及其分组

(1) 使用环境条件分组

核仪器按规定的使用环境条件，分为 Ⅰ、Ⅱ、Ⅲ和Ⅳ组。Ⅰ组表示在有气候防护场所固定使用的设备，Ⅱ组表示在无气候防护场所固定使用的设备，Ⅲ组表示可携式和非固定使用的设备，Ⅳ组表示车载使用的设备。

(2) 检验项目及其分组

核仪器的检查和试验项目共 22 项，分为 A～F 共 6 组，见图 13-1。

1) A 组检验项目

A 组是基本检验项目，包括外形、外观和尺寸检查，功能、主要技术性能和安全性能试验等。主要技术性能有固有误差、不稳定性和非线性等，安全性能有防电击、防电离辐射和防其他危险等，它们均由产品标准等技术文件规定。

2) B、C 组检验项目

B 组是温、湿度试验项目，包括低温、高温、温度变化和恒定湿热。C 组是机械环境试验项目，包括振动、冲击、自由跌落和包装运输。

3) D 组检验项目

D 组是特殊环境试验项目，包括交流电源电压变化、电磁兼容、低气压和高气压、水（滴水和浸水）、模拟地面的太阳辐照、盐雾、沙尘和其他特殊环境等试验项目。

4) E、F 组检验项目

E 组是现场试验项目；F 组是可靠性试验项目。

(3) 检验项自的可选性

在图 13-1 中，“●”表示必检项目；“○”表示选检项目，由产品标准、定货合同等技术文件规定是否选择这些检验项目；“—”表示不要求的项目。

检查和试验项目			型式检验										验收检验										检验依据的标准和文件
分组	序号	名称	I			II		III			IV		I			II		III			IV		
			I_a	I_b	I_c	II_a	II_b	III_a	III_b	III_c	IV_a	IV_b	I_a	I_b	I_c	II_a	II_b	III_a	III_b	III_c	IV_a	IV_b	
A 组基本项目	01	外形、外观和尺寸检查	●	●	●	●	●	●	●	●	●	●	●	●	●	●	●	●	●	●	●	●	测试方法标准、EJ528 和产品标准等
	02	功能和主要技术性能试验	●	●	●	●	●	●	●	●	●	●	●	●	●	●	●	●	●	●	●	●	
	03	安全性能试验	●	●	●	●	●	●	●	●	●	●	●	●	●	●	●	●	●	●	●	●	
B 组温、湿度项目	04	低温试验	●	●	●	●	●	●	●	●	●	●	●	●	●	●	●	●	●	●	●	●	产品标准、GB/T 8993 和定货合同等技术文件
	05	高温试验	●	●	●	●	●	●	●	●	●	●	●	●	●	●	●	●	●	●	●	●	
	06	温度变化试验	—	—	—	—	—	●	●	●	●	●	—	—	—	—	—	○	○	○	○	○	
	07	恒定湿热（高湿度）试验	●	●	●	●	●	●	●	●	●	●	●	●	●	●	●	●	●	●	●	●	
C 组机械环境项目	08	振动试验	—	—	●	●	●	●	●	●	●	●	—	—	○	○	○	●	●	●	●	●	
	09	冲击试验	—	—	○	○	○	●	●	●	●	●	—	—	○	○	○	○	○	○	○	○	
	10	自由跌落试验	—	—	○	○	○	●	●	●	●	●	—	—	○	○	○	○	○	○	○	○	
	11	包装运输试验	●	●	●	●	●	●	●	●	●	●	●	●	●	●	●	●	●	●	●	●	
D 组特殊环境项目	12	交流电源电压变化试验	●	●	●	●	●	●	●	●	●	●	○	○	○	○	○	○	○	○	○	○	
	13	电磁兼容	○	○	○	○	○	○	○	○	○	○	—	—	—	—	—	—	—	—	—	—	
	14	低气压和高气压试验	○	○	○	○	○	○	○	○	○	○	—	—	—	○	○	○	○	○	○	○	
	15	水（滴水和浸水）试验	—	—	—	○	○	○	○	○	○	○	—	—	—	○	○	○	○	○	○	○	
	16	模拟地面的太阳辐照试验	—	—	—	○	○	○	○	○	○	○	—	—	—	○	○	○	○	○	○	○	
	17	盐雾（海盐）试验	—	—	○	○	○	○	○	○	○	○	—	—	○	○	○	○	○	○	○	○	
	18	长霉等生物条件试验	—	—	○	○	○	○	○	○	○	○	—	—	○	○	○	○	○	○	○	○	
	19	沙尘试验	○	○	○	○	○	○	○	○	○	○	○	○	○	○	○	○	○	○	○	○	
	20	其他特殊环境试验	○	○	○	○	○	○	○	○	○	○	○	○	○	○	○	○	○	○	○	○	可靠性标准、产品标准和合同等技术文件
E 组	21	现场使用试验	○	○	○	○	○	○	○	○	○	○	○	○	○	○	○	○	○	○	○	○	
F 组	22	可靠性试验	○	○	○	○	○	○	○	○	○	○	—	—	—	—	—	—	—	—	—	—	

注：“●”——必检项目；“○”——选检项目；“—”——不要求的项目

图 13-1 核仪器的检查和试验项目

二、计算机端口设置

以 BH1324 型一体化多道分析器配套仿真软件 UMS38 设置为例，该软件是在 Win98/Win2000/WinXP 操作系统下运行，具有数据通讯与传输、能量刻度、寻峰、设置重点区、显示能量分辨率、打印谱和重点区的数据等功能。

1. 打开“端口”栏

该仪器通过 RS-232 串口电缆与计算机连接，使用前需将计算机端口设置为合适值，方法如下。

双击桌面上“我的电脑”进入，找到“控制面板”一项双击进入，再找到“系统”一项双击进入。在屏幕弹出的窗口中选择“设备管理器”，打开“端口”栏，如图 13-2 所示。

2. 端口设置

双击通讯端口(COM1)，在屏幕上弹出的窗口中选择“端口设置”，如图 13-3 所示。波特率(B)选择“128000”(WinXP)、“921600”(Win98)；数据位(D)选择“ 8 ”；奇偶校验(P)选择“无”；停止位(S)选择“ 1 ”，流量控制(F)选择“无”。

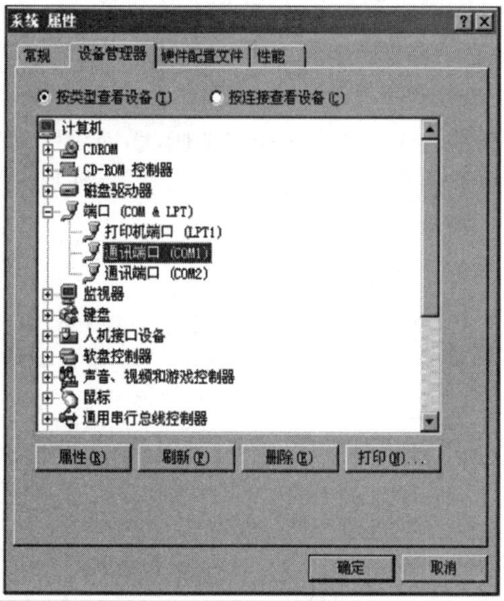

图 13-2　计算机通讯端口

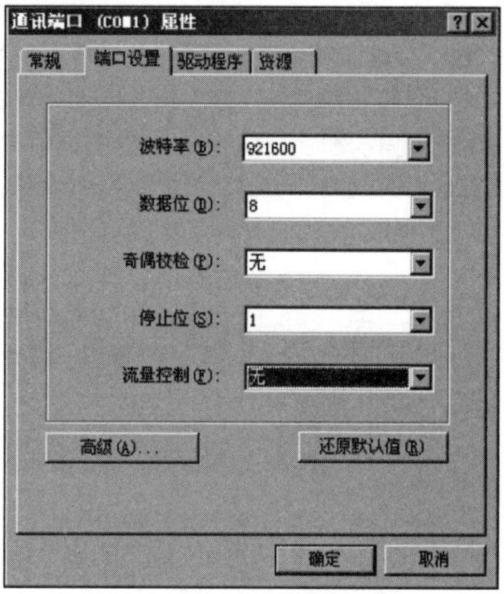

图 13-3　通讯端口属性

点击高级(A)按钮，屏幕上弹出如图 13-4 所示的窗口。将接收缓冲区(R)和传输缓冲区(T)均置最高值后点击确定按钮。

注：操作方法参考相关产品说明书。

三、常见系统介绍

1. 中子剂量当量仪

(1) 概述

BH3105E 型中子剂量当量仪是 BH3105E 型中子剂量当量仪的升级产品。主要用于核

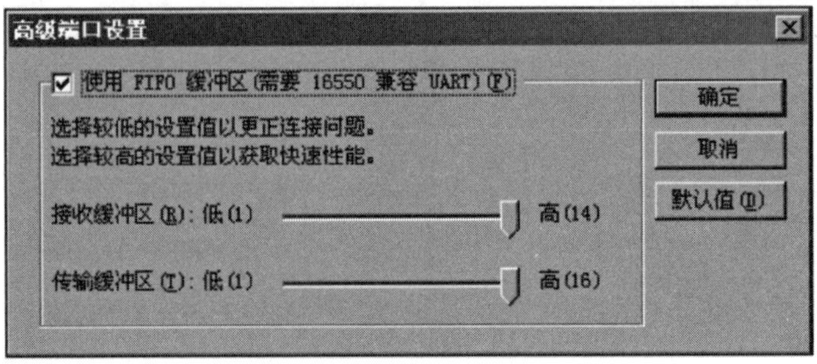

图 13-4　高级端口设置

反应堆、核电站、核潜艇、中子实验室及其他应用中子辐射的场合中，中子辐射的剂量监测。

(2) 工作原理

在中子辐射的照射下，入射到中子剂量当量仪的中子，经“镉吸收棒”生物等效能量调整球后，到达位于仪器慢化球中心的锂玻璃闪烁探测器。中子被^{6}Li 核发生核反应。其产物核为带电粒子——氚核与 α 粒子，后者使玻璃闪烁体激发发光。闪烁光通过光电倍增管的光电阴极，将光信号转换为电信号并被放大。光电倍增管阳极输出的电压脉冲信号经放大器放大、幅度甄别器甄别、脉冲整形后由微处理器记录采样信息。

本仪器采样镉吸收棒法新的设计原理实现仪器对不同能量中子的等剂量当量探测。即使用适当体积载有镉棒的慢化体，实施对剂量当量贡献低的热中子较强的吸收；而对剂量当量贡献大的快中子基本上只慢化不吸收的原理，一方面实现了对不同能量中子的等剂量当量探测，同时，又大大提高了中子灵敏度。

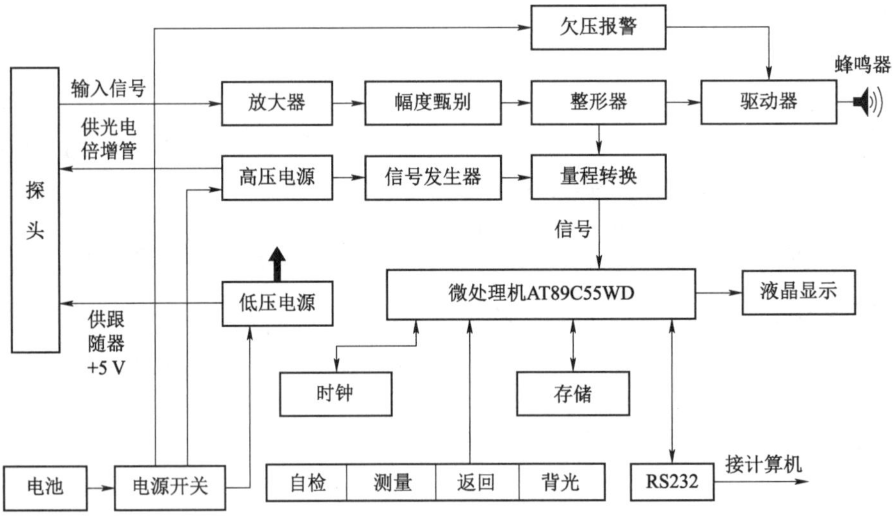

图 13-5　中子剂量当量工作原理图

* 操作方法参考相关产品说明书。

2. 连续测氡/氡析出率仪

(1) 适用范围

本仪器是一种新型的便携式瞬时测氡仪，它利用静电收集自由扩散进采样室的氡衰变的第一代子体^{218}Po，使用先进的钝化离子注入(PIPS)探测器测量^{218}Po释放的α粒子，设置合适的阈值剔除干扰计数，所以能够准确的测量低水平的氡浓度，同时也能测量土壤、墙体等的氡析出率。

本仪器主要用于环境氡浓度监测及各种建筑材料的氡析出率测量，在环境保护、医疗卫生、城镇建设、地质矿山、核电站、核爆炸、地震预报等部门得到广泛应用。

(2) 工作原理

1) BH3212A1型连续测氡/氡析出率仪原理方框图(图13-6)：

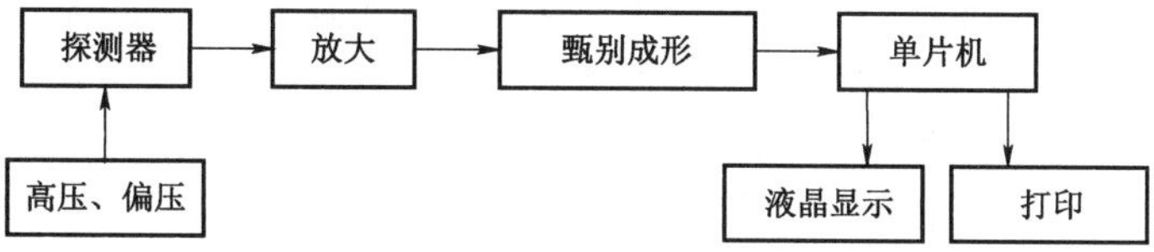

图13-6 BH3212A1型连续测氡/氡析出率仪原理方框图

2) 工作原理简述

由衰变链可知，氡子体^{218}Po和^{214}Po衰变时均释放α粒子，可是能快速跟随氡浓度变化的只有^{218}Po，只要探测^{218}Po释放的α粒子就可得知平均氡浓度或介质的氡析出率。^{222}Rn自由扩散进入收集小室，衰变产生^{218}Po和^{214}Po，90%以上的氡子体^{218}Po和^{214}Po带正电荷，可以被采样小室加静电场收集，为了只检测^{218}Po释放的α粒子，可在测量系统的电子学电路中采用脉冲幅度甄别技术。^{218}Po粒子所产生的脉冲经成形后送入单片机进行计数。

注：操作方法参考相关产品说明书。

3. 四路低本底α、β测量仪

(1) 用途

BH1227四路低本底α、β测量仪具有效率高、本底低、结构简单和操作方便等特点。

仪器可配任意型号的计算机，系统的数据收集和处理、测量过程的控制均由计算机完成。可用于辐射防护，环境样品，饮用水，医药卫生，农业科学，核电站，反应堆，同位素生产，地质勘探等领域中的弱α、β的总活度的测量。

(2) 组成

1) 主探测器

BH1227型仪器具有四个探头，最多可同时测量四个样品。

仪器的每个探头是由ST-1221型低本底α、β闪烁体、CR105(或CR135)型低噪声光电倍增管和跟随器组成。ST-1221型闪烁体不怕污染，表面可以擦洗。每只CR105(或CR135)型光电倍增管由高压电源提供正高压。每个探测器可以选配三种规格的闪烁体，闪烁体的规格尺寸如表13-1，表13-1中带▲的规格为厂家提供的标配，用户也可自行选择其他规格。

表13-1 闪烁体尺寸 (mm)

闪烁体承托板直径	40	▲50	55
闪烁体有效直径	30	▲45	52
闪烁体承托板厚度	6	▲6	6

样品盘是由不锈钢材料做成，其直径规格分为 30 mm、45 mm 和 52 mm，其中 45 mm 为厂家提供的标配。在实际应用时，所使用的样品盘的大小要与所使用的闪烁体的尺寸相对应。

2）反符合探测器

反符合探测器主要是为了降低宇宙射线中 μ 介子产生的本底，也可部分地减少环境辐射产生的本底。仪器的反符合探测器是由 200 mm×30 mm 的 ST- 401 型平行板塑料闪烁体和 CR119 型光电倍增管组成。CR119 型光电倍增管由高压电源提供正高压，CR119 产生的信号作为反符合信号。ST- 401 型塑料闪烁体除与 CR119 型光电倍增管的耦合面外，其余部分均涂有约 0.5 mm 厚的二氧化钛反射层，以便提高反符合效率。

3）铅室

仪器的铅室是由 7.5 cm 的铅和 1.5 cm 的钢壳构成，铅室分为上铅室和下铅室，总重约 700 kg。上铅室可以拆卸，安装维修十分方便。铅室顶部和底部的铅厚为 10 cm。

4）电子线路

BH1227 型仪器的电子学线路由放大、甄别、成形、符合、反符合、高低压电源和数据采集等组成，电子学部分主要安装在 NIM 机箱中。

5）计算机与打印机

BH1227 仪器可以配置任何型号计算机和打印机，厂家标配提供品牌计算机和打印机，用户也可自行选配计算机和打印机。

(3) 工作原理

1）仪器探测器工作原理

BH1227 型仪器的主探测器所使用的是 ST-1221 型低本底 α、β 闪烁体。该闪烁体是由 α 闪烁物质和 β 闪烁物质喷涂在 5～6 mm 的有机玻璃板上，经特殊工艺制成。α 闪烁物质在外层，β 闪烁物质在内层。由于 α 粒子的射程小，当 α 粒子进入 α 闪烁物质时，将全部能量损失在 α 闪烁物质上，引起闪烁发光，产生 α 信号。β 粒子由于穿透能力较强，穿过 α 闪烁物质进入 β 闪烁物质，产生 β 信号。由于 β 闪烁材料半透明，α 粒子的闪光通过 β 闪烁材料进入光电倍增管，β 粒子穿过 α 闪烁物质进入 β 闪烁物质，产生 β 闪光，进入光电倍增管产生 β 信号。

2）仪器线路工作原理

仪器线路工作原理方框图见图 13-7。由图可见，来自主探测器的信号包括 α、β 和宇宙射线产生的本底 C。这三种信号进入测量单元时分两路，即一路进入 α 道，一路进入 β 道。在 α 道中，阈值一般选在 2～5 V 之间，β 信号和低幅度的噪声信号很难通过，只有 α 粒子产生的较大幅度的信号和宇宙射线产生的大幅度的信号 C 通过，然后进入反符合单元，经反符合去除宇宙射线，输出 α 信号。进入 β 道的 α、β 和 C 信号，由于进入一个窗甄别器，即只有大于 β_L(低阈)和小于 β_H(高阈)的信号及落在 β 道内的宇宙射线经成形进入反符合单元，经反符合去除宇宙射线产生的信号 C，输出 β 信号。α 道和 β 道输出信号，经计算机控制部份处理，由打印机打印出结果。

由于 α 粒子在 α 闪烁物质和 β 粒子在 β 闪烁物质中的产生脉冲幅度相差 30～50 倍，因此很容易用幅度甄别的方法将 α、β 区分开。但是由于 α 粒子产生的脉冲谱分辨率很差，因此，仍有约 3%的 α 进入 β 道；而 β 粒子产生的脉冲幅度很小，α 道的阈值选的较高，因此，β 信号不会

进入 α 道。这里要指出的是，3%的 α 进入 β 道并不重要，因为在环境样品中 α 和 β 的比是量级的比，也就是说是 1∶100 ～10∶100，3%的或更多的 α 进入 β 道并不会影响 β 的测量精度，重要的是 β 进入 α 道，但该仪器 β 进入 α 道的计数约 0.5%～0.1%或根本没有。

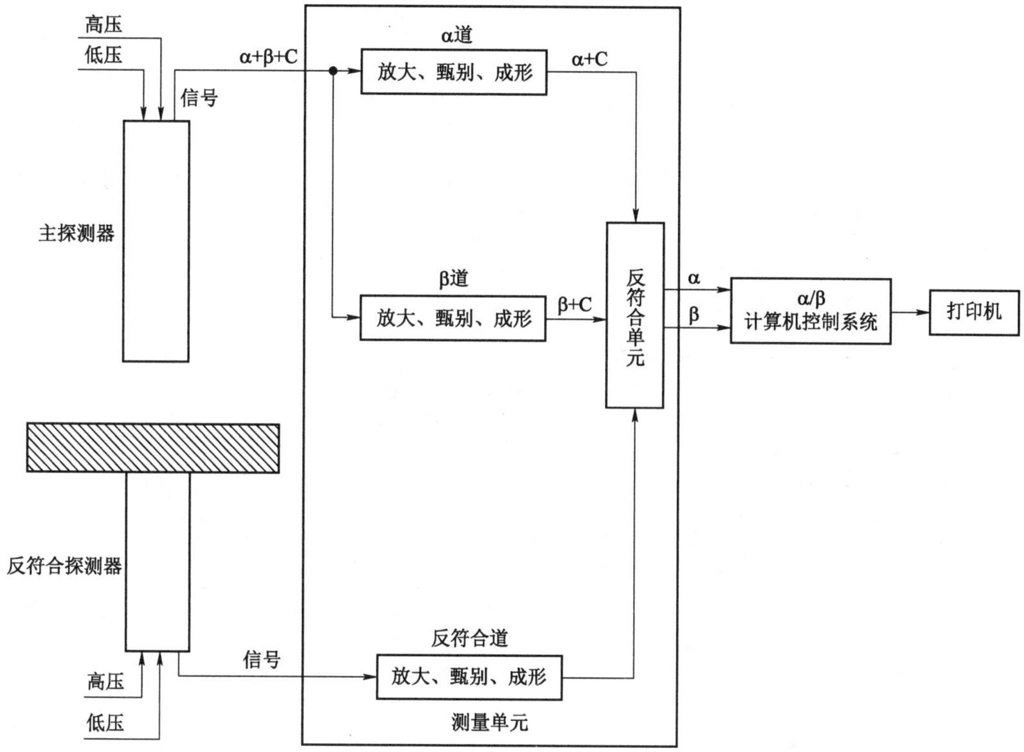

图 13-7　工作原理方框图

注：操作方法参考相关产品说明书。

四、放射性测量数据处理

1. 误差传递公式

设间接测得量 $N=f(x_1,x_2,x_3)$，式中 x_1,x_2,x_3 均为彼此相互独立的直接测得量，每一直接测得量为等精度多次测量，且只含随机误差，那么间接测得量 N 的最可信赖值（用平均值 $\overline{N}$ 表示）为

$$\overline{N}=f(\overline{x_1},\overline{x_2},\overline{x_3})$$

（1）算术合成法求误差传递公式

1）绝对误差传递公式：

$$\Delta N=\left|\frac{\partial f}{\partial x_1}\right|\Delta x_1+\left|\frac{\partial f}{\partial x_2}\right|\Delta x_2+\left|\frac{\partial f}{\partial x_3}\right|\Delta x_3$$

2）相对误差传递公式：

$$\frac{\Delta N}{N}=\left|\frac{\partial \ln f}{\partial x_1}\right|\Delta x_1+\left|\frac{\partial \ln f}{\partial x_2}\right|\Delta x_2+\left|\frac{\partial \ln f}{\partial x_3}\right|\Delta x_3$$

(2) 方和根合成法求标准偏差传递公式

1) 标准偏差传递公式：

$$S_N=\sqrt{\left(\frac{\partial f}{\partial x_1}\right)^2 S_{x1}^2+\left(\frac{\partial f}{\partial x_2}\right)^2 S_{x2}^2+\left(\frac{\partial f}{\partial x_3}\right)^2 S_{x3}^2}$$

2) 相对偏差传递公式：

$$\frac{S_N}{N}=\sqrt{\left(\frac{\partial \ln f}{\partial x_1}\right)^2 S_{x1}^2+\left(\frac{\partial \ln f}{\partial x_2}\right)^2 S_{x2}^2+\left(\frac{\partial \ln f}{\partial x_3}\right)^2 S_{x3}^2}$$

例 1：已知 $z=a+b-\frac{1}{3}c$，其中 $a=\overline{a}\pm\Delta a$，$b=\overline{b}\pm\Delta b$，$c=\overline{c}\pm\Delta c$，求 z 的平均值和误差传递公式。

解：平均值：$\overline{z}=\overline{a}+\overline{b}-\frac{1}{3}\overline{c}$；

z 分别对各直接量求一阶偏导数：

$$\frac{\partial z}{\partial a}=1,\frac{\partial z}{\partial b}=1,\frac{\partial z}{\partial c}=-\frac{1}{3},$$

得误差传递公式：

$$\Delta z=\left|\frac{\partial z}{\partial a}\right|\Delta a+\left|\frac{\partial z}{\partial b}\right|\Delta b+\left|\frac{\partial z}{\partial c}\right|\Delta c=\Delta a+\Delta b+\frac{1}{3}\Delta c。$$

例 2：已知 $z=a+b-\frac{1}{3}c$，其中 $a=\overline{a}\pm S_a$，$b=\overline{b}\pm S_b$，$c=\overline{c}\pm S_c$，求 z 的平均值和标准偏差传递公式。

解：$\overline{z}=\overline{a}+\overline{b}-\frac{1}{3}\overline{c}$；

$$\frac{\partial z}{\partial a}=1,\frac{\partial z}{\partial b}=1,\frac{\partial z}{\partial c}=-\frac{1}{3},$$

$$S_z=\sqrt{\left(\frac{\partial z}{\partial a}S_a\right)^2+\left(\frac{\partial z}{\partial b}S_b\right)^2+\left(\frac{\partial z}{\partial c}S_c\right)^2}=\sqrt{S_a^2+S_b^2+\frac{1}{9}S_c^2}。$$

2. 几何因子

在进行探测效率的测试中，因放射源尺寸的不同，放射源与探测器间的距离不同，致使放射源对探测器构成的几何因子也就不同，几何因子是决定仪器探测效率的主要因素之一。如图 13-8 所示圆型平面源与圆平面型探测器的相对位置，其几何因子可用下列级数求近似值：

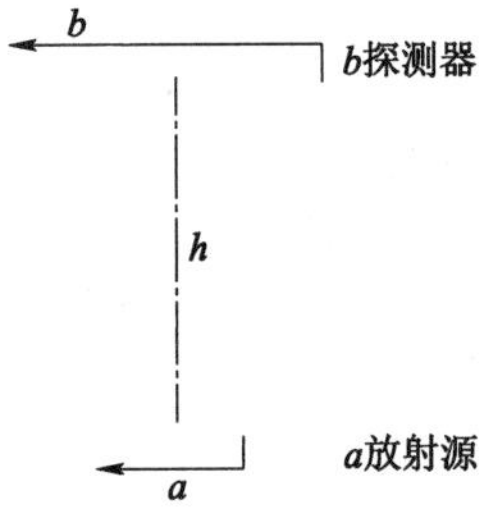

图 13-8 圆型平面源与圆平面型探测器的相对位置

$$G=1-\frac{1}{(1+\beta^2)^{1/2}}-\frac{3}{8}\frac{\alpha^2\beta^2}{(1+\beta^2)^{3/2}}+\alpha^4\left(\frac{5\beta^2}{16(1+\beta^2)7/2}-\frac{35\beta^4}{64(1+\beta^2)9/2}\right)\alpha^6(\cdots)+\cdots$$

式中：$\alpha=a/h$，$\beta=b/h$；

a——放射源半径；

b——探测器半径；

h——放射源表面到探测器经体表面的距离。

上式成立要求 α 不是太大，$\alpha=\beta$ 时，其误差在 10%左右。

对于 BH1216、BH1227 型仪器所使用的放射源直径、探测器直径及相应计算出的几何因子见表 13-2。

表 13-2　探测器直径及相应计算

源活性区		α 源直径 25 mm	β 源直径 20 mm
源到探测器距离 h/mm		2	1.5
几何因子		G	G
闪烁体直径	30 mm	0.867 8	0.846 5
	45 mm	0.896 9	0.905 0
	52 mm	0.913 8	0.923 3

3. ^{90}Sr - ^{90}Y　β 源衰变系数（表 13-3）

$$^{90}Sr - ^{90}Y \quad T_{1/2}=28.6\text{ 年}$$

表 13-3　β 源衰变系数

衰变时间/年	衰变系数
0.5	0.988
1.0	0.976
1.5	0.964
2.0	0.953
2.5	0.941
3.0	0.930
3.5	0.919
4.0	0.908
4.5	0.897
5.0	0.886
5.5	0.875
6.0	0.865
6.5	0.854
7.0	0.844
7.5	0.834
8.0	0.824
8.5	0.814
9.0	0.804
9.5	0.794
10.0	0.785

第三节 故障判断与排除

学习目标：熟悉故障排除法，掌握常见系统产品的故障及排除方法。

一、常见系统产品的故障

1. BH3105E型中子剂量当量仪

(1) 常见故障及排除方法(见表13-4)

表13-4 常见故障及排除方法

故　障	现象及原因	排除方法
仪器不显示	电池安装错误 电池没电 错误操作 探头电缆连接不正确	正确安装电池 更换电池 正确操作 连接正确探头电缆线
自检显示不是“仪器正常”	线路故障	电路分析排除故障

(2) 注意事项

1) 仪器轻拿轻放，防止强烈碰撞。

2) 仪器长期不用，应将电池取出，避免电池溶液腐蚀仪器和元件。

3) 仪器应轻轻放，存放在干燥环境中。

4) 使用和运输过程中应防止碰撞。

5) 计量检定要求：一年周期内送有资质单位检定。

2. 连续测氡/氡析出率仪

常见故障与排除方法(表13-5)。

表13-5 常见故障与排除方法

常见故障	原因	排除方法
探头无计数	探头连接线接触不好	更换连接线
显示乱码	单片机被干扰	按复位键

3. BH1227四路低本底α、β测量仪

(1) 常见故障与排除方法

1) 主机低压电源不工作

在测量过程中如果发现低压电源不正常，可按下例步骤进行检查：

① 低压电源的AC220 V电源插头是否插紧；

② 低压电源的AC220 V电源线是否断头；

③ 低压电源的保险丝是否烧断。

2) 主机高压电源不工作

在测量过程式中如果发现高压电源不正常工作，可按下例步骤进行检查：

① 低压电源是否正常工作；

② 高压示数是否稳定；

③ 用万用表测量高压输出是否正常。

3）主探头或反符合探头不工作

在测量过程式中如果发现主探头某路无计数或反符合探头无记数，可按下例步骤进行检查：

① 测量单元上的信号灯是否正常工作；

② 低压电源是否正常工作；

③ 高压电源是否工作正常。

4）仪器本底升高

在测量中如果发现仪器本底升高，可按下例步骤进行检查：

① 主探头所用的送样板和样品盘是否被污染。如果被污染，可对送样板和样品盘用无水酒精棉擦洗进行清洁处理。注意：要等酒精彻底挥发后方可将送样板推入仪器；

② 反符合信号是否加上，如果 β 本底在 10 cpm 左右时，很可能是反符合信号没有加上，这时需要进一步检查反符合探头是否工作正常；

③ 仪器接入的 220 V 电源是否稳定、是否接有良好地线；

④ 低、高压电源是否正常工作。

4. BH1324 型一体化多道分析器

（1）特殊事项说明

1）仪器在接通电源时，按钮指示灯亮，屏幕上显示当前的高压值。

2）该仪器通过 RS-232 串口电缆与计算机连接，通电时切勿插拔电缆线，以免烧坏串口。

3）该仪器为配合四路混合器卡的使用，在前面板的右下方设计了四路输入端 MUX/ROUTER；在标准配置中这四个输入端空接，不影响仪器的正常使用。

4）该仪器为配合符合/反符合线路的使用，在前面板的下方设计了符合/反符合输入端 COIN IN；在标准配置中这个输入端空接，不影响仪器的正常使用。

5）该仪器为配合高级用户使用，在前面板上设计了极/零电路的调节孔 P/Z；一般情况下无需调节。

（2）常见故障及排除方法（见表 13-6）

表 13-6　常见故障及排除方法

故障	原因	排除方法
仪器不工作	电源未接通 保险丝断 部件间连线松动 部件间连接松动 有损坏部件	接通电源 更换保险丝 重新连接高、低压及串口线 打开机箱上盖，将两块板重新插放 电路分析
测得的峰形不对称	高压过高	降低高压值
分辨率很差	高压过高或过低	调整高压至合适值
噪声很高	下阈值过低	调高下阈值

续表

故障	原因	排除方法
测量到的能量范围变窄	下阈值过高 上阈值过低	降低下阈值 调高上阈值

二、故障排除法

1. 直观法

凭手、眼、耳、鼻来直观找出故障部位。如:断线、虚焊、元件碰,插件接触不良,元器件过热、打火冒烟、有焦糊味、机械传动部件缺油磨损、间隙过大或轧住、异常响声等。

2. 电路参数测量法

用万表测量电路各点的电压、电流、电阻值,与正常值比较来确定故障部位,必要时可与新的整机比较来判断故障。

3. 替换法

对怀疑的部件、插件、可用正常的同类件替换其工作,目的主要是缩小故障查找范围,有故障的元件可在替换中发现。

4. 切断法

把可怀疑电路从整机或单元电路中切除,逐步缩小故障查找范围,如工作电流过大或有短路故障,可把一部份电路从整机中断开,看电流变化来判断这部份电路是否正常。

5. 短路法

对于干扰、自激等故障,可把电路中某两点暂时短路。短路后故障消失,说明故障在短路点之前,反之则在短路点之后查找。欲短路的两点之间若直流电位不同,应通过适当容量的电容器短接。

6. 讯号寻迹法

根据待修仪表,选用不同的讯号发生器输出的讯号,或人为干扰及阶跃讯号输入仪表,逐级观测讯号在电路中的传输情况,如电压或波形,来判断故障。

7. 波形法

用示波器观测仪表电路和部件的波形,并与正常波形比较来判断电工作是否正常。

8. 测试仪器检查法

使用专用测试仪器对仪表整机或部件进行测试,常能有效的查出障,并能提高修理质量。

第四节　培训与指导

学习目标:掌握培训教学的基本方法和教学大纲的编写。

一、培训教学的基本方法

核辐射探测仪器制造高级技师应能培训和指导高级工的操作,因此掌握培训教学的基本方法和教学大纲的编写是很有必要的。

1. 培训教学的特点

培训教学具有如下几个特点：

(1) 具有较强的针对性和实用性。职业培训目标、专业设置、教学内容等均根据职业技能标准、劳动力市场需求和用人单位的实际要求确定。经过职业培训的毕(结)业生可上岗作业。

(2) 具有较强的灵活性。在培训形式上可采取联合办学、委托培训、定向培训等方式；在培训期限上采取长短结合的方式，可以脱产也可以半脱产；在培养对象上依据岗位的实际需要灵活确定；在教学形式上不受某种固定模式的限制，根据职业标准的要求采取多种形式的教学手段。

(3) 教学与生产相结合。主要体现在一方面教学要紧紧围绕生产实际进行，另一方面要贯彻勤工俭学、自立更生和艰苦奋斗的原则，通过教学与生产经营相结合，既培养了人才，又创造了物质财富，获得社会、经济的双重效益。

(4) 培训方法上强调理论知识教育与实际操作训练相结合，突出技能操作训练。

2. 培训教学的模式

(1) 讲授法：传统的培训方式。优点：运用起来方便，便于培训者控制整个过程。缺点：单向信息传输，反馈效果差，教师和学员的互动少。用于一些理念性知识的培训。对核辐射仪器制造人员高级工的理论知识的培训适用此模式。

(2) 视听技术法：通过现代视听技术，对学员进行培训。优点：直观鲜明。缺点：学员的反馈与实践较差，且制作和购买的成本高，内容易过时。

(3) 讨论法：一般可分成小组讨论和研讨会两种方式。小组讨论的特点是信息交流时方式为多向传递，学员的参与性高，费用较低。多用于巩固知识，训练学员分析、解决问题的能力与人际交往的能力，但运用时对培训教师的要求较高。研讨会以主题演讲为主，中途或会后允许学员与演讲者进行交流沟通。优点是信息可以多向传递，缺点是费用较高。

(4) 案例研讨法：这一方式使用费用低，反馈效果好，可以有效训练学员分析解决问题的能力。另外案例、讨论的方式也可用于知识类的培训，且效果更佳。

(5) 角色扮演法：学员在培训教师设计的工作情况中扮演其中角色，其他学员与培训教师在学员表演后作适当的点评。由于信息传递多向化，反馈效果好、实践性强、费用低，因而多用于人际关系能力的训练。

(6) 互动小组法：也成敏感训练法。此法主要适用于管理人员的人际关系与沟通训练。让学员在培训活动中亲身体验来提高他们处理人际关系的能力。其优点是可明显提高人际关系与沟通的能力，但其效果在很大程度上依赖于培训教师的水平。

(7) 网络培训法：是一种新型的计算机网络信息培训方式，投入较大。但由于使用灵活，符合分散式学习的新趋势，节省学员集中培训的时间和费用。这种方式信息量大，新知识、新观念传递优势明显，更适合成人学习。因此，特别为实力雄厚的企业所青睐，也是培训发展的一个必然趋势。

(8) 项目教学法：教师的指导下亲自处理一个项目的全过程，在这一过程中学习掌握教学计划内的教学内容。学生全部或部分独立组织、安排学习行为，解决在处理项目中遇到的困难，提高了学生的兴趣，自然能调动学习的积极性。因此“项目教学法”是一种典型的以学生为中心的教学方法。对核辐射探测仪器制造高级工的实操的指导适合此方法。

3. 培训的效果评价

培训效果评价一般用培训效果评价表来表示，表中一般要注明课题名称、培训教师、培训时间、培训课时、培训地点、培训人员、考核方式、培训内容、培训效果评价等内容。

培训效果评价表的模板如表 13-7 表示。

表 13-7 培训效果评价表

课题名称		培训时间	
培训地点		培训教师	
培训课时		考核方式	
培训人员			
培训内容			
培训效果评价			

二、培训计划和培训大纲的编写

1. 培训计划和培训大纲的概念

(1) 培训计划：根据一定的培训目的和培养目标制定的教学和培育工作的指导文件。它决定着培训内容总的方向和总的结构，并对有关培训的教学、培育活动、生产劳动和课外活动等方面作出全面安排，具体规定培训项目的学科设置、各门学科的教学顺序、教学时数以及各种活动等。

(2) 培训大纲：是根据培训计划中规定的各门学科(课程)的目的、任务而编写的指导性文件。它以纲要的形式，具体规定每门学科知识、技能的范围、深度以及体系、结构，同时规定教学的一般进度和对教学法的基本要求。其一般分为“说明”、“正文”两部分。

(3) 培训计划和培训大纲的关系

培训大纲是按照项目培训计划要求，各培训课程在项目培训计划中的地位、作用、性质、目的和任务而规定的培训内容、结构体系、知识范围、教学要求等的基本纲要。培训大纲是实施培训计划的基本保证，也是编写培训教材、组织培训教学、进行教学质量考核的指导性文件。

2. 培训计划编写的依据

(1) 培训需求调查分析

培训需求可分三个层面：组织层面的需求、职务层面的需求和个人层面的需求。

组织层面的需求包括企业经营策略方针，企业使命、战略目标、策略和文化分析以及企业生命周期所处阶段，这时培训的最大前提，为了企业战略及策略目标的达成，培训必须依据企业经营的策略方针来进行。组织层面的分析就是要解决公司高层管理者这样的问题：

培训对实现我们的经营目标重要吗？培训将会怎样支持我们战略目标的实现？哪些职能部门和经营单位需要培训？从一个发展阶段来看，企业所处生命周期不同，其相应的组织培训需求就有所不同。

职务层面的需求是按照企业岗位职务能力标准，对担当工作的员工的工作能力、工作态度和工作业绩进行比较分析，以确定员工能否胜任，进而确定企业培训需求。职务层面的培训需求主要通过职务分析、问卷调查以及与部门主管面谈的方式进行。

个人层面的需求是通过对员工个人工作要求、工作结果、素质条件、工作态度以及发展要求进行评估，以确定培训对象和内容。其中对关键岗位的人员情况要进行重点分析。个人层面的需求主要通过与员工的个人面谈结合需求调查表进行。

在进行培训需求分析过程中，对于出现的工作差异，要首先确定改变这些差异的重要性，判断改变这种差异是当前需求还是未来需求？管理层是否支持这种改变？应该按什么顺序进行改变？有没有资源和政策上的保证等，最重要的是判断培训是否是解决这种差异最有效的方法。否则，盲目培训不但效果不好，而且劳民伤财。

(2) 依据国家职业标准要求

国家标准是制定培训计划和培训大纲的基础。培训计划和培训大纲应该涵盖职业标准的全部内容，但也不能超出职业标准的内容。

(3) 根据公司生产工艺及技术装备

编写培训计划和培训大纲要考虑公司现有的生产工艺、技术水平和技术装备等，否则培训计划和培训大纲就不现实、不能够具体实施的。

培训是为了满足管理者的需要和工作任务的需要，而不是单纯为满足员工需要。

3. 培训计划的内容

培训计划要解决 5W1H 问题，即

Why(为什么要培训?)：培训的目的；

Who(谁?)：培训的负责人、培训的对象；

What(培训的内容是什么?)：培训的内容；

When(什么时候、时间?)：培训的时间、期限；

Where(在哪里?)：培训的场地；

How(如何进行?)：培训的方法。

4. 培训大纲编写的原则

(1) 符合教学计划要求

1) 明确本门课程在教学计划中的地位和作用；

2) 通过本门课程的学习需达到什么目的和要求；

3) 体现各技能等级层次在培养规格、要求等方面上的差别；

4) 重视应用技术与实践创新能力的培养。

(2) 结合开放教育的特点，贯彻“少而精，求实效”的原则。

1) 结合开放教育特点，考虑教学对象，教学内容难易要适中，教学总量要合理控制；

2) 公共基础课和专业基础课的教学内容根据专业课的要求以必需、够用为标准，突出重点；

3）教学内容的精简标准以学生所学知识在量上符合专业培养目标和在一定时间内能吸收消化为限度；

4）要求反应学科的新成果，体现理论知识与实践应用能力的结合；

5）在文字表述上要力求精炼、准确。

(3) 对操作技能类的课程要突出其指导与训练的特点，要针对其各教学环节有明确、具体的要求，且有较强的可操作性。

(4) 同工种、同等级的相同课程(主要是基础课和专业基础课)原则上使用统一大纲、统一教材。

5. 培训大纲编写的内容和基本结构

培训大纲编写应包括大纲说明和大纲内容。

(1) 大纲说明

这是培训大纲编写中必须强调的一部分，主要包括六点内容：

1）本课程的性质与地位、目的与任务；

2）本课程适用的主要专业及其他说明；

3）本课程与相关课程的前后衔接关系；

4）本课程的基本教学(包括实践性环节方面)要求；

5）本课程的教学方法和教学形式建议；

6）本课程内容的教学要求层次。

(2) 大纲正文

1）教学要求：在教学要求中目的与要求应予以明确、具体、层次清楚，进一步增强和培养学员的逻辑思维能力与创造能力。教学要求层次的术语通常有：知道、了解、理解、明确、能、学会、掌握、熟练掌握等。对有关定义、定理、性质、特征等概念的内容可按“知道、了解、理解”三个层次要求；有关计算、解法、公式、法则等方法的内容，可按“会、掌握、熟练掌握”三个层次要求；技能(实践环节)可按：指认、学会、能、测定(测绘)、掌握、应用等几个层次要求来把握。在编写时，应根据课程的性质与要求采用相应的定性词汇，并注明不同教学层次所对应的考核要求。

2）教学内容及课时：明确教学的内容和课时。

3）教学建议：明确教学内容中重点与难点的教学要求，建议教师采用的教学方法和教学手段等。

第五节　管　理

学习目标：熟悉组织管理基础知识和质量管理基础知识。

一、组织管理基础知识

1. 组织的概述

(1) 组织的定义：人们为了实现一定的目标，相互结合、确定职位、明确责任与义务、分工合作、协调行动的人工系统及其运转过程。

(2) 组织的特征

1) 组织必须有一个共同的目标。

2) 组织要有不同层次的权利和责任制度。

3) 组织包括不同层次的分工和合作。

4) 组织的功能在于协调人们的活动去实现共同的目标。

(3) 组织的四层次

1) 决策层:领导对近期与远期的计划与决策项目选择。

2) 控制层:高层管理者(领导班子)对各部门建立有效的控制体系。

3) 管理层:(从高层到各中层干部)知道自己的职责与权力是什么,发挥其管理作用。

4) 经营层:经营层(各部门)执行决策,动员全体人员完成组织的总体目标。

2. 组织管理原则

任何社会活动都应是有组织的活动,任何组织都有一个与其功能与目标相适应的组织机构及其设置原则。尽管由于客观条件和所承受的任务不同,不同层次的企业其具体的社会职能有所侧重和差异,但组织设置的科学合理与否,直接关系着组织的功能能否有效发挥,组织管理一般应遵循以下原则:

(1) 任务目标原则

任何组织都有特定的任务和目标,每个组织及其组成部分,都应当与这一目标相关联;组织的调整、增加、合并或取消,都应该以能否实现目标为标准。做到分工合理,协作明确。每个部门及员工的工作范围、相互关系、协作方法、权利责任等,都应有明确规定。

(2) 因人设岗与因事设岗辩证使用的原则

从管理学的角度讲,因事设岗是正确的,而因人设岗是不科学的。但事实上,中国很多企业都采用因人设岗的原则并且取得了成功。

1) 对于高层岗位要采用因人设岗的原则。因为高层管理人员属于职业经理人阶层,目前还比较稀缺,因人设岗还是必要的。

2) 为了留住核心竞争力的人才(一般是高级技术人才或高级专业人才),可以采用因人设岗原则。

3) 一旦组织的高层人员老化,为了及时培养接班人可以采用因人设岗原则。

4) 对于普通岗位来说,可选择的余地很多,采取因事设岗或因岗位择人,问题不大。

(3) 集权和分权相结合的原则

集权与分权的关系是辩证统一,一般表现为统一领导、分级管理。集权到什么程度,应该以不妨碍下级积极性为限;分权到什么程度,应该以上级不失去对下级的有效控制为限。分权要使结果可控,必须有控制系统辅助,可以使授权的上级放心分权,做到"用人不疑",也可以防止受权者不滥用权力,保证分权能达到预期效果。

(4) 命令统一原则

从管理的常识来看,一定要避免多头领导,做到统一指挥。实质也就是要进行统一领导,消除多头领导和无人负责现象。

(5) 管理幅度与管理层级适度原则

管理幅度指平均每位干部下属员工的数量配备,管理层级指最高管理者到最基层员工之间设了几层机构。

管理幅度与管理层级是对应的关系:管理幅度越大,管理层级就越少;管理幅度越小,管理层级就越多。管理者由于精力有限,有效管理幅度就受到一定限制。管理幅度过小,造成越级指挥、多头指挥、越权指挥;管理幅度越宽,对干部素质要求越高,虽可降低管理中间层次,但管理幅度超过一定范围,势必导致管理人员负担过重,无法对下属人员施加必要的监督和有效的指导,从而影响工作效率。

二、质量管理基础知识

1. 质量管理概述

质量管理是在质量方面指挥和控制组织的协调的活动。质量管理涉及组织的各个方面,它要求围绕产品质量形成的全过程,通过制定质量方针和实现质量目标,向市场提供符合顾客和其他相关方要求的产品。因此,质量首先是一个满足客户需要和要求的问题。这意味着质量管理的焦点必须放在为客户服务并使之满意上。

质量管理的主要活动通常包括:制定质量方针和质量目标;进行质量策划、质量控制、质量保证和质量改进。在这些活动中,质量策划、质量控制、质量保证和质量改进都是为制定质量方针和实现质量目标而进行的。当质量方针、质量目标实现后应重新进行质量策划、质量控制、质量保证和质量改进。质量管理的三大目标包括:提高顾客满意度、缩短流程和减少缺陷。影响质量的因素包括 4M1E,即材料、机器、人、方法和环境。

2. 质量管理原则

(1) 五不放过原则

在质量管理中需做到:

1) 原因找不到,不放过——追查原因;

2) 责任分不清,不放过——选择对策;

3) 纠正措施不落实,不放过——草拟行动;

4) 纠正措施不验证,不放过——成果比较;

5) 有效措施不纳入,不放过——标准化。

(2) 员工的工作质量具体要求

1) 熟悉检验标准、了解操作规范的内容要求。

2) 树立“质量是生产出来的,不是检验出来的”的思想。

3) 严格遵守品质保证的三不政策和三不放过原则。

三不政策包括不接受不良品(互检)、不制造不良品(自检)以及不流出不良品(自检和互检)。三不放过原则指事件原因分析不清不放过;事件责任者与群体未受到教育不放过;事件没有防范措施不放过。

(3) 不合格品的控制

1) 不合格品指未满足明示的、习惯上隐含的或必须履行的需求和期望的产品。

2) 不合格品的控制要求包括标识、记录、评审、隔离和处置。

3) 不合格品评审和处置的方法有返工、让步接收、降级、拒收或报废。

(4) 质量意识

所谓质量意识:首先要保证我们的产品是合格的。符合产品的规格要求,另外整个生产流程要严格遵照企业生产流程的管理规定。作为员工，不仅仅是被动的接受，更要不断的提出改善意见，促进质量的提高。所以生产现场人员应注意以下事项：

1）不要踩踏产品（原材料、半成品和成品）；

2）不要让不合格品流到下一工序；

3）不要抛扔产品；

4）不要把产品直接放在地上；

5）不要不按操作规范作业；

6）不要无首检作业；

7）不要乱摆放产品；

8）不要一味追求速度；

9）不要机器带病作业；

10）不要“知情不报”。